Optimiser et sécuriser son trafic IP

solutions
rés@aux

RANCIS IA
LIVIER MENAGER

Optimiser et sécuriser son trafic IP

Avec la contribution de
Jean-Marc Barozet,
Pascal Delprat et
Olivier Seznec,
de Cisco Systems,
et la collaboration de
Olivier Salvatori

EYROLLES

ÉDITIONS EYROLLES
61, bd Saint-Germain
75240 Paris Cedex 05
www.editions-eyrolles.com

Remerciements

Nous remercions les éditions Eyrolles d'avoir cru à notre projet d'ouvrage et de nous avoir soutenus dans notre aventure.

Nos remerciements les plus chaleureux vont également à MM. Olivier Seznec, Pascal Delprat et Jean-Marc Barozet, de Cisco Systems. Ces trois experts français ont accepté de nous livrer leur vision de la gestion de la performance et de la sécurité, en tenant compte des spécificités du marché hexagonal.

Avant-propos

La crise qui a frappé de plein fouet l'économie mondiale à la fin des années 90 a entraîné dans son sillage l'industrie des réseaux et des télécommunications dans un gouffre dont on ne voit toujours pas l'issue. Avant ce cataclysme économique, ce furent les années de l'exubérance, de l'excès et de la surenchère sous toutes leurs formes.

L'exubérance d'abord, à l'image des jeunes pousses qui naissaient en grand nombre, recevaient des capitaux importants d'investisseurs enivrés par la mode *dot com* et représentaient pour toute l'industrie des réseaux et télécoms les catalyseurs de l'économie mondiale. Le phénomène Internet était à son *summum*. Aujourd'hui, nous savons que le point de non-retour était atteint et que la bulle spéculative à force de gonfler sans précaution finirait par éclater.

À cette belle époque, les investissements en infrastructure technique se faisaient sous le signe de l'excès et de la surenchère. Les réseaux devaient être à très haut débit : les opérateurs investissaient sans compter dans des réseaux flambant neufs employant les technologies dernier cri en optique, et les entreprises revoyaient de fond en comble l'ensemble de leur garde-robe réseau, en basculant tout vers les débits Gigabit. Chacun voulait plus que son voisin et intégrait sans raison justifiée les dernières nouveautés technologiques dans son infrastructure, parfois en complète incohérence avec les besoins de l'entreprise.

C'est dans cet état d'esprit que la qualité de service, ou QoS (Quality of Service), est née et a trouvé rapidement un public fervent. C'était le concept phare de l'époque. Toute entreprise se devait d'avoir son projet de QoS, faute de quoi elle était considérée comme dépassée. On faisait rêver en parlant de multimédia communicant au travers d'infrastructures intelligentes capables d'assurer la convergence voix et données dans un réseau commun et de bout en bout.

Le rêve a fait place à la réalité, et la crise a balayé sur son passage tous les concepts apparus lors de ces glorieuses années. La QoS est partie avec l'eau du bain, faisant place à des notions beaucoup plus terre à terre et raisonnables.

L'heure est à la protection de ses biens informatiques et à la sécurisation accrue de son système d'information. L'important est de préserver ses acquis en attendant la fin de la tempête et le retour des beaux jours. La sécurité informatique est ainsi devenue l'un des rares domaines à croître dans la crise. Les méfaits de cette dernière engendrent chez les entreprises utilisatrices un climat de paranoïa propice à l'investissement en sécurité et haute disponibilité.

Le monde industriel prône la productivité et la rentabilité des entreprises et de leurs employés. Ces derniers doivent générer un retour sur investissement qu'on souhaite toujours plus écourté et important. L'outillage informatique fourni aux employés doit satisfaire cet objectif.

L'application informatique a pour mission d'aider l'employé utilisateur à produire davantage. Afin d'atteindre ce but, des applications sont développées pour correspondre de mieux en mieux au métier de l'entreprise et accroître ses bénéfices. On les nomme « applications critiques métier ».

De plus en plus personnalisée pour s'adapter aux spécificités de fonctionnement de l'entreprise, l'application critique métier n'en est pas moins de plus en plus sophistiquée et parfois plus complexe à maîtriser par les employés. L'enjeu pour l'entreprise est de réussir à convaincre ces derniers d'adopter la nouvelle application. C'est le règne de l'utilisateur. Des critères tels que la convivialité de l'interface graphique, la rapidité et le temps de réponse de l'application ou encore sa robustesse aux pannes sont autant de contraintes qu'il est primordial de considérer pour la réussite de l'insertion de l'application dans le système d'information.

Outre-Atlantique, on commence à parler d'*expérience utilisateur,* c'est-à-dire de qualité d'utilisation de l'application. La QoE (Quality of Experience), ou qualité d'expérience, prend la place de la QoS.

Grande tendance de l'époque actuelle, l'optimisation des applications critiques métier revêt plusieurs facettes technologiques, telles que sécurité, haute disponibilité et performance, qui doivent être affinées selon les objectifs et les contextes d'utilisation. C'est ce qu'on appelle la gestion de trafic IP, et c'est le sujet de cet ouvrage.

Structure de l'ouvrage

Cet ouvrage vise à fournir au lecteur une vision complète du domaine de la gestion de trafic IP. Il traite pour cela aussi bien de l'amélioration des performances que de la sécurité et de la haute disponibilité.

L'ouvrage comporte 12 chapitres et une annexe :

- Les chapitres 1 à 9 décrivent les principales technologies à considérer dans le cadre d'un projet d'optimisation de trafic. Ces chapitres détaillent le vaste panorama des solutions techniques disponibles. Chaque description de solution inclut une analyse des besoins ainsi qu'une mise en évidence des concepts mis en œuvre, des services apportés, des mécanismes intrinsèques et des possibilités d'intégration dans l'architecture réseau.

  Vous verrez qu'il est possible de tenir le pari, réputé antinomique, de donner au système d'information le meilleur niveau de protection et de sécurité possible tout en préservant les performances.

- Le chapitre 1 présente la commutation 4-7, pilier central autour duquel sont reliés les différents blocs fonctionnels d'optimisation de sécurité de trafic. L'analyse au niveau applicatif effectuée par ce type de commutation permet de rediriger intelligemment les flux vers les éléments d'optimisation adéquats.

- Le chapitre 2 passe en revue les techniques de filtrage implémentées dans les pare-feu.

- Le chapitre 3 décrit les solutions de VPN (Virtual Private Network), autant logicielles que matérielles, que ce soit au niveau réseau ou applicatif. Ces solutions permettent de construire de manière sécurisée un maillage de réseau privatif reposant sur Internet.

- Le chapitre 4 introduit les solutions d'accélération de flux applicatifs qui permettent d'améliorer les temps de réponse de l'utilisateur tout en réduisant la bande passante WAN consommée.

- Le chapitre 5 couvre les technologies de détection d'intrusion, ou IDS (Intrusion Detection System), qui permettent d'analyser au fil de l'eau les flux applicatifs dans le but de parer à toute tentative d'intrusion.

- Le chapitre 6 recense les parades aux attaques qui agissent au niveau applicatif.

- Le chapitre 7 détaille les techniques de lutte contre les attaques applicatives, telles que virus, vers, Spam, etc., ainsi que les attaques par insertion dans le flux applicatif.

- Le chapitre 8 analyse les aspects techniques de l'administration de la sécurité et de la performance du système d'information.

- Le chapitre 9 se penche sur la gestion de la bande passante en tant que solution d'amélioration de la performance des applications critiques.

• Le chapitre 10 présente une méthodologie de mise en œuvre d'un projet d'optimisation de trafic IP en s'appuyant sur des exemples de réalisation. Une méthodologie de réalisation est explicitée incluant des recommandations sur la validation et l'organisation à mettre en place pour réussir le projet informatique. L'accent est mis sur la phase d'analyse, à la fois qualitative et quantitative. La qualification de l'environnement existant est une étape primordiale pour le succès de l'intégration de nouveaux éléments d'optimisation de la sécurité et de la performance.

• Les chapitres 11 et 12 donnent deux exemples de mise en œuvre et d'implémentation d'optimisation.

- Le chapitre 11 traite par l'exemple de l'accès sécurisé au système d'information, une problématique répandue dans les grandes entreprises. Nous montrons au travers du cas de l'entreprise factice Martin SA que la politique de sécurité évolue en fonction des caractéristiques des ressources à mettre à disposition et des utilisateurs qui ont besoin d'y accéder.

- Le chapitre 12 présente un exemple d'implémentation par le constructeur Cisco de la sécurisation du trafic IP. Il nous a en effet paru instructif de connaître le point de vue d'un constructeur sur la question de l'optimisation de la performance et de la sécurité. Nous avons sollicité pour cela le seul constructeur pouvant prétendre fournir des solutions couvrant le plus grand nombre de thèmes abordés dans cet ouvrage. Jean-Marc BAROZET, Pascal DELPRAT et Olivier SEZNEC, de Cisco Systems France, ont accepté de relever le défi.

- L'annexe regroupe les codes d'erreur HTTP, ainsi que les critères de choix d'un pare-feu, une description de la notion de « Retour sur Investissement », et une liste d'ouvrages et de sites de référence sur les sujets couverts dans le livre.

Public visé

Cet ouvrage s'adresse en premier lieu aux responsables du système d'information de l'entreprise. Les domaines technologiques couverts étant la performance et la sécurité des réseaux, tous les ingénieurs techniques évoluant dans ces secteurs y trouveront également intérêt.

Il servira en outre de référence aux étudiants qui souhaitent enrichir leurs connaissances techniques en matière d'optimisation de la performance et de la sécurité des réseaux.

Table des matières

1

La commutation 4-7

Apparue suite à l'émergence des solutions matérielles dites à très haut débit, la commutation 4-7, ou commutation applicative, est conçue pour répondre aux besoins d'équilibrage de charge et de haute disponibilité. Son rôle est de gérer le trafic en y apportant des capacités élaborées de redirection, selon des critères de performance, de charge de trafic et de disponibilité, et des compétences à même d'assurer la continuité de service de l'application à contrôler.

L'une des choses les plus difficiles à anticiper pour les entreprises est la montée en charge du trafic. Un système d'information peut être correctement dimensionné au départ puis ne plus l'être du fait de l'accroissement souvent imprévisible du flux réseau.

La solution consistant à surdimensionner l'infrastructure dès le départ est d'un coût difficile à justifier. Par ailleurs, cela ne revient qu'à retarder l'échéance, puisque la saturation survient tôt ou tard. S'il est à peu près impossible d'anticiper la montée en charge, il est crucial de définir une architecture qui soit dès le départ extensible, ou *scalable,* de sorte à évoluer en même temps que la montée en charge des flux.

La meilleure réponse à ce problème consiste à mettre en parallèle des éléments de traitement afin d'accroître la capacité cumulée. C'est ce que l'on appelle l'équilibrage de charge. Une telle architecture comporte une structure dorsale qui n'évolue que très peu dans le temps. Au fur et à mesure de l'évolution de la charge de trafic, des éléments actifs viennent se greffer sur cette structure stable pour apporter plus de capacité de traitement global au système d'information. L'intégration de ces nouveaux éléments ne doit évidemment en aucun cas remettre en cause l'architecture existante.

Dans cette architecture extensible, tout est décomposé en blocs fonctionnels. En ajoutant des éléments au seul bloc fonctionnel qui atteint la saturation, on étend l'architecture sans pour autant modifier ni remettre en cause l'existant. La mise en parallèle d'éléments de traitement aux fonctionnalités identiques, ajoutée au mécanisme d'équilibrage de charge, augmente la capacité totale de traitement.

Une autre exigence vitale de l'architecture du système d'information est la disponibilité. Plus un système d'information est critique, plus la continuité de service doit être garantie. La règle de base pour solidifier un système d'information consiste à identifier les maillons faibles de la chaîne de communication afin de les éliminer.

Vous verrez dans ce chapitre comment la commutation 4-7 répond à l'ensemble de ces exigences.

Définition de la commutation 4-7

La commutation 4-7 tire son nom du fait qu'elle consiste à commuter les trafics IP selon des critères non seulement réseau, telles les informations de niveau IP, mais aussi de niveau applicatif, allant de la couche 4, ou couche transport TCP ou UDP, à la couche 7, ou couche application.

Placé devant les ressources critiques qu'il est chargé de contrôler, un commutateur 4-7 est un équipement réseau comportant des connectiques LAN (Fast Ethernet ou Gigabit Ethernet) et de deux à plusieurs dizaines de ports.

La figure 1.1 illustre un cas typique d'implémentation de commutation 4-7 sur des serveurs applicatifs. Le commutateur 4-7 distribue le trafic vers les ressources délivrant le même traitement et mises en parallèle. Il fait apparaître la batterie de ressources comme unique et dotée d'une grande capacité de traitement.

Figure 1.1

*Implémentation
typique de la
commutation 4-7*

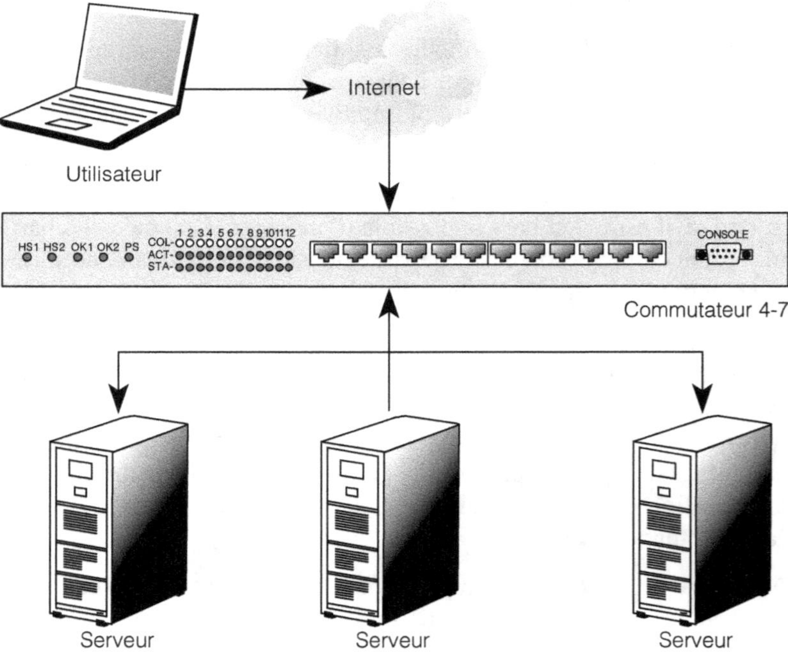

Les ressources peuvent être :

- des serveurs applicatifs dans la zone des applications ;
- des éléments de sécurité (pare-feu, VPN, sonde de détection d'intrusion, serveur antivirus) dans la zone de sécurité ;
- des serveurs de cache dans la zone d'optimisation de l'accès Internet ;
- des liens d'accès Internet dans la zone d'accès Internet.

Chacune des ressources que le commutateur 4-7 optimise se trouve localisée dans des zones distinctes de l'architecture.

Comme illustré à la figure 1.2 (page suivante), avec des commutateurs 4-7 placés dans chaque zone critique de l'infrastructure, toute la chaîne de communication est rendue robuste, performante et extensible.

Les services de la commutation 4-7

Chaque zone à optimiser comporte des spécificités à respecter et des besoins à satisfaire. Le fait d'optimiser des éléments de sécurité, par exemple, impose de ne pas créer de nouvelle faille de sécurité.

Les principaux services d'optimisation apportés par la commutation 4-7 sont les suivants.

- redirection intelligente du trafic et équilibrage de charge ;
- continuité de service grâce à des capacités de gestion de haute disponibilité.

La redirection intelligente

La redirection de trafic désigne la fonction d'acheminement du trafic vers un destinataire choisi selon des critères techniques, tels que les paramètres de charge ou la nature du flux IP.

La forme la plus répandue de redirection intelligente utilisée dans les commutateurs 4-7 est l'équilibrage de charge, ou redirection selon les critères de charge.

L'équilibrage de charge

L'équilibrage de charge consiste à répartir le flux reçu en l'envoyant vers plusieurs ressources assurant le même traitement, et ce de manière optimale. L'optimisation de la redirection se trouve dans la capacité du commutateur 4-7 à choisir la ressource selon la charge mesurée.

Cette forme de redirection a pour rôle de mettre en parallèle plusieurs ressources de traitement identiques afin d'accroître la performance totale de l'ensemble.

La granularité considérée pour l'équilibrage de charge est la session de l'utilisateur. Deux types de sessions peuvent être manipulées :

- au niveau IP (niveau réseau dans le modèle OSI) ;
- au niveau TCP ou UDP (niveau transport dans le modèle OSI).

Figure 1.2

Architecture optimisée de bout en bout

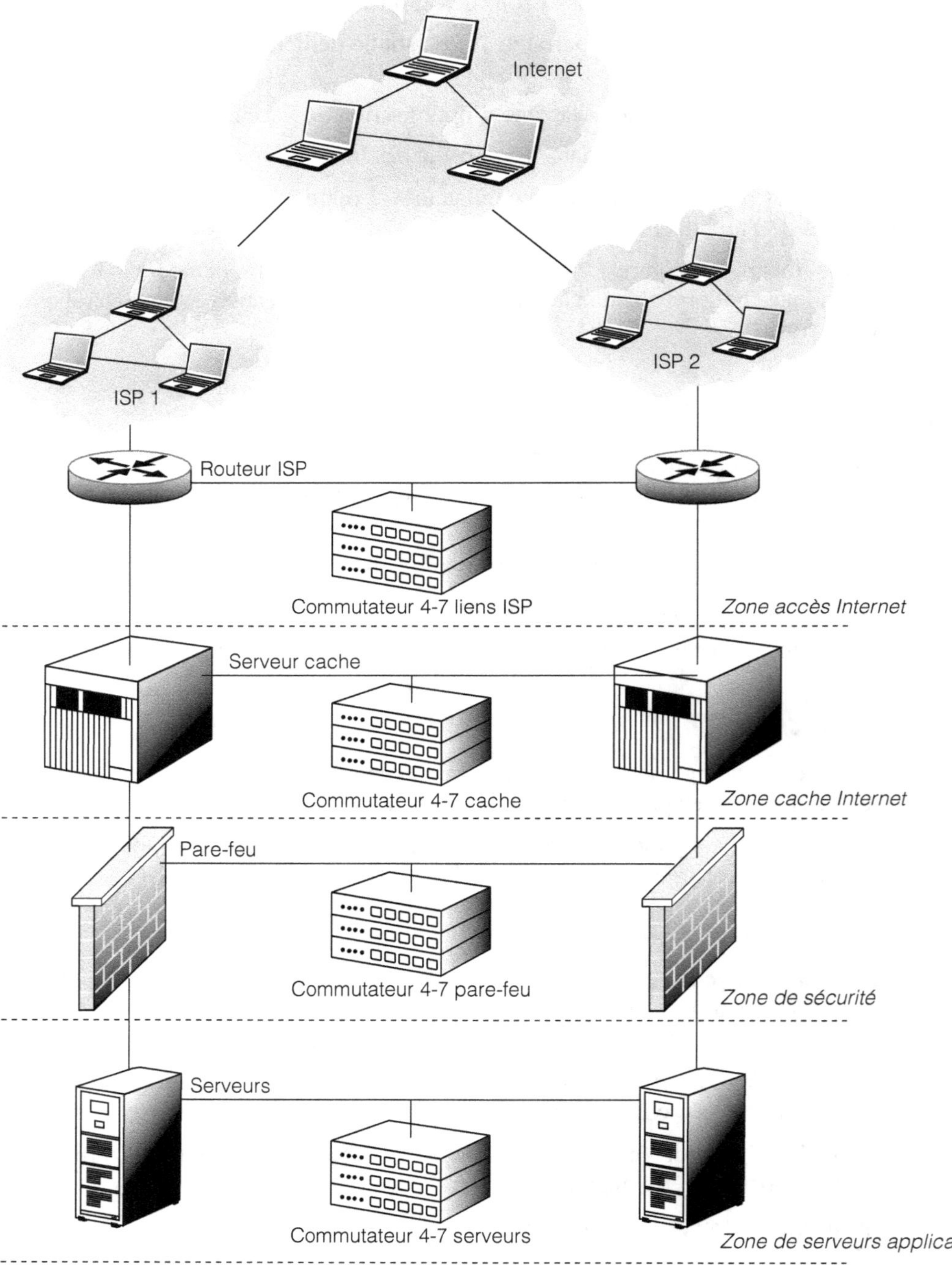

Entre un client et un serveur, il ne peut y avoir qu'une seule session IP identifiée par son couple d'adresses IP source (le client) et destination (le serveur). Tous les paquets appartenant à cette session de niveau IP portent les mêmes informations d'adresses IP.

À l'intérieur de cette session IP unique peuvent coexister plusieurs sessions de niveau TCP ou UDP selon l'application considérée. Le client ouvre autant de sessions applicatives que d'accès souhaités vers les différentes applications qu'héberge le serveur. Chaque session applicative de niveau TCP ou UDP se distingue des autres par le couple identificateur-numéro de port TCP ou UDP.

La figure 1.3 illustre un client communiquant avec un serveur en ouvrant deux sessions Web, reconnaissables par leur numéro de port destinataire TCP 80, et une session avec un numéro UDP de 13500, correspondant à une application client-serveur maison, c'est-à-dire non standard et développée par l'entreprise pour satisfaire ses besoins métier.

Figure 1.3

Les différents niveaux de sessions

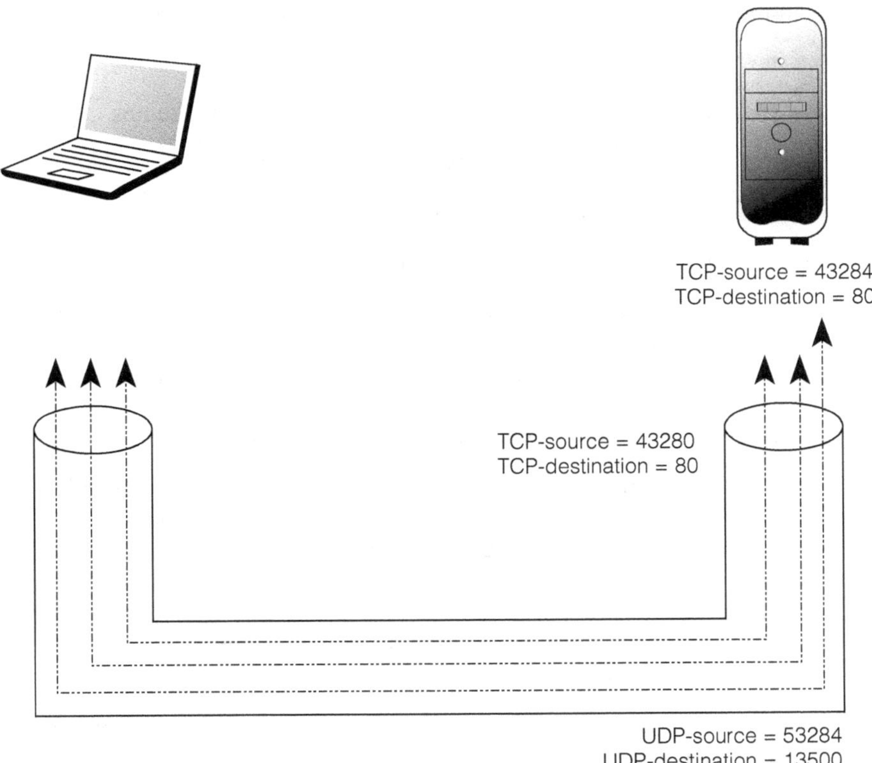

Lorsqu'une session, de niveau IP ou TCP/UDP, est affectée par le commutateur 4-7 à une ressource, elle le reste tout au long de sa durée de vie. En d'autres termes, l'ensemble des paquets appartenant à cette session est acheminé vers le même destinataire. Cela s'appelle la *persistance de session.*

Le seul cas d'exception, dans lequel une session est réaffectée à un autre serveur au milieu d'une communication, est celui du basculement de serveur pour cause de panne.

L'optimisation de la redirection se trouve dans la capacité du commutateur 4-7 à choisir la ressource à affecter à une session, selon la charge mesurée. On parle aussi *d'équilibrage de charge par session.*

À chaque nouvelle session reçue, le commutateur 4-7 se doit de déterminer le serveur adéquat pour la recevoir. Le choix s'effectue en fonction des critères de charge qui ont été configurés.

Les critères de charge définissent les algorithmes d'équilibrage de charge. Les différents critères d'équilibrage de charge sont les suivants :

- nombre de session au niveau réseau entre les clients et les serveurs ;

- nombre de session au niveau application selon les numéros de port TCP ou UDP ;

- volumétrie du trafic en paquet par seconde ou en kilobit par seconde ;

- temps de réponse de l'application.

La mesure des paramètres de charge peut se faire des différentes façons suivantes :

- en mesurant localement sur le redirecteur lui-même ;

- en demandant directement ces valeurs aux serveurs, par exemple *via* des requêtes SNMP ;

- en s'appuyant sur des tests de performance effectués par le redirecteur sur les serveurs.

L'approche consistant à collecter la charge sur les requêtes envoyées au serveur est plus pertinente que la mesure de charge au niveau du commutateur 4-7. Elle présente toutefois l'inconvénient éventuel de générer un surplus de charge de travail sur les serveurs, susceptible d'engendrer une dégradation de performance. Un compromis est en ce cas à trouver entre la finesse de prise de connaissance des charges et la performance à maintenir au niveau du système global.

C'est la raison pour laquelle il est souvent extrêmement difficile de choisir l'algorithme d'équilibrage de charge le mieux adapté à l'application à optimiser. En tout état de cause, il est indispensable de disposer d'une méthodologie couplée à une approche empirique reposant d'un côté sur l'expérience de terrain et de l'autre sur une observation attentive du comportement du système durant les premières semaines de fonctionnement. L'observation de l'état du système permet d'ajuster les valeurs des paramètres techniques afin de bien épouser les contours de l'application à optimiser.

Sur un commutateur 4-7, il est possible et même conseillé d'associer un algorithme à chacune des applications à gérer. De la sorte, à chaque application est associée un algorithme d'équilibrage de charge adapté à ses spécificités. La plupart des solutions de commutation 4-7 présentent un grand nombre d'algorithmes d'équilibrage de charge, et le choix de l'algorithme adéquat pour une application donnée est bien souvent délicat.

La tableau 1.1 propose une méthode de détermination de l'algorithme à utiliser selon que l'application est de type interactif ou transactionnel.

Tableau 1.1 Choix de l'algorithme d'équilibrage de charge selon le type d'application

Application	Description	Algorithme conseillé
Interactive	Peu de volume de trafic échangé entre le client et le serveur	Cyclique
	Mais énormément de sessions courtes	Ou basé sur le nombre de session par seconde
	Le Web est une application interactive.	
Transactionnelle	Beaucoup de volume transmis entre le client et le serveur	Cyclique
	Mais peu de sessions ouvertes	Ou basé sur le volume de trafic (nombre de paquet par seconde ou d'octet par seconde)
	FTP est une application transactionnelle.	

D'autres algorithmes peuvent fonctionner pour les deux catégories d'applications, comme l'algorithme reposant sur la mesure du temps de réponse des serveurs. S'il n'est pas cité dans le tableau 1.1 c'est que son choix dépend surtout de la puissance des serveurs à supporter la charge supplémentaire engendrée par les mesures fréquentes provenant du commutateur 4-7. Lorsque les serveurs sont bien dimensionnés pour autoriser la mise en œuvre de cet algorithme, ce dernier peut convenir aux deux types d'applications.

Redirection selon les caractéristiques du flux IP

La redirection selon les caractéristiques du flux IP permet d'implémenter une politique d'acheminement selon des critères tels que :

- l'appartenance du flux à une application (numéro de port TCP ou UDP ou inspection du trafic pour rechercher les instructions échangées) ;

- l'appartenance du flux à l'utilisateur (adresse IP du client, cookie, etc.) ;

- l'appartenance du flux à un serveur (adresse IP, cookie, SSL ID, etc.).

Le commutateur 4-7 inspecte le trafic en temps réel, puis, en accord avec la politique d'acheminement définie, le relaye vers le bon destinataire. Si le destinataire se trouve parmi un groupe de ressources en parallèle, le commutateur utilise son algorithme d'équilibrage de charge pour sélectionner le destinataire.

Véritable chef d'orchestre, le commutateur offre la possibilité de construire des architectures de traitement de flux très sophistiquées, impliquant plusieurs composants d'inspection. Cette capacité est surtout mise en œuvre dans une architecture de sécurisation du système d'information.

Les règles de filtrage et de redirection

En cas de déploiement dans une zone de sécurisation, le commutateur 4-7 autorise l'implémentation de règles de filtrage élaborées combinant plusieurs traitements de sécurité, tels que la détection d'intrusion, le filtrage de sécurité, les antivirus, selon la nature des flux.

Une règle permet, par exemple, au commutateur 4-7 d'intercepter un flux Web dans le réseau pour l'acheminer en premier lieu vers une sonde de détection d'intrusion, ou IDS (Intrusion

Detection System), puis de le diriger vers un filtreur d'URL pour enfin le relayer à travers les pare-feu vers le destinataire final. Une autre règle peut spécifier d'acheminer le trafic de messagerie vers un antivirus avant de l'envoyer à travers les pare-feu vers le serveur destinataire. Une troisième dit que pour tous les autres flux, un simple passage à travers le pare-feu avec une copie vers les IDS est suffisant.

Le tableau 1.2 récapitule l'ensemble des règles de redirection implémentées sur le commutateur 4-7.

Tableau 1.2 Règles de redirection

Application	Règle de redirection	Commentaire
Web	1. Inspection par IDS. 2. Contrôle par filtrage d'URL. 3. Filtrage par pare-feu.	Le filtrage d'URL permet de parer les attaques spécifiques au Web et de contrôler les accès au contenu.
Messagerie	1. Analyse par antivirus. 2. Filtrage par pare-feu.	L'antivirus permet de lutter contre la majorité des attaques *via* la messagerie, qui reposent sur des codes malveillants joints aux messages envoyés.
Autre	Filtrage par pare-feu	Le pare-feu est le passage obligé pour l'ensemble des flux.

Chaque élément de sécurité peut être déployé en grappe. Dans ce cas, le commutateur 4-7 répartit la charge de manière optimale. Le commutateur s'attache alors à appliquer les trois règles et, selon la nature du flux intercepté, à dérouler l'ensemble des actions associées.

La haute disponibilité

La continuité de service des applications critiques passe par la mise en œuvre de la haute disponibilité sur l'ensemble de la chaîne de communication. Il s'agit de rendre l'ensemble du système d'information résistant aux pannes en éliminant sur le chemin de parcours des données les points uniques de rupture, ou SPF (Single Point of Failure).

Le commutateur 4-7 apporte aux ressources qu'il optimise cette capacité à garantir en même temps leur continuité de service. Pour au moins deux ressources en parallèle, le commutateur 4-7 surveille l'état de disponibilité de chacune d'elles. En cas de détection de problème, le commutateur 4-7 décide de rediriger l'ensemble des trafics à destination de la ressource en panne vers la ou les ressources en fonctionnement.

Le plus difficile dans la mise en œuvre d'une fonction de haute disponibilité n'est pas le mécanisme de basculement en cas de détection de panne mais celui de détection de la panne elle-même. Cette détection doit être instantanée et juste.

Un mécanisme de détection de panne qui travaille au niveau de l'application est appelé *surveillance applicative*. Un tel mécanisme offre une justesse de détection optimale. En contrepartie, il nécessite davantage de traitement et peut donc dégrader la performance.

Une surveillance de disponibilité peut se faire au niveau réseau, par ping de l'adresse IP. L'enjeu étant toutefois d'effectuer une surveillance au niveau de l'application, l'idéal est de simuler complètement un client de l'application.

Prenons comme exemple une architecture de haute disponibilité faisant cohabiter sur les mêmes serveurs physiques deux applications, un annuaire LDAP (Lightweight Directory Access Protocol) et un serveur Web. Acceptons comme hypothèse de travail que le LDAP est plus critique que le Web.

La figure 1.4 illustre une surveillance au niveau de l'application qui permet de distinguer correctement l'état de fonctionnement du Web et du LDAP.

Figure 1.4

*Tests combinés
de disponibilité Web
et LDAP*

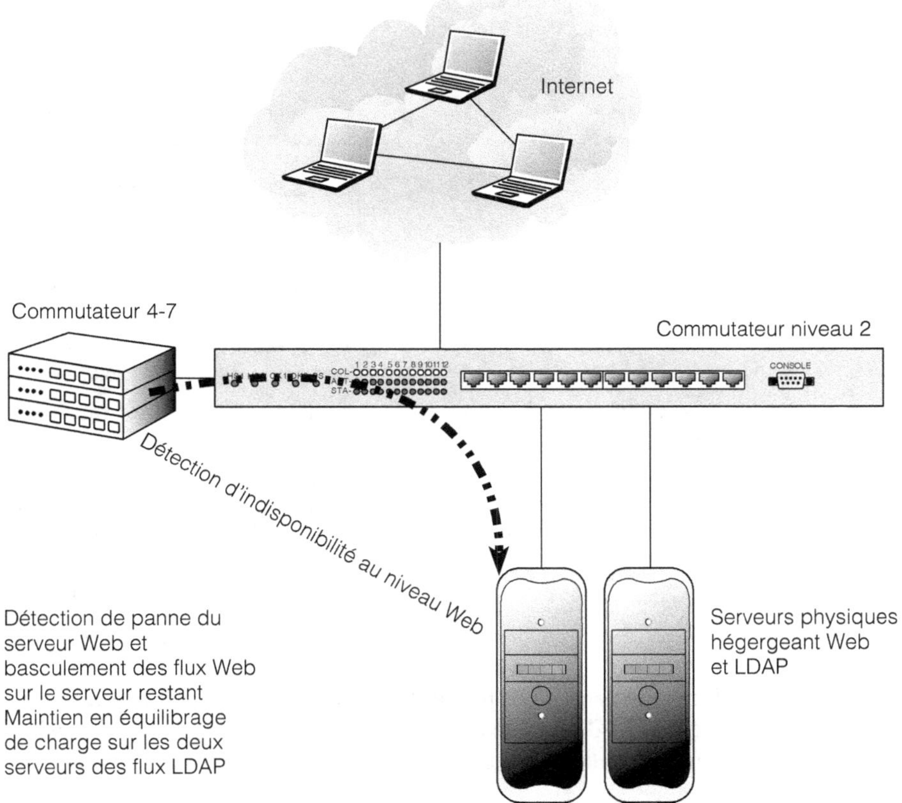

Si l'un des deux serveurs tombe en panne, cela ne pénalise pas l'autre. Si le Web doit être le seul à connaître un dysfonctionnement, ce serait une perte importante que de condamner le serveur physique et de perdre un serveur pour traiter les flux LDAP. Grâce aux algorithmes de surveillance applicative en parallèle, seuls les flux Web sont relayés vers le serveur restant, tandis que les flux LDAP continuent d'être équilibrés en charge normalement sur les deux serveurs physiques.

Le tableau 1.3 donne quelques exemples d'algorithmes embarqués sur des commutateurs 4-7, accompagnés de leurs paramètres de fonctionnement, pour correspondre à un large panel de besoins client. La majorité des algorithmes interprètent non seulement l'absence ou la présence d'une réponse du serveur mais également la pertinence du contenu de cette réponse. Cela s'appelle *vérification de l'intégrité du contenu applicatif*.

Tableau 1.3 Méthodes de surveillance de disponibilité

Méthode	Argument	Commentaire
DNS	Nom logique de la machine Adresse correspondante à recevoir	Le module envoie une requête de résolution d'adresse de type A record vers l'adresse du destinataire configurée. Le module vérifie ensuite que la réponse est reçue sans erreur et que l'adresse renvoyée par le serveur correspond à l'adresse spécifiée.
FTP	Nom utilisateur Mot de passe	Le module envoie des commandes USER et PASS vers le serveur FTP. Si le processus d'accès au serveur se déroule correctement, le module exécute une commande SYST. Si toutes les commandes s'exécutent sans difficulté, le module ferme proprement la session.
IMAP	Nom utilisateur Mot de passe	Le module envoie une commande LOGIN vers le serveur IMAP4. Il vérifie ensuite que la réponse reçue du serveur est bien un OK.
NNTP	Pas d'argument	Le module envoie une commande LIST et vérifie que la réponse du serveur est valide.
POP	Nom utilisateur Mot de passe	Le module envoie des commandes USER et PASS vers le serveur POP3. Il vérifie ensuite que le code retourné est bien un OK.
RADIUS	Nom utilisateur Mot de passe Secret RADIUS	Le module envoie une requête d'accès incluant les paramètres USER, PASSWORD et SECRET STRING et attend en échange une acceptation d'accès.
RSTP	Chemin dans le système de fichier pour atteindre le fichier demandé Nom de machine	Le module envoie une commande DESCRIBE et s'attend à recevoir du serveur un code 200 qui signifie OK.
SMTP	Nom du serveur	Le module envoie une commande HELLO vers le serveur et vérifie que le code reçu en retour est un 250.

Ce tableau donne un aperçu des possibilités de vérification de l'état d'une application offertes par un commutateur 4-7. Cette liste évolue selon les besoins du client, ainsi que selon les enrichissements de fonctionnalités apportés par les fournisseurs de solutions.

Concepts et paramètres techniques de la commutation 4-7

La commutation 4-7 représente une innovation dans le domaine des réseaux car elle apporte au réseau une intelligence lui permettant de mieux traiter et acheminer les flux applicatifs.

Des concepts nouveaux ainsi que des paramètres techniques liés aux spécificités de la commutation 4-7 sont à connaître afin de comprendre son fonctionnement. Ils sont détaillés dans les sections qui suivent.

La commutation de niveau 7

Le concept de commutation de niveau 7, correspondant à la couche application du modèle OSI, est né du constat que cette nouvelle génération de commutateurs réseau était capable de prendre des décisions d'acheminement de paquets en se fondant sur des informations de niveau applicatif.

Par exemple, un commutateur 4-7 peut délivrer des capacités de commutation Web en lisant les en-têtes HTTP et les champs du paquet HTTP tels que le type de navigateur, la langue utilisée, etc., ainsi que les différentes informations contenues dans l'URL (Uniform Resource Locator), telles que le nom de la machine (hostname), le sous-répertoire (directory), le suffixe du fichier (extension qui détermine le format du fichier) ou encore le cookie (information générée par le serveur pour identifier l'utilisateur).

Le tableau 1.4 recense les différents champs qui peuvent être exploités par le commutateur 4-7 pour acheminer le trafic.

Tableau 1.4 Champs lus par le commutateur 4-7

Champ	Description	Exemple
Nom d'hôte	Le commutateur 4-7 redirige vers le destinataire selon le nom d'hôte contenu dans l'URL.	Dans une ferme de serveurs, on peut distinguer l application *www.site.com*, qui est le serveur Web, de *ftp.site.com*, le serveur FTP.
Sous-répertoire	Le contenu peut être organisé en sous-répertoires distincts en sorte que l'accès dépende du sous-répertoire demandé.	Dans une ferme de serveurs, on peut distinguer *www.site.com/répertoire-1* de *www.site.com/répertoire-2*.
Type de fichier	Le format d'un fichier peut être reconnu par la lecture de son suffixe.	Dans une ferme de serveurs, on peut distinguer les serveurs qui stockent les fichiers texte **(*.htm)** et les fichiers image **(*.jpg)**.
Cookie	Un cookie est un ensemble de paramètres envoyés par le serveur vers le client afin de l'identifier lors de son prochain passage. Chaque paramètre possède un nom et une valeur. Lors du premier passage, le client reçoit l'ensemble des cookies transmis par le serveur. Lors des passages suivants, le client présente tous les cookies qu'il a reçus du serveur. Ce dernier peut alors facilement connaître les actions à entreprendre par rapport à l'utilisateur reconnu.	Selon la valeur du cookie, le commutateur 4-7 relaye le trafic vers le serveur sollicité à la première connexion.
En-tête HTTP	Le flux HTTP comporte un en-tête contenant plusieurs informations susceptibles d'être utilisées à des fins de redirection. En lisant l'en-tête HTTP, on peut, par exemple, connaître : – le type de navigateur utilisé par le client ; – la langue du navigateur.	La langue du navigateur est intéressante dans le cas où la ferme de serveurs est séparée en deux sous-groupes : le groupe des serveurs qui possèdent un contenu en anglais et celui des serveurs qui ont le même contenu mais en français.

Cette illustration de la commutation Web démontre la capacité poussée de ces équipements à travailler au niveau applicatif et à se comporter parfois comme des proxy applicatifs. Pour récupérer la totalité des champs de l'URL envoyée par le client navigateur, le commutateur 4-7 fait croire au client qu'il est le serveur Web avec lequel le client doit établir sa session.

Le mécanisme de simulation applicative permettant de récupérer les informations nécessaires à l'acheminement est appelé parsing, ou Delayed Binding. Il s'agit de mettre une adresse IP à disposition des utilisateurs qui cherchent à contacter le serveur Web. Tous les clients navigateurs se connectent sur cette adresse IP gérée par le commutateur 4-7.

La figure 1.5 illustre les différentes phases dans l'établissement d'une session de communication entre le client navigateur et le serveur *via* le commutateur 4-7.

Cela débute par une phase d'établissement de la connexion TCP entre un client navigateur et le commutateur 4-7. Une phase d'établissement de session TCP nécessite trois allers-retours pour négocier tous les paramètres d'établissement de la session avant d'échanger des données entre le client et le serveur. Elle se nomme Three-Handshakes.

Lors de l'établissement de la session TCP, le client envoie l'en-tête HTTP ainsi que l'URL qu'il souhaite consulter. Souvent de taille supérieure à la limite de longueur d'un paquet TCP, ces données sont segmentées et transportées dans plusieurs paquets TCP/IP vers le commutateur 4-7. Tous les paquets sont progressivement réassemblés par le commutateur.

Dès la prise de connaissance du contenu ou de l'application auquel le client cherche à accéder, le commutateur 4-7 prend une décision d'équilibrage de charge et choisit un serveur à affecter à la session. Il ne lui reste qu'à établir une autre connexion TCP/IP avec le serveur choisi afin de lui transmettre l'ensemble des flux de la session.

Une fois les communications client vers commutateur et commutateur vers serveur établies, le trafic peut transiter du client vers le serveur final.

Les fermes de ressources

Une ferme est un regroupement de ressources matérielles en batterie fournissant un même service. Ces ressources peuvent être des serveurs, des éléments de sécurité, des caches ou même des liens d'accès Internet.

Une ferme de serveurs, par exemple, est un ensemble de serveurs physiques mis en parallèle afin de délivrer la même application Web. Les flux sont répartis par le commutateur 4-7 vers ces serveurs.

VIP (Virtual IP)

La notion d'adresse IP virtuelle, ou VIP (Virtual IP), n'est virtuelle que dans sa sémantique. D'une longueur standard de 32 bits, elle est utilisée dans les champs d'adresse IP source et destination du datagramme. Dans le réseau, il n'y a pas de différence entre une VIP et une adresse IP d'un élément actif.

Au lieu de représenter un élément du réseau, la VIP est associée à une ferme de serveurs et est perçue par l'utilisateur comme point d'accès IP au service applicatif qu'elle représente.

Tous les flux à destination d'un service ou d'une application sont envoyés par les utilisateurs vers une même adresse VIP. Tous les datagrammes arrivent sur le commutateur 4-7, qui est le seul équipement du réseau à posséder cette adresse. Les flux sont de la sorte correctement concentrés sur le commutateur, qui peut assurer sa fonction d'équilibrage de charge avec tout le contrôle nécessaire.

Figure 1.5

Delayed Binding en HTTP

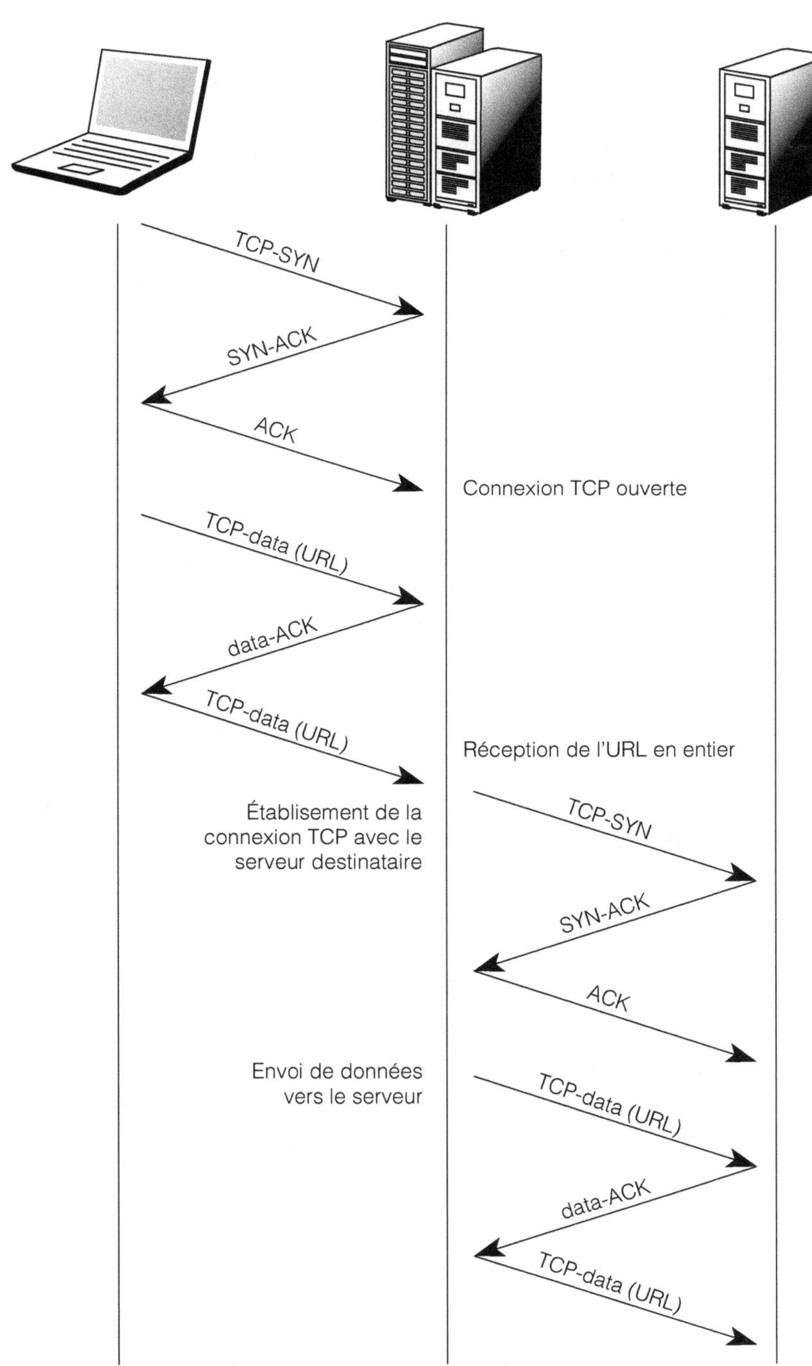

Persistance des sessions

La notion de persistance de session est une conséquence de l'équilibrage de charge. Dans un cas simple de communication entre un client et un serveur, la persistance est instituée *de facto*. Elle devient problématique et doit être gérée en conséquence lorsque plusieurs serveurs sont mis en batterie. Pendant toute la durée de la session, un client affecté à un serveur doit rester attaché à ce serveur.

Il est nécessaire d'activer sur le commutateur 4-7 des mécanismes adaptés pour prendre en charge la gestion de la persistance. Il existe pour cela plusieurs méthodes, qui s'appuient sur des paramètres réseau (adresse IP) ou applicatifs (cookie, SSL ID ou code de redirection HTTP).

Le choix du mécanisme à utiliser se fait en considérant le contexte réseau (cache, routage, etc.) et applicatif (niveau de support des cookies, par exemple).

Architecture entre parenthèses

Un commutateur 4-7 a besoin d'être situé en amont des ressources qu'il optimise. Cependant, en cas d'architecture d'équilibrage de charge d'éléments de sécurité tels que les pare-feu ou les VPN, le commutateur 4-7 peut se trouver en aval de l'architecture. C'est ce qui s'appelle une architecture entre parenthèses ou en sandwich.

La contrainte qu'imposent ces éléments au commutateur est leur transparence vis-à-vis du trafic. Un élément de sécurité fonctionnant en mode transparent n'est pas destinataire du flux qu'il manipule. À l'image de ce qui se produit dans un routeur, les paquets qui transitent à travers un pare-feu ne portent pas comme adresse de destination celle du pare-feu.

La figure 1.6 illustre, à gauche, la problématique de l'équilibrage de charge d'éléments transparents et, à droite, la solution de l'architecture entre parenthèses. L'exemple illustré correspond à un scénario de communication de clients sur Internet voulant accéder à un serveur d'applications qui se trouve protégé par une barrière de pare-feu.

L'architecture entre parenthèses fonctionne de la façon suivante :

1. La session est établie depuis Internet et arrive sur le commutateur 4-7 placé en amont.

2. Celui-ci effectue un choix d'équilibrage de charge pour chaque nouvelle session à traiter. Le commutateur choisit le pare-feu 1 et lui relaye la session.

3. Lors de la réception de la session, le pare-feu 1 effectue son travail de contrôle de sécurité. Imaginons que cette session ne présente rien de suspect.

4. Le pare-feu l'achemine vers son destinataire indiqué par l'adresse IP destination dans les paquets IP.

5. Dans le même temps, le pare-feu 1 mémorise que cette nouvelle session a été contrôlée par lui à l'aller.

   Dans l'architecture à un seul commutateur 4-7 en amont, le flux est envoyé directement vers le destinataire. *A contrario,* avec l'architecture entre parenthèses, le flux passe à travers un second commutateur 4-7 se trouvant en aval des pare-feu. Ce commutateur aval a pour tâche

Figure 1.6

*Architecture dite
« entre parenthèses »*

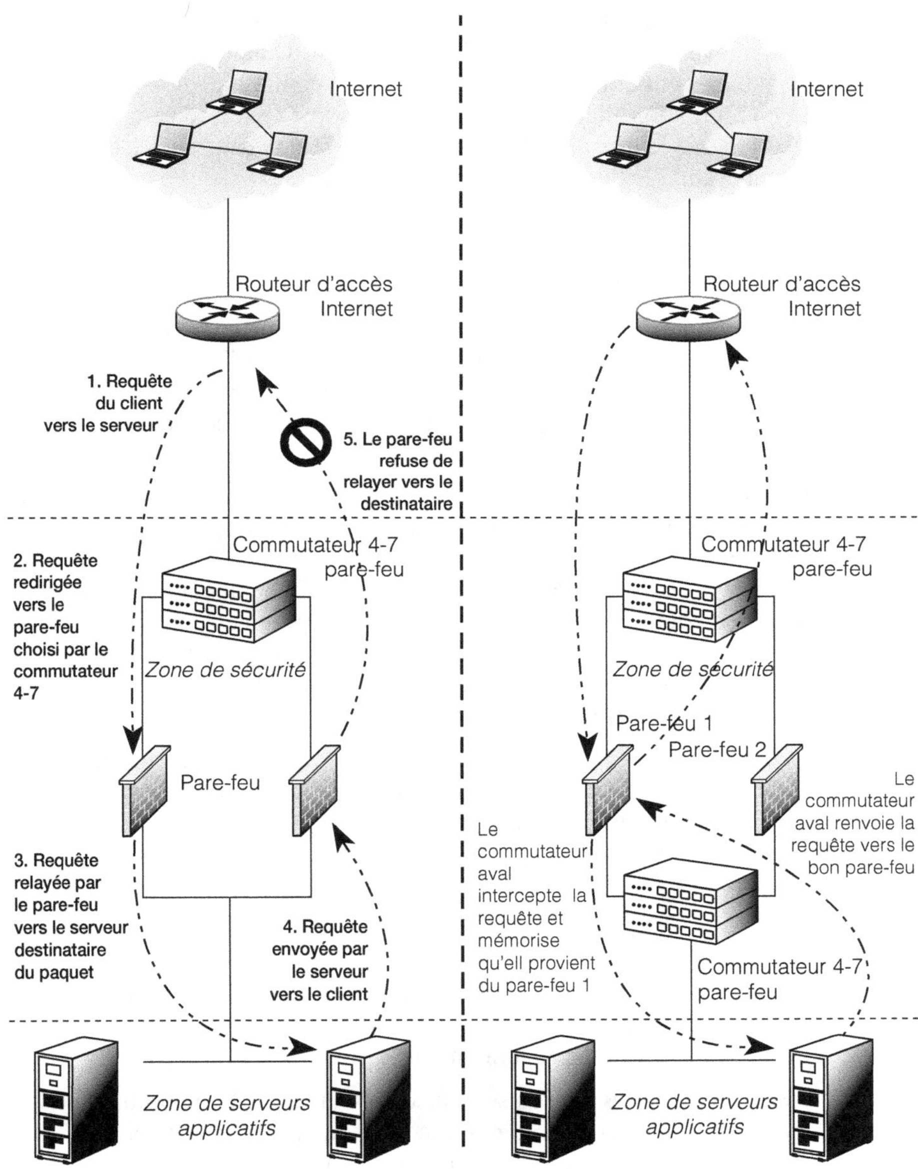

d'intercepter tous les flux en provenance des pare-feu afin de mémoriser les caractéristiques de la session (adresse IP source, adresse IP destination, numéros des ports source et destination) ainsi que le pare-feu à partir duquel il a reçu cette nouvelle session.

6. Pour connaître le pare-feu d'origine, le commutateur 4-7 prend connaissance de l'adresse MAC (Media Access Control) source du paquet, située au niveau 2 de l'OSI, et la mémorise. Toutes les informations sont consignées dans une table des sessions.

7. Le serveur reçoit la requête et commence à envoyer la réponse au client. La réponse est envoyée vers son routeur par défaut (Default Gateway). Dans le cas de gauche, le routeur par défaut peut être l'un des pare-feu ou le commutateur 4-7 amont. Quel que soit le choix de configuration, il y a de fortes chances que le flux de retour ne passe pas par le même pare-feu que le flux aller. En conséquence, le flux est refusé par le second pare-feu puisqu'il n'a pas validé le flux aller.

Grâce à l'architecture entre parenthèses, le commutateur aval peut servir de routeur par défaut pour le serveur. Le flux de retour passe forcément par le commutateur qui le relaye vers le bon pare-feu répertorié dans la table des sessions comme étant celui qui a envoyé la session à l'aller.

L'arithmétique de conception est la suivante : il faut positionner autant de commutateurs 4-7 qu'il y a d'interfaces à gérer sur les pare-feu. Comme l'illustre cet exemple, des pare-feu avec deux interfaces réseau imposent de positionner au moins deux commutateurs 4-7 pour les entourer. Il est nécessaire de doubler ce nombre pour assurer la redondance des commutateurs eux-mêmes.

On peut penser que le budget peut devenir rapidement pharaonique selon le nombre de zones de sécurité à protéger. Le constructeur Radware a bien compris cette problématique et y a répondu par une solution qui permet de découper un commutateur 4-7 en plusieurs entités logiques indépendantes de commutation 4-7. Cette technologie dite de mutualisation prend bien entendu en compte la contrainte forte d'isolement des différentes entités logiques de commutation afin d'éviter de constituer une faille de sécurité au niveau du commutateur 4-7. Ce type d'innovation contribue à démocratiser les architectures d'optimisation des zones de sécurité tout en restant à un prix de revient raisonnable.

Pour réduire l'impact budgétaire, il est de surcroît possible de mutualiser les commutateurs 4-7 déployés sur deux groupes de ressources à gérer en équilibrage de charge. Comme l'illustre la figure 1.6, l'équilibrage de charge des serveurs applicatifs peut être assuré par le commutateur 4-7 aval sans ajout d'équipement.

La redondance

La redondance, ou dédoublement des ressources, assure la continuité de service. Son principe est le suivant : quand une ressource tombe, il faut basculer sur le restant pour continuer à assurer le service sans impacter le fonctionnement global.

La redondance des ressources serveur est assurée par le commutateur 4-7 *via* les algorithmes embarqués de haute disponibilité. La redondance des commutateurs 4-7 eux-mêmes est mise en œuvre au travers de mécanismes dédiés, qui permettent d'éliminer tout point de défaillance unique au niveau du commutateur.

Les solutions de commutation 4-7 proposent généralement l'une des deux formes de gestion de la redondance suivantes :

- mécanisme propriétaire reposant la plupart du temps sur le protocole ARP (Address Resolution Protocol) pour la gestion du basculement entre les commutateurs ;

- mécanisme standard VRRP (Virtual Router Redundancy Protocol).

À moins d'avoir à gérer des cas de redondance en cascade, le mécanisme fondé sur les annonces ARP est le meilleur du fait de sa simplicité de configuration et d'exploitation. Lorsqu'un commutateur 4-7 offre les deux modes, il est préférable de mettre en œuvre le mécanisme propriétaire.

Basculement sans perte de session

La plupart des applications ont besoin de gérer un contexte de session plus ou moins complexe pour chacune des transactions applicatives client.

En cas de basculement d'un commutateur 4-7 vers un autre, il est impératif que les commutateurs 4-7 mettent en œuvre la synchronisation des tables de session, faute de quoi les sessions en cours risquent d'être réaffectées vers les mauvais serveurs. Cette fonction permet à un serveur redondant de copier périodiquement la table de l'actif et ainsi de connaître à tout moment les associations de client à serveur. Aucune erreur d'affectation des sessions client aux serveurs n'est possible en cas de prise de relais par le serveur redondant.

Lors du basculement d'un serveur vers un autre, si rien n'est fait pour dupliquer le contexte applicatif des sessions sur l'ensemble des serveurs, le client peut se trouver rattaché à un serveur incapable de prendre le relais sur l'exécution du programme démarré par son homologue en panne.

La duplication de contexte applicatif parmi les serveurs n'est pas gérée par le commutateur 4-7. Des solutions tierces de type logiciel sont à considérer afin de garantir un basculement serveur sans perte de session. Ces solutions de duplication de contexte applicatif sur une grappe de serveurs sont souvent étroitement dépendantes de l'application considérée.

Mise en œuvre de la commutation 4-7

Pour bien comprendre le fonctionnement d'un commutateur 4-7, il importe d'appréhender le chemin de transformation subi par un paquet de données traversant l'infrastructure.

Deux architectures de mise en œuvre sont à distinguer :

- **Architecture en mode routage.** Dans cette architecture, l'adresse IP virtuelle du service (VIP) est située dans un sous-réseau IP, ou subnet, différent de celui des serveurs. En conséquence, le commutateur 4-7 doit router les trafics pour acheminer les flux vers la ferme de serveurs, ces derniers ayant comme passerelle par défaut, ou default router, le commutateur 4-7. Cela garantit que l'ensemble des flux en retour repasse par le commutateur 4-7.

- **Architecture en mode pontage.** Dans cette architecture, la VIP appartient au même subnet que les serveurs. Pour l'allée, les flux transitent bien par le commutateur 4-7.

Dans le cas de l'architecture en mode pontage, il existe un problème au niveau du flux de retour. Pour être certain que les flux renvoyés par les serveurs repassent par le commutateur 4-7, deux options d'implémentation peuvent être considérées :

- **Coupure physique.** Le commutateur 4-7 est inséré physiquement dans le chemin de parcours des flux, de sorte que le commutateur soit sûr de recevoir les flux en voie de retour vers le client. L'inconvénient majeur de cette opération est la nécessaire interruption de fonctionnement du réseau qu'elle occasionne.

- **Translation de l'adresse source.** Le commutateur 4-7 effectue une translation de l'adresse source sur tous les paquets avant de les envoyer vers leurs destinataires. Il remplace l'adresse source du client par une adresse qu'il gère pour obliger le serveur destinataire à renvoyer le flux de retour vers lui. Le principal défaut de cette approche est qu'elle n'autorise pas la collecte sur les serveurs des statistiques concernant les clients puisque l'adresse source n'est plus celle du véritable client.

Pour toutes ces raisons, l'architecture en mode routage est souvent préférée. Elle garantit la maîtrise du chemin de parcours des paquets tout en préservant l'ensemble des informations sur la source. Peu de modifications sont à apporter à l'infrastructure, et il n'y a aucune obligation de coupure physique dans le réseau.

L'acheminement des paquets

La figure 1.7 illustre le chemin type parcouru par un paquet dans une architecture intégrant un commutateur 4-7.

Figure 1.7

Étapes du parcours d'un paquet

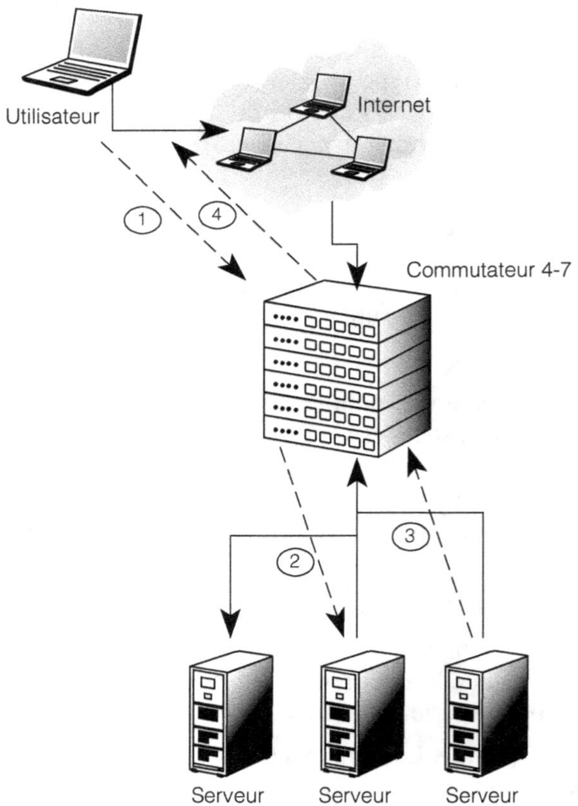

Les quatre étapes importantes suivantes sont à distinguer dans la traversée du paquet, car, à chacune d'elles, le paquet subit une transformation :

1. Arrivée dans le commutateur 4-7.

2. Relais vers le serveur destination choisi par le commutateur 4-7.

3. Retour en provenance du serveur vers le commutateur 4-7.

4. Renvoi du paquet vers le client par le commutateur 4-7.

Les deux premières étapes correspondent à l'aller et les deux suivantes au retour.

Transformation des paquets à l'aller

Pour joindre le site, l'utilisateur peut soit faire appel à son URL, une résolution DNS lui fournissant l'adresse IP virtuelle (VIP) à utiliser pour atteindre le site, soit employer directement l'adresse VIP, s'il la connaît.

La figure 1.8 illustre le contenu des champs d'adresse IP des paquets qui arrivent sur le commutateur 4-7 provenant du poste client.

Figure 1.8

Format de l'en-tête IP des paquets envoyés par le poste client

Adresse IP source = adresse du poste client	Adresse IP destination = adresse VIP

Les paquets arrivent sur le commutateur 4-7, qui effectue les transformations suivantes :

- L'adresse de destination est modifiée, passant de la VIP à l'adresse réelle IP du serveur choisi par le commutateur 4-7.

- Optionnellement, en cas de configuration en mode pontage avec translation de l'adresse source, il y a en plus changement de l'adresse IP source en passant de l'adresse du client à l'adresse du commutateur.

Un serveur peut héberger plusieurs applications. Dans la terminologie TCP/IP, chaque serveur applicatif logiciel est appelé *daemon*. Le cas le plus fréquent est celui d'un serveur physique avec un daemon Web cohabitant avec un daemon FTP (transfert de fichiers). Partageant la même adresse IP du serveur physique, les deux daemons écoutent le réseau sur deux numéros de port TCP distincts. Les navigateurs Web sont configurés pour utiliser le numéro de port TCP 80 pour accéder aux serveurs.

Un problème se pose lorsqu'il s'agit de faire cohabiter plusieurs daemons Web sur un même serveur physique. Tous les daemons ne peuvent plus écouter sur le même port TCP 80. Une solution à ce problème consiste à activer sur le serveur physique une adresse IP associée à chaque daemon. En règle générale, cette approche bute sur les limitations des systèmes d'exploitation des serveurs, qui les empêchent de gérer plusieurs adresses IP.

La figure 1.9 illustre l'apport du commutateur 4-7 pour résoudre ce problème par un multiplexage des ports applicatifs.

Figure 1.9

*Schéma de
fonctionnement
en multiplexage
de ports applicatifs*

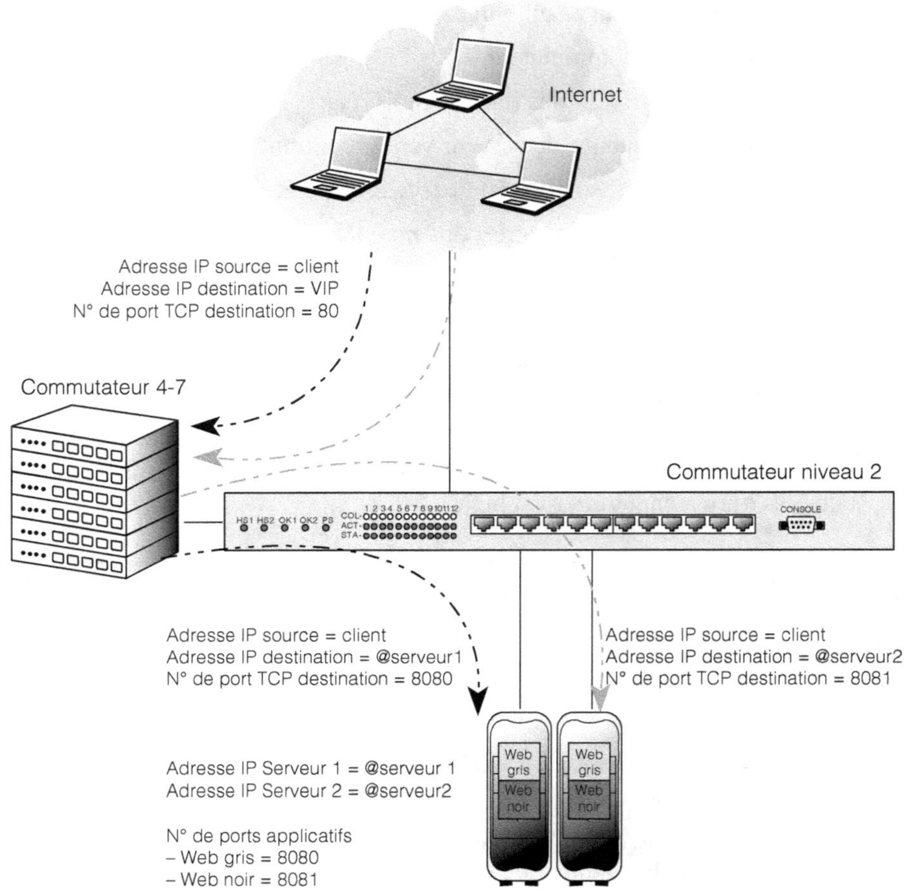

Dans cette architecture, les flux envoyés par les clients vers les deux Web noir et gris portent tous l'adresse destination VIP et le numéro de port TCP 80. Pour distinguer les flux des Web noir et gris, le commutateur 4-7 se fonde sur l'URL demandée par le client : *www.gris.com* pour le serveur Web gris et *www.noir.com* pour le serveur Web noir.

Sur chaque serveur physique, les serveurs Web gris et noir cohabitent. Les deux daemons gris et noir sont respectivement configurés pour écouter sur les ports TCP 8080 et 8081.

Pour que cette architecture fonctionne, il reste à configurer le commutateur 4-7 pour modifier le numéro de port destinataire dans les paquets envoyés vers les serveurs. Si le paquet IP doit parvenir au daemon Web gris, le commutateur modifie le numéro de port destination en 8080.

Transformation des paquets au retour

Au retour, les paquets sont renvoyés par les serveurs au commutateur 4-7. À réception des paquets, les transformations inverses sont appliquées. Ces dernières dépendent de la configuration mise en place.

Toute transformation à l'aller engendre la transformation inverse sur les paquets en retour avant envoi vers le poste client.

Intégration des commutateurs 4-7 dans l'architecture

Le choix d'une architecture d'intégration dépend des caractéristiques de l'infrastructure existante. Le premier facteur à considérer est la disponibilité en connectivité. Le fait d'identifier la nature de la connectivité LAN à utiliser, ainsi que le débit et le nombre des ports utilisables, permet de déterminer le cas échéant les ajouts supplémentaires de commutateurs de niveau 2 nécessaires.

Le routage mis en place dans l'infrastructure existante ne devant pas être modifié, il faut définir au mieux l'insertion du commutateur 4-7 dans le plan de routage, selon les possibilités offertes par l'implémentation du protocole de routage et les capacités de routage embarquées dans le commutateur 4-7 lui-même.

Pour que l'intégration du commutateur 4-7 n'engendre pas un point de défaillance unique dans l'architecture, sa redondance est à prévoir. La redondance des commutateurs 4-7 est soit un mécanisme propriétaire, soit un standard VRRP (Virtual Router Redundancy Protocol). Dans tous les cas, il est important de vérifier que les flux de contrôle et de basculement circulent correctement à travers l'infrastructure LAN. En particulier, il faut valider la bonne propagation des messages ARP (Address Resolution Protocol) à travers le LAN et vérifier que les tables ARP des éléments actifs ne sont pas gérées en mode cache.

Les possibilités d'intégration du commutateur 4-7 dans l'infrastructure dépendent des caractéristiques physiques et logiques du réseau.

Intégration physique du commutateur 4-7

Il existe deux méthodes d'intégration physique du commutateur 4-7 dans l'architecture LAN, en coupure physique et en attachement sur une patte à l'infrastructure.

Intégration en coupure physique

La mise en place d'un commutateur 4-7 en coupure physique se traduit par l'utilisation de deux ports Ethernet, le trafic entrant et sortant par ces ports distincts.

Dans ce type d'architecture, le débit est assuré dans les deux sens au maximum de la capacité du port, soit 100 Mbit/s pour un Fast Ethernet et 1 000 Mbit/s pour un Gigabit Ethernet.

La figure 1.10 illustre une architecture physique avec un commutateur 4-7 en coupure physique, un port étant attaché à un élément actif amont et un autre port à l'élément en aval.

Figure 1.10

*Architecture en
coupure physique*

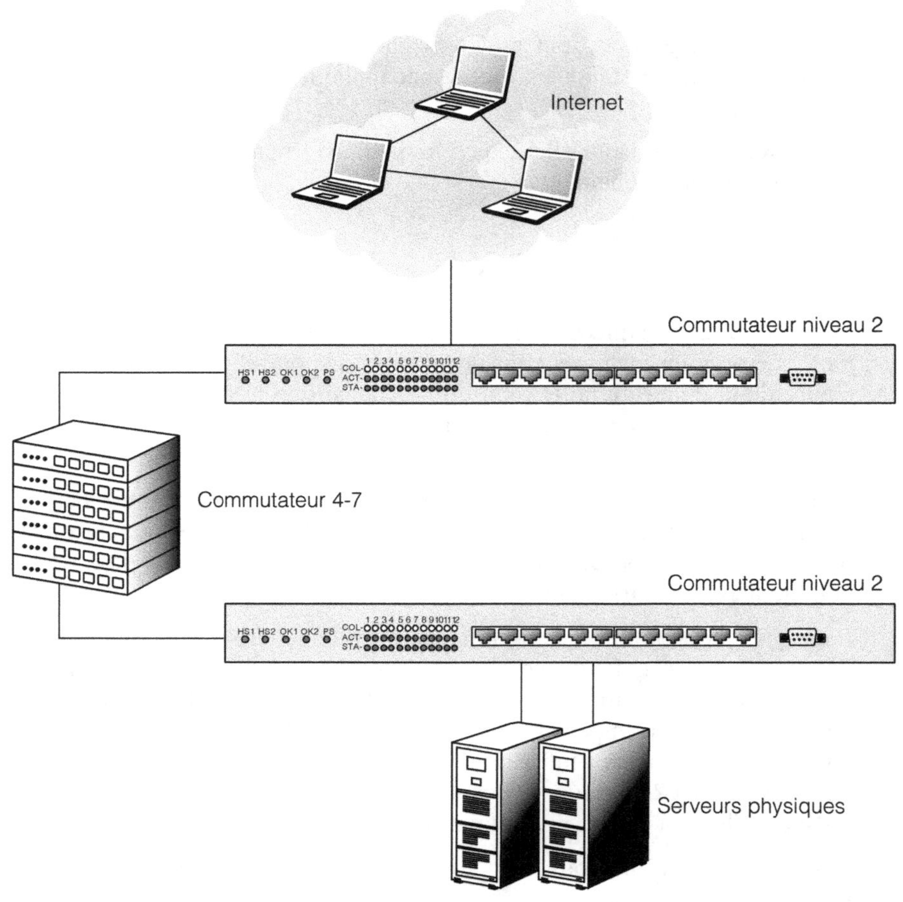

Intégration en attachement sur une patte à l'infrastructure

Dans le cas d'une intégration physique d'un commutateur 4-7 par attachement sur une patte à l'infrastructure, un seul port physique du commutateur est employé pour s'intégrer dans le réseau. En d'autres termes, le trafic entre et sort *via* le même port physique du commutateur 4-7.

La figure 1.11 illustre une architecture avec un seul attachement du commutateur 4-7 au réseau.

Le débit obtenu avec cette architecture correspond à la moitié de la capacité totale du port physique, soit 50 Mbit/s pour un Fast Ethernet et 500 Mbit/s pour un Gigabit Ethernet.

L'avantage principal de cette architecture par rapport à celle en coupure physique est sa simplicité de mise en œuvre. Elle ne nécessite aucune remise en cause de l'existant et ne consomme que peu de ports physiques sur l'infrastructure.

Figure 1.11

*Architecture à un seul
attachement*

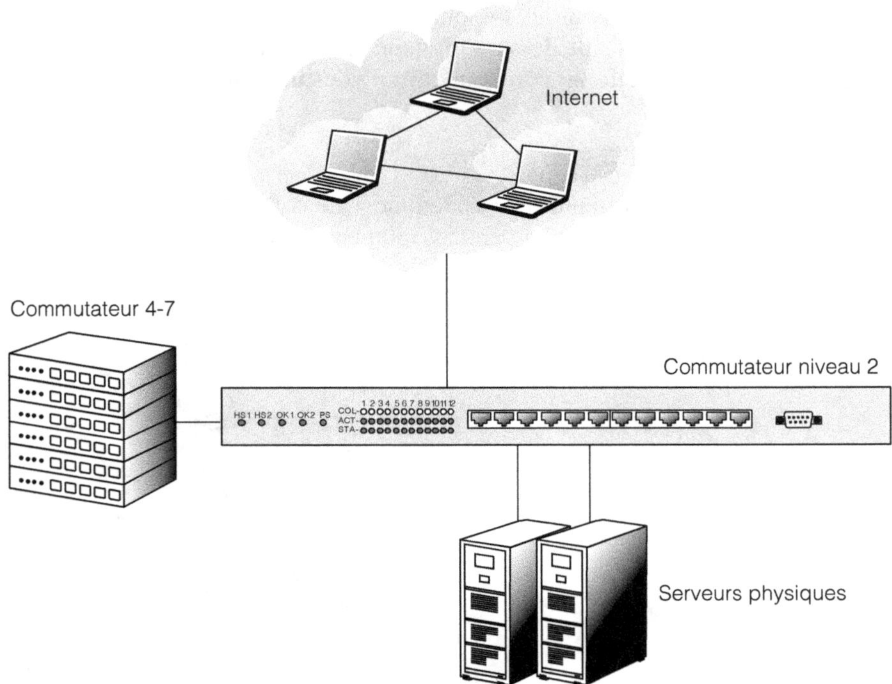

Intégration logique IP du commutateur 4-7

La plupart des commutateurs 4-7 du marché sont capables de fonctionner aussi bien en mode pontage (niveau 2) qu'en mode routage (niveau 3). Cela permet de s'adapter à tout type d'environnement existant. Cependant, lorsque c'est possible, le routage IP est préféré au pontage car il procure plus de contrôle sur le trafic et de souplesse d'intégration dans une architecture existante.

Au niveau du réseau, le routage impose des points de passage obligés pour transiter d'un sous-réseau vers un autre. N'imposant aucune contrainte au niveau de l'architecture physique, les chemins de parcours des flux sont néanmoins totalement maîtrisés pour passer obligatoirement en aller et en retour à travers le commutateur 4-7.

Il est possible de mettre en place des politiques de filtrage de trafic afin de participer à la politique de sécurité. Puisque l'insertion d'un routeur peut se faire *via* un attachement unique du commutateur 4-7 à un port physique de l'infrastructure, le mode routage s'impose lorsque l'existant ne peut offrir suffisamment de ports LAN.

En configuration de routage, le commutateur 4-7 est perçu au niveau du réseau comme un simple routeur. Son insertion est régie par des règles définies par l'architecture logique IP de l'infrastructure. Si le protocole de routage déployé est dynamique, tels RIP (Routing Information Protocol) ou OSPF (Open Shortest Path First), on active sur le commutateur le protocole correspondant.

Comme, dans la plupart des cas, le commutateur 4-7 se positionne en routeur extrémité — il est le routeur par défaut pour les ressources qu'il gère —, la configuration la plus courante reste le routage statique, du fait de sa simplicité. Le commutateur route entre deux sous-réseaux et pointe sur son routeur par défaut pour toute destination autre que les adresses qu'il gère.

Redondance de l'infrastructure

Les architectures présentées précédemment ne sont pas redondantes. Cela signifie que si l'un des éléments actifs tombe en panne, aucun basculement ne se déclenche.

Figure 1.12

*Architecture physique
redondante*

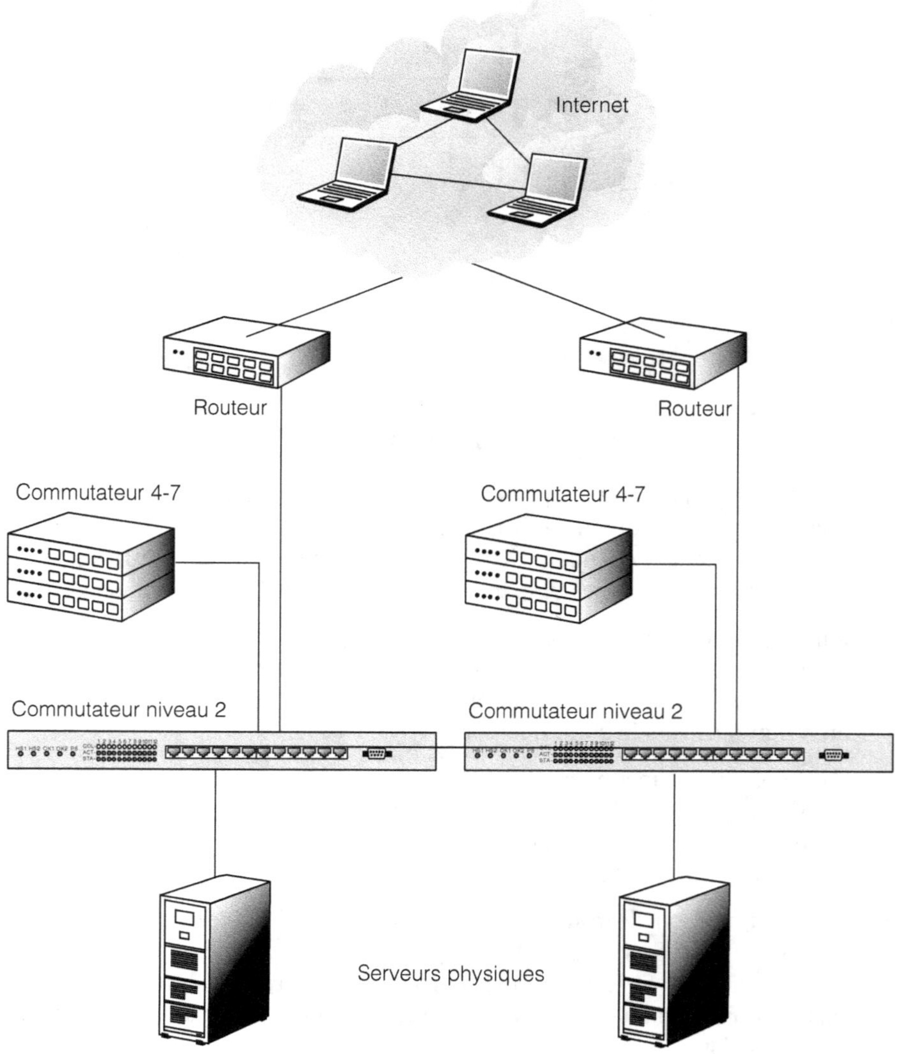

Dans le cas illustré à la figure 1.12, la redondance est implémentée à plusieurs niveaux :

- Les routeurs d'accès au WAN sont doublés d'un mécanisme de redondance de type VRRP (Virtual Routing Redundancy Protocol).

- Les commutateurs 4-7 activent leur propre mécanisme de redondance, qu'il soit propriétaire ou de type VRRP.

- Les commutateurs de niveau 2 sont raccordés par un lien transversal afin de gérer les différents scénarios de basculement.

Le mécanisme de redondance des équipements Radware, par exemple, utilise des annonces ARP (Address Resolution Protocol) afin de déclencher le basculement du primaire vers le secours, et inversement.

En résumé

La rapidité de démocratisation de la commutation 4-7 dans l'infrastructure du système d'information démontre que l'équilibrage de charge et la haute disponibilité qu'elle apporte aux applications critiques deviennent incontournables dans l'architecture globale.

Les qualités offertes, en termes d'accroissement des performances en accord avec la montée en charge du trafic, de continuité de service des maillons critiques du système d'information et de souplesse d'extension des capacités des composants sans remise en cause de l'existant, font des commutateurs 4-7 les piliers d'une architecture performante et solide.

De par leurs capacités et leur intelligence, les commutateurs 4-7 peuvent être considérés comme une glue parfaite pour lier les applications à l'infrastructure réseau.

2

Les pare-feu

Les pare-feu font partie des équipements de sécurité les plus utilisés dans les entreprises. Ils constituent souvent la première ligne de défense de ces dernières en séparant un réseau jugé sûr, le LAN de l'entreprise, et un réseau extérieur jugé non sûr, Internet.

Marcus Ranum, expert mondialement reconnu en sécurité, père des pare-feu DEC SEAL, TIS Gauntlet, TIS Internet Firewall Toolkit et premier auteur de la FAQ (Frequently Asked Questions) Network Firewalls, donne la définition suivante du pare-feu :

> « Un pare-feu réseau est un système ou un groupe de systèmes qui applique une politique de contrôle d'accès entre deux réseaux. »

Une étude conjointe du cabinet d'analystes d'IDC France et de Bull publiée en novembre 2002 laisse à penser que ces équipements constituent aujourd'hui un marché mature, comme l'illustre la figure 2.1. En contre-partie, le marché de nombre d'équipements de sécurité est jugé immature par la même étude, en dépit de la forte croissance de certains de ces équipements.

Les pare-feu sont également appelés coupe-feu, gardes-barrières ou, pour ceux qui ne rechignent pas à la terminologie anglaise, firewalls. Ces termes sont identiques et n'impliquent pas de différences fonctionnelles. Le mot pare-feu vient du monde du bâtiment, où il désigne une cloison contre le feu, littéralement un mur antifeu.

Si le marché des pare-feu est mûr, qu'en est-il de la technologie elle-même ? Selon une étude du CSI (Computer Security Institute) et du FBI (Federal Bureau of Investigation) publiée en 2001, 96 p. 100 des entreprises qui disposent d'un pare-feu ne peuvent empêcher un pirate de pénétrer un réseau. Les faiblesses des pare-feu ont vu naître des produits complémentaires, dont certains sont présentés au chapitre 6, pour faire face notamment aux attaques applicatives et Web.

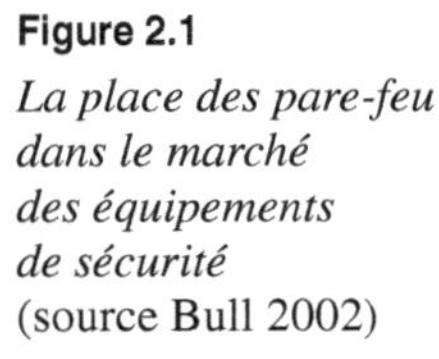

Figure 2.1

*La place des pare-feu
dans le marché
des équipements
de sécurité*
(source Bull 2002)

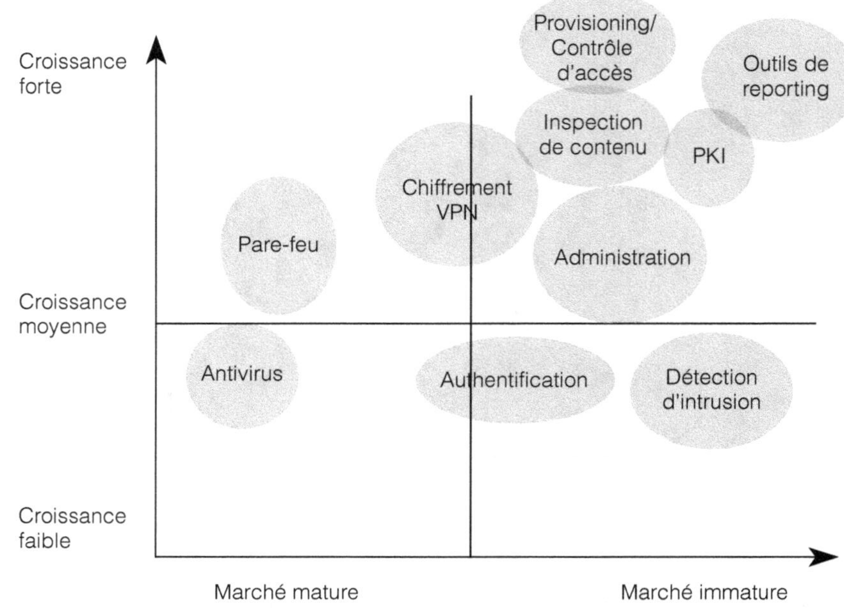

Dans son célèbre « carré magique » de juin 2003, le cabinet d'études Gartner Group ne mettait plus aucun acteur du marché des pare-feu dans la catégorie dite des « leaders ». Est-ce à dire que les pare-feu sont devenus inutiles ? Non, bien sûr. Les auteurs du best-seller *Halte aux hackers* (éditions Osman Eyrolles Multimédia) estiment « qu'un pare-feu bien configuré peut se révéler incroyablement difficile à percer ».

Pour bien se protéger, il convient de comprendre et d'analyser ce qu'un pare-feu peut faire et ne pas faire. Une première constatation est que la plupart des pare-feu ne sont pas conçus pour supporter certains protocoles qui ont vu le jour ces dernières années, tels les protocoles des services Web (XML, SOAP, WSDL, UDDI). De même, certains pare-feu ne gèrent pas les protocoles traitant de la voix sur IP, tels H.323, de l'UIT-T (Union internationale des télécommunications-standardisation du secteur télécommunications), ou SIP (Session Initiation Protocol), de l'IETF (Internet Engineering Task Force) (RFC 2543).

> **Attaques applicatives**
>
> Les pare-feu visant à lutter contre les attaques applicatives (SQL Injection, cookie poisoning, etc.) et à protéger les services Web font l'objet du chapitre 6.

Certains constructeurs ou éditeurs de logiciels de sécurité positionnent clairement leurs pare-feu comme des outils s'arrêtant à la couche 4 (transport) ou à la couche 5 (session) du modèle OSI de l'ISO (International Standardization Organization). Si une telle approche, volontairement réductrice, ne correspond pas à la réalité du marché, elle traduit néanmoins la difficulté qu'ont beaucoup de pare-feu à remonter les couches applicatives du modèle OSI avec une granularité, ou finesse d'analyse, suffisante pour offrir un bon niveau de sécurité.

C'est un fait que la sollicitation des couches hautes impacte la performance. L'on passe d'un rapport de millisecondes dans les couches basses (jusqu'à la couche réseau) à plusieurs secondes dans les couches hautes (application). En outre, le pare-feu doit prendre une décision pour chaque paquet qu'il voit passer. L'analyse des données applicatives se fait chez la plupart des acteurs en mode utilisateur (ring 3 dans la terminologie d'Intel) au lieu d'être en mode noyau (ring 0).

Généralement, les pare-feu ne peuvent opérer à la vitesse du fil *(wire speed)* sans perte de latence, c'est-à-dire sans délai supplémentaire lié au traitement de la fonction exécutée, ne serait-ce que pour l'établissement de la session. Un pare-feu doit donc s'inscrire dans le cadre d'une politique globale de sécurité de l'information et ne devrait jamais être le seul moyen employé.

Nous allons dans un premier temps définir précisément les fonctionnalités d'un pare-feu et en présenter les limites avant de détailler les mécanismes, technologies et architectures mis en œuvre.

Définition d'un pare-feu

Un pare-feu est un composant ou un ensemble de composants restreignant l'accès entre un réseau externe (Internet) et un réseau interne ou d'autres ensembles de réseaux. Un pare-feu fait donc office de point de contrôle entre plusieurs hôtes, réseaux ou segments de réseau. C'est pourquoi, un pare-feu d'entreprise contient au minimum deux interfaces, ou cartes, réseau, ce qui n'est pas le cas des pare-feu personnels, bénéficiant d'une administration centralisée ou non, sur lesquels nous reviendrons par la suite.

Un pare-feu peut avoir différentes fonctions, notamment les suivantes :

- autoriser ou interdire l'ouverture d'un service donné (flux audio-vidéo, par exemple) ;

- utiliser un protocole sur un numéro de port donné ;

- autoriser ou bannir une adresse source ou destination IP ;

- permettre ou interdire à un utilisateur interne ou externe de se connecter à une ressource donnée de l'entreprise.

Tel un agent de police faisant la circulation, le pare-feu autorise ou non un type de trafic entrant ou sortant avec plus ou moins d'analyse suivant les technologies et mécanismes mis en œuvre.

Certains pare-feu ouvrent simplement le port HTTP (80 par défaut) sans affiner davantage l'analyse. Résultat : les pirates tirent partie du protocole HTTP, un protocole à l'origine applicatif, pour s'en servir comme simple protocole de transport, dans lequel les attaques sont encapsulées dans la charge utile transportée.

Si les pare-feu sont souvent classés comme des équipements offrant une protection au niveau périmétrique, entre le monde extérieur (Internet), la zone démilitarisée, ou DMZ (DeMilitarized Zone), et le LAN (Local Area Network) de l'entreprise, ils peuvent aussi être utilisés dans le cadre d'un intranet, couplé ou non à des réseaux virtuels, ou VLAN (Virtual LAN). Il convient alors de vérifier que le pare-feu gère bien le standard pour les réseaux virtuels (VLAN), à savoir l'IEEE 802.1Q.

À l'heure actuelle, les pare-feu se retrouvent au sein des routeurs, des commutateurs, des cartes réseau, des systèmes d'exploitation ou au travers de logiciels dédiés, insérés ou non dans des boîtiers, ou *appliances*. Ces derniers représentent la grande tendance de ces dernières années. Leur rôle est de simplifier le travail de l'administrateur, qui n'a plus à choisir le matériel adéquat ni le système d'exploitation. Si avec certaines solutions l'OS paraît vraiment transparent au responsable des pare-feu, il n'en va pas de même avec certaines autres, pour lesquelles un minimum d'administration du système d'exploitation est requis.

Ce n'est pas parce que les éditeurs de logiciels de pare-feu renforcent, lors de l'installation, le système d'exploitation sur lequel repose le pare-feu qu'il convient de se dispenser d'un allégement du système d'exploitation lors de la première installation du pare-feu. Cela passe par la suppression de tous les services et protocoles qui ne sont pas strictement nécessaires et des protocoles potentiellement dangereux, comme Telnet.

Il n'existe aucune indépendance stricte entre un système d'exploitation, ou OS (Operating System), et le logiciel pare-feu qu'il abrite. Autrement dit, un pare-feu peut être nettement plus performant sur un OS dédié. Force est de constater que la performance est davantage au rendez-vous sur une plate-forme de type UNIX (Sun Solaris, OpenBSD, FreeBSD, etc.) ou Linux (Debian, Red Hat, etc.) que sous l'environnement Windows de Microsoft.

Nous reviendrons sur la problématique de la rapidité de traitement après avoir détaillé les architectures et technologies de pare-feu existantes.

Limites des pare-feu

Les pare-feu ont été construits pour contrôler le flux d'information entre deux réseaux. Pour effectuer ce contrôle, le flux de données doit transiter par le pare-feu. Rappelons que ce dispositif n'est pas conçu comme un système de contrôle d'accès général et qu'il ne vérifie pas les abus en matière d'autorisation, l'un des risques majeurs pour toute entreprise.

Si le pare-feu n'est présent qu'au niveau périmétrique, il ne peut empêcher un utilisateur malveillant d'attaquer un autre utilisateur sur le réseau local de l'entreprise.

Par ailleurs, les pare-feu n'ont pas été conçus historiquement pour lutter contre les codes malicieux, de types cheval de Troie, virus, vers, etc. L'on note toutefois des progrès dans ce domaine au cours des dernières années avec l'intégration des technologies antivirus dans les pare-feu et les technologies de détection et de prévention d'intrusion. Dans beaucoup de solutions, le pare-feu redirige le trafic entrant vers un équipement de sécurité tiers pour un examen antivirus ou un filtrage applicatif approfondi.

Principes d'architecture

Il y a une vingtaine d'années, avant même l'intégration des pare-feu dans les routeurs, on avait coutume de dire que le premier pare-feu était le routeur, du fait des fonctionnalités, même élémentaires, de filtrage qu'il incorporait.

Comme illustré à la figure 2.2, les pare-feu peuvent s'installer au niveau du routeur, dans un commutateur, au sein d'un boîtier autonome, sur un serveur classique ou même dans une carte d'interface réseau. Une tendance du marché consiste même à installer des pare-feu personnels sur le poste client.

Figure 2.2

Emplacement des pare-feu dans la topologie d'un réseau

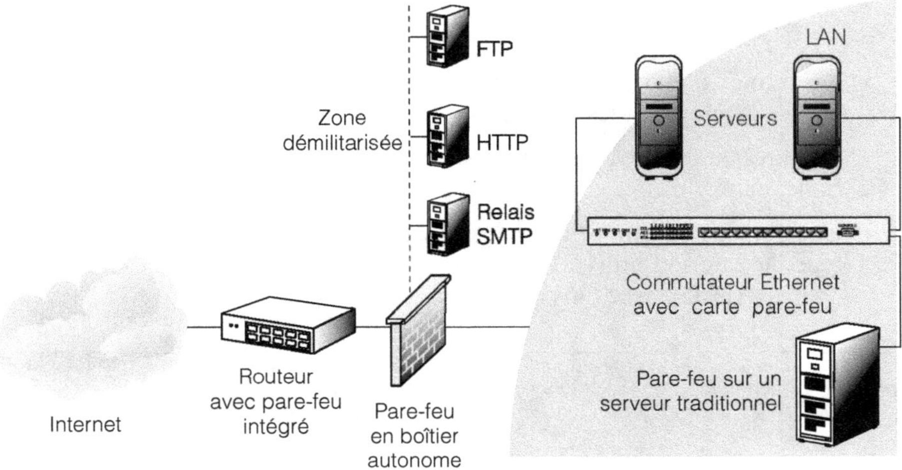

Selon une étude d'IDC, publiée en novembre 2002 mais dont le périmètre d'analyse porte sur 2001, la moitié du chiffre d'affaires des pare-feu et VPN (Virtual Private Network) de CheckPoint Software, leader mondial du domaine avec Cisco Systems, a été réalisée sur des appliances, dont 80 p. 100 sur la gamme de boîtiers Nokia.

Que l'on mette en œuvre un ou plusieurs pare-feu, qu'ils soient quasi-gratuits ou qu'ils coûtent plusieurs dizaines de milliers d'euros l'unité, il convient, lors du choix du pare-feu, de comprendre la technologie employée de façon à bien définir ce que le pare-feu peut analyser et, surtout, ne peut pas analyser.

Le fonctionnement des pare-feu peut être ramené à deux approches opposées :

- bloquer par défaut tout le trafic et ouvrir services et numéros en fonction de la politique de sécurité définie ;

- ouvrir par défaut le trafic et verrouiller ensuite le système.

La première approche, restrictive, suit le modèle classique d'accès de tous les domaines liés à la sécurité de l'information. Elle est à privilégier, même si la seconde peut s'avérer opérationnelle dans certains cas. Cette dernière requiert toutefois plus de rigueur et une organisation stricte.

Le tableau 2.1 compare ces deux approches fondamentales de la sécurité.

Tableau 2.1 Les politiques de sécurité

Politique de sécurité restrictive	Politique de sécurité permissive
Interdit tout service à moins qu'il ne soit expressément autorisé.	Autorise n'importe quel service avant qu'il soit expressément interdit.

Quelle que soit l'approche retenue, un pare-feu mis en place doit être testé par une équipe externe, qui n'a pas participé au choix de l'architecture ni de la configuration.

Les mécanismes de filtrage

Les retours d'expérience sur l'usage des pare-feu témoignent d'une certaine confusion dans les termes employés et les possibilités sécuritaires.

Un pare-feu opère par filtrage, avec, pour certains d'entre eux, une analyse de la charge utile du trafic, ou payload.

La figure 2.3 illustre ce qui transite sur le réseau lors d'une communication TCP/IP. Suivant le type de pare-feu utilisé, on peut filtrer tout ou partie du flux TCP/IP, et notamment la partie données (Data), avec plus ou moins de finesse.

Figure 2.3

Flux TCP/IP et détail de l'en-tête TCP

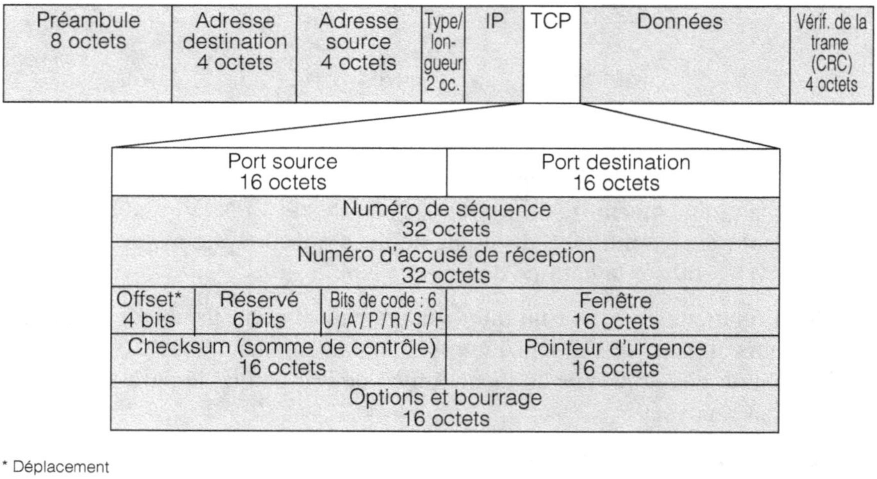

Préambule 8 octets	Adresse destination 4 octets	Adresse source 4 octets	Type/ lon- gueur 2 oc.	IP	TCP	Données	Vérif. de la trame (CRC) 4 octets

Port source 16 octets		Port destination 16 octets	
Numéro de séquence 32 octets			
Numéro d'accusé de réception 32 octets			
Offset* 4 bits	Réservé 6 bits	Bits de code : 6 U / A / P / R / S / F	Fenêtre 16 octets
Checksum (somme de contrôle) 16 octets		Pointeur d'urgence 16 octets	
Options et bourrage 16 octets			

* Déplacement

Pour choisir la solution la mieux adaptée aux besoins, il est essentiel de bien connaître les technologies et mécanismes mis en œuvre par les pare-feu dans les possibilités de filtrage.

Le filtrage s'appuie sur l'ensemble des champs des en-têtes du flux TCP/IP illustré à la figure 2.3, avec, pour certains pare-feu, la possibilité d'analyser et de filtrer la partie données. C'est en analysant la partie données qu'on fournit le plus haut niveau de sécurité, puisque les pirates peuvent inclure leurs attaques dans cette partie du flux. Toutefois, comme nous allons le détailler, on constate de fortes différentes dans le degré de finesse de cette partie données de la communication.

Le filtrage statique des paquets

Le filtrage statique des paquets est l'une de plus anciennes technologies de sécurité. Il s'appuie sur les informations contenues dans les en-têtes IP (RFC 791) et TCP (RFC 793). Ce filtrage compare ces en-têtes aux règles définies par l'administrateur pour autoriser ou non un paquet entrant ou sortant. Comme on peut s'y attendre, plus la liste des règles est longue, plus la performance du débit est impactée.

Ce type de filtrage ne fait pas la différence entre une adresse IP réelle et une adresse détournée (IP Spoofing) et ne tient pas compte de l'état de la session. Le paramétrage d'applications utilisant des ports dynamiques est plus complexe puisqu'il faut ouvrir des plages de ports.

L'avantage du filtrage statique est qu'il est inclus sans surcoût dans certains systèmes d'exploitation et qu'il permet souvent un traitement rapide des flux. Le désavantage de cette technologie est qu'elle n'analyse pas la charge utile (payload) et qu'un pirate peut insérer du code malicieux (hostile) dans cette zone de données.

Les règles de filtrage sont fondés sur les éléments principaux suivants :

- adresse IP source ;

- adresse IP destination ;

- protocole (TCP, UDP ou ICMP) ;

- numéro de port source TCP ou UDP ;

- numéro de port destination TCP ou UDP ;

- type de message ICMP ;

- taille du paquet.

Les règles de filtrage sont complexes à spécifier. De plus, aucun outil de test classique ne permet de vérifier la cohérence ou la pertinence des règles. La seule solution passe donc par un test réalisé manuellement.

ICMP (Internet Control Message Protocol), défini par la RFC 792, est un protocole très utilisé pour les messages d'erreur et de supervision. Lorsque vous utilisez l'outil Ping afin de tester l'accessibilité et l'état de la pile IP d'un hôte distant, vous vous appuyez sur ICMP.

ICMP n'est pas un protocole de haut niveau mais un module à part d'IP. Les messages ICMP ont besoin d'être encapsulés et envoyés en utilisant le protocole IP. Il est possible pour un pirate d'encapsuler des informations dans un tunnel ICMP de taille illimitée. La configuration des filtres ICMP au sein d'un pare-feu est un sujet hautement débattu.

Pour Robert Graham, expert en sécurité et en protocoles, les pare-feu doivent au minimum laisser passer les paquets ICMP `type=3`, `code=4`. Quant aux paquets « hôte inaccessible » et « destination inaccessible », ils peuvent être utilisés comme des attaques de type déni de service. Nous donnons en annexe le lien URL du site de Robert Graham.

Certains consultants en sécurité considèrent que l'on peut laisser passer les messages de types « destination inaccessible », « limitation de la source », « temps écoulé » et « problème de paramétrage », qui sont utilisés à des fins d'administration. D'aucuns considèrent que seuls les trois premiers sont nécessaires.

Les messages ICMP peuvent être divisés en trois types : erreur, requête et réponse. Le tableau 2.2 détaille ces messages.

Tableau 2.2 Typologie des messages ICMP

Type	Signification du message	Classe de message	RFC
0	Réponse à une demande d'écho	Réponse	RFC 792
3	Destination inaccessible	Erreur	RFC 792
4	Limitation de la source	Erreur	RFC 792
5	Redirection	Erreur	RFC 792
6	Autre adresse d'hôte	Réponse	Aucune
8	Écho	Requête	RFC 792
9	Annonce de routeur	Réponse	RFC 1256
10	Sollicitation de routeur	Requête	RFC 1256
11	Temps dépassé	Requête	RFC 1256
12	Problème de paramétrage	Erreur	RFC 792
13	Horodatage	Requête	RFC 792
14	Réponse à l'horodatage	Réponse	RFC 792
15	Demande d'information	Obsolète	RFC 792
16	Réponse à une demande d'information	Obsolète	RFC 792
17	Demande de masque d'adresse	Requête	RFC 950
18	Réponse à une demande de masque d'adresse	Réponse	RFC 950
30	Traceroute	Réponse	RFC 1393
31	Erreur de conversion de datagramme	Erreur	RFC 1475
32	Redirection de l'hôte mobile	Réponse	Aucune
33	IPv6 Where are you	Requête	Aucune
34	IPv6 I am here	Réponse	Aucune
35	Requête d'enregistrement d'IP Mobile	Requête	Aucune
36	Réponse d'enregistrement d'IP Mobile	Réponse	Aucune
37	Requête de nom de domaine	Requête	RFC 1788
38	Réponse de nom de domaine	Réponse	RFC 1788
40	Échec de sécurité	Erreur	RFC 2521

Le filtrage dynamique, ou stateful

À la différence du filtrage statique, le filtrage dynamique des paquets tient compte de l'état des sessions, d'où son nom anglais *stateful*. Par ailleurs, il supporte les applications avec plus de finesse (granularité) et peut offrir une rapidité supérieure en ne comparant pas chaque paquet à une liste de contrôle d'accès, ou ACL (Access Control List).

Comme dans le filtrage statique, la charge utile n'est pas prise en compte, ce qui entraîne de fortes limitations dans la lutte contre le piratage.

> **Stateful et Stateful Inspection**
>
> Beaucoup de personnes associent à tort les termes *stateful* et *Stateful Inspection*. Stateful Inspection est une marque déposée de CheckPoint Software, qui renvoie à une technologie d'analyse prenant en compte, entre autres, la charge utile.

La technologie stateful est présente dans le noyau 2.4 de Linux et dans certains logiciels commerciaux, tel eTrust Firewall, de Computer Associates. Dans ce type d'analyse, la rapidité est généralement au rendez-vous.

Dans le but de gagner en performance, certains éditeurs n'hésitent pas à désactiver la vérification du fameux *Three Way Handshake TCP*, ou séquence de négociation en trois étapes de TCP, lors de tests effectués en laboratoire. Cette vérification est normalement prise en compte par un filtrage dynamique de paquets. Nous recommandons de ne jamais désactiver cette vérification sur des sites de production.

Typologie des pare-feu

Si les pare-feu sont évidemment capables de réaliser du filtrage statique de paquets, voire, pour certains d'entre eux, du filtrage dynamique, la plupart d'entre eux ajoutent d'autres mécanismes, que nous détaillons dans les sections qui suivent.

Certains pare-feu supportent majoritairement les technologies de proxy applicatifs, aussi appelées serveurs mandataires d'application, tandis que d'autres supportent majoritairement une technologie de type Stateful Inspection. Ces deux technologies représentent la majorité des pare-feu du marché.

Les pare-feu proxy

Les pare-feu proxy, ou serveurs mandataires, rompent le modèle client-serveur d'une communication en interdisant une connexion directe du client sur le serveur.

Il existe deux types principaux de proxy : les proxy de type applicatif et les proxy de type circuit. Les premiers sont les plus importants en nombre. Les seconds ne permettent pas une connexion TCP de bout en bout et sont plutôt destinés à du trafic sortant d'utilisateurs authentifiés. SOCKS est un exemple de passerelle de niveau circuit.

Les proxy applicatifs

Les proxy applicatifs, ou mandataires d'applications, interviennent au niveau 7 (application) de la couche OSI et cassent le modèle client-serveur de la communication. Avec ce type de proxy, la charge utile est analysée, d'où le contrôle plus fin qu'ils procurent.

Ce type de pare-feu adopte généralement un proxy par protocole (HTTP, FTP, DNS, SMTP, H.323, SIP, Telnet, etc.). Il existe également des proxy génériques. Certains protocoles, comme H.323, sont plus difficiles à développer sous forme de proxy. Avec un proxy par protocole, des écarts théoriques de performance et d'implémentation sont inévitables, notamment lorsque les équipes de développeurs ne sont pas les mêmes. Certains outils, tels Ping ou Traceroute, ne peuvent être mis en proxy.

Comme expliqué précédemment, un proxy est un intermédiaire qui casse la communication directe entre un client et un serveur. Du fait que la communication est cassée pour être reconstruite et que les opérations se passent au niveau 7 du modèle OSI, un proxy est forcément plus lent qu'un filtrage de paquets classique ou que la technologie de type Stateful Inspection.

Raptor, d'Eagle Networks, racheté depuis par Axent, lui-même racheté par Symantec, fait partie des pare-feu qui ont souffert à un moment donné de réels problèmes de performance. Des progrès ont été accomplis dans ce domaine grâce à la prise en compte de l'architecture SMP (Symmetrical Multi-Processing) des matériels et à une gestion multithread. En outre, Symantec intègre la technologie d'équilibrage de charge de Rainfinity, qui permet de disposer d'un cluster à 8 nœuds et donc de couvrir cette problématique de performance. Depuis lors, la plupart des acteurs de produits de sécurité à base de proxy ont commandité des tests de performance auprès de laboratoires indépendants pour prouver que la technologie de proxy n'ajoutait qu'un délai de latence minime.

Pour doper les performances de son pare-feu, Symantec a adopté un mode d'analyse particulier, baptisé en interne FastPath. Cette amélioration est due au fait que le pare-feu réduit son paramètre d'analyse en n'examinant pas les données applicatives. Ce mode, dit de « proxy simple », est assez similaire à l'approche stateful mais est réalisé avec une technologie différente.

Le pare-feu opère une analyse jusqu'au niveau 4 (transport) avec une vérification correcte de l'établissement de la session au niveau 5 (session). Il est paramétrable par type de protocole. Le basculement vers ce mode d'exécution est automatique lors de sessions chiffrées SSL (Secure Sockets Layer), dans lesquelles les données applicatives du paquet ne sont pas analysables du fait du chiffrement.

Certains experts considèrent que les proxy applicatifs offrent le plus haut de niveau de sécurité. Aux États-Unis, la fameuse NSA (National Security Agency) n'utilise que des pare-feu de type proxy applicatif pour surveiller les points critiques de ses réseaux. Pour notre part, nous recommandons cette technologie en la couplant avec des équilibreurs de charge afin de faire face à une capacité de traitement importante des flux à gérer.

Secure Computing, Cyberguard, Symantec et WatchGuard sont les acteurs majeurs de ce type de pare-feu.

La figure 2.4 illustre le principe de fonctionnement d'un proxy mandataire d'application et la rupture du modèle client-serveur qu'il implique.

Figure 2.4

Fonctionnement d'un pare-feu de type proxy applicatif

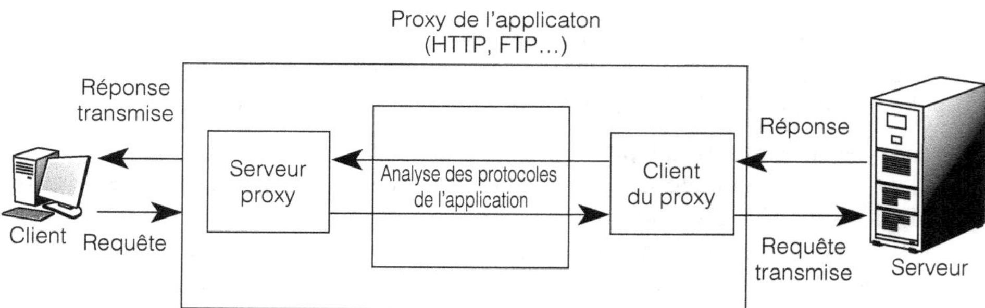

Précisons pour finir qu'un proxy applicatif n'est réellement efficace que si les couches basses sont elles-mêmes sécurisées.

Les proxy de type circuit

Avec les proxy circuit, un circuit virtuel est créé entre le client et le serveur. L'analyse s'opère jusqu'au niveau 5 (couche session du modèle OSI). Cette passerelle de circuit virtuel compare les en-têtes IP et TCP et les flux UDP en fonction d'une table de règles prédéfinies. Le pare-feu détermine si la session requise est limite ou non en s'appuyant sur les drapeaux, ou flags, ACK et SYN et en vérifiant que les numéros des séquences impliquées dans la négociation de TCP sont logiques entre les deux hôtes établissant la communication.

Considéré comme une étape supplémentaire, au-delà du filtrage de paquets classique, ce mécanisme de proxy requiert que les applications clientes le supportent. C'est le cas de beaucoup de pare-feu, qui, sans être dédiés à cette seule technologie, supportent cette notion de passerelle au niveau circuit, tels ceux de Cisco Systems, Netscreen, CheckPoint Software et Symantec, pour ne citer que quelques exemples.

À l'instar des filtrages statique et dynamique, les proxy circuit n'analysent pas le contenu des données relayées entre un réseau sûr et un réseau non sûr. La différence fondamentale par rapport à un proxy de niveau applicatif est qu'un proxy circuit n'interprète pas le protocole de l'application alors qu'un proxy applicatif comprend et interprète le protocole applicatif.

L'un des avantages fondamentaux d'un proxy de type circuit est qu'il fournit un service pour une très grande variété de protocoles. La plupart des proxy circuit sont des proxy génériques et peuvent être adaptés à n'importe quel protocole.

L'IETF (Internet Engineering Task Force) a publié en août 1999 la RFC 2647, qui définit la terminologie à employer dans les bancs d'essai de performance des pare-feu. La définition des proxy circuit est la suivante :

> « Service de proxy qui définit statiquement quel trafic doit être transmis (forwardé). (…) La différence clé entre les proxy applicatifs et circuit est que ces derniers sont statiques et qu'en conséquence ils établissent toujours une connexion si les règles de filtrage du DUT/SUT (Device Under Test/ System Under Test) — autrement dit le système testé — l'autorisent. À titre d'exemple, si les règles du pare-feu autorisent des connexions FTP (File Transfer Protocol), un proxy circuit transmet toujours sur le port 20 TCP (FTP-données), même si aucun contrôle de connexion n'a été préalablement établi sur le port 21 de TCP (FTP-contrôle). »

L'on perçoit bien ici la différence avec un proxy applicatif. En établissant une connexion, le proxy applicatif attend une requête de la part du client. Autrement dit, il ne transmet les paquets que si une connexion a été préalablement établie en utilisant un protocole connu. Lorsque la connexion se ferme, un pare-feu mandataire d'application rejette les paquets individuels, même s'ils contiennent des numéros de port autorisés par les règles de filtrage. De son côté, un proxy circuit transmet toujours les paquets contenant un numéro de port donné, pourvu que ce numéro soit autorisé par les règles de filtrage.

SOCKS, un proxy générique de niveau circuit

Écrit à l'origine par David et Michelle Klobas et largement maintenu par Ying-Da Lee, SOCKS est disponible gratuitement au travers d'implémentations commerciales. La version 5 de SOCKS (RFC 1928) a été standardisée par l'IETF en 1996.

SOCKS fournit un framework, ou cadre général, aux applications client-serveur pour des flux TCP et UDP afin d'utiliser de manière pratique et sûre les services d'un pare-feu réseau proxy. Ce type de passerelle de niveau circuit n'établit pas de connexion TCP de bout en bout mais deux connexions TCP entre elle-même et deux utilisateurs TCP, les deux étant respectivement sur un hôte interne et externe. La sécurité apportée par SOCKS consiste à déterminer les connexions autorisées.

SOCKS est constitué de deux composantes, un serveur SOCKS et un client SOCKS. Le premier est mis en œuvre au niveau de la couche application, et le second entre les couches application et transport, comme l'illustre la figure 2.5. D'où le fait que SOCKS ne fournit aucun service de passerelle réseau, telle que la transmission *(forwarding)* des messages ICMP (Internet Control Message Protocol).

Figure 2.5

Place du protocole SOCKS dans le modèle OSI

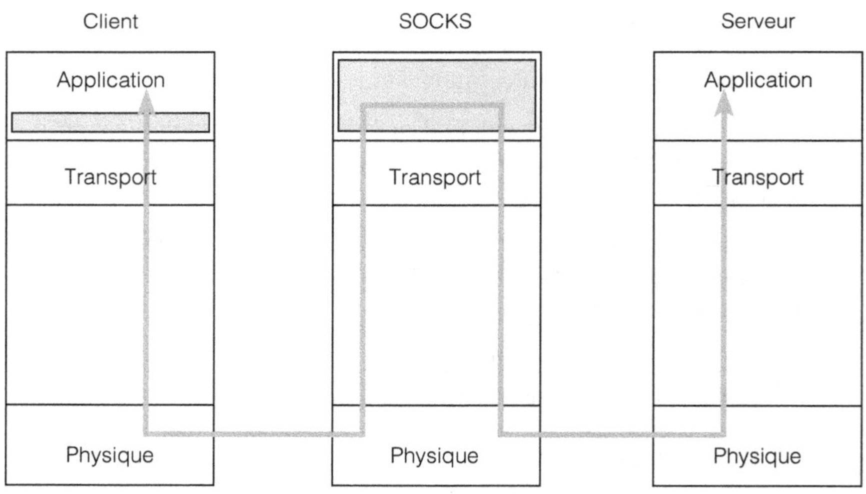

Il existe deux versions du protocole SOCKS, qui ne sont pas compatibles entre elles, SOCKS V4 ET SOCKS V5.

SOCKS V4 a trois fonctions principales :

- établir les requêtes de connexion ;

- créer le circuit virtuel ;

- relayer les données applicatives.

SOCKS V5 ajoute trois éléments principaux :

- authentification de l'utilisateur ;

- support d'UDP et ICMP ;

- résolution du nom d'hôte au niveau du serveur SOCKS.

SOCKS V4 ne supporte que les clients fondés sur TCP.

La figure 2.6 illustre le fonctionnement de SOCKS. On constate qu'il reste extrêmement générique et ne fournit aucun contrôle ni aucune fonctionnalité de log (fichier de journalisation).

Figure 2.6

Modèle de contrôle de SOCKS versions 4 et 5

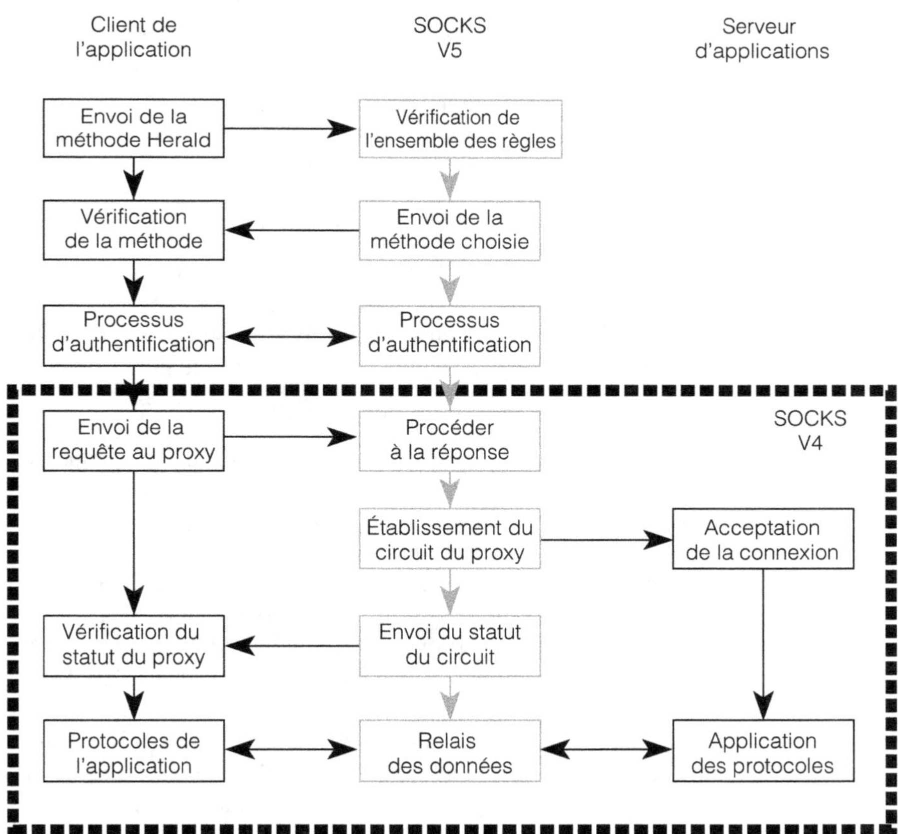

Les proxy cut-through

Les proxy dits cut-through, ou encore cut-off, résultent de la combinaison d'un filtrage dynamique des paquets (stateful) et d'un proxy de niveau circuit.

Ces proxy agissent en premier lieu en tant que proxy de niveau circuit afin d'établir le circuit virtuel. Ils vérifient pour cela la procédure d'initialisation en trois étapes de TCP pour basculer dans un filtrage de paquets dynamique classique. L'utilisateur est ensuite authentifié, mais la charge utile n'est pas analysée.

L'analyse de type Stateful Inspection

CheckPoint Software est l'inventeur de la technologie Stateful Inspection. Dans l'esprit, celle-ci vise à offrir à la fois la performance en terme de vitesse du filtrage des paquets réseau et la qualité de l'analyse des proxy, sans pour autant casser le modèle client-serveur de la communication.

Le logiciel Firewall-1 NG de CheckPoint Software installe un pilote entre les couches 2 (liaison des données) et 3 (réseau) du modèle OSI et analyse jusqu'au niveau 7 (application) en fonction des besoins. De la sorte, le pare-feu peut stopper une attaque ICMP (Internet Control Message Protocol) au niveau 3 et remonter au niveau 7 afin d'interdire une commande FTP donnée.

Le problème est qu'entre les analyses énoncées (du niveau 3 jusqu'au niveau 7) et la réalité, il y a plus qu'un écart, et l'on constate des faiblesses dans la qualité de l'analyse. Il suffit pour s'en convaincre de lire les études disponibles sur Internet sur Firewall-1 4.1 (jusqu'à SP-2) de Lance Spitzner, expert mondialement reconnu en sécurité *(http://www.spitzner.net/fwtable.html)* ou encore les travaux de Dug Song, de l'Université du Michigan, associé à Thomas Lopatic et John McDonald, de TÜV Data Protect Gmbh *(http://www.wittys.com/fw-1/Blackhat-8.pdf)*.

Depuis lors, CheckPoint a amélioré les choses avec son architecture NG (Next Generation), lancée en 2001. Cette dernière requiert toutefois, pour certaines analyses au niveau applicatif, la présence de Security Server fourni en standard. L'analyse est souvent effectuée en mode espace utilisateur et non en espace noyau, ce qui a un impact sur la performance.

Selon Thierry Karsenti, directeur technique pour l'Europe du Sud chez CheckPoint Software :

> « Il est possible de vérifier la nature du flux HTTP ainsi que de bloquer des URL spécifiques en mode noyau. Le filtrage d'un code Java ou la redirection vers un serveur tiers, de type passerelle antivirus, fait appel au Security Server en mode User Space. »

CheckPoint Software s'est toujours opposé à la technologie de proxy, même si la partie Security Server du pare-feu peut faire penser à un proxy. Pour Thierry Karsenti « cela n'en est pas un techniquement, car il n'y a pas de rupture du modèle client-serveur ». Dénégation contestée par Nir Zuk, ancien ingénieur principal chez CheckPoint de 1994 à 1999 et auteur de deux brevets chez cet éditeur et de plusieurs premières en matière de développement. « Security Server, explique-t-il, est un proxy, transparent certes mais un proxy. » Niz Zuk a cofondé OneSecure en 2000 avant que cette société soit rachetée en 2002 par Netscreen, un concurrent direct de CheckPoint Software, où il occupe les fonctions de directeur technique.

Beaucoup de solutions du marché s'appuient sur une technologie de type Stateful Inspection, comme celles de Netscreen, Nokia, SonicWall, Arkoon, Netasq, Nortel Networks, Microsoft ISA Server ou encore Cisco Systems, avec son PIX. Il existe toutefois des différences entre ces solutions.

PIX fait du Stateful Inspection avec une analyse de contenu pour une douzaine de protocoles, sans pour autant offrir une personnalisation de la configuration. Il est impossible, par exemple, d'interdire ou d'autoriser un PUT ou un POST HTTP. Certains éditeurs mêlent différentes technologies. Ainsi, Netscreen utilise des proxy sélectifs pour faire face aux dénis de services tout en s'appuyant sur une technologie de type Stateful Inspection, avec une analyse au niveau applicatif assez complète.

Côté Français, Netasq combine sa technologie ASQ à du Stateful Inspection. Grâce à son module ASQ, la firme opère une analyse de conformité protocolaire dans le même esprit que NetworkICE, racheté par Internet Security Systems, et offre une solution d'IPS (Intrusion Prevention System).

Les pare-feu proxy noyau

Appelés en anglais *kernel proxy firewalls,* les proxy noyau sont des pare-feu de cinquième génération qui se situent au cœur du noyau du système d'exploitation.

Cette architecture de pare-feu très spécialisée utilise une pile TCP/IP dynamique et personnalisée afin d'inspecter les paquets réseau et d'y appliquer les règles de sécurité définies par un administrateur. Cyberguard en est un exemple.

L'avantage annoncé de ce type d'architecture est un gain de performance. On comprend aisément que, pour agir au sein du noyau, il soit préférable, pour ne pas dire indispensable, d'accéder au code source, de façon à personnaliser le système d'exploitation et son application.

La technologie Air Gap

La technologie Air Gap, littéralement trou d'air, fonctionne selon le principe de la boutade célèbre : le meilleur moyen de ne pas avoir de problème réseau est d'être déconnecté du réseau...

Un système Air Gap consiste en un commutateur spécifique, qui fait transiter les données d'un réseau à un autre sans jamais être connecté au même moment de chaque côté du réseau. Bien entendu, les données ne font pas que transiter. Elles sont analysées, décomposées et rassemblées suivant les mécanismes mis en œuvre par le constructeur d'une solution Air Gap.

Autrement dit, la technologie Air Gap permet une déconnexion physique entre deux réseaux tout en permettant des partages de ressources et de données. C'est une couche supplémentaire de protection des réseaux.

Les produits Air Gap sont complémentaires des pare-feu traditionnels plutôt que concurrents. Un pare-feu traditionnel est requis en frontal du boîtier Air Gap afin de créer la DMZ et de gérer d'autres protocoles et le trafic sortant.

La figure 2.7 illustre au sein du réseau de l'entreprise la position d'un système Air Gap comparé à un pare-feu faisant office de passerelle classique.

Figure 2.7

Position d'un système Air Gap au sein d'un réseau d'entreprise

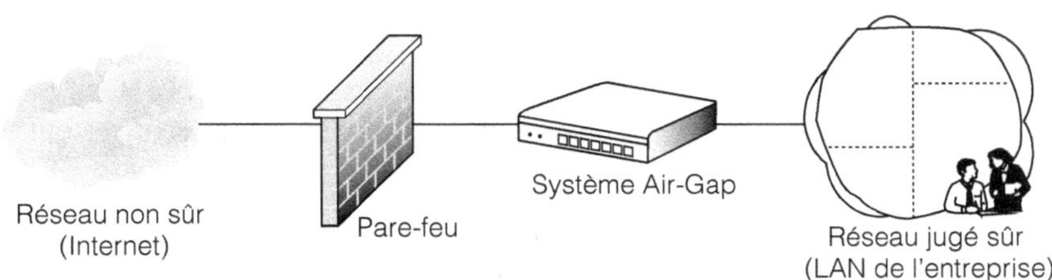

La déconnexion physique interréseau peut se réaliser de trois manières principales :

- par un commutateur temps réel ;
- par un « switcher » réseau ;
- par un lien unidirectionnel.

Avec un commutateur temps réel, on résout l'apparente contradiction de deux réseaux physiquement déconnectés mais partageant des ressources et des informations par une commutation séquentielle. Le commutateur se connecte à un réseau, lit des données puis bascule à un autre réseau afin de lui envoyer les informations. Il n'est alors plus connecté au premier réseau.

Comme cela se produit à des vitesses très élevées, les opérations semblent se dérouler en temps réel, même si les puristes adoptent généralement une autre définition pour désigner un système temps réel. Les données ne sont pas simplement basculées d'un réseau à un autre mais sont également analysées.

Le commutateur est spécifique du constructeur de la solution Air Gap. Ce n'est pas un commutateur réseau classique, comme nous le montrons plus loin avec une présentation détaillée de la solution de Whale Communications, un des acteurs spécialisés du domaine.

Avec un switcher réseau, le principe est le même, mais les données ne sont pas transférées en temps réel. L'implémentation la plus courante est réalisée par une carte réseau avec une double interface. Chaque interface fournit une connexion séparée au réseau et s'assure, comme pour le commutateur, qu'un seul réseau est actif à chaque moment.

La figure 2.8 illustre le principe de fonctionnement d'un switcher réseau, avec deux interfaces au sein du même équipement.

Le lien unidirectionnel (One-Way Link) constitue la forme la plus élémentaire de technologie Air Gap. Il consiste à créer une connexion réseau en lecture seule, avec un transfert des données uniquement possible d'un réseau A (source) désigné vers un réseau B (destination).

La figure 2.9 donne une représentation de ce système.

L'approche par commutateur étant la plus intéressante, c'est elle que nous allons développer.

Encore peu répandues, les technologies Air Gap ne sont pas uniquement liées aux architectures de pare-feu. Elles suscitent de nombreux débats dans les groupes de discussion et sont encore peu évaluées par les instances de sécurité indépendantes.

Ces technologies ont en outre souffert de problèmes de performance, même si l'on voit apparaître des systèmes avec des interfaces Gigabit.

Créées en 1998, les sociétés Whale Communications et SpearHead Security, pour ne citer que quelques exemples, sont très actives dans ce domaine, et leurs offres ont séduit un certain nombre de clients, notamment dans le monde bancaire.

Whale Communications commercialise le produit e-Gap Application Firewall ainsi que des offres complémentaires pour les systèmes de messagerie Lotus Notes et Microsoft Exchange.

Figure 2.8

Fonctionnement d'un switcher réseau

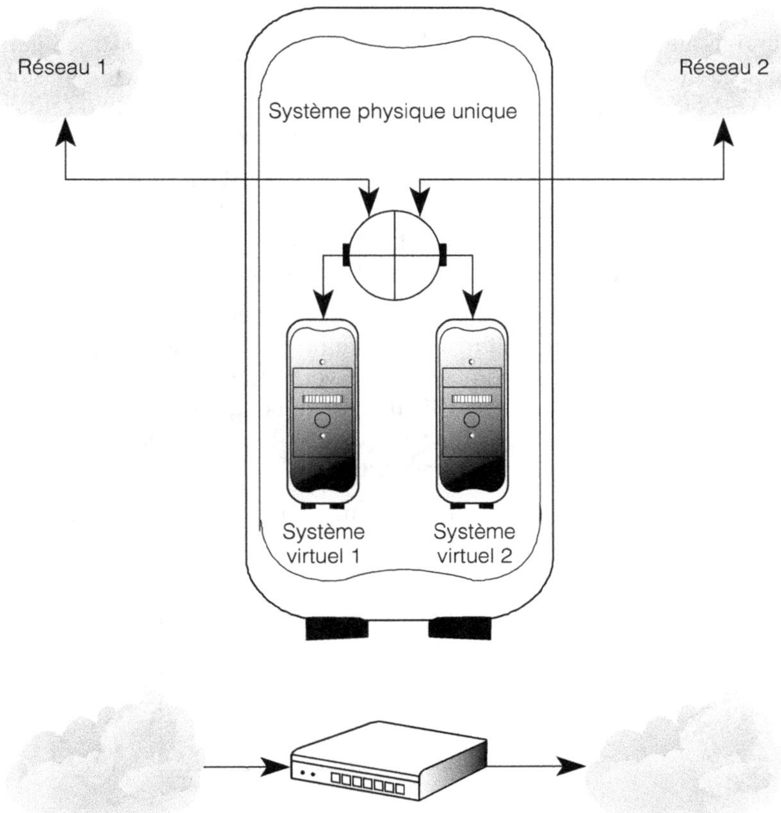

Figure 2.9

Lien unidirectionnel de la technologie Air Gap

L'avis de Bruce Schneier

Bruce Schneier, fondateur et directeur technique de Counterpane Internet Security, et expert mondial en cryptographie, est l'auteur de plusieurs algorithmes de chiffrement, notamment Blowfish. Il indique, dans sa lettre électronique *Crypto-Gram* du 21 février 2001, que la société Whale Communications ne répond pas exactement à la définition d'une technologie Air Gap. Selon lui, une technologie Air Gap produit une déconnexion physique et logique d'un réseau à un autre. Il ne doit donc y avoir aucune connexion automatisée dans Air Gap. Le principe de connexion non automatisée obéit à des règles strictes de sécurité et est fastidieux dans sa mise en œuvre opérationnelle.

Le système e-Gap gère le trafic entrant HTTP et SSL (HTTPS) en intégrant des fonctions d'authentification, de chiffrement, de filtrage d'URL et de séparation du réseau. Ce type de technologie peut également faire face à des failles d'un pare-feu donné ou à des failles applicatives.

Un système e-Gap est composé de trois éléments : un boîtier e-Gap Firewall, installé généralement entre la DMZ et le réseau de production, un commutateur e-Gap (switch) et deux SBC (Single

Board Computers). L'appliance e-Gap fonctionne comme un *reverse proxy*. Dans une telle configuration, il n'est pas possible d'attaquer le cœur du système interne, contrairement à ce qui se produit avec un proxy traditionnel, qui peut constituer un point faible du fait que l'ensemble de ses composants repose sur un ordinateur, un système d'exploitation, une pile réseau (TCP/IP) et le logiciel proxy en tant que tel, avec pour chaque couche ses bogues et ses vulnérabilités.

Le commutateur e-Gap est un commutateur SCSI avec une banque mémoire. Les données transitent au sein d'un e-Disk, qui est en fait une mémoire flash de stockage, avec une interface SCSI (Ultra-Wide SCSI 3) connectée au switch SCSI. Il apparaît aux serveurs comme un périphérique de stockage mais travaille à la vitesse de la mémoire.

Non programmable, le switch n'est jamais connecté au même moment aux deux SBC. Il transporte les données brutes entre deux systèmes sans requérir de protocole réseau. Toutes les informations sensibles restent du côté du serveur interne, ou serveur de production. Cela inclut les fichiers de configuration, les clés de chiffrement, les règles de filtrage ou encore les adresses réelles de destination. Un pirate n'a donc affaire qu'à la partie externe d'un système e-Gap, laquelle ne contient aucune donnée vitale.

La figure 2.10 illustre le principe de fonctionnement du boîtier e-Gap Firewall.

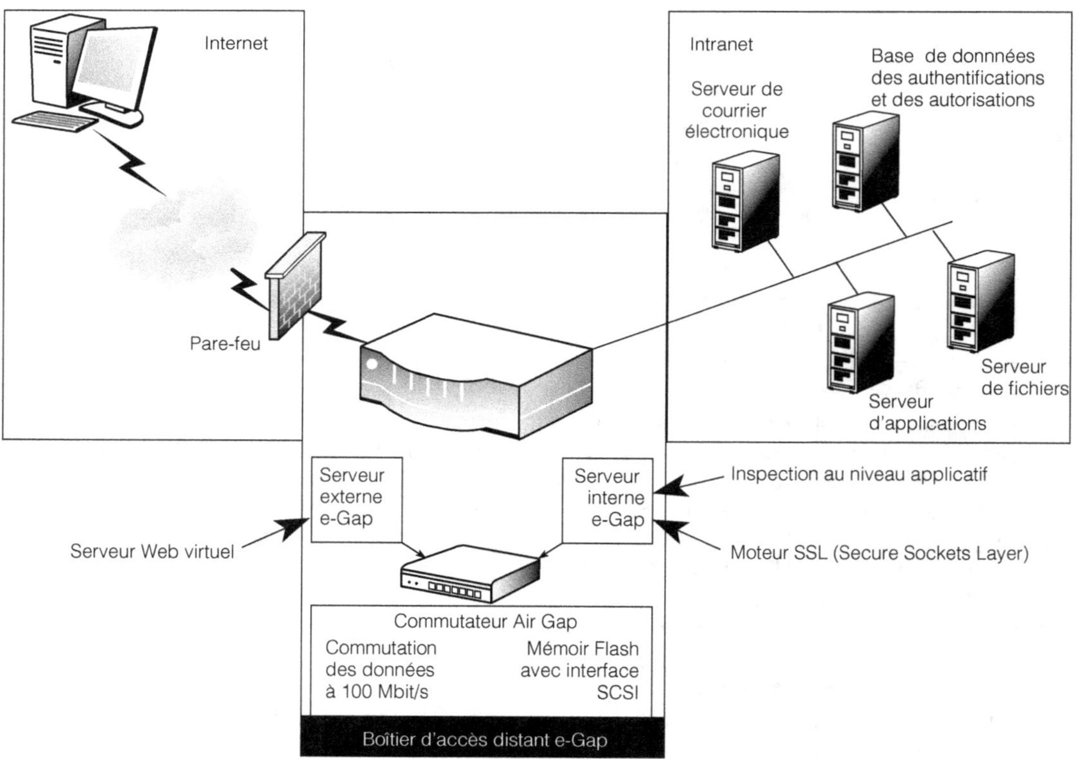

Figure 2.10

Principe de fonctionnement du boîtier e-Gap Firewall de Whale Communications

La connexion du commutateur e-Gap aux deux SBC, dont l'un est relié au monde externe (généralement la DMZ) et l'autre au LAN de l'entreprise, n'est jamais réalisée en même temps. D'où cette notion de « trou d'air » *(air gap)*.

Un système e-GAP décharge les serveurs d'applications des tâches suivantes :

- filtrage applicatif ;

- authentification ;

- chiffrement-déchiffrement SSL ;

- isolation du réseau.

À l'heure où nous écrivons, le produit NetGap, de SpearHead Security, opère à un niveau Gigabit et non 100 Mbit/s, comme celui de Whale. Le boîtier NetGap intercepte chaque paquet entrant du réseau, généralement Internet, et termine toutes les sessions réseau en désassemblant les en-têtes de la charge utile. Le principe du proxy fait que le côté du réseau non sûr n'a jamais accès de manière directe au côté sûr. Les paquets sont ensuite de nouveau réassemblés. Évidemment, chaque paquet est examiné pour vérifier s'il ne contient pas de menace.

L'analyse protocolaire peut être affinée de la manière suivante :

- Filtrage, acceptation ou rejet des commandes des protocoles, par exemple par interdiction à la commande de supprimer ou d'écrire un protocole donné.

- Autorisation ou interdiction de transfert entre deux systèmes en fonction du type de fichier.

- Redirection du protocole vers les ressources autorisées d'un serveur qui aide à bloquer les messages non autorisés.

- Identification des utilisateurs qui envoient des instructions en ligne de commande et en s'appuyant sur un protocole donné.

Bien que l'approche de ces systèmes soit intéressante, elle n'a pas été beaucoup mise en œuvre du fait de la lenteur des connexions opérées historiquement et encore actuellement en comparaison des débits de type Gigabit.

Le bastion

En matière de pare-feu, on entend souvent parler de la notion de bastion. Un bastion est un hôte qui sert de plate-forme aux pare-feu de niveau circuit ou de niveau applicatif (abritant des proxy) faisant office de passerelle.

Un bastion repose sur un système d'exploitation sécurisé, généralement à base de système UNIX (FreeBSD, OpenBSD, NetBSD, etc.) ou de noyau Linux. Le paramétrage très affiné de cette plate-forme de sécurité requiert d'avoir accès au code source du système d'exploitation afin de pouvoir le modifier et le recompiler avec les seuls services jugés nécessaires et un shell (interpréteur de commandes) modifié.

Lorsque les proxy sont abrités sur le bastion, certaines entreprises mettent en œuvre un bastion défensif devant le pare-feu commercial afin que le premier point visible du bastion sacrificiel ne soit pas un domaine connu de l'assaillant. Les pirates et intrus repèrent très rapidement le type de pare-feu que vous possédez et essayent d'exploiter une faille existante. Comme expliqué précédemment, il n'est pas possible de masquer le type de pare-feu mis en œuvre dans le réseau de l'entreprise.

Les pare-feu hybrides

En pratique, la plupart des pare-feu commerciaux mêlent plusieurs des techniques présentées précédemment.

Par défaut, un pare-feu censé effectuer un filtrage dynamique de paquets peut recevoir des améliorations, que ce soit au niveau applicatif ou pour certains protocoles données, tels HTTP ou FTP (File Transfer Protocol).

Il est toutefois important de considérer que le fait d'additionner des méthodes de sécurité ne conduit pas nécessairement à l'amélioration de la sécurité. Certains mécanismes peuvent améliorer ou au contraire dégrader ou encore laisser intact le niveau de sécurité du pare-feu.

Il est essentiel de comprendre les mécanismes internes des pare-feu pour définir une politique de sécurité globale d'une entreprise. Dans certaines situations, un simple filtrage dynamique au cœur du LAN peut obéir au projet de sécurité défini.

Nous constatons au travers du choix des entreprises et des acteurs du domaine que la bataille se situe entre les pare-feu en Stateful Inspection, qui ne cessent d'améliorer leur finesse d'analyse, et les proxy. Ces derniers, de par l'intégration de certaines fonctionnalités de pare-feu dans des ASIC (Application-Specific Integrated Circuit) spécialisés, montent en puissance de débit et donc de performance.

Ronald Krutz et Russel Vines rappellent dans leur ouvrage l'historique des pare-feu. Le tableau 2.3 en donne une synthèse.

Tableau 2.3 Les générations de pare-feu

Type de technologie	Génération
Packet Filtering Firewalls (filtrage de paquets)	1re génération
Application Level Firewalls (proxy)	2e génération
Stateful Inspection Firewalls	3e génération
Dynamic Packet Filtering Firewalls	4e génération
Kernel proxy	5e génération

Les proxy et les technologies de type Stateful Inspection actuels gèrent parfaitement le filtrage dynamique de paquets. Pour Ronald Krutz et Russel Vines, le filtrage dynamique de paquets permet la modification des règles de sécurité du pare-feu et est utilisé pour un support limité d'UDP. Ainsi, pour une courte période de temps, le pare-feu conserve en mémoire les paquets UDP qui ont traversé le périmètre du réseau et décide s'ils doivent traverser le pare-feu. Signalons que Ronald Krutz est instructeur en chef des séminaires d'analyse CBK (Common Body of Knowledge) après avoir été, pendant plus de trente ans, membre de la Faculté et directeur de l'institut de recherche et développement de l'Université Carnegie Mellon, de Pittsburgh, qui abrite notamment le CERT (Computer Emergency Response Team).

Pour le CERT, le Stateful Inspection équivaut au filtrage dynamique de paquets.

Le mélange de technologies en frontal

Il y a quelques années, les entreprises combinaient deux types de pare-feu pour se protéger du monde extérieur : un pare-feu en Stateful Inspection, pour être à même de supporter le débit, et un pare-feu de type proxy applicatif, pour affiner le contrôle d'accès aux ressources de l'entreprise ou pour les flux sortants.

Outre cet aspect performance, le souci sécuritaire n'était pas absent. On estimait qu'une faille découverte sur un pare-feu pouvait ne pas exister sur un autre, pour peu que les technologies diffèrent. Ce type d'approche ne va pas sans poser problème, notamment du fait que les équipes de sécurité doivent maintenir une double compétence.

Le Gartner Group estime, dans une note publiée en septembre 2002, que les problèmes des pare-feu viennent à 99 p. 100 d'erreurs de configuration et non de défauts inhérents à la solution elle-même. Certaines entreprises définissent jusqu'à 300 règles de filtrage, qu'il faut bien maintenir.

L'arrivée de nouvelles applications, comme les services Web, impose de surcroît d'ouvrir certains services et de prendre en compte de nouveaux protocoles. Le fait de devoir maintenir de nombreuses technologies concourantes est non seulement ardu mais requiert une formation non négligeable et un personnel qualifié. Or, comme chacun sait, la complexité nuit à la sécurité.

En revanche, on assiste bien à une certaine mixité entre les pare-feu des routeurs, les cartes de pare-feu au cœur des commutateurs Ethernet, les pare-feu embarqués dans les cartes réseau (comme chez 3Com) et les pare-feu personnels distribués.

Avantages et inconvénients des différentes solutions de passerelle pare-feu

Comme expliqué précédemment, les pare-feu sont disponibles sous de multiples aspects : sous forme seulement logicielle, sous forme de boîtier dédié, sous forme logicielle reposant sur des plates-formes matérielles spécifiques, sous forme de carte réseau, sous forme de carte qu'on insère au sein des commutateurs, etc.

Nous distinguons dans les sections qui suivent les avantages et inconvénients de chaque solution.

Les pare-feu purement logiciels

Apparus en premier sur le marché, ces pare-feu font office de passerelle. Du fait qu'il s'agit de logiciels, ils sont très flexibles et supportent le plus souvent un grand nombre d'architectures, incluant les proxy. En revanche, plus ils remontent les couches OSI et le niveau d'inspection de la couche applicative, plus la performance se dégrade.

Les pare-feu logiciels présentent d'autres inconvénients. Ils requièrent une mise à jour régulière du système d'exploitation sur lequel ils reposent et des correctifs liés au pare-feu lui-même. Si l'on y insère des fonctionnalités de VPN (Virtual Private Network) sans carte accélératrice pour le chiffrement des tunnels IPsec (IP sécurisé-IETF), les performances peuvent s'écrouler très rapidement.

Les routeurs avec fonction de pare-feu

Les routeurs offrant l'accès vers l'extérieur, il est devenu courant que les constructeurs y implémentent, notamment dans les petits routeurs d'agence, des fonctionnalités de sécurité, qui viennent s'ajouter aux fonctions traditionnelles de filtrage. Le pare-feu est alors soit une option logicielle payante, soit directement intégré dans le produit sans surcoût.

Généralement, la technologie employée est de type Stateful Inspection, avec quelques options de paramétrage. L'un des avantages de cette solution tout-en-un est de réduire la dépense pour l'agence ou la PME. La présence du pare-feu a toutefois un impact fort sur la performance. De plus, si l'interface d'administration du routeur est compromise par un pirate, c'est la totalité de la sécurité qui est à risque.

En cas d'attaque du système d'exploitation, il est possible d'être averti d'une compromission de l'OS par une solution de contrôle d'intégrité dédiée à ce type d'équipement. Tripwire for Devices, par exemple, de la firme Tripwire, leader mondial du contrôle d'intégrité, bien que certains l'incluent parfois dans le segment de la détection d'intrusion, peut surveiller le système d'exploitation des routeurs et des commutateurs d'un certain nombre de fabricants.

Les pare-feu sous forme de boîtiers

D'une manière générale, c'est ce type de solution qui offre le plus haut niveau de performance. Le terme anglais *appliance* est fréquemment usité, même en France, pour désigner ces boîtiers dédiés.

On peut définir une appliance comme un ensemble d'éléments complètement intégrés, dans lequel le système d'exploitation du boîtier n'est pas distingué de l'applicatif représenté par le pare-feu. L'administrateur du boîtier ne fait que gérer son pare-feu. Le système d'exploitation étant totalement intégré et dédié à son application pare-feu, il n'a pas à s'en préoccuper. Une telle définition d'un pare-feu appliance correspond à l'approche d'un constructeur comme Lucent, essentiellement orienté opérateurs.

Les systèmes d'exploitation des boîtiers peuvent être spécifiquement conçus pour l'application de pare-feu ou s'appuyer sur un OS existant, généralement BSD ou Linux, dont éditeurs et constructeurs estiment ne conserver qu'environ 10 p. 100 des fonctionnalités. Certains éditeurs, à l'instar de Secure Computing, qui s'appuie sur un noyau BSDI (BSD Industriel), n'ont pas publié un seul correctif de sécurité depuis 1993.

Il existe toutefois d'autres approches. Nokia, par exemple, présente ses boîtiers comme de simples plates-formes de services.

Certains boîtiers ressemblent à des PC traditionnels de par les composants qu'ils hébergent (carte-mère, processeur, absence d'ASIC spécialisé, etc.). D'autres se différencient des PC traditionnels par la présence de composants dédiés, qui offrent généralement une performance élevée et un traitement du chiffrement par un ASIC spécialisé.

On constate de plus en plus que les ASIC ne servent plus uniquement aux opérations de chiffrement et de déchiffrement, grandes consommatrices de ressources, mais à des fonctions de pare-feu pures. La translation d'adresses, ou NAT (Network Address Translation), définie par la RFC 1631, de même que la classification du trafic ou encore la qualité de service, ou QoS, en sont des exemples. Un ASIC est le plus souvent programmé une fois pour toutes. Les constructeurs doivent donc gérer un nouvel algorithme de chiffrement de manière logicielle avant de l'intégrer de manière stable dans un ASIC.

Les technologies utilisées dans ce type d'équipement vont du Stateful Inspection au proxy.

Les logiciels pare-feu intégrés dans des boîtiers

Si certains éditeurs comme Symantec ont intégré leur propre pare-feu logiciel dans un boîtier, d'autres, à l'instar de CheckPoint Software, permettent à différents constructeurs, tels Nokia, Intrusion.com, Nortel Networks, RapidStream (racheté par WatchGuard en 2002) ou Resilience Networks, d'héberger leur logiciel.

L'intérêt par rapport à un serveur classique est de conserver, comme dans le cas de Nokia, une copie de l'état des sessions en mode noyau au travers de son système d'exploitation IPSO.

Au registre des inconvénients, l'on constate souvent que la dernière version du pare-feu accuse un certain retard par rapport à la version purement logicielle de l'éditeur. Pour parvenir à un bon compromis, une forte intégration est nécessaire entre l'ingénierie de la plate-forme matérielle et de l'OS dédié et celle de l'application pare-feu.

Les cartes pare-feu dans les commutateurs

Les cartes pare-feu sont des cartes qu'on insère simplement dans un switch. Leur fonction n'est plus seulement de séparer le réseau de l'entreprise du monde extérieur mais également de protéger en interne l'intranet de l'entreprise.

Les débits atteints peuvent être très élevés. Les cartes pare-feu de Cisco sur ses commutateurs Catalyst 7600, le haut de gamme de la firme, affichent un débit maximal de 5 Gbit/s, à comparer aux 2 bit/s de son boîtier pare-feu PIX 535 (le modèle le plus puissant). Avec quatre cartes pare-feu, le débit peut atteindre 20 Gbit/s.

Cette solution est une tendance forte du marché, car elle permet d'offrir un certain niveau de sécurité à tous les endroits du réseau. Il est de surcroît possible d'insérer dans le commutateur des cartes IDS (Intrusion Detection System) pour compléter la panoplie. À l'origine, il n'était pas possible de juxtaposer les deux cartes, mais cette limitation a été levée.

Les compléments intégrés aux pare-feu

Constructeurs et éditeurs intègrent de plus en plus de compléments à leurs pare-feu. Le plus souvent, ils combinent dans un même équipement les fonctionnalités de pare-feu et de réseau privé virtuel, ou VPN (Virtual Private Network).

Le fait d'implémenter la fonctionnalité de VPN au sein d'un pare-feu permet de terminer le tunnel et d'inspecter le trafic avant qu'il poursuive son chemin. Si la terminaison du tunnel VPN n'est pas effectuée, le trafic chiffré ne peut être examiné. Certains pirates en profitent et utilisent des attaques chiffrées *(voir le chapitre 3 pour une analyse détaillée de la problématique des VPN dans les entreprises).*

Un autre complément que l'on retrouve dans la quasi-totalité des pare-feu est l'intégration d'un mini-outil de détection d'intrusion, ou IDS (Intrusion Detection System). L'objectif principal de cette solution est de résister aux attaques par déni de service, telles que SYN Flood. Cela ne remplace pas l'utilisation d'un véritable IDS *(voir le chapitre 5),* dont la position particulière dans le réseau permet de donner l'alerte et de protéger certains segments du réseau en cas d'attaque.

Ces mini-IDS ne permettent généralement que de gérer un sous-ensemble réduit de 15 à moins de 250 signatures d'attaques, alors qu'un IDS réseau classique tel que Snort, un outil Open Source, offre un potentiel dépassant les 2 000 signatures d'attaques début 2004.

Certains produits affinent la partie analyse de la conformité protocolaire soit dans des produits dédiés, à l'instar de ce que propose Internet Security Systems avec RealSecure Guard, soit directement dans un produit propriétaire, tel le module de détection d'attaque ASQ du Français Netasq.

De leur côté, Netasq, Arkoon et Netscreen ont fait figure de précurseurs en intégrant une véritable technologie d'IDS/IPS (Intrusion Prevention System) dans leurs pare-feu. Si un IDS (Intrusion Detection System) est essentiellement un outil de détection d'intrusion passif, qui n'est quasiment jamais installé en mode rupture, à l'instar d'un pare-feu, un IPS permet de positionner l'équipement en rupture du réseau. Nous détaillons au chapitre 5 les technologies mises en œuvre dans les IDS et IPS ainsi que le mélange des deux, qui se réalise petit à petit.

Ajoutons que de plus en plus de produits antivirus sont intégrés aux pare-feu, lequel devient peu à peu une solution de sécurité tout-en-un.

Les pare-feu personnels distribués

Apparus il y a quelques années, les pare-feu personnels étaient à l'origine destinés au grand public pour leur connexion permanente à Internet en large bande (ADSL ou modem câble). Ils s'étendent aujourd'hui au marché professionnel.

Ce type de pare-feu vise à pallier les lacunes des pare-feu faisant office de passerelles en offrant une protection périmétrique entre un réseau sûr et un réseau non sûr.

Il existe deux types de pare-feu personnels distribués :

- Les pare-feu sous forme logicielle.
- Les pare-feu embarqués dans la carte réseau du PC. Il s'agit d'une solution matérielle, destinée aux ordinateurs portables, PC de bureau et même serveurs.

Nous les appelons distribués car ils peuvent désormais bénéficier d'une installation et d'une administration centralisées, complètement gérées par l'administrateur. Ils s'installent sur chaque poste client du réseau. Pour les pare-feu embarqués dans la carte réseau, l'utilisateur n'est autorisé à aucune action ou prise de décision sur le comportement de son pare-feu.

Avec les pare-feu personnels sous forme logicielle, une liberté d'action contrôlée peut être définie par l'utilisateur afin de lui donner de la souplesse dans l'utilisation de l'application.

Ces pare-feu complètent les pare-feu passerelles, qu'il est toujours possible de court-circuiter. Il suffit d'un code malicieux mobile, ou MMC (Malicious Mobile Code), qui transite par la messagerie pour qu'un pirate récupère des données sensibles ou lance des attaques depuis un poste client du LAN de l'entreprise.

L'e-commerce et les services Web bousculent les règles traditionnelles de flux. Les entreprises ouvrent de plus en plus une partie de leurs services à des partenaires externes. Du coup, la notion de réseau externe et interne a des frontières de moins en moins définies. Il convient donc d'apporter des précisions sur les éléments critiques du réseau et d'aborder les postes de travail client.

Protection du poste client

Certains experts considèrent qu'il est impossible de protéger un poste client du fait que l'utilisateur a un accès physique à sa machine. Si cette remarque est parfaitement valable, il n'en reste pas moins que les pare-feu personnels gérés de manière distribuée ont un rôle à jouer, ne serait-ce que pour éviter que la station de travail ne serve de relais à un pirate. N'oublions pas que tous les employés d'une entreprise ne cherchent pas à court-circuiter la protection mise en œuvre par le service informatique.

Du fait de l'approche grand public de ce type de logiciel, on ne pouvait au début disposer d'une gestion centralisée des logs, même dans les premières moutures de certains produits orientés TPE (très petites entreprises), comme ceux de Symantec. Depuis, la firme de Cupertino dispose d'un produit baptisé Symantec Client Security, qui cible clairement les entreprises.

Ce logiciel sous Windows obéit à la fois à la notion de pare-feu, d'outil de détection d'intrusion orienté Windows et bien sûr d'antivirus. Il est possible d'interdire de manière centralisée un type particulier de communication ou de verrouiller complètement les flux partant d'un poste client.

La mise en œuvre de ce type de produit en entreprise requiert toutefois réflexion. La mise à jour d'un correctif logiciel de sécurité sur Outlook, publié par Microsoft, requiert la création d'un nouveau fichier Master pour Outlook par l'administrateur de Symantec Client Security afin que la reconfiguration du logiciel de protection soit transparente pour l'utilisateur final lors de la mise à jour du client de messagerie de Microsoft.

Plusieurs profils sont disponibles pour laisser plus ou moins de latitude à l'utilisateur de l'hôte client. Une mauvaise interprétation d'un type de flux peut avoir pour conséquence de bloquer la communication. D'où le verrouillage nécessaire par l'administrateur, lequel doit néanmoins prendre en compte les besoins de l'utilisateur.

Deux autres produits, RealSecure Desktop Protection, d'ISS (Internet Security Systems), et Zone Alarm Pro, de Zone Labs (racheté en décembre 2003 par CheckPoint Software), méritent l'attention.

RealSecure Desktop était à l'origine un produit de NetworkICE. Il constituait un IDS orienté hôte doté d'un mini-pare-feu. Depuis, la partie pare-feu s'est renforcée, et le produit d'ISS-NetworkICE se distingue par son analyse protocolaire. Seul inconvénient : aucun logiciel antivirus n'est fourni.

Avec Zone Alarm Pro, on dispose au sens strict d'un pare-feu personnel, avec une protection des intrusions, qui, sans être un IDS au sens strict, peut être administrée de manière centralisée grâce à Integrity.

Zone Labs a refondu son offre entreprise orientée poste client avec le Zone Labs Integrity Desktop. Zone Alarm Pro y est intégré dans le client VPN de Cisco. Le produit est bien conçu et simple d'utilisation dès lors que l'on maîtrise un minimum les flux.

La figure 2.11 illustre la gestion centralisée des pare-feu personnels logiciels ou matériels par un serveur de règles positionné sur le LAN de l'entreprise.

Figure 2.11

Architecture d'un système de pare-feu personnel distribué matériel ou logiciel

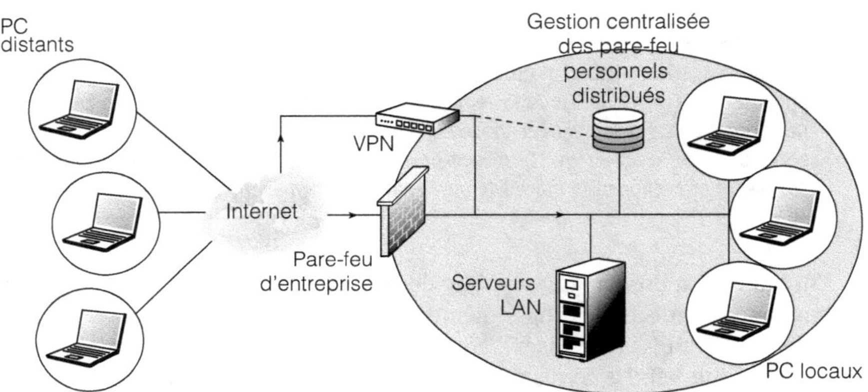

Ces pare-feu présentent quelques inconvénients. Ils peuvent être court-circuités par une faille du système d'exploitation, une faille de l'application elle-même ou une erreur de choix de la part de l'utilisateur. La mise à jour du système d'exploitation, des applications résidant sur le poste client et du logiciel pare-feu entraîne un certain travail pour l'administrateur et des mises à jour sur l'ensemble des postes.

Les pare-feu embarqués dans les cartes réseau

Dans cette solution, le pare-feu est intégré à la carte réseau. L'administrateur dispose d'un logiciel permettant de gérer les filtres impliqués de manière centralisée. Chez 3Com, l'un des leaders mondiaux de la carte réseau et précurseur en la matière, c'est une technologie de filtrage statique renforcée qui est employée. Gageons que 3Com ne va pas rester seul sur ce créneau et que d'autres acteurs liés au monde de la carte réseau vont proposer de plus en plus d'offres de ce type. C'est en effet un moyen de produire de la valeur ajoutée au prix d'une carte réseau, lequel n'a cessé de chuter ces dernières années.

Les avantages de cette solution sont de plusieurs ordres. Le pare-feu embarqué dans la carte d'interface réseau ne dépend pas du système d'exploitation de l'hôte sous-jacent qu'il protège. Le pare-feu ne peut être victime d'une faille de l'OS ou d'un applicatif, ni d'une faille liée au pare-feu ni même du code malicieux d'un pirate.

L'utilisateur ne pouvant rien modifier, l'administrateur est sûr du respect des règles de sécurité mises en place. Par ailleurs, des fonctions complémentaires de chiffrement IPsec pour VPN déchargent le processeur de la carte mère du traitement des opérations de chiffrement, un traitement toujours gourmand en ressources CPU. Ajoutons que plusieurs ensembles de règles peuvent être définies en fonction de l'utilisateur (sa position dans l'entreprise, son travail, etc.) ou de la fonction de l'hôte (cas d'un serveur, qui a plus de droits qu'un poste client).

L'inconvénient de ce type de solution réside dans le coût des cartes si l'on doit renouveler la totalité de son parc. Par ailleurs, les offres de pare-feu personnels distribués incluent souvent des compléments, tels que la présence d'un logiciel antivirus ou d'un outil de détection d'intrusion, le tout avec une bonne intégration, notamment pour les processus de mise à jour.

La haute disponibilité

Enjeu critique pour les entreprises dont une partie du chiffre d'affaires repose sur Internet, la haute disponibilité vise à offrir une continuité de service. Pour l'essentiel, elle se mesure en pourcentage. À titre d'exemple, lorsqu'un constructeur ou un prestataire de services annonce un taux de disponibilité de 99,99 p. 100, cela signifie que le système ou le service est indisponible au maximum cinq minutes par an. Cette durée ne concerne que les arrêts non planifiés et ne tient pas compte du temps nécessaire aux opérations traditionnelles de maintenance.

Interlog a réparti la disponibilité en quatre grandes catégories (disponibilité standard, exploitation en continu, haute disponibilité, disponibilité en continu) suivant des paramètres d'arrêts non planifiés et de fiabilité, comme illustré à la figure 2.12.

Figure 2.12

Les quatre grandes catégories de disponibilité selon Interlog

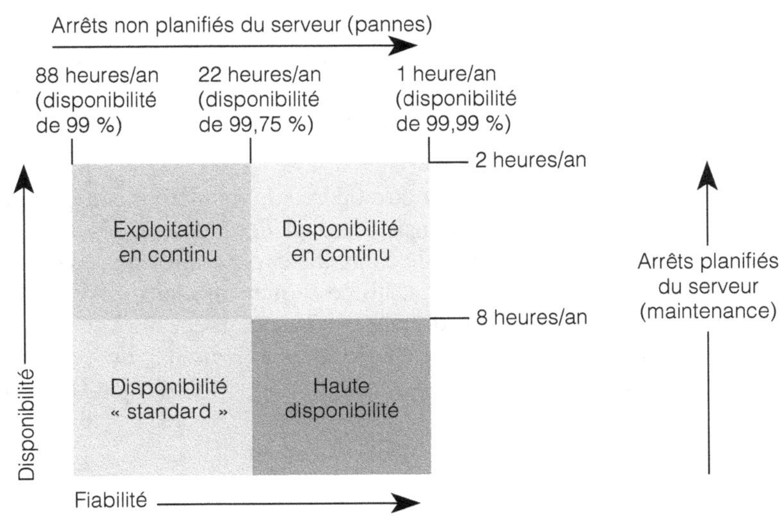

Généralement, les composants matériels que l'on peut échanger à chaud au sein d'un serveur sont les suivants :

- Processeur
- Mémoire
- Carte d'E/S (entrées/sorties)
- Alimentation
- Ventilation

> **Redondance totale**
>
> Certains serveurs matériels très haut de gamme intègrent dans une même plate-forme une totale redondance, dont la redondance d'horloge. Plutôt que d'administrer et de maintenir plusieurs serveurs, qui se révèlent des exercices périlleux et coûteux, d'aucuns pensent qu'il faut consolider l'ensemble des applications stratégiques dans une même machine hautement sécurisée. Les prix sont à la hauteur des performances, c'est-à-dire très élevés.

La haute disponibilité consiste donc à fournir une continuité de service lorsqu'un équipement ou un service logiciel n'est plus disponible, soit parce qu'une panne matérielle survient ou qu'un bogue logiciel perturbe le système, soit parce qu'un pirate attaque le pare-feu et le rend inopérant.

Pour obtenir cette disponibilité en continu, l'une des approches consiste en la redondance des équipements, des services et des applicatifs.

La redondance des pare-feu

La mise en cluster, ou mise en grappe, des pare-feu ne constitue pas une parade absolue aux attaques, notamment aux attaques par déni de service, distribuées ou non. Il n'est pas rare de voir les pare-feu tomber l'un après l'autre par un effet de dominos. La mise en clusters fonctionne en revanche très bien lorsqu'on se trouve face à une panne.

La redondance des pare-feu peut être opérée de manière matérielle ou logicielle, voire par une combinaison des deux. Elle consiste en un doublement des composants matériels — deux machines au lieu d'une, la seconde étant une copie conforme de la première — ou en une redondance de composantes logicielles. Dans ce dernier cas, deux serveurs abritent les mêmes logiciels, un logiciel dédié se chargeant d'établir le basculement d'un serveur à l'autre en cas de panne. Certains logiciels agissent aussi en frontal, sans ajouter de couches logicielles aux pare-feu redondants. Dans ce cas, ils s'appuient sur la notion d'adresse IP virtuelle.

La redondance matérielle

Un pare-feu mis en frontal d'un LAN met très souvent en œuvre une technologie de clusters. Pour que la redondance s'opère correctement, il faut des pare-feu de même type, c'est-à-dire deux modèles de boîtiers identiques ayant la même capacité de mémoire vive, la même version du système d'exploitation et les mêmes cartes d'interface réseau. Sur des serveurs traditionnels, certaines solutions supportent de légères variantes. Pour éviter toute complication éventuelle, une stricte concordance est recommandée.

Les protocoles de communication interéquipement sont la plupart du temps propriétaires ou recourent au protocole VRRP (Virtual Router Redundancy Protocol), défini par la RFC 2338 et bien connu des administrateurs de routeurs.

Le protocole inter-pare-feu est propriétaire chez Cisco Systems et Netscreen. Nokia utilise VRRP pour un cluster actif-passif 4 nœuds partageant une seule adresse IP en interne et une seule adresse IP en externe mais aussi pour son mode classique actif-actif. Ce n'est qu'avec son mode IP Clustering actif-actif propriétaire qu'elle autorise une reprise sur incident des sessions VPN sans perte.

Serveur

Notre définition d'un serveur traditionnel dans le cadre de ce chapitre est un serveur matériel à processeur Cisc ou Risc, sur lequel est installé un système d'exploitation où repose l'application de pare-feu. L'installation de cette dernière commence généralement par un paramétrage *ad hoc* du noyau du système afin de le renforcer.

Les différents types de clusters

Une fois qu'on a doublé le nombre des équipements, deux modes principaux permettent d'obtenir la redondance des pare-feu : le mode actif-passif et le mode actif-actif. Chaque mécanisme présente avantages et inconvénients.

Le mode actif-passif

Dans ce mode, le boîtier passif n'est utilisé qu'en cas de défaillance du boîtier actif. On parle aussi de boîtier maître et de boîtier esclave. Le boîtier passif n'est d'aucune utilité s'il n'y a pas de problème. C'est pourquoi un constructeur tel que Cisco Systems vend son second boîtier à environ 20 p. 100 du prix du premier équipement.

Le mode actif-passif est relativement pratique pour les opérations de maintenance puisqu'il suffit de retirer le second pare-feu de la grappe pour effectuer les mises à jour et correctifs nécessaires et le réinsérer ensuite en le faisant passer en mode maître.

La figure 2.13 illustre deux boîtiers mis en cluster à partir d'un même routeur.

Généralement, un minimum d'intervention humaine est requis pour le mode actif-passif, alors que tout est automatisé en mode actif-actif.

Le mode actif-actif

Dans ce mode, les deux boîtiers sont utilisés en même temps. Ils voient tous deux le trafic et se surveillent mutuellement. Bien que tout soit automatisé dans ce mode, il convient de surveiller la charge de chaque équipement. La charge CPU et le taux d'occupation de la mémoire peuvent en effet témoigner d'une attaque. En outre, si les deux équipements sont chacun à 60 p. 100 de charge, il n'est pas possible, dans le cas d'un cluster deux nœuds, d'en retirer un sans faire s'écrouler le second.

Figure 2.13

*Exemple de cluster
à deux nœuds de
boîtiers pare-feu*

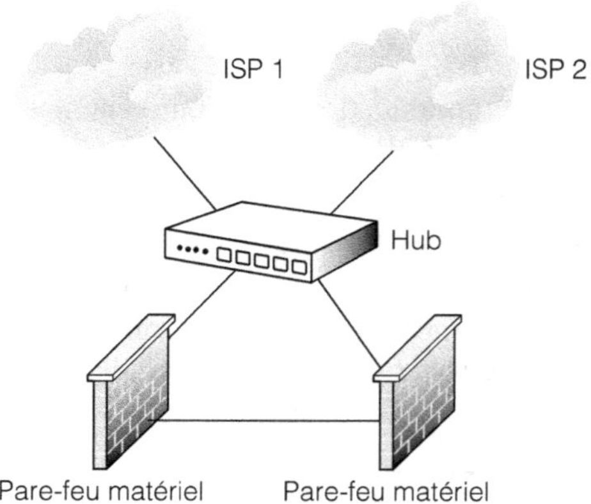

De plus en plus, les constructeurs adoptent des solutions en mode actif-actif adaptées à une architecture maillée.

La redondance et l'équilibrage de charge logiciels

Certaines solutions de pare-feu intègrent leur propre système d'équilibrage de charge ou intègrent une solution en OEM (Original Equipment Manufacturer) d'un partenaire.

Symantec s'appuie sur la technologie de Rainfinity, grand concurrent de StoneSoft. La solution embarquée permet d'établir un cluster 8 nœuds et donc de faire face à des pannes matérielles et à des besoins de fort débit.

L'utilisation de commutateurs de niveau 4-7 *(voir le chapitre 1)* est de plus en plus employée pour offrir un véritable équilibrage de charge et une gestion de trafic IP.

Tester et administrer un pare-feu

Comme pour l'ensemble des équipements de sécurité, il est fondamental de tester et d'administrer les pare-feu.

Côté test, il convient de faire appel à des équipes non impliquées dans le choix du type de pare-feu, ni dans leur configuration et mise en œuvre. L'administration peut être réalisée en interne ou être plus ou moins externalisée en fonction des ressources, compétences et budget.

Quand et comment tester ?

Disons-le sans détour, il n'existe pas de norme pour les tests de pare-feu. Les testeurs sont libres du choix de leur méthodologie et de la manière de tester. C'est d'ailleurs la raison pour laquelle on rencontre tant de résultats différents dans les classements. Quelle que soit la qualité de votre pare-feu, un pirate peut parvenir à le contourner sans trop de difficulté, d'où l'intérêt de mêler différentes solutions de protection pour renforcer une politique globale de sécurité clairement définie.

Beaucoup de tests réalisés sur les pare-feu par des laboratoires indépendants, dont la procédure est généralement commanditée par l'un des acteurs, sont sujets à caution. D'une part, parce qu'il existe une différence entre les tests de laboratoire et la vie réelle et, d'autre part, parce que le constructeur qui a commandité le test insiste sur un test défini, qui met généralement à mal son concurrent direct.

Nombre de tests mettent en avant des critères de rapidité au détriment de principes sécuritaires. Si l'on ne peut nier la pertinence de l'analyse de la performance, il n'en reste pas moins qu'un pare-feu est un outil de sécurité avant d'être un outil de connectivité. Il est bien évident que moins le test vérifie d'éléments du pare-feu testé, plus ce dernier se montre rapide.

Si le pare-feu se contente d'ouvrir un port HTTP sans autre analyse de contenu, on comprend aisément qu'il se montre plus rapide qu'un pare-feu qui examine le contenu transitant par ce port 80. L'utilisation d'outils d'évaluation des vulnérabilités ou de scanners de ports, comme Nessus ou Nmap, indispensables dans la boîte à outils de tout responsable sécurité, ne constitue pas en soi un test de pare-feu. C'est un test de vulnérabilité, qui a d'ailleurs son intérêt en soi.

Un pare-feu doit être testé dans les trois cas de figure suivants :

- lors de l'installation initiale du pare-feu ;

- en cas de changements significatifs apportés à la configuration (en fonction du réseau, de nouveaux applicatifs, etc.) ;

- de manière périodique, afin de vérifier la conformité du pare-feu avec la politique de sécurité définie.

Administrer

Comme la plupart des équipements de sécurité, les pare-feu ne sont pas des outils qu'on installe une fois pour toutes et dont on ne se préoccupe plus par la suite. La lecture des logs et la vérification de la cohérence et de la pertinence des règles de filtrage sont des éléments clés. Pour être efficaces en cas de problème, ces vérifications nécessitent que les procédures soient documentées par écrit et testées avec soin.

Savoir réagir lors d'une attaque est vital. Pour ne pas céder à la panique, il convient d'avoir validé au préalable des procédures sûres et adaptées à la situation de l'entreprise. Par exemple, certaines entreprises peuvent décider de couper le lien Internet, alors que ce n'est pas envisageable pour d'autres, dont l'activité repose sur Internet.

Encore aujourd'hui, trop peu d'organisations disposent de procédures écrites et régulièrement testées. D'où les pertes de temps et d'efficacité lorsqu'un problème survient. La loi de Murphy s'applique généralement, et l'expert en sécurité est soit en vacances, soit très difficile à atteindre au moment où l'on a le plus besoin de lui.

Dans le même ordre d'idée, il est fondamental de faire tester son pare-feu par une équipe qui n'a été impliquée ni dans la maîtrise d'œuvre ni dans la maîtrise d'ouvrage. Pour les PME-PMI qui ne disposent pas de ressources suffisantes en interne, la solution passe obligatoirement par l'externalisation. Il convient cependant de bien se faire préciser les services proposés, qui s'étendent de la surveillance simple à la configuration en temps limité suite à une faille découverte.

Réduire la fenêtre de vulnérabilité est un préoccupation clé des RSSI (responsables de la sécurité des systèmes d'information). La figure 2.14 illustre la problématique de réduction de la taille de la fenêtre de vulnérabilité pendant laquelle l'entreprise est sous le menace d'une attaque.

Figure 2.14

Étapes entre la découverte d'une faille et le déploiement du correctif dans l'entreprise

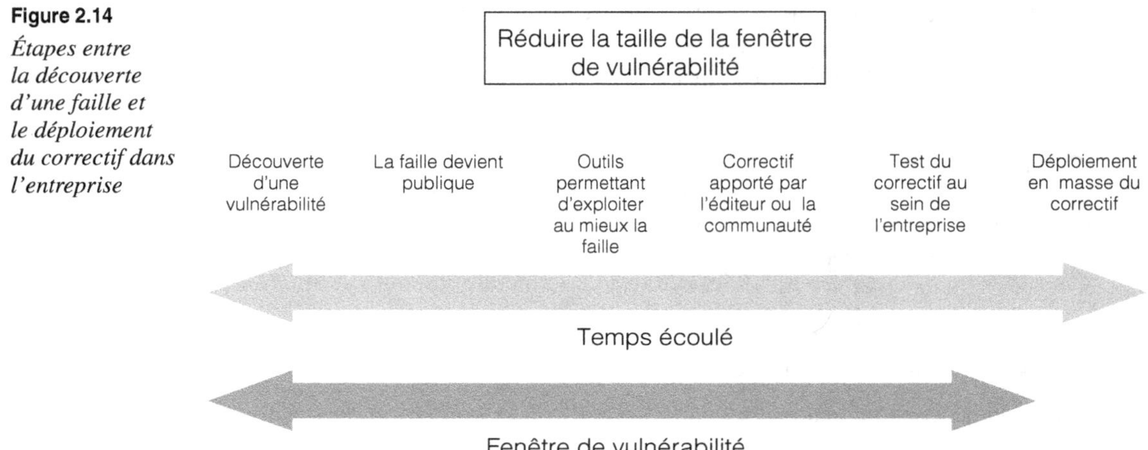

Externalisation des pare-feu ?

L'externalisation consiste à déléguer une partie ou la totalité de la supervision et de l'administration des pare-feu à une entité tierce. S'agissant de sécurité, l'externalisation repose sur la confiance attribuée à la société d'externalisation ou d'infogérance à laquelle on fait appel.

Les offres de solutions externalisées commencent à se développer en France. Parmi les nombreuses questions soulevées par ce type d'approche, citons les suivantes :

- Quel niveau de confiance puis-je accorder au prestataire ?

- S'agit-il d'une offre de supervision ou d'une véritable administration ?

- Quel est le temps de reconfiguration des pare-feu après une attaque ?

- Quels sont les choix technologiques du prestataire ? S'appuie-t-il sur diverses marques de produits pare-feu en fonction des besoins de ses entreprises clientes ?

- A-t-il une expérience et une offre complémentaires dans le domaine de la détection d'intrusion ?

- Quel est le gain financier par rapport à une solution interne ?

Une société qui ne dispose pas de compétences en interne n'a pas le choix, même si certains DSI (directeurs des systèmes d'information) considèrent qu'on ne peut externaliser ce qu'on ne maîtrise pas. Un pare-feu laissé de côté sans lecture quotidienne des fichiers de journalisation a une utilité très relative.

Quant aux grands comptes, la sécurité est pour eux un élément trop essentiel pour envisager de s'en décharger totalement et sans analyse auprès d'un prestataire externe. Un regard attentif est toujours nécessaire, même dans le cas où le degré de confiance envers le prestataire est élevé.

Les tendances du marché

L'année 2003 aura été marquée par plusieurs grandes tendances. La première est classique et ne concerne pas uniquement ces équipements de sécurité : c'est la mise à disposition des pare-feu sous forme de boîtiers dédiés, ou *appliances*, même pour les éditeurs qui n'offraient jusqu'alors que des versions logicielles. La raison à cela est simple et économique : le marché des boîtiers dédiés croît dans un rapport de trois à cinq fois supérieur à celui des pare-feu purement logiciels.

La seconde tendance est l'embarquement de nouvelles fonctionnalités allant dans le sens des solutions tout-en-un. C'est notamment le cas des pare-feu qui embarquent un logiciel antivirus ou qui intègrent une solution d'IDS/IPS. Comme toujours, plus le nombre de fonctionnalités est élevé, plus les problèmes de performance peuvent se faire sentir. Il convient d'analyser la qualité des fonctionnalités complémentaires fournies, lesquelles peuvent se révéler très inégales.

En résumé

En autorisant ou interdisant l'accès à des services entre deux ou plusieurs réseaux, les pare-feu font office de gendarmes du trafic IP. Même s'ils ne peuvent stopper un pirate chevronné, ils restent indispensables dans une politique globale de sécurité.

Suivant les technologies supportées par les pare-feu, le degré d'analyse offert est plus ou moins fin. Certains pare-feu n'examinent pas la charge utile (payload) mais opèrent un filtrage efficace des couches 3, 4 et 5 du modèle OSI, avec une authentification des utilisateurs.

Les proxy applicatifs ou d'autres mécanismes d'analyse de la charge utile offrent une protection fortement périmétrique et font office de passerelles entre le LAN et le monde extérieur (Internet). L'analyse se situe alors au niveau 7 (application).

Aujourd'hui, de plus en plus de pare-feu sont installés dans les routeurs, au cœur des commutateurs LAN de certains équipementiers et dans les cartes réseau, ou NIC (Network Interface Card). On les rencontre également sous forme logicielle en tant que pare-feu personnels administrés de manière centralisée.

Pour un meilleur contrôle de la bande passante de l'entreprise, il est possible de mêler l'ensemble de ces technologies.

3

Les réseaux privés virtuels (VPN)

Grâce à l'utilisation de VPN (Virtual Private Network), une entreprise peut réduire fortement ses coûts de communication, comparés aux liens E1, à 2 Mbit/s, ou E3, à 34 Mbit/s, qui cumulent frais d'installation, coûts fixes mensuels et coûts en fonction de la distance parcourue.

Avec les liens dédiés, les données ne sont pas sécurisées mais juste encodées. En outre, l'entreprise doit faire confiance à la sécurité mise en œuvre par son opérateur. Un autre inconvénient des lignes dédiées vient de la difficulté pour les entreprises mécontentes à quitter leur opérateur.

En s'appuyant sur l'infrastructure distribuée et ouverte d'Internet, les VPN offrent aux entreprises une plus grande liberté de manœuvre en sus d'importants avantages tarifaires.

Définition d'un VPN

Un VPN est un réseau privé qui se construit au-dessus d'une infrastructure mutualisée — de plus en plus souvent IP —, Internet ou non. L'utilisation des VPN n'est pas nouvelle dans le monde des télécommunications. Les réseaux X.25, Frame Relay et ATM ont été largement déployés pour cet usage.

Il est important de noter qu'un réseau VPN donne avant tout un service de réseau privé et non un service de réseau sécurisé. Ces deux services sont en fait complémentaires.

Un VPN s'appuie sur un médium réseau partagé, généralement Internet, pour permettre à une entreprise ou à un utilisateur de communiquer avec le réseau de son entreprise de manière sécurisée. Il s'agit d'un tuyau, ou tunnel, virtuel qui recourt à l'infrastructure Internet ou au réseau de son fournisseur d'accès pour simuler un lien dédié à l'entreprise.

Le terme virtuel indique que le réseau est formé logiquement, indépendamment de la structure physique sous-jacente, une fois encore le plus souvent Internet. Ce réseau est dynamique, et les connexions sont établies selon les besoins organisationnels de l'entreprise.

Les connexions d'un VPN ne sont pas permanentes, à la différence de celles des lignes spécialisées. Cela permet aux opérateurs de services VPN d'optimiser leur infrastructure.

On distingue trois types de VPN, en fonction de la nature des connexions :

• connexion à distance d'un utilisateur mobile ;

• connexion de site à site (liaison des intranets de l'entreprise) ;

• connexion des extranets dans le cadre d'une relation B-to-B (business-to-business).

La figure 3.1 illustre les différentes technologies de VPN.

Figure 3.1

Les technologies de VPN

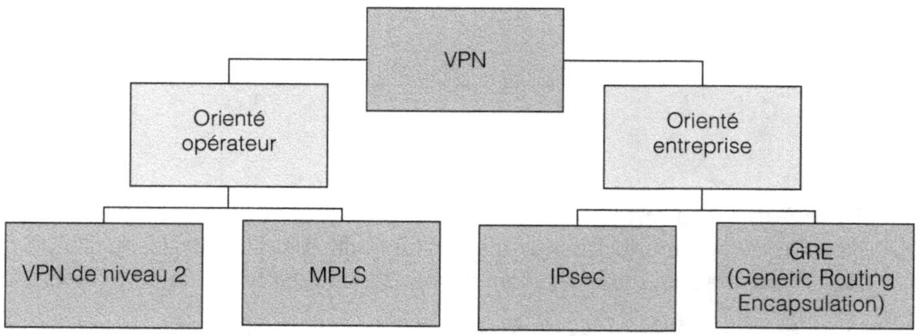

La technologie GRE (Generic Routing Encapsulation) sert à router, sur un réseau IP, des paquets qui ne pourraient pas l'être autrement. Elle peut en outre être utilisée pour router les paquets multicast à travers des réseaux incompatibles. GRE peut enfin être employé pour router des protocoles non-IP, comme AppleTalk ou IPX, au-dessus d'IP. Une fois qu'un paquet GRE a atteint son réseau destination, l'en-tête GRE est retiré, et le protocole d'origine fonctionne nominalement.

Les principaux avantages des VPN sont les suivants :

• économie, du fait de l'utilisation de réseaux publics mutualisés ;

• sécurité, grâce aux technologies de chiffrement et d'authentification disponibles ;

• passage à l'échelle, ou scalabilité, de par la richesse des réseaux publics et le nombre d'opérateurs ;

• compatibilité avec toutes les technologies de transport de niveau 2 ;

• facilité d'accès et de déploiement.

La figure 3.2 illustre une connexion VPN de niveau 2 ou 3 d'un télétravailleur.

Figure 3.2

*Exemple de VPN
de niveau 2 ou 3*

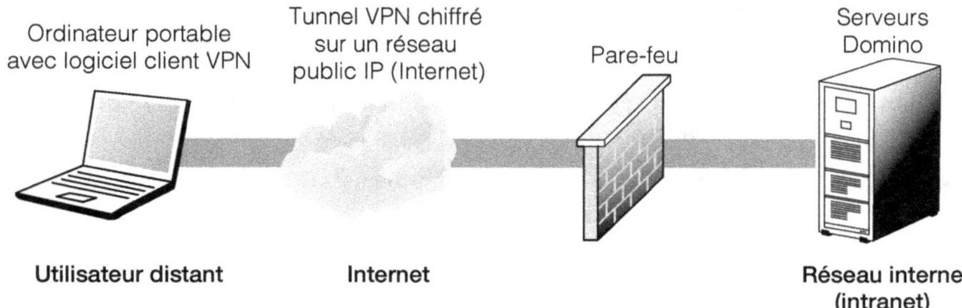

Figure 3.3

*Accès à distance
au réseau d'entreprise
par un client VPN*

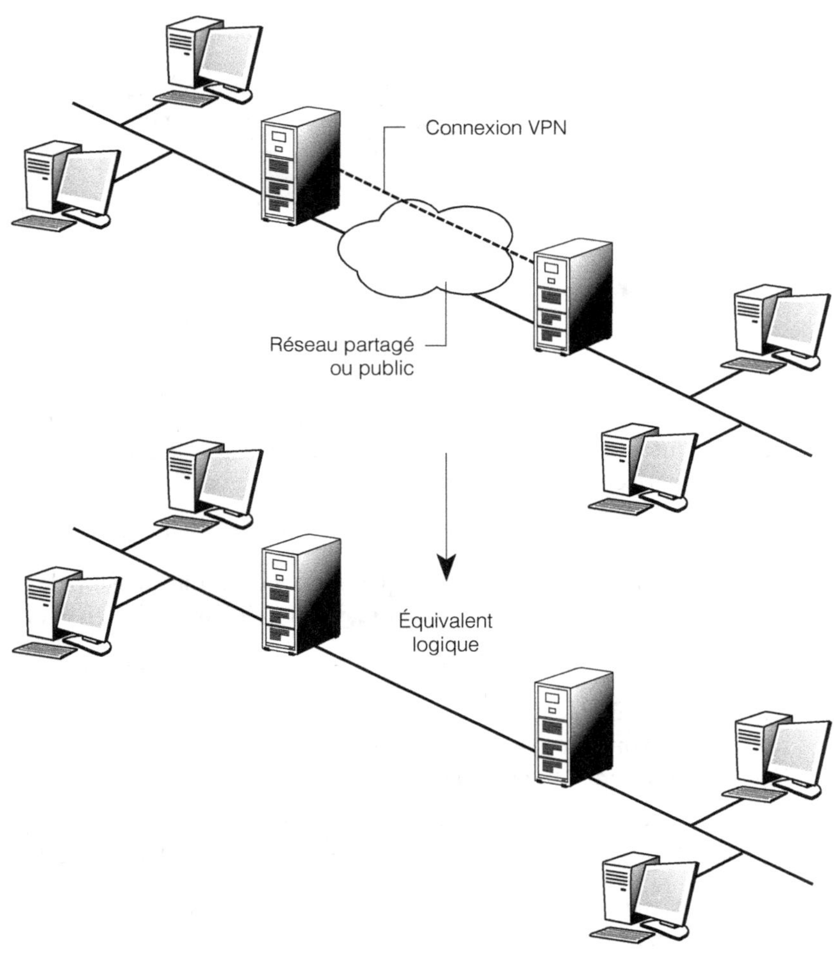

Comme illustré à la figure 3.3, une connexion VPN de type PPTP (Point-to-Point Tunneling Protocol), L2TP (Layer 2 Tunneling Protocol) ou IPsec (IP sécurisé-IETF) donne accès au réseau de l'entreprise comme si l'on se trouvait sur le LAN de cette dernière. Il n'en va pas de même avec une connexion VPN SSL (Secure Sockets Layer).

Une connexion VPN de type site à site peut être représentée de la manière illustrée à la figure 3.4.

Figure 3.4

VPN site à site utilisant le réseau public Internet

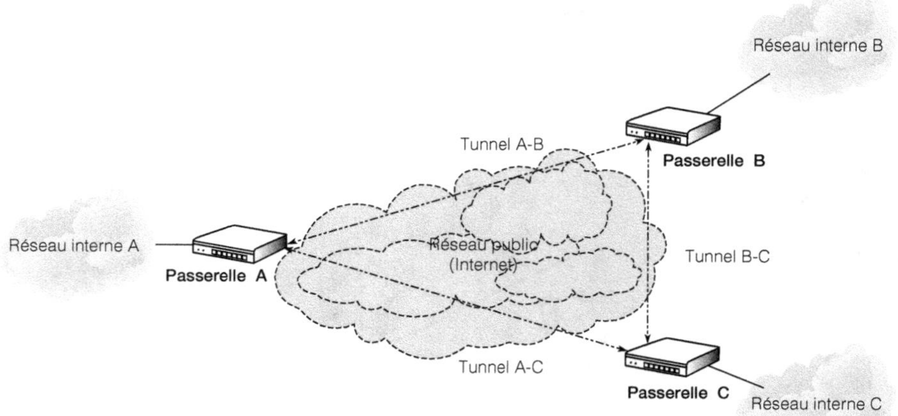

La sécurité fait normalement partie intégrante d'un VPN, même si certains équipementiers préfèrent parler de connectivité que de sécurité. Un VPN opère sur un réseau réputé non sûr, puisque la suite de protocoles TCP/IP n'a pas été conçue dans une optique sécuritaire. Il a en charge de sécuriser les données qui transitent *via* ce média.

Le VPN assure pour cela les quatre fonctions fondamentales suivantes :

- **Authentification.** Vise à s'assurer que la source de transmission des données est celle qu'elle prétend être et que la destination correspond à l'endroit où doivent aller les données.

- **Contrôle d'accès.** Établit des restrictions d'accès aux intranets ou extranets.

- **Confidentialité.** Vise à empêcher la visualisation ou la copie des données qui transitent sur le réseau en s'appuyant sur des algorithmes de chiffrement symétriques tels que Triple DES (Data Encryption Standard) ou AES (Advanced Encryption Standard).

- **Intégrité des données.** Vise à s'assurer que les données qui transitent ne sont pas modifiées. Le contrôle d'intégrité s'appuie sur des algorithmes de hachage tels que MD5 et SHA-1.

Il existe plusieurs façons de classer les VPN. L'opposition classique entre VPN de niveau 2 (couche liaison de données du modèle OSI) et VPN de niveau 3 (couche réseau du modèle OSI) est de plus en plus supplantée par celle entre VPN IPsec et VPN SSL.

Le tableau 3.1 résume cette distinction en mettant en lumière les protocoles mis en œuvre pour chaque type de VPN.

Tableau 3.1 Les différents types de VPN

VPN	Description
Niveau 2	PPTP (Point-to-Point Protocol). Origine Microsoft L2F (Layer 2 Forwarding). Origine Cisco Systems L2TP (Layer 2 Tunneling Protocol). Fusion de PPTP et de L2F par l'IETF (RFC 2661) L2TP version 3 : dernier-né des protocoles de niveau 2
Niveau 3	IPsec. Se réfère à une suite de protocoles destinés à protéger les communications transitant sur Internet au niveau réseau.
VPN SSL	SSL (Secure Sockets Layer). Vient en complément des VPN IPsec. Certains de ces VPN SSL sont des VPN applicatifs tandis que d'autres ne sont que des améliorations agissant en tant que conduits SSL. Nous distinguerons clairement cette catégorie de VPN en trois sous-parties dont la plus importante concerne les VPN applicatifs baptisés aussi VPN SSL applicatifs.
VPN applicatif	Agit au niveau 7 du modèle OSI en tant que proxy. Il s'appuie aussi sur SSL pour la sécurisation de la couche transport et est également baptisé VPN SSL applicatif.

Il n'existe pas d'opposition stricte entre ces mécanismes et protocoles. Il est ainsi tout à fait possible d'utiliser L2TP avec IPsec afin de renforcer la sécurité. PPTP et L2TP sont en revanche strictement des protocoles de tunneling, contrairement à IPsec.

La principale différence entre les VPN de niveau 2 et de niveau 3 tient à la gestion du routage. Avec les VPN de niveau 2, le routage s'exécute sur les routeurs de l'entreprise et est géré par cette dernière. Les VPN de niveau 3 requièrent davantage de configuration de la part du fournisseur de service du fait que les routeurs de ce dernier doivent connaître les routes définies par l'entreprise cliente.

Historiquement, PPTP a été globalement le plus utilisé. Ces dernières années, c'est toutefois sur les VPN IPsec que se concentrent tous les efforts des équipementiers du fait de la sécurité forte, avec chiffrement, authentification et gestion des clés, qu'offre le protocole IPsec.

Comme son nom le laisse supposer, IPsec ne s'adresse qu'au monde IP. Les sociétés ayant besoin de gérer des protocoles non IP, tels que IPX (Internetwork Packet eXchange) ou Apple-Talk, sans les encapsuler dans IP doivent se tourner vers d'autres solutions, telles que L2TP.

Les VPN de type SSL, qui agissent au niveau de la couche transport du modèle OSI, sont complémentaires des VPN IPsec. Quant aux VPN applicatifs, ils représentent les derniers-nés des VPN SSL.

La mise en œuvre de services VPN n'est pas toujours simple. Avant l'arrivée d'IKE (Internet Key Exchange) pour les VPN IPsec (RFC 2409), les tâches d'administration et de gestion des clés étaient d'une lourdeur décourageante, sans compter les fréquentes difficultés d'interopérabilité. Certains clients VPN IPsec n'étaient compatibles qu'avec la passerelle de l'éditeur ou du constructeur. Désormais, la plupart des clients VPN IPsec sont compatibles avec les passerelles des principaux acteurs du marché, tels Cisco Systems, Nortel Networks et CheckPoint Software. Certains acteurs ne veulent toutefois être compatibles qu'avec leurs propres passerelles à des fins davantage stratégiques que techniques.

Le choix de services et d'équipements VPN n'est pas non plus chose facile pour les responsables réseau ou télécoms de l'entreprise. Outre l'alternative entre l'externalisation et le recours à plusieurs fournisseurs de services VPN, avec basculement automatique en cas de panne ou de rupture de lien, il faut décider d'un type de VPN puis d'un type d'équipement pour la gestion des VPN. De nombreux équipementiers réseau, comme Cisco Systems, Nortel Networks, Avaya, etc., proposent toute une gamme d'équipements dédiés sous forme de boîtiers. Par ailleurs, les pare-feu du marché offrent pour la plupart des fonctionnalités de VPN.

Les principales options de gestion des VPN sont les suivantes :

- VPN intégré à un pare-feu (logiciel ou matériel) ;
- routeur d'accès VPN ;
- concentrateur d'accès VPN ou boîtier dédié au VPN ;
- serveur de VPN ;
- solution VPN purement logicielle.

Les opérations de chiffrement étant extrêmement consommatrices de ressources CPU, les cartes matérielles dédiées sont préférables dès lors que des opérations de chiffrement sont mises en œuvre.

Architecture et protocoles

Cette section détaille les différentes architectures ainsi que les protocoles qui permettent de réaliser des VPN, qu'ils soient de niveaux 2 ou 3, ou encore les VPN SSL. Elle traite également des protocoles L2TP v3 et MPLS, orientés opérateurs ou très grands comptes. Ces derniers sont utilisés en combinaison avec les VPN de niveau 3 IPsec côté entreprise.

PPTP (Point-to-Point Tunneling Protocol)

Développé par le Forum PPTP, incluant notamment à l'origine Ascend Communications, Microsoft, 3Com, US Robotics et ECI Telematics, un draft de cette architecture permettant d'établir des VPN a été soumis à l'IETF (Internet Engineering Task Force) en juin 1996.

Microsoft a toutefois développé sa propre version de PPTP en dehors du standard de l'IETF. Compte tenu des parts de marché du géant de Redmond, la version de Microsoft est devenue un standard de fait des déploiements de PPTP. Microsoft l'a d'ailleurs intégré dans son système d'exploitation dès Windows NT 4.0 (station et serveur), ainsi que dans ses systèmes d'exploitation orientés postes client (Windows 95). Ajoutons que le tunneling de réseau à réseau n'a été implémenté qu'en 1997, avec l'arrivée du complément logiciel RRAS (Routing and Remote Access Server) sur Windows NT 4.0. Comme on le voit, PPTP est essentiellement axé Microsoft, même s'il est parfaitement possible de l'utiliser sous Linux et d'autres systèmes d'exploitation.

Le protocole PPTP a été conçu pour permettre à des utilisateurs de se connecter à un serveur d'accès distant, ou RAS (Remote Access Server), depuis n'importe quel point d'Internet. Au lieu de se connecter directement à un pool de modems, l'utilisateur se connecte à son ISP (Internet Service Provider) pour disposer de la même authentification, du même chiffrement et de l'accès au LAN de son entreprise.

La figure 3.5 illustre la création d'un tunnel PPTP.

Figure 3.5

Architecture d'une communication PPTP (source Microsoft)

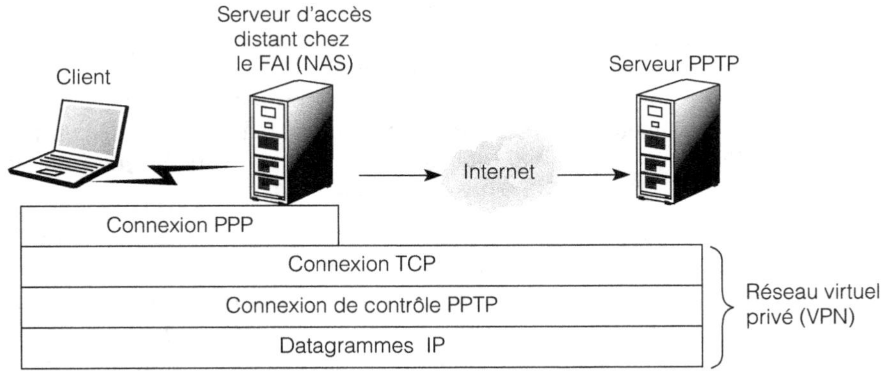

En tant que protocole de tunneling, PPTP encapsule les datagrammes de protocoles réseau dans une enveloppe IP. L'encapsulation PPTP est fondée sur GRE (Generic Routing Encapsulation), un autre protocole générique d'encapsulation, défini par les RFC 1701 et 1702.

Comme l'illustre la figure 3.6, le chiffrement de la trame PPP (Point-to-Point Protocol), le standard Internet de transmission des paquets IP sur des lignes séries, est réalisé chez Microsoft *via* MPPE (Microsoft Point-to-Point Encryption) en utilisant les clés de chiffrement de MS-CHAP (MicroSoft-Challenge Handshake Authentication Protocol) ou de EAP-TLS (Extensible Authentication Protocol-Transport Layer Protocol).

Figure 3.6

Chiffrement de la trame PPP par Microsoft

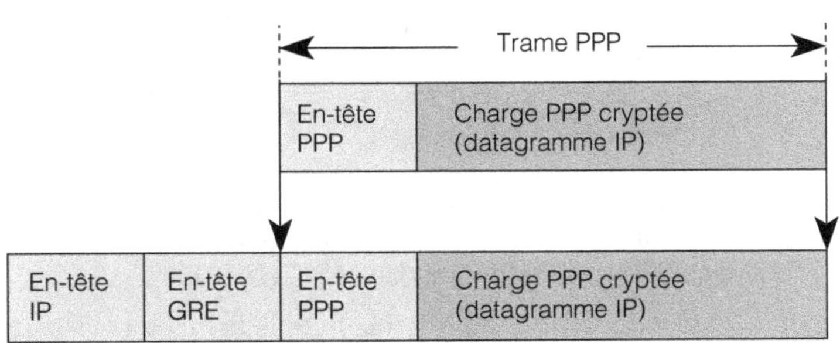

PPTP ne fournit pas de services de chiffrement mais se contente d'encapsuler des trames PPTP déjà chiffrées. Il est possible de ne pas utiliser de connexion chiffrée, mais ce n'est évidemment pas recommandé.

La structure d'un paquet PPTP se décompose de la manière illustrée à la figure 3.7.

Figure 3.7

Structure d'un paquet PPTP

L'en-tête de livraison contient les informations permettant de connaître le média de communication utilisé, ATM ou Ethernet par exemple. L'en-tête IP contient les informations d'adresses IP destination et source pour le paquet encapsulé traversant le réseau Internet. L'en-tête GREv2 (Generic Routing Encapsulation version 2) contient des informations sur le type de paquet encapsulé ainsi que des éléments spécifiques. La charge utile renferme les données encapsulées. Ces dernières peuvent s'appuyer sur IP, IPX/SPX (protocoles liés au monde Novell) ou NetBEUI (NetBIOS Extended User Interface). Le résultat final est un nouveau paquet IP dont l'en-tête contient l'adresse du périphérique de destination, qui peut être un routeur ou une passerelle IP de l'entreprise, où la session VPN se termine.

Du fait du manque de contrôle de gestion des clés dans l'architecture PPTP, l'authentification et le chiffrement sont gérés par CCP (Compression Control Protocol) ou d'autres extensions de PPP fondées sur des mots de passe secrets. C'est l'une des raisons pour lesquelles PPTP n'est pas considéré comme suffisamment « scalable », autrement dit évolutif sur le plan de la linéarité de la montée en charge, pour la gestion de grands réseaux VPN de site à site et qu'il reste cantonné à un rôle d'accès à distance.

La figure 3.8 reflète le processus de communication complet de PPTP, incluant le chiffrement d'un client distant établissant un dial-up sur le RTC (réseau téléphonique commuté).

Figure 3.8

Encapsulation multiprotocole par PPTP

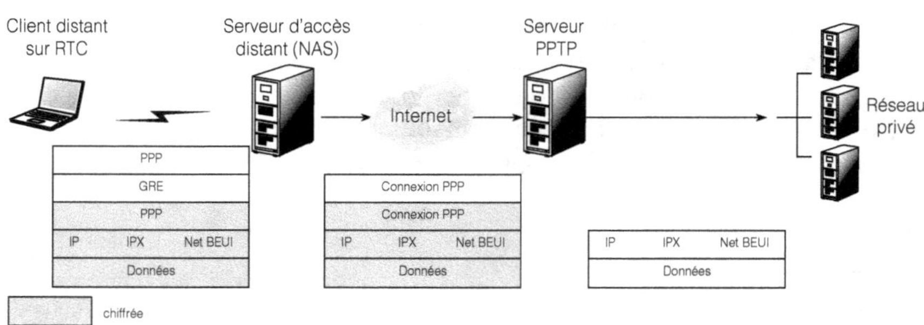

Entre les versions 1 et 2 de MS-CHAP, Microsoft a modifié son architecture cryptographique en profondeur. Le tableau 3.2 récapitule les principales solutions apportées par MS-CHAP 2, livré avec Windows 2000, aux limitations de MS-CHAP 1.

En dépit de ces améliorations de Microsoft, telle la fin de la visualisation du nombre de sessions VPN actives, Bruce Schneier, fondateur de Counterpane Internet Security et expert mondial en cryptographie, et Dr Mudge, de L0pht Heavy Industries, estiment que des faiblesses fondamentales dans les protocoles d'authentification et de chiffrement persistent.

Les principales de ces faiblesses sont les suivantes :

- Le problème des clés faibles n'est pas résolu.

- La sécurité repose sur le mot de passe choisi par l'utilisateur.

- L'implémentation de MS-CHAP v2 est complexe. Ainsi, le recours à de multiples couches de hachage pour dissimuler certaines valeurs n'est pas clair et ne semble avoir pour effet que de réduire la vitesse d'exécution du protocole.

Tableau 3.2　Apports de MS-CHAP 2

Limitation de MS-CHAP version 1	Solution MS-CHAP version 2
L'encodage de la réponse LAN Manager utilisé pour la compatibilité descendante avec des clients d'accès distants Microsoft est cryptographiquement faible.	Ne supporte plus les réponses encodées LAN Manager.
L'encodage des changements de mot de passe LAN Manager est cryptographiquement faible.	Ne supporte plus les changements de mot de passe LAN Manager.
Seule l'authentification unidirectionnelle (one-way) est possible. Le client d'accès distant ne peut pas vérifier qu'il est connecté directement au serveur d'accès distant de son entreprise où à un serveur d'accès distant faisant du masquerading IP.	Fournit une authentification bidirectionnelle, aussi appelée mutuelle. Le client d'accès distant reçoit la vérification que le serveur d'accès distant sur lequel il se connecte a accès au mot de passe de l'utilisateur.
Avec le chiffrement sur 40 bits, la clé cryptographique est fondée sur le mot de passe de l'utilisateur. Chaque fois que ce dernier se connecte avec le même mot de passe, la même clé cryptographique est utilisée.	La clé cryptographique est toujours fondée sur le mot de passe de l'utilisateur et une chaîne arbitraire de défi. Chaque fois que l'utilisateur se connecte avec le même mot de passe, une clé cryptographique différente est utilisée.
Une clé de cryptographie unique est utilisée pour les données envoyées dans les deux directions de la connexion.	Des clés cryptographiques différentes sont générées pour les données transmisses et reçues.

En conclusion, les deux experts souhaitent voir décliner l'implémentation de PPTP par Microsoft au profit d'IPsec, beaucoup plus sécurisé.

Le tableau 3.3 récapitule les principaux avantages et inconvénients de Microsoft PPTP.

Tableau 3.3　Avantages et inconvénients de Microsoft PPTP

Avantage	Inconvénient
Disponibilité des clients	Lié à Microsoft
Facilité d'implémentation	Configuration limitée
Tunneling multiprotocole et non uniquement lié au monde IP	Déploiement et extensibilité (scalabilité) limités
	Sécurité limitée

Cisco L2F (Layer 2 Forwading)

En même temps que Microsoft travaillait sur PPTP, Cisco Systems, spécialiste des routeurs, développait son protocole de tunneling de niveau 2, sous le nom de Cisco L2F.

Intégré à l'IOS (Internetworking Operating Systems), ce protocole requérait l'utilisation des routeurs Cisco. La firme de San Jose l'a ensuite soumis à l'IETF (RFC 2341), mais peu de sociétés l'ont intégré à leur gamme de routeurs. L'identification des utilisateurs est plus faible qu'avec PPTP.

L2TP (Layer 2 Tunneling Protocol)

Les mondes de l'informatique et des télécoms aiment les standards. Entre PPTP, principalement mis en œuvre avec l'implémentation de Microsoft, et L2F, orienté Cisco, il fallait trouver un véritable standard. En mai 1999, sort L2TP avec les participations actives de Cisco Systems et de Microsoft, auxquels se joignent Ascend Communications et Redback Networks.

Le nom de L2TP traduit une synthèse que l'on peut résumer par la formule L2TP = PPTP + L2F.

L2TP (RFC 2661) étend le modèle PPP (RFC 1661) en permettant aux terminaisons de niveau 2 et à PPP de résider sur différents périphériques, ou devices, interconnectés par un réseau à commutation de paquets. Avec L2TP, un utilisateur dispose de la sorte d'une connexion de niveau 2 à un concentrateur d'accès, DSLAM ADSL par exemple, ou à un pool de modems. Le concentrateur d'accès établit des tunnels de trames PPP individuelles au NAS (Network Server Access), ce qui permet de traiter les paquets PPP en les dissociant de la terminaison du circuit de niveau 2.

Le bénéfice d'une telle dissociation est évident. Au lieu de requérir que la connexion de niveau 2 se termine au niveau du NAS, impliquant un coût longue distance, notamment pour des pays comme les États-Unis, la connexion peut se terminer à un concentrateur de circuit local, étendant la session PPP logique au-dessus d'une infrastructure partagée, telle qu'un circuit Frame Relay ou Internet.

Du point de vue de l'utilisateur, il n'y a pas de différence fonctionnelle entre un circuit de niveau 2 terminé au niveau du NAS directement ou *via* L2TP.

L2TP résout en outre le problème du « multilink hunt-group splitting ». Multilink PPP, ou PPP multilien (RFC 1990), requiert que tous les canaux composant un ensemble multilien soient formés au sein d'un NAS unique. Du fait de sa capacité à projeter une session PPP à un endroit autre que le point où elle a été physiquement reçue, L2TP peut être utilisé de façon que l'ensemble des canaux se termine au sein d'un NAS unique.

Contrairement à PPTP, L2TP n'utilise pas MPPE (Microsoft Point-to-Point Encryption) pour chiffrer les datagrammes PPP et assurer la confidentialité des données.

Avec Microsoft Windows Server 2003 Web Edition et Windows L2TP Server 2003 Standard Edition, il est possible de créer jusqu'à 1 000 ports PPTP et 1 000 ports L2TP.

Par défaut, L2TP n'offre pas de confidentialité des données. Pour ce faire, il faut employer IPsec. L'encapsulation des données se produit donc à deux niveaux :

- **Encapsulation de niveau L2TP.** La trame PPP contenant un datagramme IP est encapsulée dans un en-tête L2TP ou UDP.

- **Encapsulation IPsec.** Le message L2TP est encapsulé dans un en-tête et un code de fin ESP (Encapsulation Security Payload), un code de fin IPsec Authentication qui assure intégrité et authentification du message et enfin un dernier en-tête IP contenant les adresses IP source et destination correspondant au client et au serveur VPN.

À l'origine, le chiffrement pouvait être opéré par les algorithmes DES (Data Encryption Standard) ou 3DES (Triple DES). Il est désormais de plus en plus fréquent de s'appuyer sur AES (Advanced Encryption Standard), le successeur de DES, cet algorithme fournissant un niveau de sécurité plus élevé pour la confidentialité des données.

La figure 3.9 illustre l'utilisation de L2TP avec IPsec.

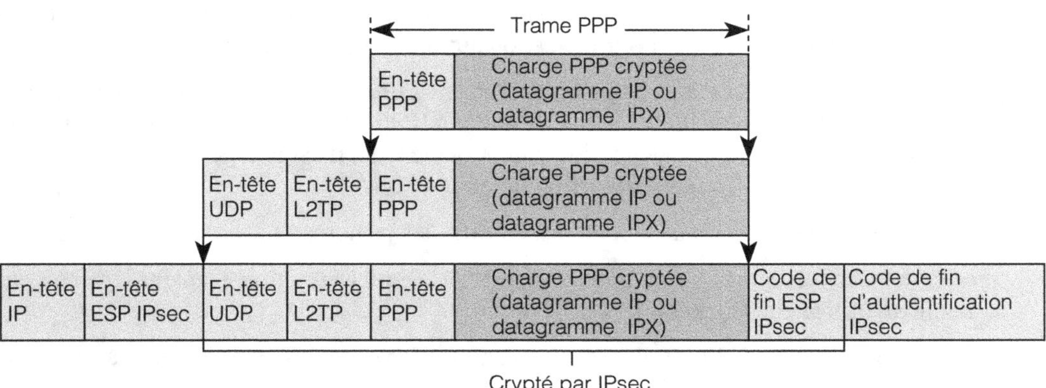

Figure 3.9

Utilisation conjointe d'IPsec et de L2TP

La RFC 3193 (Securing L2TP using IPsec) décrit les mécanismes de protection apportés à L2TP par IPsec. S'il reste évidemment possible de ne pas utiliser de chiffrement, nous ne saurions recommander une telle configuration. Le chiffrement ne saurait fournir une protection absolue, mais il rend les tentatives d'attaque plus complexes. Cisco Systems intègre dans son client VPN le pare-feu personnel Zone Alarm Pro de Zone Labs afin d'empêcher autant que faire se peut un pirate d'utiliser le canal chiffré de sa cible pour se connecter au LAN de l'entreprise.

En résumé, les principaux avantages de L2TP-IPsec sont les suivants :

- authentification de l'origine ;

- contrôle de l'intégrité des données ;

- deux niveaux d'authentification ;

- confidentialité des données *via* le chiffrement.

Pour les entreprises, cela signifie des coûts réduits puisque les fournisseurs de services VPN peuvent proposer du Frame Relay, de l'ATM et de l'Ethernet sur un réseau commun IP. Cela procure de surcroît une meilleure optimisation des ressources existantes, même s'il reste toujours à trouver le meilleur compromis entre prédictibilité et ressources disponibles.

IPsec

Norme IETF depuis 1992, IPsec (IP Security) définit une architecture et une suite de protocoles qui permettent d'offrir des services de sécurité autour d'IP. À une première version définie en 1995 a succédé une deuxième en novembre 1998, comprenant une gestion dynamique des paramètres de sécurité.

Si le besoin de tunnels avec des protocoles de niveau 2 ne se fait pas sentir, c'est clairement vers IPsec qu'il convient de se tourner. IPsec est toutefois complexe. Pas moins d'une douzaine de RFC ont été définies par l'IETF, et certains éléments de la norme n'ont été finalisés que tardivement, tel IKE (Internet Key Exchange) pour la gestion automatique des clés (RFC 2409).

IPsec vise à offrir les services de sécurité qui manquent à IP puisque ce protocole n'a pas été conçu dans une optique sécuritaire. Inclus nativement dans IPv6, IPsec n'est qu'optionnel dans IPv4. IPsec agissant au niveau de la couche réseau du modèle OSI, il est indépendant de l'application, contrairement à SSL, et offre une protection de bout en bout.

Cette intégration au niveau de la couche réseau offre les principaux avantages suivants :

- services réseau tels que la fragmentation, le PMTU (Path Maximum Transfer Unit) ou encore le contexte utilisateur (sockets) ;

- services de sécurité par flux (telle une transaction Web d'un utilisateur distant à sa banque) ;

- gestion des clés, protocoles de base d'IPsec et couche réseau étroitement liés.

IPsec n'a cependant pas que des avantages. Il connaît notamment des difficultés d'interopérabilité. Par exemple, certains clients IPsec ne sont pas interopérables avec la passerelle VPN IPsec d'un constructeur ou d'un éditeur tierce partie. Parfois, les clients IPsec sont testés avec seulement quelques passerelles VPN IPsec — généralement les solutions des acteurs qui ont les plus grandes parts de marché — mais sont tout de même utilisables avec d'autres solutions. Dans d'autres cas, le client IPsec impose, par choix stratégique, la passerelle IPsec d'un même constructeur ou éditeur.

IPsec ne constitue pas toujours la meilleure solution pour relier un utilisateur distant à son entreprise, par exemple s'il ne peut franchir le pare-feu de l'hôtel dans lequel il réside. C'est une des raisons qui ont conduit à recourir aux VPN SSL, complémentaires d'IPsec, comme nous le verrons un peu plus loin dans ce chapitre.

Les services de sécurité d'IPsec sont récapitulés au tableau 3.4.

Tableau 3.4 Services de sécurité offerts par IPsec

Service	Description
Confidentialité des données	Empêche la lecture des données par un pirate. Les données ne circulent pas en clair sur le réseau mais sont cryptées au moyen d'algorithmes de chiffrement tels que DES, 3DES ou encore AES.
Authentification de l'origine des données	Garantit que les données que l'on reçoit proviennent bien de l'expéditeur déclaré.
Intégrité des données	Permet de s'assurer que les données reçues n'ont pas été modifiées par un pirate durant leur transfert. S'appuie sur les algorithmes MD5 ou SHA-1.
Protection contre les attaques par rejeu et contrôle d'accès	Garantit qu'un pirate n'a pas intercepté un paquet pour en renvoyer un autre. Cela constitue une forme d'intégrité partielle.

L'architecture d'IPsec est généralement présentée de manière simplifiée, comme illustré à la figure 3.10.

Figure 3.10

Architecture d'IPsec

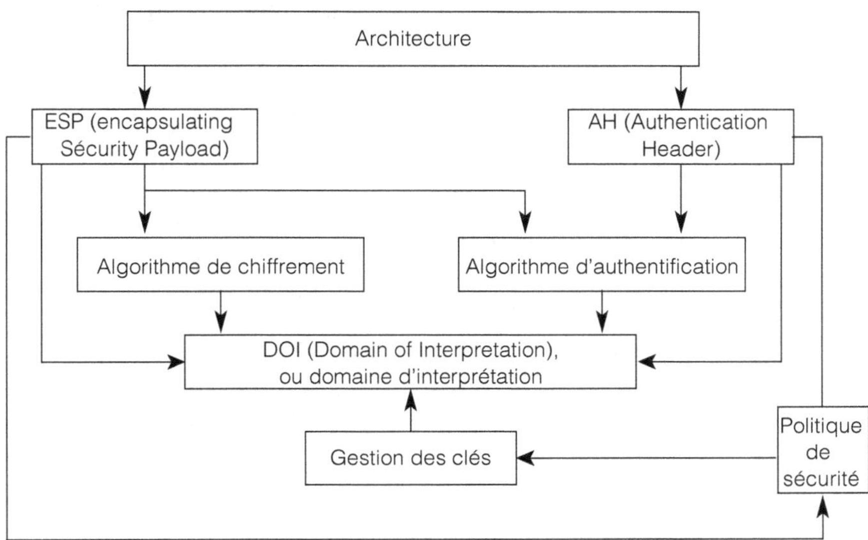

En différenciant les services de sécurité pour les différents trafics de données qu'il est amené à gérer *via* les associations de sécurité, IPsec permet à l'administrateur d'offrir une excellente granularité des services de sécurité. Il peut, par exemple, spécifier que certains sous-réseaux de l'entreprise soient protégés par les protocoles AH et ESP avec un chiffrement Triple DES mettant en œuvre trois clés distinctes et que le trafic provenant d'un autre site que la maison mère soit uniquement protégé au moyen d'ESP avec un chiffrement AES pour assurer la confidentialité des données.

Les trois composantes permettant d'associer les services de sécurité sont les suivantes :

- le protocole AH (Authentication Header) pour l'authentification de l'en-tête des paquets ;

- le protocole ESP (Encapsulation Security Paylaod) pour le chiffrement ou l'authentification des paquets ;

- les associations de sécurité, ou SA (Security Associations), en fonction de la politique de sécurité définie pour sécuriser les communication entre deux nœuds, ou peers, du réseau.

Une association de sécurité (SA) est définie par les trois paramètres suivants :

- index de paramètres de sécurité, ou SPI (Security Parameters Index) ;

- adresse de destination IP ;

- identifiant de protocole de sécurité.

Dans un datagramme IP, l'association de sécurité est identifiée par l'adresse de destination IPv4 ou IPv6 dans l'en-tête d'extension fournie par AH ou ESP.

Le tableau 3.5 met en relation les services IPsec avec la présence ou non des composantes AH et ESP. Le choix des algorithmes utilisés est spécifié dans la SPD (Security Policy Database), ou base de données des règles de sécurité.

Tableau 3.5 Services offerts par AH et ESP

Service	AH	ESP (chiffrement seul)	ESP (chiffrement + authentification)
Confidentialité des données	Non	Oui	Oui
Authentification de l'origine des données	Oui	Non	Oui
Intégrité des données	Oui	Non	Oui
Protection contre les attaques par rejeu et contrôle d'accès	Oui	Oui	Oui

SA (Security Associations)

Le concept d'association de sécurité est intrinsèque à IPsec, puisque ses deux composantes fondamentales, AH et ESP, y recourent. Avant que deux parties puissent échanger des données sécurisées, il faut qu'elles se mettent d'accord sur l'authentification et le chiffrement. Cela comprend les algorithmes mais aussi les clés et l'intervalle de temps durant lequel il convient de s'échanger les clés. IKE est le protocole de gestion dynamique des clés qui permet d'établir et de maintenir les associations de sécurité.

Les associations de sécurité consistent en un accord sur une communication entre deux « peers » tenant compte des éléments suivants :

• nature des protocoles utilisés, AH ou ESP, pouvant chacun être en mode transport ou tunnel ;

• algorithmes cryptographiques (Triple DES, AES, etc.) utilisés ;

• clés cryptographiques (clé secrète partagée, certificat à clé publique, etc.) employées ;

• durée de vie des clés.

Les associations de sécurité sont unidirectionnelles, c'est-à-dire simplex. Si le nœud Maison mère communique de manière sécurisée *via* ESP avec le nœud Filiale, Maison mère dispose d'une association de sécurité pour le trafic sortant tout en ayant une SA différente pour le trafic entrant. La filiale crée de son côté deux SA différentes pour les trafics entrant et sortant.

Si les protocoles AH et ESP sont employés en même temps, ce qui est assez rare, une association de sécurité est nécessaire pour AH et une autre pour ESP.

En résumé, une SA est définie par le triplet suivant :

• SPI, ou index de paramètre de sécurité ;

• adresse IP de destination pour les SA sortantes ou adresse IP source pour les SA entrantes ;

• protocole employé, AH ou ESP.

Deux bases de données sont nécessaires au traitement du trafic IPsec :

• SPD (Security Policy Database), ou base de données des règles de sécurité ;

• SAD (Security Association Database), ou base de données des associations de sécurité.

SPD recense les règles de sécurité édictées par la politique de sécurité, tandis que SAD contient les paramètres actifs des associations de sécurité.

AH (Authentication Header)

Le rôle d'AH est d'assurer l'authenticité des datagrammes IP. L'en-tête d'authentification garantit l'intégrité des données sans connexion, l'authentification d'origine des données et la protection contre le rejeu.

Comme son nom le laisse entendre, AH ne fournit pas de confidentialité des données par un chiffrement de la charge utile des paquets IP. En revanche, toute altération de l'en-tête est détectée. Pour ce faire, AH s'appuie sur des codes MAC (Message Authentication Code).

Un code d'authentification de message est un algorithme qui prend un message de longueur arbitraire et lui ajoute une clé cryptographique. Le résultat, baptisé condensé de message, ou Message Digest, est de longueur fixe et bien évidemment unique. Les codes MAC diffèrent des fonctions de hachage en ce que ces dernières ne requièrent pas de clé cryptographique.

Le code MAC le plus courant est HMAC (Hash-based Message Authentication Code). Ce dernier peut être utilisé en combinaison avec n'importe quelle fonction de hachage, telle que MD5, SHA-1, RIPDEM-160 ou Tiger. Dans les implémentations, les deux fonctions de hachage que l'on retrouve le plus souvent sont MD5 et SHA-1, considérées comme solides, même si MD5 est sensible aux attaques dites par collision. Aux États-Unis, des organismes tels que le NIST (National Institute for Standards and Technology) ne reconnaissent que SHA-1.

Le format de AH tel que défini par la RFC 1826 de l'IETF se présente comme illustré à la figure 3.11.

Le tableau 3.6 détaille les champs de l'en-tête AH.

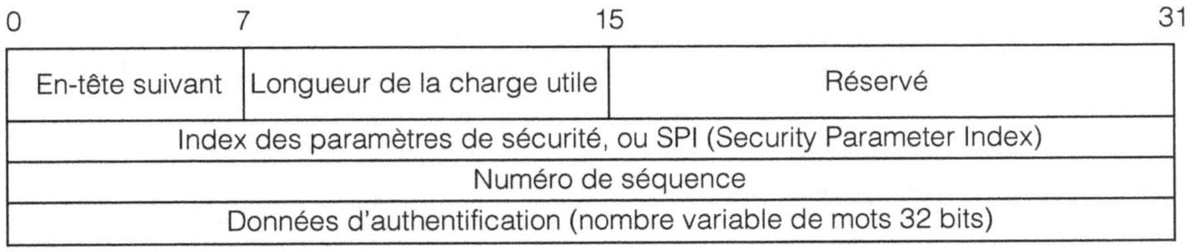

Figure 3.11

Format de l'en-tête d'authentification AH

0	7	15	31
En-tête suivant	Longueur de la charge utile	Réservé	
Index des paramètres de sécurité, ou SPI (Security Parameter Index)			
Numéro de séquence			
Données d'authentification (nombre variable de mots 32 bits)			

Tableau 3.6 Champs de l'en-tête AH

Champ	Description
En-tête suivant (sur 8 bits)	Identifie la charge utile suivante après la charge utile d'authentification.
Longueur de la charge utile (sur 8 bits)	Longueur du champ de données d'authentification en mots de 32 bits. La valeur minimale est 0 mot, employée dans le cas de l'algorithme d'authentification NULL.
Réservé (sur 16 bits)	Réservé pour un usage futur
Index des paramètres de sécurité SPI (sur 32 bits)	Valeur pseudo-aléatoire identifiant l'association de sécurité (SA) pour ce datagramme
Numéro de séquence (sur 32 bits)	Sert de compteur. Fournit la protection contre le rejeu. Requiert l'utilisation d'IKE.
Données d'authentification (sur 32 bits)	La longueur de ce champ est variable mais est toujours un entier multiple d'un mot de 32 bits pour IPv4 et de 64 bits pour IPv6. Contient la valeur de contrôle d'intégrité, ou ICV (Integrity Check Value) ou MAC pour ce paquet. La spécification AH stipule les codes HMAC-MD5 ou HMAC-SHA-1 dans toutes les implémentations IPsec.

Modes opératoires d'AH

Comme expliqué précédemment, l'en-tête d'authentification prévoit deux modes opératoires, les modes transport et tunnel.

Dans le mode transport, utilisable uniquement sur un équipement terminal, seul le contenu du datagramme est protégé. En mode tunnel, il y a encapsulation du paquet original dans un nouveau paquet. L'en-tête est donc protégé. Obligatoire pour les passerelles, ce mode peut aussi être utilisé pour un équipement terminal. Les adresses des deux nœuds de la communication sont ainsi cachées. La protection est plus importante puisqu'elle prend en compte les en-têtes IP de l'expéditeur et du destinataire du paquet.

Les figures 3.12 à 3.14 illustrent la structure du paquet IPv4 avant et après application du protocole AH selon ses deux modes opératoires.

Figure 3.12

Structure du paquet IPv4 avant application du protocole AH en mode transport

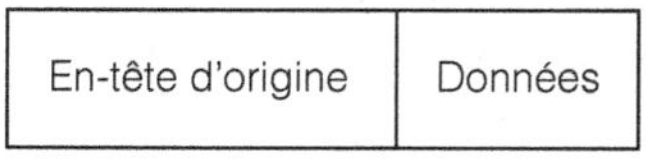

Figure 3.13

Structure du paquet IPv4 après application du protocole AH en mode transport

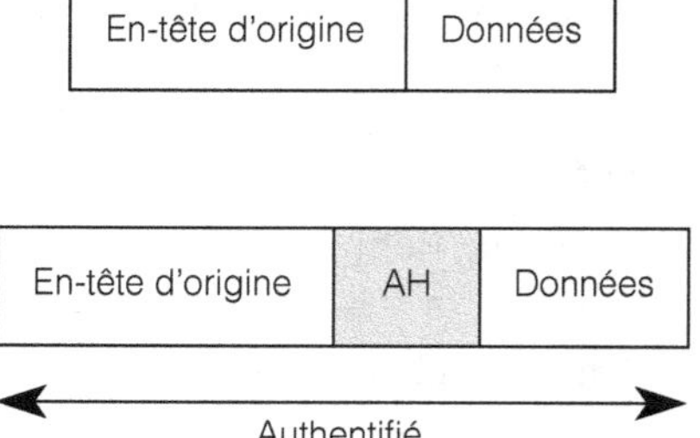

Remarque : les champs variables (*mutable* en anglais) de l'en-tête ne sont pas authentifiés.

Figure 3.14

Structure du paquet IPv4 après application du protocole AH en mode tunnel

Remarque : les champs variables du nouvel en-tête ne sont pas authentifiés.

ESP (Encapsulation Security Paylaod)

ESP est l'autre protocole de choix d'IPsec pour assurer les services de sécurité tels que la confidentialité des données, par le biais notamment du chiffrement de la charge utile, leur intégrité et l'authentification de leur origine.

Contrairement à l'authentification d'en-tête AH, qui se contente d'ajouter un en-tête AH en mode transport ou à générer un en-tête IP en mode tunnel, ESP opère par encapsulation des informations. Plus précisément, les données originales sont chiffrées puis encapsulées entre un en-tête et un en-queue *(trailer)*.

Le format d'un paquet ESP a été défini par la RFC 1827 en août 1995 puis par la RFC 2406 en novembre 1998.

Le tableau 3.7 détaille les champs de l'en-tête ESP.

Tableau 3.7 Champs de l'en-tête ESP

Champ	Description
Index des paramètres de sécurité, ou SPI (sur 32 bits)	Valeur arbitraire qui, en combinaison avec l'adresse IP destination et le protocole de sécurité ESP, identifie de manière unique l'association de sécurité pour ce datagramme.
Numéro de séquence (sur 32 bits)	Valeur servant de compteur. L'expéditeur ajoute + 1 au numéro de séquence pour chaque paquet qu'il envoie utilisant pour cela une SA donnée.
Données utiles (sur 32 bits)	Champ de longueur variable contenant les données décrites par le champ en-tête suivant. Si l'algorithme utilisé pour chiffrer la charge utile requiert des données de synchronisation cryptographiques, un vecteur d'initialisation, par exemple, cette donnée peut être explicitement transportée dans le champ de charge utile.
Données de bourrage *(padding)* pour le chiffrement	Bits de données de bourrage utilisés par l'algorithme de chiffrement ou pour aligner la longueur de bourrage afin que cela commence entre le 3e et le 4e octet. Ce champ peut prendre une valeur entre 0 et 255 octets.
Longueur de bourrage (sur 8 bits)	Champ indiquant le nombre d'octets de bourrage. Les valeurs valides sont comprises entre 0 et 255.
En-tête suivant (sur 8 bits)	Champ indiquant le type des données encapsulées dans la charge utile.
Données d'authentification	Champ de longueur variable contenant l'ICV (Integrity Check Value), calculée sur la longueur du paquet ESP moins le champ d'authentification des données

Comme le protocole AH, ESP dispose des modes opératoires transport et tunnel.

En mode transport, l'en-tête ESP est inséré dans le paquet IP avant l'en-tête de la couche de transport (TCP, UDP ou ICMP). Un en-queue ESP contenant les champs bourrage *(padding)*, longueur de bourrage et en-tête suivant est placé après le paquet IP.

Si l'on opte pour l'authentification en sus du chiffrement, le champ données d'authentification ESP est ajouté juste après l'en-queue.

Les figures 3.15 et 3.16 illustrent la structure du paquet IPv4 avant et après application du protocole ESP en mode transport.

Figure 3.15

Structure du paquet IPv4 avant application du protocole ESP en mode transport

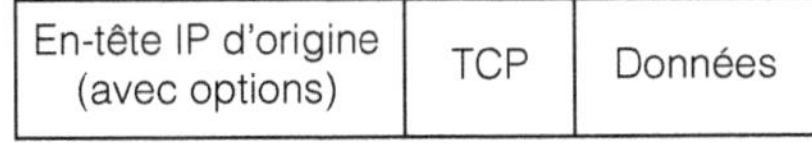

Une communication en mode transport fournit un service de confidentialité *via* le chiffrement et évite de devoir implémenter ce service au sein de chaque application. L'authentification est une option supplémentaire.

En mode tunnel, c'est le paquet IP entier qui est protégé.

Figure 3.16

Structure du paquet IPv4 après application du protocole ESP en mode transport

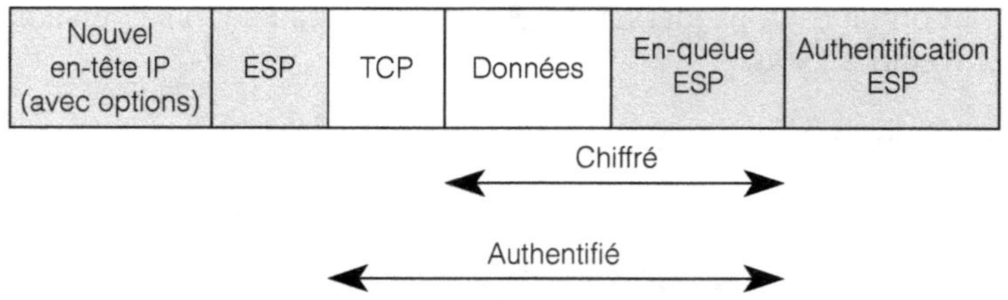

La figure 3.17 illustre la structure du paquet IPv4 après application du protocole ESP en mode tunnel.

Figure 3.17

Structure du paquet IPv4 après application du protocole ESP en mode tunnel

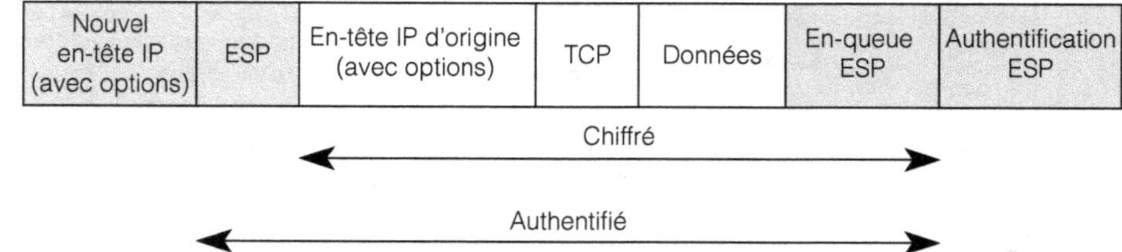

NAT-T (NAT-Traversal)

NAT-Traversal définit les méthodes d'encapsulation-décapsulation des paquets ESP dans des paquets UDP (User Datagram Protocol) dans le but de traverser sans rupture de communication les équipements NAT (Network Address Translation).

NAT-Traversal est plus ou moins géré par les boîtiers pare-feu faisant office de passerelles VPN. Son support n'offre toutefois pas de garantie absolue de traverser sans souci un équipement NAT, certaines règles de filtrage pouvant empêcher la bonne exécution du NAT-Traversal. À l'heure où nous écrivons, NAT-Traversal n'est pas encore officiellement ratifié par l'IETF, et ses trois premiers drafts ont subi des changements importants. Nous en sommes, début 2004, à la sixième version du document.

Les protocoles orientés opérateurs ou très grands comptes

PPTP, L2F, L2TP et IPsec sont des protocoles VPN orientés entreprise. IPsec peut être en outre largement utilisé dans le cœur des réseaux des opérateurs. Il peut enfin être utilisé en conjonction avec MPLS, un protocole qui vise à offrir l'intelligence du routage (niveau 3 du modèle OSI) à la vitesse de la commutation (niveau 2).

Évolution du Tag Switching, développé à l'origine par Cisco Systems, MPLS (MultiProtcol Label-Switching) fournit des améliorations notables aussi bien aux réseaux purs IP et ATM qu'à ceux qui mêlent des technologies de niveau 2. MPLS permet de construire des réseaux VPN à grande échelle (scalables) et d'utiliser au mieux l'infrastructure existante. Sa qualité de service de bout en bout permet une rapide correction des problèmes en cas de panne de un ou plusieurs nœuds.

Sur le plan de la sécurité, MPLS opère une séparation du trafic VPN en utilisant des séparateurs *(distinguishers)* de route uniques. Le trafic peut être routé en utilisant un chemin spécifique indiqué et non pas nécessairement le chemin le moins cher. Cette ingénierie de trafic au cœur du réseau permet de mettre en œuvre des politiques assurant une distribution du trafic optimale et d'améliorer l'utilisation du réseau en général.

À ces avantages s'ajoutent des mécanismes permettant d'établir des classes de services (CoS), permettant de différencier les trafics et de leur appliquer, par exemple, différents niveaux de priorité.

Le protocole L2TP v3, est poussé aux États-Unis par l'opérateur américain Sprint, géant des télécommunications. Il est présenté ultérieurement dans cette section, mais de manière moins détaillée que MPLS. L2TP v3 n'est pas du tout présent en Europe, et aucun indicateur ne laisse supposer qu'un opérateur européen souhaite mettre en œuvre ce protocole concurrent de MPLS. Notons d'ailleurs que même Sprint met en œuvre le protocole MPLS dans le cœur de ses réseaux.

MPLS (MultiProtcol Label-Switching)

MPLS est un standard destiné à acheminer les paquets dérivé de la technologie Tag Switching, développée par Cisco Systems en 1998. À l'origine, il s'agissait d'améliorer les performances des équipements de cœur de réseau, mais l'architecture MPLS s'est rapidement révélée une formidable technologie pour construire des services tels que les VPN, la QoS (Quality of Service), IPv6, le transport de niveau 2, la mutualisation des serveurs, l'optimisation du réseau, etc.

Aujourd'hui, MPLS conjugue la souplesse d'IP et son caractère sans connexion, fondé sur le routage sur la destination, avec la rigueur d'un mode tunnel, orienté connexion, introduisant le routage à la source. MPLS peut-être déployé sur tous les types de technologie réseau, tels que Frame Relay, ATM, PoS (Paquet over SONET)/SDH, Ethernet, ADSL, etc., pour permettre aux opérateurs de fournir leurs services à partir d'une infrastructure unique plutôt que de construire et d'opérer des réseaux dédiés pour les clients IP, Frame Relay ou ATM. Cela génère évidemment des économies importantes.

Les opérateurs ont donc adopté massivement MPLS pour construire leurs réseaux d'infrastructure et bâtir leurs offres de service. Certaines entreprises dont le réseau fonctionne selon les mêmes impératifs l'adoptent également pour le cœur de leur réseau.

Fonctionnement de MPLS

MPLS route le paquet IP sur une étiquette, ou label, qui renseigne le commutateur ou le routeur sur l'interface de sortie où envoyer le paquet. Les labels sont générées à partir des informations de routage. Elles peuvent correspondre à des réseaux IP destination, comme dans le cas du routage IP classique, ou représenter d'autres paramètres, tels que des adresses source, de la QoS ou d'autres protocoles, d'où le caractère *multiprotocole* inhérent à MPLS.

Un réseau MPLS comprend deux plans, un plan de contrôle et un plan de données. Le plan de contrôle gère les échanges d'information de routage, ainsi que la génération et l'échange des labels entre les nœuds adjacents. Le plan de données assure l'acheminement des paquets en se fondant sur les labels et leur permutation (label-switching) lors de la traversée d'un nœud.

MPLS est conçu pour opérer sur n'importe quel média et protocole d'encapsulation de niveau 2. Deux modes d'encapsulation sont définis : le mode trame et le mode cellule (pour ATM). Dans le mode trame, MPLS insère un en-tête de 32 bits, comprenant le label de 20 bits, entre l'en-tête de niveau 2 et l'en-tête de niveau 3 de la trame. En mode cellule, en plus de l'insertion de l'en-tête MPLS de 32 bits dans la première cellule du datagramme, le label MPLS de 20 bits est recopié dans les champs VPI/VCI (Virtual Path Identifier/Virtual Channel Identifier) de l'en-tête ATM. La commutation MPLS utilise alors les mêmes mécanismes que la commutation ATM.

La figure 3.18 illustre les champs de l'en-tête d'un paquet MPLS.

Figure 3.18

Champs de l'en-tête MPLS

Ces champs sont les suivants :

- Label, sur 20 bits.

- Experimental (CoS), sur 3 bits.

- S (Bottom of Stack), utilisé pour signaler le dernier en-tête lorsque plusieurs en-têtes sont empilés, sur 1 bit.

- TTL (Time To Live), sur 8 bits.

À l'entrée du réseau MPLS, le premier routeur inspecte le paquet IP. Selon les informations de routage qu'il renferme, il y ajoute l'en-tête MPLS, qui correspond aux règles d'acheminement. Les équipements suivants ne traitent que les informations liées à l'en-tête MPLS et n'effectuent qu'un travail de permutation des labels. À la sortie du réseau, le dernier ou l'avant-dernier nœud retire l'en-tête MPLS et route le paquet IP vers son interface de sortie.

Les caractéristiques techniques principales de MPLS sont les suivantes :

- Le mécanisme de transport est fondé sur la permutation de labels entre deux interfaces.

- Les labels ont une signification locale pour chaque nœud (unicité au sein d'un nœud) et sont négociées et échangées par divers protocoles.

- Une label identifie une classe FEC (Forwarding Equivalence Class).

- Une classe FEC représente un groupe de flux possédant la même adresse de destination ou le même next hop BGP.

- Une séquence de permutation de labels depuis l'entrée du réseau MPLS jusqu'à sa sortie est appelée LSP (Label Switched Path).

- Plusieurs labels peuvent s'empiler pour une même trame. La décision d'acheminement s'effectue uniquement sur le premier label de la pile.

MPLS VPN

MPLS VPN est une application de MPLS qui permet de définir des réseaux privés virtuels IP au-dessus d'une infrastructure MPLS.

Le concept de MPLS VPN, défini par la RFC 2547 *bis*, consiste à créer un WAN virtuel ou VWAN, dans le même ordre d'idée qu'un VLAN dans l'environnement LAN. L'interconnexion de sites demande simplement à entrer un numéro de VPN. Chaque site appartenant à ce numéro est alors connecté à chacun des autres membres par le chemin le plus court.

MPLS VPN simplifie grandement le travail de déploiement, de configuration et d'administration d'un VPN. Dans le cas d'un VPN site à site traditionnel de niveau 2, la gestion des circuits virtuels entre chacun des sites induit un niveau de complexité proportionnel au carré du nombre de sites. Si n sites sont à inclure dans le VPN, il faut configurer $n \times (n - 1)/2$ circuits virtuels pour assurer une connectivité directe. Chaque ajout d'un site nécessite d'agir sur tous les sites du VPN.

Dans le cas du MPLS VPN illustré à la figure 3.19, chaque site se déclare sur le VPN. La complexité devient donc linéaire, et l'ajout d'un nouveau site au VPN ne demande pas d'agir sur les sites existants.

Figure 3.19

Modèle de connexion site à service de MPLS VPN

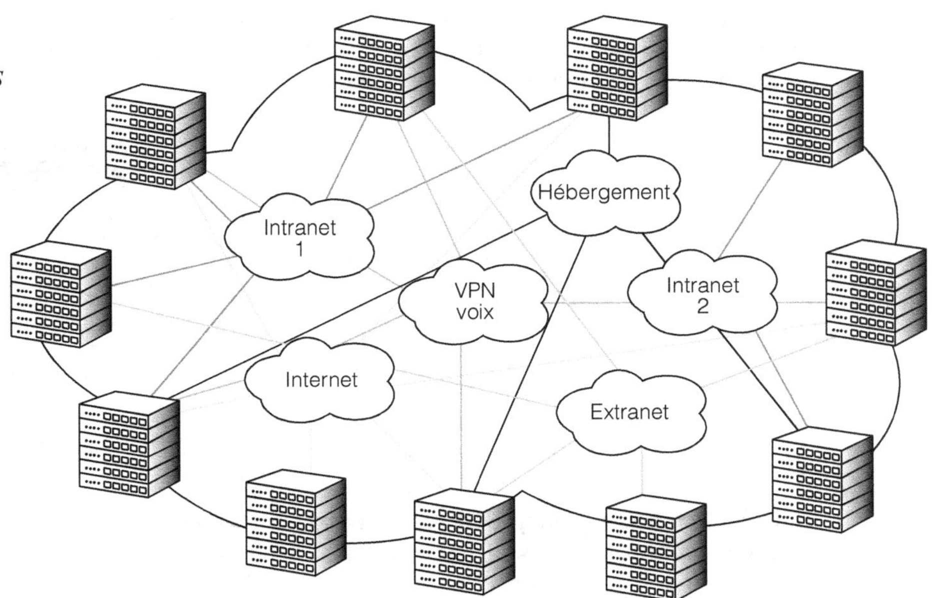

Définition dans le PoP (Point of Presence) ; ou point de présence)

Architecture technique de MPLS VPN

Un réseau MPLS VPN repose sur quatre attributs, un réseau de transport MPLS, la virtualisation du routeur d'accès au réseau MPLS, appelé PE (Provider Edge), un protocole d'annonce de route, MP-BGP (MultiProtocol Peering-BGP), et une configuration d'abonnement à un ou plusieurs VPN.

Le réseau de transport MPLS est illustré à la figure 3.20.

Figure 3.20

Réseau de transport MPLS

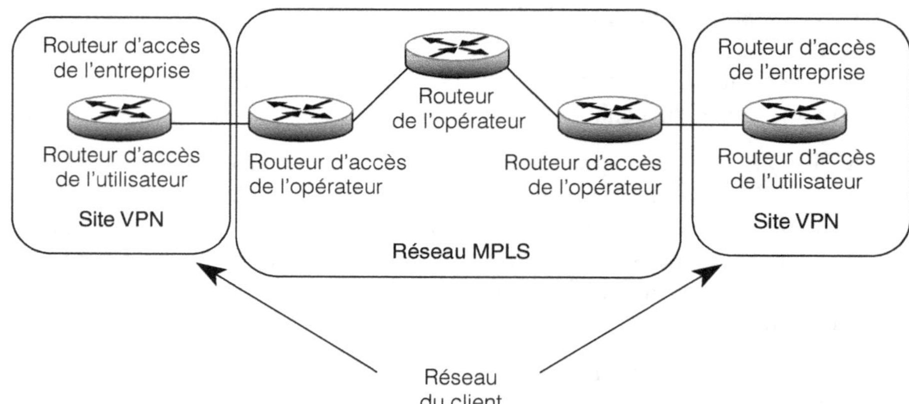

Pour la virtualisation (voir figure 3.21), le routeur d'accès, ou PE (Provider Edge), au réseau MPLS tourne plusieurs instances de routage attachées aux interfaces physiques. Les interfaces physiques appartiennent à un VPN, et les VPN peuvent éventuellement avoir des plans d'adressage IP recouvrants. Ces tables de routage sont appelées VRF (Virtual Routing and Forwarding).

Figure 3.21

Virtualisation des routeurs d'accès au réseau MPLS

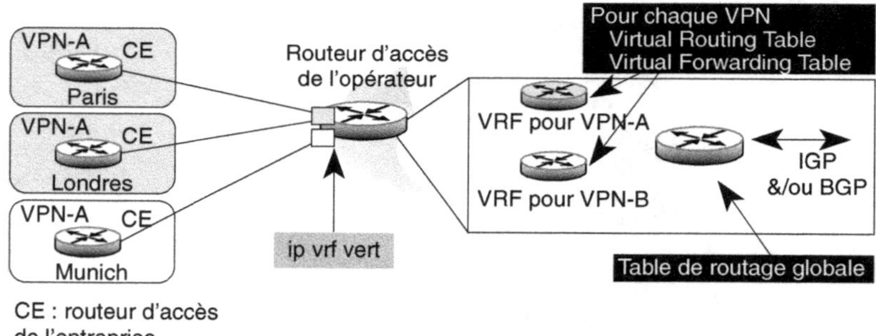

MP-BGP (MultiProtocol Peering-BGP) est un protocole d'annonce de route défini par la RFC 2858, qui propage les informations des VRF vers tous les membres d'un même VPN. Le peering MP-BGP (voir figure 3.22) doit être configuré sur tous les routeurs PE d'une même communauté de VPN.

Figure 3.22

Exemple de peering MP-BGP

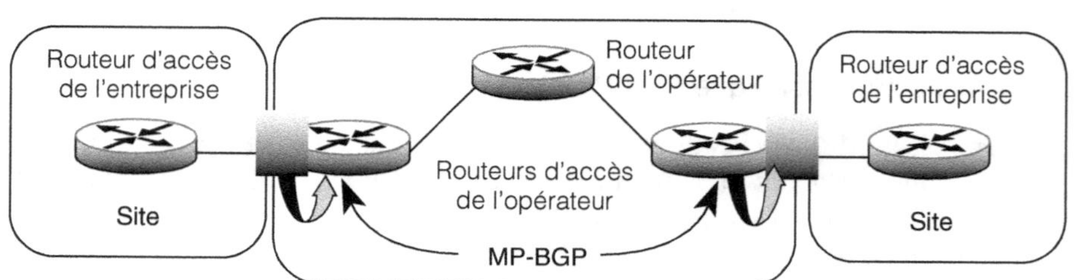

La configuration de l'abonnement à un ou plusieurs VPN s'effectue par le biais des paramètres route target, qui définissent les sites qui participent en export et en import à un VPN donné. Il est de la sorte possible de définir des profils de VPN asymétriques, dans lesquels un site donné ne peut accéder qu'à un nombre limité de sites et sans voir la totalité des autres sites du VPN. Un exemple de ce type peut être le partage de certains serveurs, comme les DNS, ou la création de Data Center centraux largement accessibles sans pour autant ouvrir des communications directes entre les sites qui y accèdent.

Le transport MPLS VPN utilise une hiérarchie de labels, comme l'illustre la figure 3.23.

Figure 3.23

Hiérarchie des labels utilisés dans un cœur de réseau MPLS

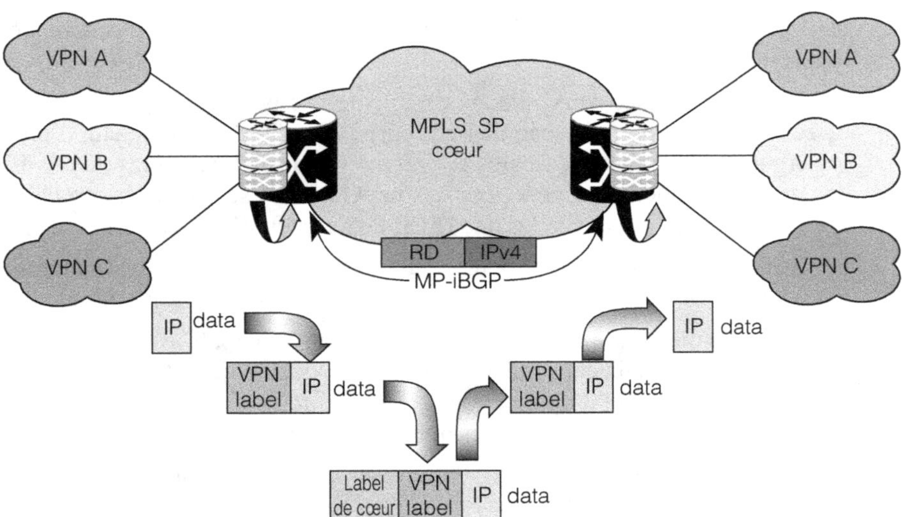

La sécurité est assurée à la fois au niveau du plan de contrôle (pas de route) et du plan de données (pas de label). Un rapport de test réalisé par la société Miercom en mars 2001 et intitulé *Cisco MPLS based VPNs: Equivalent to the security of Frame Relay and ATM* (disponible sur le site *www.mier.com*) a démontré que MPLS VPN assurait un niveau de sécurité égal voire supérieur aux technologies de VPN de niveau 2 fondées sur ATM ou Frame Relay. Les raisons à cela sont que MPLS VPN fournit la séparation des plans d'adressage et de routage, masque totalement la structure du cœur MPLS et interdit toute possibilité de spoofing (usurpation) de VPN.

MPLS VPN supporte de surcroît une sécurisation accrue en permettant la terminaison des tunnels IPsec au niveau des routeurs PE.

MPLS VPN utilise le caractère hiérarchique de MPLS, qui autorise l'utilisation de plusieurs labels et leur donne des significations différentes. MPLS permet ainsi, en ajoutant des labels supplémentaires et en changeant leur signification, la définition de services additionnels. Citons notamment l'optimisation des ressources par la création de tunnels, ou TE (Traffic Engineering), le reroutage rapide en cas de rupture d'un lien ou d'un nœud critique, ou FRR (Fast ReRoute), le transport transparent de liens de niveau 2, ou AtoM (Any Transport over MPLS), l'émulation d'un réseau commuté L2, ou VPLS (Virtual Private LAN Services), l'intégration d'IPv6 (6PE ou 6VPE), etc.

Avantages de MPLS VPN

La souplesse de MPLS VPN est une des raisons majeures de son déploiement. En résumé, MPLS VPN fournit une connectivité any-to-any, garantit la séparation des organisations et des fonctions *via* le concept de VPN, assure des fonctions de sécurité par ses capacités de VPN et supporte les mécanismes de QoS (Qualiy of Service). La valeur ajoutée de MPLS est la capacité de fournir des services flexibles à coût optimal pour les entreprises.

Pour un opérateur, l'intérêt est évident, puisqu'une seule infrastructure MPLS lui sert de base pour déployer les différents VPN de ses clients. Le déploiement et la gestion de ces VPN demeurent très souple.

Pour une entreprise, deux raisons principales peuvent motiver le déploiement de son propre réseau MPLS VPN : le réseau de l'entreprise est utilisé comme celui d'un opérateur pour toutes les organisations, entités, filiales et partenaires de l'entreprise, et cette dernière veut déployer des groupes fermés d'usagers pour des impératifs de sécurité. L'approche se doit d'être globale et inclut les technologies telles que IEEE 802.1*x,* les VLAN, les VPN et une sécurité centralisée.

Les avantages du MPLS VPN pour l'entreprise varient suivant que l'entreprise souscrit un service MPLS VPN auprès d'un opérateur ou qu'elle déploie son propre réseau MPLS VPN.

Dans le premier cas, la motivation technique principale est de s'affranchir du traditionnel modèle en étoile où la capacité à croître est un souci majeur. Un service MPLS VPN de niveau 3 facilite le déploiement d'applications dans les *data centers*, ou centres de données (généralement au moins deux) et les sites distants qui s'y connectent.

Les principaux avantages pour les entreprises qui souscrivent un service MPLS VPN auprès d'un opérateur sont les suivants :

- facilité de gestion ;
- meilleur niveau de disponibilité ;
- capacité de déploiement de nouvelles applications sur le WAN grâce au support du multicast ;
- support de la qualité de service (QoS) ;
- séparation des données ;
- coût total de possession généralement faible.

La motivation principale pour déployer et opérer son propre réseau MPLS VPN est la séparation des données. Citons parmi les autres avantages du déploiement de son propre réseau MPLS VPN les suivants :

- contrôle total de la sécurité et des données sensibles ;
- transformation du service réseau en opérateur interne à l'entreprise ;
- simplification de la gestion du WAN tout en offrant des services intelligents ;
- souplesse et modularité du réseau pour toute évolution (comme l'intégration d'acquisitions) ;
- déploiement rapide de technologies non encore disponibles auprès des opérateurs.

Certaines entreprises choisissent un modèle hybride. Par exemple, l'entreprise gère son routeur d'accès CE, et l'opérateur fournit seulement le transport de niveau 2 avec des services supplémentaires. Dans un tel modèle, l'entreprise conserve le contrôle sur son peering.

L2TP v3

L2TP v3 est un protocole sans état, n'ayant aucune signalisation inhérente ni de mécanisme de type keep-alive, qui vise à mieux prendre en compte les réseaux large bande. Cette extension de L2TP, qui en est encore, début 2003, au stade de draft à l'IETF, vise à se placer comme une solution de rechange à MPLS.

L2TP s'est focalisé sur les réseaux à bande étroite de types RTC, RNIS ou Frame Relay. L2TP v3 peut tirer parti des routeurs haut débit grâce à un overhead réduit et à une tâche de traitement moindre. Il ajoute de nouvelles fonctionnalités, telles que l'accroissement de l'espace de session et de l'identifiant de tunnel (Tunnel ID) de 16 à 32 bits. Le nombre de tunnels possibles passe ainsi de 65 000 à plus de 4 milliards.

La figure 3.24 illustre le principe de fonctionnement de L2TP v3, qui permet de mieux tirer parti des ressources existantes et des réseaux large bande.

Figure 3.24

Principe de fonctionnement de L2TP v3

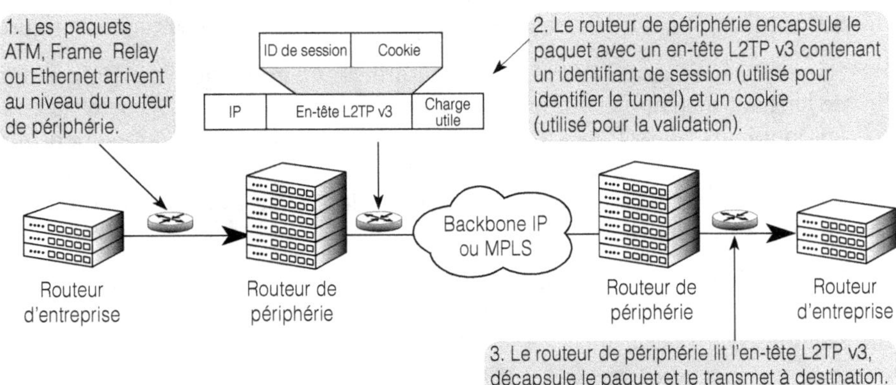

SSL (Secure Sockets Layer)

SSL a été créé par la société Netscape en 1994. Son rôle était de créer un chemin de données chiffrées entre un client et un serveur indépendamment de la plate-forme ou du système d'exploitation. Netscape a aussi conçu SSL afin de tirer parti des nouveaux algorithmes de chiffrement lorsqu'ils seraient disponibles, tel AES (Advanced Encryption Standard), le successeur de DES (Data Encryption Standard).

La version 2 de SSL a été lancée quelques mois après la première. Nous en sommes actuellement à la version 3.0. En janvier 1999, l'IETF en a publié une déclinaison sous le nom de TLS (Transport Layer Security), qui peut être considérée comme la version 3.1 de SSL, sans différences majeures. En revanche, les différences entre SSL v2 et SSL v3 sont importantes et seront explicitées dans la suite de cette section.

Fonctionnement de SSL-TLS

SSL vise a sécuriser le trafic Web entre deux applications supportant ce protocole. Tous les navigateurs Internet du marché, que ce soit Microsoft Internet Explorer, Mozilla, Mozilla FireBird, Netscape, Opera, etc., supportent SSL.

SSL se montre très pratique d'utilisation. Livré avec le navigateur Web, il ne requiert aucun logiciel client supplémentaire à acheter et installer. De plus, la connexion protégée entre les deux parties, client et serveur, ne requiert aucun travail particulier de la part du client.

Le rôle de SSL est de protéger la communication durant son transport sur Internet. Le protocole permet au client et au serveur de communiquer de manière à éviter les écoutes, la modification des paramètres et la création de messages forgés. Comme pour n'importe quel système de sécurité et de chiffrement, la gestion des clés est une tâche inhérente à l'utilisation de SSL.

SSL assure l'authenticité du serveur afin de s'assurer que le client est en relation avec le bon serveur. Cette authentification s'appuie sur la cryptographie asymétrique, par le biais de certificats à clé publique. Un client peut s'authentifier automatiquement auprès d'un serveur SSL utilisant la paire de clé publique pour peu que le serveur soit configuré pour l'accepter.

Sur le plan de l'extensibilité, SSL peut utiliser un grand nombre d'algorithmes de chiffrement et de hachage disponibles sur le marché. Le client et le serveur SSL peuvent choisir automatiquement les meilleurs algorithmes qu'ils supportent en commun. Typiquement, un site utilise une clé publique RSA afin d'établir un ensemble de clés partagées secrètes utilisées avec l'algorithme de chiffrement RC4 pour le chiffrement des données et MD5 pour l'intégrité (MD5 est un algorithme de hachage).

Dans la plupart des cas, l'authentification du serveur est opérée mais pas l'authentification du client, et ce même pour des applications critiques, comme la consultation de comptes auprès d'une banque.

Le processus de fonctionnement de SSL est le suivant :

1. Le client SSL se connecte à un serveur Web.

2. Le serveur répond en envoyant une copie de sa clé publique.

3. Le client génère un secret, qu'il va partager avec le serveur, puis le chiffre avec la clé publique du serveur et le renvoie au serveur.

4. Seule la clé privée du serveur permet de déchiffrer la communication.

Dans la réalité, les choses sont un peu plus complexes, avec notamment davantage d'échanges de paramètres, mais le principe de base est là.

Le fait de décomposer le protocole en messages et couches a permis le support de toute une gamme d'algorithmes à clé publique et de services de sécurité.

Il existe deux versions principales de SSL, les versions 2 et 3. Toutes deux offrent une authentification avec le serveur, mais seule la v3 et TLS 1.0 permet l'authentification avec le client. Cette authentification mutuelle est évidemment à privilégier. Les certificats utilisés sont au format X.509 version 3 de l'UIT (Union internationale des télécommunications).

Les principaux avantages de SSL v3 tels que définis dans la norme sont récapitulés par ordre de priorité au tableau 3.8.

Tableau 3.8 Avantages de SSL

Avantage	Description
Sécurité cryptographique	SSL permet d'établir une connexion sécurisée entre deux parties, un client et un serveur.
Interopérabilité	Les programmeurs indépendants peuvent développer des applications utilisant SSL v3.0 avec l'échange de paramètres cryptographiques sans connaissance préalable des paramètres supportés par les deux parties. La négociation des paramètres cryptographiques supportés en commun est automatique.
Extensibilité	SSL fournit un cadre de travail, ou framework, dans lequel les méthodes de chiffrement brut et par clés publiques peuvent être incorporées si nécessaire. Cela entraîne deux sous-objectifs : – Il n'est pas nécessaire de créer un nouveau protocole, avec les risques d'introduction de nouvelles faiblesses. – Il n'est pas besoin d'implémenter de nouvelles bibliothèques de sécurité.
Efficacité	Les opérations cryptographiques étant fortement consommatrices de puissance CPU, en particulier les opérations faisant appel aux clés publiques, le protocole SSL incorpore un schéma de cache de session optionnel afin de réduire le nombre de connexions qu'il est nécessaire d'établir à partir de zéro. En sus de cela, une attention a été apportée à la réduction de l'activité réseau.

La figure 3.25 illustre les options de paramétrage de SSL au sein du client Internet Mozilla (sous Linux). Lors de l'installation, SSL v2 est coché par défaut. Le passage d'une page Web sécurisée à une autre non sécurisée est paramétrable.

En cliquant sur le bouton Modifier les chiffrements, on obtient l'ensemble des algorithmes cryptographiques supportés. Ces derniers sont négociés durant la session SS. La négociation s'opère en fonction des critères du serveur et de ce qui sera supporté par le client.

SSL est un protocole flexible quant au choix des méthodes de compression des données et de chiffrement, ainsi que de l'intégrité et de l'authentification. La compression des données est opérée avant le chiffrement des données, assurant de ce fait la confidentialité.

Lorsqu'un client SSL se connecte à un serveur SSL, il essaie de prendre les méthodes de chiffrement communes les plus fortes. Certaines attaques sur SSL v2.0 sur lesquelles se fondent les pirates obligent le client SSL de la victime à n'utiliser que les méthodes de chiffrement les moins fortes.

Figure 3.25

*Options de
paramétrage de SSL
au sein du client
Internet Mozilla*

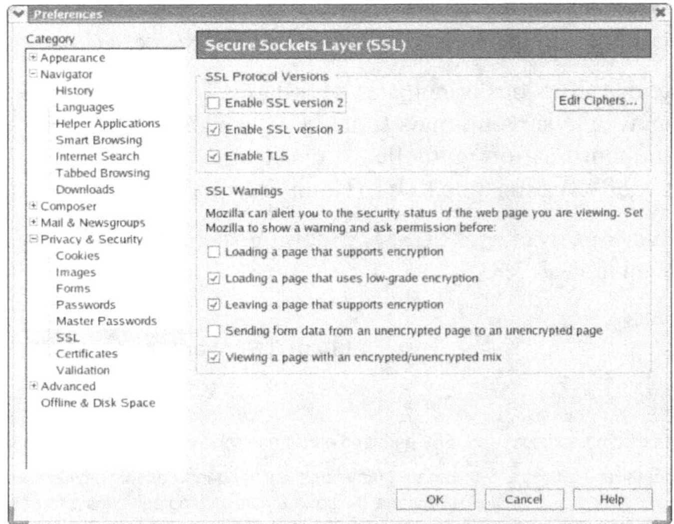

Protocole client-serveur, SSL repose sur TCP. Indépendant des protocoles de communication, il fournit aux applications une interface de communication. La connexion est privée, et l'identité des extrémités (peers) peut être authentifiée. La connexion est jugé sûre (intégrité et confidentialité).

Comme l'illustre la figure 3.26, SSL est au-dessus de TCP/IP et se situe au niveau transport du modèle DoD (Department of Defense).

Figure 3.26

Architecture de SSL

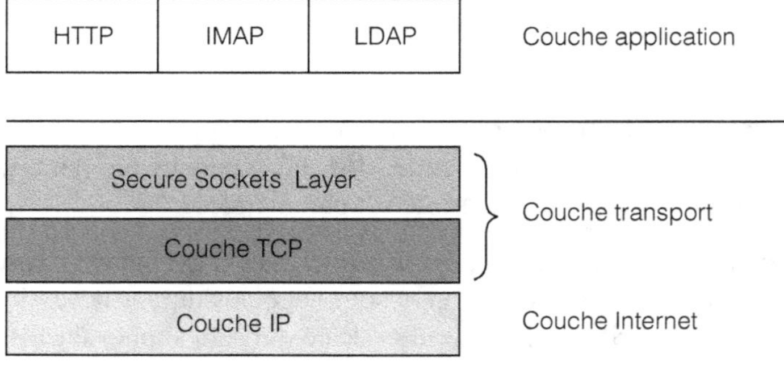

SSL est principalement utilisé avec HTTP, un protocole sans état, mais d'autres protocoles peuvent s'appuyer sur SSL. Le tableau 3.9 recense les principaux protocoles pouvant utiliser SSL ainsi que les numéros de ports réservés par l'IANA (Internet Assigned Numbers Authority).

La figure 3.27 illustre l'architecture multicouche de SSL v3.

Tableau 3.9 Principaux protocoles pouvant utiliser SSL

Protocole	Numéro de port
HTTPS	443
LDAPS	636
FTPS	Données 989 Contrôle 990
Telnet	992
IMAPS	993
POP3S	995
NNTPS	563
SSMTP	465

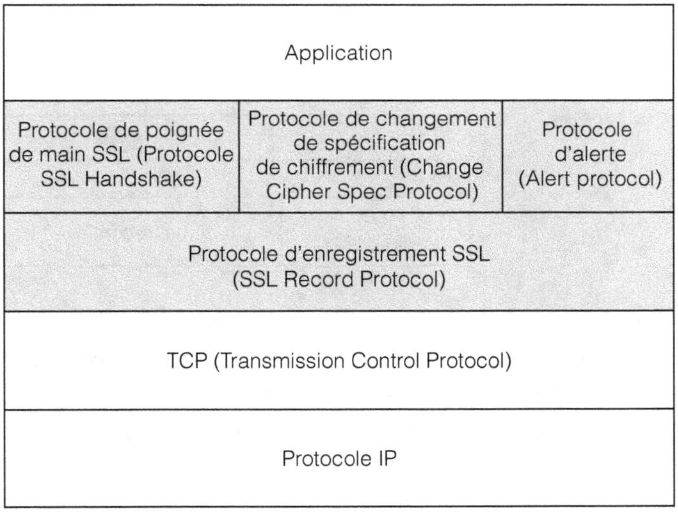

Figure 3.27

Architecture de SSL v3

Application		
Protocole de poignée de main SSL (Protocole SSL Handshake)	Protocole de changement de spécification de chiffrement (Change Cipher Spec Protocol)	Protocole d'alerte (Alert protocol)
Protocole d'enregistrement SSL (SSL Record Protocol)		
TCP (Transmission Control Protocol)		
Protocole IP		

Cette architecture est constituée d'un générateur de clés, de fonctions de hachage, d'algorithmes de chiffrement, de protocoles de négociation et de gestion et de certificats. L'un des avantages de SSL est d'être indépendant du protocole de l'application.

Les sous-protocoles de SSL

SSL inclut dans sa définition trois sous-protocoles principaux :

- SSL Record, le protocole d'enregistrement SSL ;
- SSL Handshake, le protocole de poignée de main SSL ;
- SSL Alert Protocol, le protocole d'alerte SSL.

Ces deux sous-protocoles, eux-mêmes composés d'autres sous-protocoles, se situent au niveau session du modèle OSI.

Le protocole d'enregistrement SSL (SSL Record)

Le protocole d'enregistrement SSL est utilisé pour l'encapsulation des protocoles de plus haut niveau, tels SSL Handshake Protocol, SSL Alert Protocol et les protocoles applicatifs tels que HTTP.

Le fonctionnement de SSL Record est illustré à la figure 3.28.

Figure 3.28

Fonctionnement du protocole d'enregistrement SSL (SSL Record Protocol)

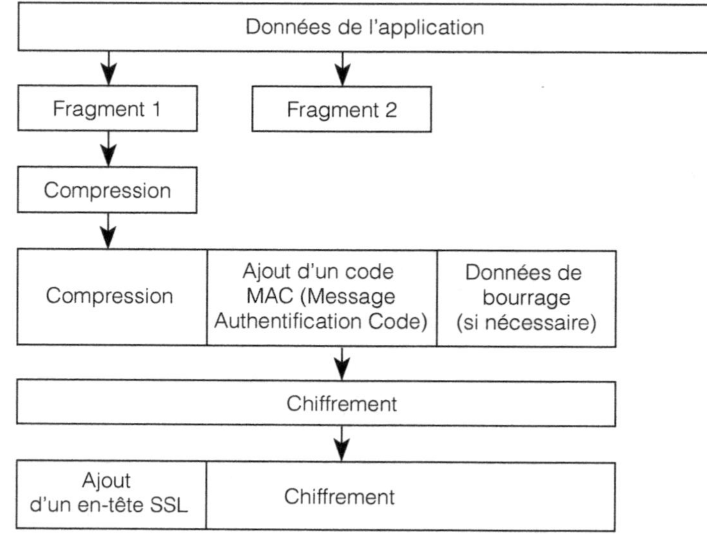

Le principe de fonctionnement de SSL Record est le suivant :

1. Le protocole d'enregistrement SSL prend les données de l'applicatif à transmettre et les fragmente en plusieurs blocs de 16 384 octets ou moins.

2. Il compresse optionnellement les données et applique un code de message d'authentification MAC.

3. Un en-tête est ajouté, contenant le type de contenu, la version principale de SSL en usage, la version secondaire et la longueur compressée.

Le protocole de changement de spécification de chiffrement SSL

Simple, ce protocole, qui fait appel au protocole d'enregistrement SSL, a pour fonction de faire état des transitions dans les stratégies de cryptage et de mettre ainsi à jour le chiffrement à employer pour une connexion donnée. Il consiste en un message unique chiffré et compressé (un seul octet de valeur 1).

Le protocole d'alerte

Ce protocole sert à convoyer le niveau de « sévérité » d'une alerte et sa description. Cela va des messages « certificat inconnu », « certificat révoqué » ou « certificat expiré » au message d'erreur fatal. Les messages d'alerte avec un niveau *fatal* entraînent la fin immédiate de la connexion SSL. Dans ce cas, les autres connexions peuvent continuer, mais l'identifiant de session (Session ID) doit être invalidé, empêchant la session qui a échoué d'être utilisée afin d'établir de nouvelles connexions.

La réception de ce message indique à l'utilisateur qu'il est sur le point de quitter une connexion Internet sécurisée, puisque le client SSL a reçu une notification de fermeture de la part du serveur SSL. Comme les autres messages, les messages d'alerte sont chiffrés et compressés comme spécifié par l'état de connexion en cours.

Le protocole d'alerte n'est disponible qu'avec la version 3 de SSL.

Le protocole de poignée de main SSL (SSL Handshake)

Ce protocole implique d'utiliser le protocole d'enregistrement pour échanger une série de messages entre un serveur SSL et un client SSL lorsqu'ils établissent une première connexion.

Ces échanges visent à faciliter les action suivantes :

- Authentifier le serveur auprès du client.

- Négocier la version du protocole de SSL (2 ou 3).

- Permettre au client et au serveur de sélectionner les algorithmes cryptographiques qu'ils supporteront en commun.

- Authentifier de manière unidirectionnelle (SSL v2) ou bidirectionnelle (SSL v3 et TLS 1.0 uniquement) le client et le serveur.

- Utiliser des techniques de cryptographie à clé publique pour générer des secrets partagés et les distribuer.

- Établir une connexion SSL chiffrée.

La norme propose les représentations illustrées aux figures 3.29 et 3.30 d'une négociation et de l'établissement d'une connexion SSL.

Figure 3.29

Négociation SSL

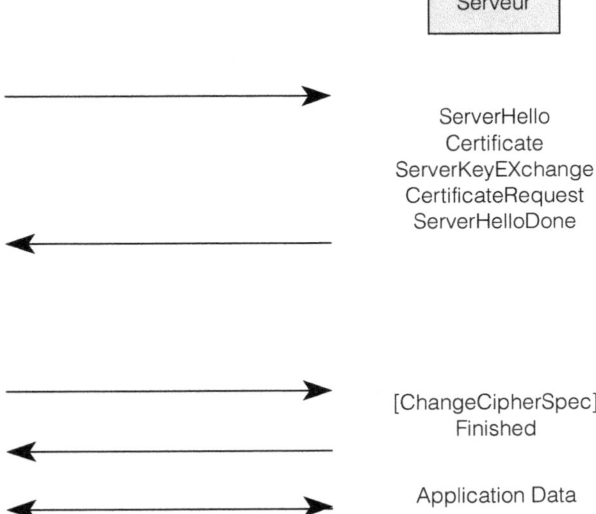

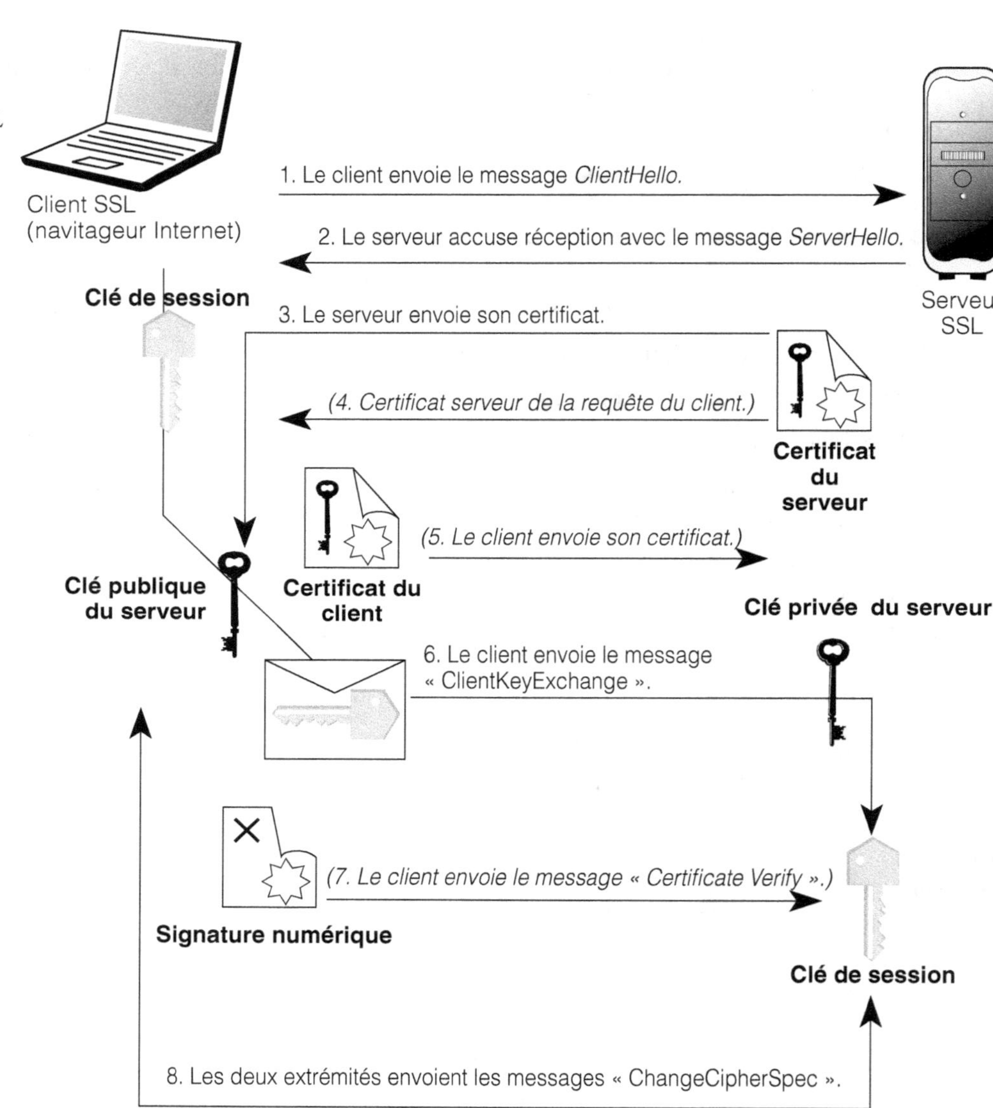

Le tableau 3.10 donne la description des messages du protocole SSL Handshake.

Un état de session est défini par les éléments suivants :

- Identifiant de session.
- Certificat de l'homologue (peer).

- Méthode de compression employée.

- Algorithme de chiffrement utilisé + algorithme de hachage.

- Secret maître : 48 octets partagés avec le client et le serveur.

- Reprise : drapeau servant à indiquer si la session peut être utilisée pour démarrer de nouvelles connexions.

Tableau 3.10 Messages du protocole SSL Handshake

Message	Description,
ClientHello	Le client envoie un message Hello au serveur afin d'initier la négociation des caractéristiques de la session SSL.
ServerHello	Première réponse au client qui a initié le message ClientHello. ServerHello peut contenir un certificat serveur et exiger que le client s'authentifie auprès du serveur.
ServerKeyExchange	Si le serveur n'a pas de certificat ou que le certificat ne supporte pas le protocole Diffie-Hellman, le serveur doit échanger des clés publiques avec le client SSL.
ServerHelloDone	Indique que la partie serveur du message Hello est achevée.
CertificateRequest	Requête envoyée par le serveur au client lui demandant de s'authentifier, Le client répond soit avec un message de certificat, soit avec une alerte indiquant « pas de certificat ».
CertificateMessage	Le contenu de ce message diffère suivant les algorithmes à clé publique choisis. Le client essaie de répondre avec le certificat qui convient en fonction des algorithmes de cryptographie choisis.
NoCertificate	Alerte indiquant qu'aucun certificat client adapté n'est disponible. Cette réponse peut conduire à la fin de la connexion SSL si le serveur requiert une authentification.
ClientKeyExchange	Échange de la clé du client avec le serveur.
Finished	Dernier message échangé entre le client et le serveur avant la transmission des données.

Par défaut, SSL Handshake est établi chaque fois que le client initie une connexion auprès du serveur. La plupart des documents HTML contiennent un ensemble d'objets, tels que texte HTML, images JPEG, GIF, BMP, MPEG, audio RAM, PDF, etc.

Afin d'éviter un overhead trop important, la plupart des serveurs Web déployés supportent la notion de reprise de session, et ce bien que HTTP soit un protocole sans état, ce qui n'est pas le cas de SSL.

SSL maintient deux types d'états : l'état de session et, au sein de ce dernier, l'état de connexion. Chaque partie, client et serveur, peut avoir de multiples sessions et de multiples connexions. Chaque connexion, qu'elle soit nouvelle ou reprise *(resume),* utilise différentes clés provenant des autres connexions de la même session. En revanche, le chiffrement (lourd) de la clé publique ne se produit qu'une seule fois par session.

Côté serveur, l'information associée à ces différents états doit être maintenue. Dans le cas où une session existante ne peut être reprise du fait que le serveur ne peut retrouver l'ID de session (SessionID) offert par le cache du client, un handshake complet, c'est-à-dire une négociation SSL complète, est opéré.

L'overhead de SSL et les problèmes de performance

Il n'est pas très facile de prédire l'impact de SSL sur une application, car ce dernier dépend de multiples facteurs, tels que les suivants :

- Quelle est la version de SSL utilisée ?

- De quelle manière a été implémenté SSL dans les navigateurs Internet ?

- Quel algorithme de clé publique est mis en œuvre ?

- Quelle suite de chiffrement est utilisée (le chiffrement TripleDES requiert plus de traitement que le simple DES) ?

- Quelles méthodes de hachage sont utilisées, MD5 ou SHA-1 ?

- Combien de fois le SSL Handshake doit-il être opéré ?

- Quelle est la complexité de la validation des certificats ?

Le déroulement complet du protocole de poignée de main SSL est particulièrement pénalisant sur le plan des performances, même si le client et le serveur peuvent maintenir un cache indexé par un identificateur de session. Pour faire face aux problèmes de performance, nous recommandons d'utiliser des boîtiers dédiés, avec des puces chargées des opérations de chiffrement, plutôt que des solutions purement logicielles mettant en œuvre directement SSL au sein du serveur Web. Ajoutons que certaines solutions sont très performantes quant à la gestion des clés mais moins bonnes pour les opérations de pur chiffrement ou déchiffrement.

Différences entre SSL v3.0 et TLS 1.0

Si les différences entre SSL v2 et v3 sont importantes, avec notamment la possibilité d'authentifier de manière optionnelle le client avec un certificat, SSL v3.0 et TLS 1.0 ne présentent que des différences mineures. Il y a donc tout intérêt à utiliser ces deux versions plutôt que la 2.0.

SSL v3.0 et TLS 1.0 ne sont toutefois pas interopérables, même si le second comporte un mécanisme de compatibilité descendante avec SSL v3.0.

Les principales nuances entre les deux protocoles sont les suivantes :

- TLS 1.0 supporte tous les codes d'alerte de SSL v3 à l'exception du code `non_certificate`.

- TLS se sert de l'algorithme HMAC défini dans la RFC 2104. SSL v3 se sert du même algorithme mais avec une différence dans la méthode employée pour les octets de bourrage.

- TLS supporte toutes les méthodes d'échange de clés de SSL v3.0, à l'exception de Fortezza, et tous les algorithmes de chiffrement symétriques.

- TLS n'impose pas de méthode de chiffrement spécifique.

Régulièrement, des failles sont trouvées à SSL. En 2003, une équipe du professeur Serge Vaudenay, directeur du LASEC (Laboratoire de sécurité et de cryptographie) de l'EPFL (École polytechnique fédérale de Lausanne), a démontré l'existence d'une faille de sécurité liée à SSL et à sa variante TLS. Les chercheurs de l'EPFL ont développé un programme permettant d'intercepter en moins d'une heure le mot de passe d'un utilisateur qui se connecte à un serveur de messagerie IMAP4 *via* SSL.

Il s'agit en fait d'une mauvaise utilisation de CBC (Cipher Block Chaining) par SSL. Le mode CBC est utilisé par des algorithmes de chiffrement symétriques de données, tels DES, Triple DES ou AES. Le chiffrement par flux, et non par bloc, tel que celui effectué par RC4, n'est nullement concerné par cette faille.

CBC (Cipher Block Chaining)

CBC est le mode opératoire du chiffrement par bloc. Son principe de fonctionnement consiste à décrire une séquence de bits chiffrés en tant qu'unité, ou bloc unique, avec une clé de chiffrement appliquée au bloc entier. CBC utilise pour cela un vecteur d'initialisation d'une certaine longueur, qui, dans le cas idéal, est différent pour deux messages employant une même clé. Il n'a pas besoin d'être secret. Le mécanisme de chaînage qui produit le déchiffrement d'un bloc de texte dépend de tous les autres blocs de texte chiffrés précédemment. Une erreur dans un bloc affecte les blocs suivants.

Brice Canvel, chercheur à l'EPFL, explique que lorsqu'on chiffre le message MES avec SSL/TLS en utilisant un chiffrement par bloc en mode CBC, un code MAC du message MES est ajouté. La chaîne concaténée MES/MAC est ensuite remplie de données de bourrage, de telle sorte que MES/MAC/PAD/LEN devienne une taille multiple d'une entrée de bloc de chiffrement. Le message MES/MAC/PAD/LEN est alors découpé en blocs de la longueur de l'entrée de chiffrement par bloc et chiffré en mode CBC. Quand le message chiffré est reçu, il est déchiffré en MES/MAC/PAD/LEN. La validité du bourrage est ensuite vérifiée. Si la valeur n'est pas correcte, une erreur de bourrage est produite. Sinon, la valeur MAC est vérifiée, et une erreur est générée si elle n'est pas valide. Avec SSL ou TLS, de telles erreurs sont fatales et mettent fin à la session.

Serge Vaudenay a présenté en 2002 une attaque, baptisée CBC-PAD, qui permet le décryptage de blocs. Le problème de la validité des messages d'erreur est résolu par une attaque temporelle entre le client et le serveur, ce qui impose que l'assaillant ne soit pas trop loin du serveur, c'est-à-dire qu'il n'ait pas trop de routeurs à traverser.

L'attaque est la suivante :

1. Le pirate intercepte un bloc qu'il désire décrypter, par exemple un mot de passe, puis envoie au serveur un bloc qu'il a construit à partir du bloc intercepté.

2. Le serveur envoie un message d'erreur à l'attaquant. Ce message est un message d'erreur de bourrage ou d'erreur MAC.

3. Le message d'erreur reçu lui indique si le travail de découverte de l'octet du bloc est bon, en allant de l'octet de poids fort à l'octet de poids faible.

4. En s'appuyant sur la théorie de tests d'hypothèse, *via* des « distingueurs » séquentiels, il est possible d'interroger le serveur sur plusieurs sessions avant qu'une erreur de bourrage ou de code MAC se produise.

Dans le passé, IBM a présenté des attaques de détournement de sessions SSL avec la version 2.0 du protocole. En 2003, nous avons pu constater que le chiffrement opéré avec certaines banques pour les transactions avec leurs clients n'était que de 40 bits alors qu'on estime nécessaire un chiffrement symétrique de 128 bits au minimum.

Malgré les failles existantes, les attaques ne sont pas si simples à mettre en œuvre et requièrent un certain niveau d'expertise technique. Il est par ailleurs plus lucratif pour un pirate d'attaquer le serveur d'une banque que d'attendre la connexion d'un utilisateur lambda.

SSL est aussi de plus en plus utilisé avec des produits logiciels pour sécuriser la connexion entre un agent logiciel et son manager.

Si SSL parvient bien à renforcer la sécurité d'une communication entre deux applications, il n'en reste pas moins que le trafic chiffré pose des problèmes d'analyse aux équipements de sécurité, l'IDS (Intrusion Detection System)-IPS (Intrusion Prevention Systems) ou le pare-feu devenant aveugle à ce trafic. L'une des solutions à ce problème réside dans le « mirroring » du trafic, qui consiste à prendre le trafic d'un port pour le rediriger, ou le recopier, vers un autre port.

Le mirroring est effectué par un IDS réseau sur un segment de réseau distinct pour terminer la session SSL et analyser le trafic. Il est ensuite possible de rediriger le trafic SSL jusqu'au poste destinataire. Ingrian Networks fait partie des sociétés qui se sont penchées les premières sur ce type de solution.

La figure 3.31. illustre le fonctionnement de bout en bout de la solution SSL d'Ingrian Networks.

Figure 3.31

La solution de chiffrement SSL d'Ingrian Networks

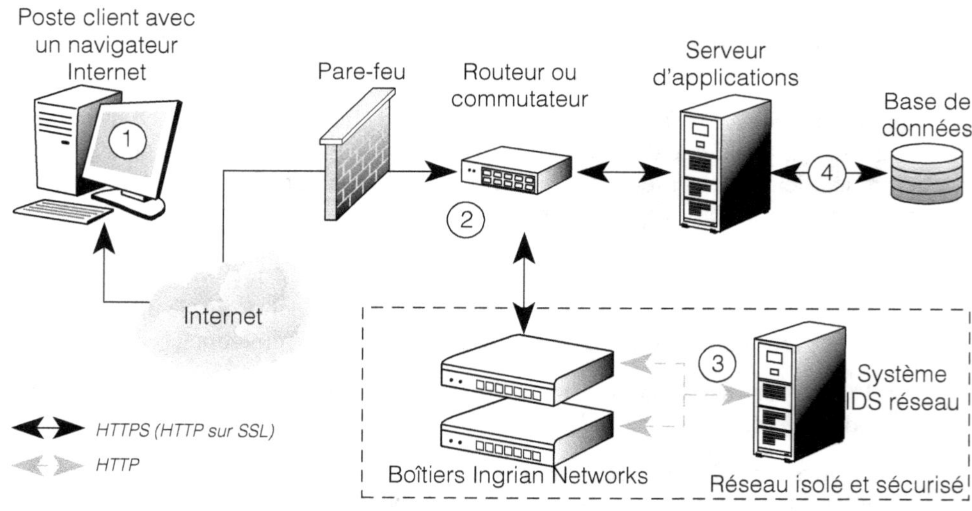

(1) Le trafic provient du client et arrive jusqu'au commutateur en mode SSL.

(2) Le commutateur transmet le trafic sécurisé par SSL au boîtier Ingrian, qui se charge de gérer la connexion SSL avec le navigateur Internet distant.

(3) Les données sont ensuite envoyées vers l'application Web dans un tunnel SSL, et mirrorées en clair sur un segment de réseau isolé et sécurisé où réside l'application IDS réseau.

(4) La fonction de port mirroring autorise un trafic en clair pour l'utilisation de l'IDS, tout en maintenant une session SSL chiffrée de bout en bout jusqu'aux serveurs de back-office, où les données pourront être sauvegardées de manière chiffrée.

Comparaison des VPN IPsec et de SSL-TLS

Les VPN SSL (Secure Sockets Layer) et IPsec ont de nombreux points communs, à commencer par de mêmes méthodes cryptographiques. Ils sont d'ailleurs de plus en plus employés de façon complémentaire.

SSL et TLS offrent tous deux les services de sécurité suivants :

- authentification de l'utilisateur ;
- confidentialité des données ;
- contrôle de l'intégrité des données.

Il existe cependant des différences importantes dans leur implémentation et leur design. La première distinction significative entre SSL et IPsec réside dans le fait qu'IPsec est implémenté au niveau de la couche réseau afin de créer un tunnel sécurisé tandis qu'un VPN SSL applicatif opère au niveau de la couche application.

La figure 3.32 illustre la place respective des deux protocoles dans l'architecture OSI. IPsec peut protéger tout service ou protocole qui s'appuie sur le protocole IP, que cela concerne les réseaux câblés ou sans fil. Si IPsec est capable de protéger un réseau entier, SSL ne sécurise que le trafic Web entre deux applications.

Figure 3.32

Places des protocoles IPsec et SSL-TLS dans l'architecture TCP/IP DoD

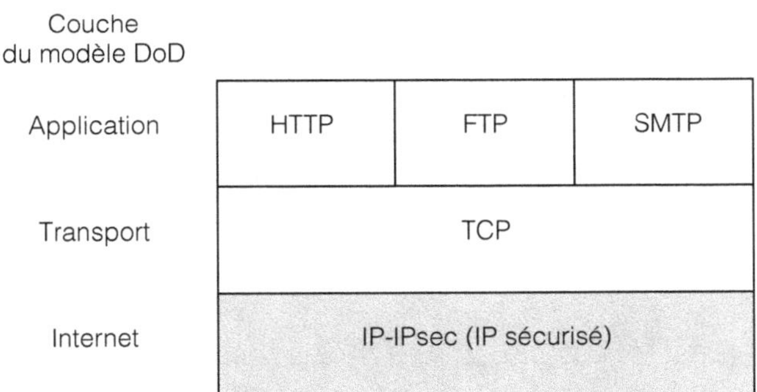

Un client IPsec qui se connecte depuis le monde extérieur a accès à la totalité de son réseau d'entreprise. Tout se passe comme s'il s'était connecté au sein de son entreprise. La seule différence concerne la performance, en fonction du lien WAN utilisé. Avec SSL, on a accès à une application spécifique, un serveur de messagerie IMAP4, par exemple, qui doit avoir été conçue pour supporter SSL.

Des équipementiers comme Nortel Networks et Cisco Systems disposent des deux solutions, tandis que certains éditeurs de logiciels ne proposent que des solutions à base d'IPsec ou de SSL.

IPsec est sans conteste la solution la plus sécurisée et la meilleure pour des connexions VPN de site à site. En revanche, si le degré de sécurité est moindre et que la connexion soit celle d'un utilisateur distant vers son entreprise, SSL peut se montrer beaucoup plus souple et plus simple à implémenter. Même lorsqu'un administrateur paramètre les logiciels client IPsec de sa flotte d'ordinateurs mobiles pour itinérants, il ne peut être tout à fait sûr que ces derniers puissent se connecter depuis n'importe quel endroit. Le PABX d'un l'hôtel où réside un itinérant peut bloquer la connexion, par exemple. De la même manière, la traversée d'un équipement NAT (Network Address Translation) peut rompre le lien VPN en dépit du draft de l'IETF NAT-T (NAT-Traversal) présenté précédemment dans ce chapitre.

Si le besoin de sécurité est important, mieux vaut basculer vers IPsec. S'il s'agit simplement de lire son courrier en déplacement, SSL-TLS est suffisant et doit pouvoir fonctionner dans tous les cas de figure.

Le tableau 3.11 récapitule les éléments différenciateurs des deux protocoles.

Tableau 3.11 Fonctions comparées d'IPsec et de SSL

Fonction	IPsec	SSL
Construction de tunnels de site à site	Oui	Non
Support de toutes les applications IP	Oui	Non
Accès complet au réseau de l'entreprise	Oui	Non
Nécessité d'un logiciel client	Oui (vérifier la compatibilité du client IPsec avec la passerelle IPsec)	Non (si l'on considère que les navigateurs supportent tous SSL et qu'ils sont livrés avec le système d'exploitation).
Indépendance du réseau	Non (indépendance du médium mais nécessité du protocole IP)	Oui
Indépendance de l'application	Non (requiert une application IP).	Non
Accès depuis n'importe quel PC	Non	Oui
Sécurisation de la téléphonie sur IP	Oui	Non

Que ce soit avec IPsec ou SSL, la partie chiffrement impacte les performances et nécessite de recourir à des processeurs, ou ASIC, dédiés.

VPN SSL et VPN applicatifs

Les nouveaux besoins nécessitent de nouvelles solutions. La sécurité ne déroge pas à cette règle. Mais quelles sont les nouvelles exigences des entreprises utilisatrices ?

Pour les déterminer, il suffit d'observer l'évolution de l'entreprise dans l'utilisation de son informatique. La compétitivité de plus en plus agressive force l'entreprise à gérer au mieux des besoins antinomiques tels que les suivants :

- contrôle centralisé de l'accès aux organes vitaux du système information tout en gérant la mobilité ;
- protection élevée du patrimoine informatique tout en s'ouvrant aux partenaires extérieurs (extranet).

Les ressources informatiques doivent être accessibles de n'importe où, n'importe quand. Le nombre croissant d'utilisateurs nomades ou à distance, le télétravail ou la notion de bureau mobile deviennent une réalité. Tout cela impose de créer une nouvelle façon de sécuriser l'accès aux applications critiques de l'entreprise.

La sécurisation de l'accès au niveau réseau, à l'image de l'approche VPN IPsec, ne suffit pas dans tous les cas. Elle ne procure pas suffisamment de souplesse, de granularité, de finesse et de contrôle. Le contrôle doit se positionner au niveau de l'application. La tendance est d'aller vers une sécurisation de l'accès au système d'information opérée au niveau applicatif, c'est-à-dire réellement de bout en bout.

IPsec est plus complexe pour une PME, et cette solution ne peut convenir à des utilisateurs qui souhaitent consulter leur courrier électronique à distance. Un VPN SSL se révèle plus adapté dans beaucoup de cas.

Comme expliqué précédemment, l'avantage des connexions SSL est l'absence de logiciel client à installer, déployer et maintenir puisque les navigateurs Internet sont des clients SSL.

Les VPN SSL

Les VPN SSL sont la réponse de l'industrie informatique à de nouveaux besoins. Les produits et technologies de VPN SSL sont le fait de jeunes pousses, historiquement positionnées sur ce créneau, ou de grands noms du réseau, qui, par le biais d'acquisitions, de fusions ou de développements internes, se sont mis à proposer des VPN SSL en complément de leurs VPN IPsec.

À l'origine, les solutions proposées se présentaient sous la forme de produits séparés. On disposait, par exemple, d'un boîtier VPN IPsec et d'un boîtier VPN SSL. Fin 2003, on perçoit une nette tendance de certains constructeurs à gérer ces deux types de VPN au sein d'un même équipement.

L'analyse nécessaire au choix d'une solution de VPN SSL passe par l'examen des solutions d'accès à distance de l'entreprise.

Le tableau 3.12 résume les éléments clés d'une solution d'accès à distance.

L'approche de l'accès distant par le biais de VPN SSL est de trois types :

- **Redirecteur de protocoles SSL.** Cette catégorie constitue la majorité des VPN SSL présentés sous la forme de boîtiers dédiés (appliances). Ils utilisent simplement la connexion SSL comme un conduit, qui fournit une redirection des protocoles permettant aux applications natives de tourner virtuellement au-dessus de HTTPS (HTTP + SSL). D'aucuns considèrent que le niveau de sécurité de cette solution d'accès distant est plus élevé que celui des VPN IP du fait qu'aucune connexion réseau persistante n'est établie. Avec ce type de VPN, la communication peut être limitée à des protocoles spécifiques. Cependant, la communication ne peut pas toujours être limitée à des applications spécifiques, ce qui pose des problèmes de sécurité.

- *Enhancer* **(rehausseur) du contrôle distant SSL.** Ce type de VPN établit un tuyau SSL vers un système de contrôle distant ou un système de contrôle d'affichage, tel que Microsoft WTS (Windows Terminal Services) ou Citrix (*via* n'importe quel navigateur Internet), permettant ainsi un accès distant à ces systèmes. Ce type d'approche est sûr lorsque l'utilisateur établit une connexion au niveau applicatif (niveau 7 du modèle OSI).

- **VPN SSL applicatif.** Cette catégorie pourrait connaître les développements les plus importants, car elle est la plus aboutie des trois. Elle est détaillée à la section suivante.

Tableau 3.12 Éléments d'analyse d'un accès distant

Fonction	Description
Accès	La solution doit permettre d'accéder aux applications, données, fichiers et, d'une manière générale, à tout type d'information requis par l'utilisateur lorsqu'il se trouve éloigné de son bureau. La solution envisagée doit également prendre en compte l'équipement d'accès de l'utilisateur. Cela peut être un PDA (assistant personnel numérique), un téléphone sans fil ou un ordinateur portable ou de bureau.
Facilité d'utilisation	La facilité d'utilisation est un critère fondamental. Si l'accès est possible mais trop complexe pour l'utilisateur, la solution court à l'échec. L'accès distant doit obéir aux critères classiques de rapidité, fiabilité et consistance, avec une interface familière à l'utilisateur, quel que soit son équipement (PDA, portable, ordinateur de bureau).
Contrôle	La solution d'accès distant est prise en charge par le service informatique. Les critères de déploiement et d'administration centralisés sont des éléments clés, de même que l'intégration avec l'infrastructure informatique existante.
Sécurité	L'accès à distance ne doit pas fragiliser la politique de sécurité de l'entreprise à l'égard des attaques réseau et applicatives et du vol d'informations liées à la propriété intellectuelle.
Évolutivité *(scalabity)*	La notion de bureau mobile traduit le fait que le collaborateur de l'entreprise n'est pas obligé de travailler physiquement dans les locaux de la société. Le nombre de collaborateurs devant utiliser une connexion SSL peut se révéler rapidement important. Qui dit SSL dit impact en termes de performance et d'administration.
Retour sur Investissement	Les bénéfices de l'accès distant sont généralement bien compris par les dirigeants d'entreprise, et la productivité est bien mesurée. Le retour sur investissement de la solution d'accès distante mise en place se doit donc d'être rapide.

Les VPN SSL applicatifs

Contrairement aux VPN IPsec, qui opèrent au niveau 3 du modèle OSI, et aux redirecteurs de protocoles SSL, qui agissent aux niveaux 3 à 7, incluant donc les couches réseau, transport et session, les VPN applicatifs interviennent, au niveau 7 applicatif. Le fait d'agir à ce niveau fournit une visibilité des données des applications, qui offre aux administrateurs réseau des possibilités intéressantes pour appliquer leur politique de sécurité et leur contrôle d'accès aux applications distantes.

La figure 3.33 illustre le fonctionnement d'un VPN SSL applicatif.

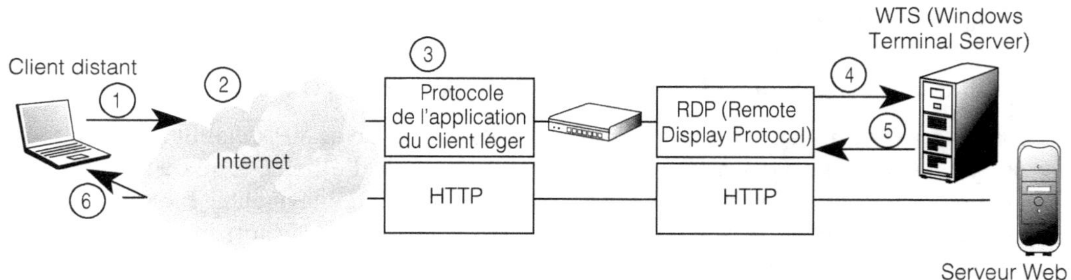

Figure 3.33
Exemple de fonctionnement d'un proxy VPN applicatif

Le processus est le suivant :

1. L'utilisateur distant lance son navigateur Internet et saisit l'URL du proxy VPN applicatif (par exemple *www.application-societe.fr*).

2. Le protocole de l'application du client léger (HTTP) est sécurisé par SSL et envoyé sur Internet *via* le proxy.

3. Le proxy fait office de terminaison pour le flux de données, authentifie l'utilisateur et applique les règles de la politique de sécurité. Les données sont ensuite traduites au serveur d'applications *ad hoc via* les protocoles RDP ou HTTP.

4. Le proxy envoie les données converties au serveur d'applications cible.

5. Le serveur d'applications renvoie la réponse au proxy.

6. Le navigateur Internet affiche les informations à l'utilisateur distant.

L'élément central d'un VPN applicatif est le plus souvent un boîtier réseau dédié faisant office de proxy. Ce proxy procure un point central d'administration et agit en tant qu'intermédiaire entre les requêtes des clients distants et les applications serveur. Il termine les connexions entrantes provenant des utilisateurs distants au niveau applicatif, traite les données et traduit ensuite ces dernières en fonction du protocole applicatif *ad hoc*. Durant ce « *gap* », le VPN analyse les informations de l'application et applique les règles édictées par la politique de sécurité. Il agit en tant que *gatekeeper,* ou portier, entre le réseau privé LAN de l'entreprise et Internet, derrière le pare-feu.

Un VPN applicatif exécute les codes client et serveur sur un serveur unique, évitant le recours à un logiciel client par le PC distant. Pour certaines applications Windows, cela se traduit par des applications reposant sur WTS (Windows Terminal Server), qui utilise le protocole RDP (Remote Display Protocol) pour négocier les entrées de l'utilisateur distant au proxy applicatif.

L'authentification est généralement effectuée *via* un annuaire Active Directory (pour le monde Microsoft) ou LDAP (Lightweight Directory Access Protocol).

Contrairement à ce qui se produit dans un VPN IPsec, l'utilisateur a accès non pas à la totalité du réseau de l'entreprise mais à l'application pour laquelle des droits lui ont été définis par l'administrateur.

Critères de choix d'un VPN SSL

Le tableau 3.13 récapitule les qualités et limitations de chaque type de VPN SSL par rapport aux critères d'accès distants présentés au tableau 3.12 *(source Motivus Software)*.

Le choix d'un équipement de VPN SSL amène à se poser un certain nombre de questions, notamment les suivantes :

• La solution de VPN SSL s'appuie-t-elle sur un boîtier dédié ou est-elle une offre purement logicielle ? Est-ce le même équipement ou la même plate-forme qui gère les VPN IPsec ?

Tableau 3.13 Qualités et limitations des VPN SSL

	« Enhancer » de contrôle à distance SSL	Redirecteur de protocoles SSL	VPN applicatif
Accès	– –	–	+
Facilité et type d'utilisation	+	–	+
Contrôle	–	+	+
Sécurité	+	+	+
Évolutivité	+	– –	+
Retour sur investissement	– –	+	+

– – Beaucoup de limitations
– Certaines limitations
+ Bon

- L'équipement de terminaison SSL limite-t-il le nombre d'instance d'une application donnée à laquelle les utilisateurs distants peuvent accéder ? Si tel est le cas, cela peut causer des goulets d'étranglement.

- Les applications peuvent-elles choisir des ports TCP de manière aléatoire ? Si tel n'est pas le cas, cela limite le nombre d'applications auxquelles nous pouvons accéder. Quels contrôles sont-ils opérés au niveau applicatif ?

- Quelles sont les limites liées au type d'application que le poste distant peut accéder *via* les seules capacités SSL du navigateur Web, sans aucun logiciel client complémentaire ? Autrement dit, quelles sont les applications supportées par l'équipement qui ne requièrent ni Java ni ActiveX ?

- Le trafic entre la passerelle d'accès distant SSL et les serveurs d'applications est-il crypté ?

- La passerelle décrypte-t-elle le trafic pour faire face à un certain nombre d'attaques ? Si oui, quelles sont les attaques gérées ?

- La passerelle modifie-t-elle la configuration du navigateur distant pour initier la session SSL distante ?

- Le système SSL nettoie-t-il le poste client de tout fichier ou donnée sécurisée susceptible d'être téléchargé sur la machine durant une session d'accès distant ?

- Un logiciel d'administration est-il fourni afin d'auditer l'accès aux serveurs ?

- Dispose-t-on d'une vérification de la configuration de sécurité du poste distant ?

- Quelles sont les procédures d'authentification fournies et quel est leur niveau de force ?

- Dispose-t-on de fonctionnalités de reprise après incident (fail-over SSL) ?

- De quel type de support dispose-t-on (24 × 7) ? De quelle qualité ?

Le marché de la sécurité réseau est actuellement en pleine ébullition. Un des sujets phares du moment est incontestablement le VPN SSL. En peu de temps, plusieurs acteurs importants du marché des VPN IPsec, Nokia et Netscreen en tête, se sont mis à proposer des solutions VPN SSL, le premier en développant sa propre solution, et le second en acquérant Neoteris.

Cisco Systems, géant des réseaux, propose bien évidemment des VPN SSL en sus de ses VPN IPsec. Toutefois, le VPN SSL, né sous l'impulsion de la start-up américaine Aventail en 1997, a rapidement donné naissance à quantité d'adeptes, qui ont tous participé à la démocratisation de cette technologie.

L'histoire montre que l'ère de la consolidation annonce une maturité réelle et le début d'une forte croissance dans la généralisation d'une technologie, gage que les solutions répondent à de vrais besoins des entreprises.

Les acteurs de ce marché sont aujourd'hui de deux types, les généralistes de la sécurité et les spécialistes des VPN SSL, les seconds étant de plus en plus rares du fait de rachats multiples.

Comme souvent, l'innovation vient principalement des sociétés dédiées aux VPN SSL. Reste, pour le client, à faire le bon choix entre, d'un côté, la renommée du généraliste et, de l'autre, la technicité du spécialiste.

En résumé

Les grandes catégories de VPN sont les VPN de niveau 2 (MS-PPTP, L2F et L2TP), les VPN de niveau 3 (IPsec) et les VPN SSL.

Au sein des entreprises, ce sont les VPN IPsec qui ont le vent en poupe, même si le marché n'est pas insensible aux VPN de type MS-PPTP. Côté opérateurs, les VPN IPsec peuvent être conjugués avec MPLS, un protocole qui vise à fournir l'intelligence du routage (niveau 3) à la vitesse de la commutation (niveau 2).

Nouveaux venus, les VPN SSL se divisent en trois catégories, dont seule celle des VPN applicatifs faisant l'usage d'un proxy répond aux plus grands nombres de besoins des entreprises, notamment en ce qui concerne la sécurité et l'évolutivité.

4

L'accélération de flux IP

Que ce soit dans l'environnement Internet ou au sein du système d'information des entreprises, la course à la performance vise de plus en plus à prendre en compte « l'expérience » de l'utilisateur pour la rendre la plus agréable et la plus efficace possible. On commence à parler outre-Atlantique de QoE (Quality of Experience) à la place de la fameuse QoS (Quality of Service).

Lorsqu'on analyse cette expérience dans la chaîne de communication reliant le client au serveur — depuis le tronçon LAN du serveur jusqu'à celui du LAN vers le client en passant par l'accès au réseau WAN et le réseau WAN lui-même —, on se rend compte que chaque tronçon peut constituer un goulet d'étranglement ou à tout le moins une zone de ralentissement de la performance de bout en bout de l'expérience de l'utilisateur vis-à-vis du serveur qu'il cherche à atteindre.

Ces différents tronçons présentent des problématiques et des contraintes techniques d'optimisation à la fois communes et spécifiques.

Les réseaux locaux ne sont plus aujourd'hui des points de blocage de la performance. La plupart d'entre eux mettent en œuvre des technologies majoritairement Ethernet, même si des résidus de Token Ring ou de FDDI (Fiber Distributed Data Interface) se rencontrent encore, dans l'attente d'une migration vers Ethernet. Les débits atteints sont de l'ordre de 10-100 Mbit/s pour le poste de travail ou serveur et supérieurs à 1 Gbit/s pour la commutation dans le cœur du LAN d'interconnexion.

Dans la plupart des cas, c'est dans la zone des serveurs, au niveau même des machines, que le bât blesse. La complexité grandissante des applications exige de plus en plus de puissance de traitement de la part des machines sur lesquelles elles résident. Elle impose en outre des fonctions de traitement réseau performantes pour pouvoir transmettre et recevoir à très haut débit les flux de trafic. C'est la raison pour laquelle apparaissent des solutions d'optimisation éliminant le goulet d'étranglement sur le serveur. C'est le cas des solutions de commutation 4-7 pour les architectures d'équilibrage de charge *(voir le chapitre 1)* et des solutions de cache ou de chiffrement-déchiffrement SSL (Secure Sockets Layer).

Il est important de bien identifier les points de faiblesse des machines employées. La puissance de traitement de l'unité centrale, ou CPU, doit être dimensionnée en fonction des besoins des applications qu'elle héberge. Des études démontrent que la capacité CPU est souvent consommée par des traitements pour lesquels elle n'est pas prévue, telles que la gestion de sessions de communication simultanées, TCP/IP ou SSL, engendrant une dégradation de la performance globale du serveur. La CPU passe alors son temps à gérer les ouvertures et clôtures de sessions et n'a plus beaucoup de ressources pour exécuter les traitements logiques applicatifs. Il faut donc réduire le nombre de sessions simultanées par serveur tout en tentant de les maintenir ouvertes le plus longtemps possible.

L'accès au réseau WAN offre aujourd'hui de nombreuses possibilités, allant de l'accès mobile, pour les utilisateurs nomades, par exemple, aux classiques accès téléphoniques RTC, en passant par le haut débit à prix abordable, ADSL ou câble. Dans le cas du bas débit, le réseau d'accès peut constituer un point de blocage. Avec le haut débit, l'accès au WAN déporte la problématique de goulet d'étranglement à l'intérieur du réseau WAN. Dans tous les cas, la bande passante de bout en bout doit être suffisante pour le bon fonctionnement des applications communicantes.

Le LAN du client est la zone normalement la moins impactée par les soucis de performance.

En résumé, ce sont les zones des serveurs et le WAN (accès et transit) qui nécessitent une optimisation afin de garantir la performance globale des applications et la qualité d'expérience des utilisateurs. L'accélération de flux IP est la solution la plus satisfaisante à cette problématique.

Les différents paramètres de performance à prendre en compte sont les suivants :

- temps de réponse ;

- débit et bande passante disponibles ;

- latence et durée de traversé du réseau ;

- durée de téléchargement des applications transactionnelles telles que le Web.

La situation économique tendue que connaissent nombre d'entreprises utilisatrices les contraint à extraire le plus de valeur possible de leurs applications à un coût le plus bas possible.

Parmi les approches qui se font jour en ce sens, citons celle consistant à retravailler le code de l'application afin d'en accroître la vitesse d'exécution. Les capacités de l'ingénieur sont alors préférées à l'ajout de ressources matérielles. C'est là un retour en arrière, qui ramène aux systèmes mainframe et aux programmes très optimisés afin de tirer du codage un maximum de performance d'exécution.

D'une façon générale, les approches d'optimisation logicielles restent relativement pauvres en fonctionnalités et surtout limitées en performance comparées aux optimisations matérielles. Concernant la performance, il est essentiel de ne pas constituer un nouveau goulet d'étranglement dans le réseau. C'est la raison pour laquelle cet ouvrage se penche essentiellement sur la description des solutions matérielles.

Les technologies d'accélération IP

Le domaine de l'accélération des flux IP est en pleine explosion aujourd'hui. En atteste la multitude de solutions en tout genre qui apparaissent sur le marché.

Au même titre que la sécurité et la haute disponibilité, la performance est au cœur des préoccupations. Ralentissement économique aidant, la mise en œuvre des solutions d'amélioration de la performance est toutefois différente de celle des années glorieuses. La QoS de bout en bout, par exemple, n'est plus à l'ordre du jour. Les solutions retenues doivent n'engager qu'un minimum d'investissement et ne pas remettre en cause l'architecture existante, ni les technologies en place.

Dans ce contexte, l'intérêt des solutions d'accélération de flux IP réside dans l'insertion au sein de l'infrastructure existante d'équipements spécifiques, comme les serveurs de cache, dotés de fonctionnalités de gestion de trafic (traffic shaping), de priorisation de flux, de compression ou de suppression de duplication.

Principes de base de l'accélération IP

Dans son principe, l'accélération de flux IP consiste à faire parvenir l'information le plus rapidement possible d'un point vers un autre du réseau.

Les applications de nature interactive sont à la fois les plus exigeantes en terme de bande passante et les plus sensibles au temps de latence réseau. Dans un contexte IP, la multiplicité des applications en présence entraîne une hétérogénéité de la taille des paquets transmis, qui rend caduque la théorie de l'équivalence entre la bande passante allouée et le temps de réponse. Par exemple, une session applicative interactive peut disposer d'une bande passante suffisante sans pourtant obtenir un temps de réponse satisfaisant.

Par ailleurs, ces applications doivent être accessibles non seulement *via* le réseau local de l'entreprise (LAN) mais aussi *via* le réseau longue distance (WAN) pour les agences distantes ou les utilisateurs nomades. Les technologies LAN déployées dans les entreprises fournissent généralement une bande passante et un débit suffisants pour les applications qui s'y exécutent et ne constituent pas un point de dégradation des performances d'accès.

Il n'en va pas de même du WAN. L'approche consistant à allouer aux trafics interactifs une bande passante supérieure à celle théoriquement nécessaire améliore certes sensiblement la performance mais au prix d'une utilisation peu efficace des ressources réseau. C'est pourquoi l'approche consistant à ajouter des mécanismes tels que le cache, la compression ou la diminution de la charge des serveurs est privilégiée.

Ces fonctionnalités d'accélération de trafic aident le système d'information à :

- résorber les goulets d'étranglement ou de congestion sur le chemin de données des sessions ;
- améliorer la performance de traitement ;
- maîtriser la consommation de bande passante réseau ;
- préserver l'intégrité des données.

Selon les applications à optimiser, les mécanismes d'accélération peuvent être plus ou moins sophistiqués et performants. Dans tous les cas, ils doivent être déployées à la fois sur le serveur et sur le client.

Comme expliqué précédemment, les services d'accélération visent, dans le contexte de l'accès distant *via* le WAN au système d'information de l'entreprise, à prévenir la dégradation des performances d'accès aux applications, voire, dans certains cas, les dysfonctionnements de ces applications.

La figure 4.1 illustre une architecture type d'accès aux applications d'une entreprise. La zone à optimiser est celle du WAN qui sépare les clients des serveurs d'applications.

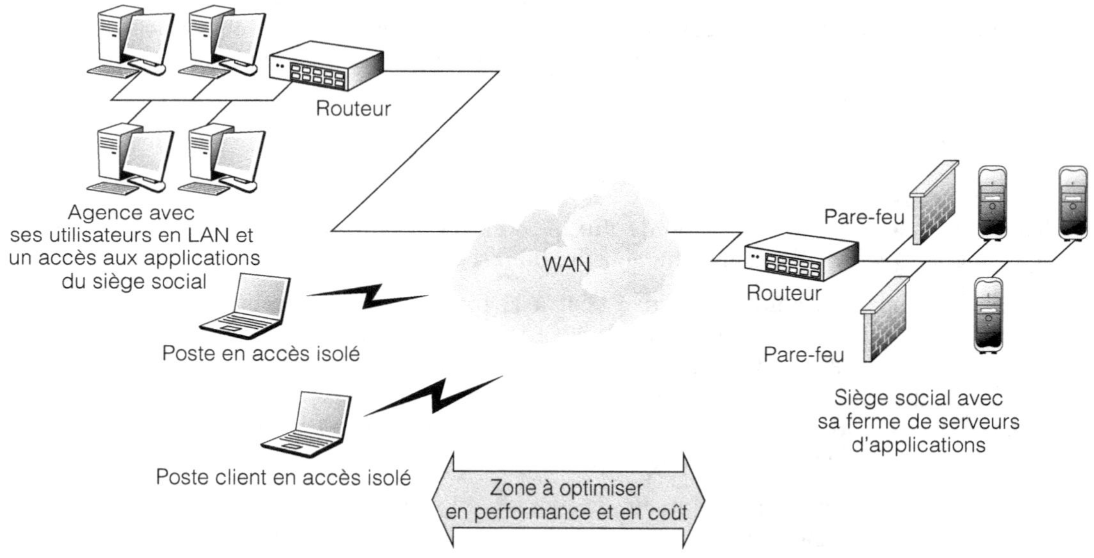

Figure 4.1

Architecture d'accès aux applications de l'entreprise

Les services qui participent à l'accélération du trafic réseau visent à réduire le volume de données à transmettre réellement dans le réseau, à réduire les méfaits causés par le taux d'erreur bit du fait de la mauvaise qualité du réseau ou encore à diminuer la sollicitation des différents maillons de la chaîne de communication du serveur jusqu'au client.

Les techniques génériques d'accélération

Les techniques génériques d'accélération agissent par définition au niveau le plus bas possible de la pile de protocoles OSI afin d'améliorer la performance du plus grand nombre d'applications.

L'équipement d'optimisation est situé à chaque extrémité d'entrée du réseau longue distance WAN, de façon à agir sur l'ensemble du trafic à transmettre dans le réseau.

Certaines implémentations travaillent au niveau IP, offrant ainsi des mécanismes d'accélération à l'ensemble des applications IP communiquant à travers le réseau. Ces implémentations sont transparentes à la fois pour le réseau, les clients et les serveurs. En revanche, les applications autres que IP, telles que SNA, Decnet, IPX, etc., ne peuvent en profiter.

Une autre approche consiste à travailler au niveau de l'octet afin d'agir sur la totalité des flux de données du réseau, quelle que soit l'application concernée. Les sections qui suivent dressent l'inventaire de l'ensemble des techniques d'accélération des flux de données.

Mécanisme de vérification et de correction des erreurs paquet

Afin de préserver l'intégrité des données et des transactions applicatives, il est possible de détecter les erreurs sur paquets et, à l'aide de mécanismes dédiés, de les corriger.

Les mécanismes de vérification et de correction d'erreur paquet s'appuient sur des fonctions mathématiques de calcul d'intégrité pour générer un résultat. La valeur obtenue est ensuite concaténée pour envoi avec l'élément de données, datagramme IP ou segment TCP ou UDP. À réception, une fonction mathématique inverse s'appuie sur l'information concaténée afin soit de contrôler l'intégrité de la donnée associée, soit de corriger les erreurs survenues lors du transport à travers le réseau.

Le contrôle sans correction d'erreur est surtout adapté aux réseaux haut débit et aux applications non-temps réel. Il consiste à demander à l'émetteur une retransmission sur détection d'erreur, ce qui suppose que l'application ne soit pas perturbée par le temps de latence généré par la retransmission.

Pour les applications temps réel, telles que les applications multimédias, et les environnements de réseau bas débit, il est plus intéressant de mettre en œuvre le mécanisme de correction d'erreur, qui évite les retransmissions sur le réseau. Inspiré des méthodes de correction d'erreur développées pour les réseaux satellite, il s'est adapté aux réseaux WAN classiques afin de réduire la bande passante consommée et, par voie de conséquence, l'investissement financier.

Dans l'idéal, les mécanismes de contrôle et de correction des erreurs doivent s'adapter aux différents profils de trafic à gérer, émis par la multitude des applications connectées au réseau. Par exemple, pour les applications multimédias temps réel, la retransmission n'est pas de mise, ni la correction d'erreur si elle est supportée par l'application elle-même. Certains protocoles multimédias intègrent par ailleurs un code correcteur, et il serait néfaste à la qualité de transmission du flux d'en superposer un autre.

Pour le cas des flux s'appuyant sur TCP pour le transport, le mécanisme de demande de retransmission n'est pas obligatoire. Il peut toutefois être intéressant d'activer la fonction de correction d'erreur pour limiter le nombre de retransmission dans le réseau. Cela revient à insérer dans un paquet des informations de contrôle portant sur le paquet précédent et à autoriser à l'arrivée si nécessaire la reconstruction du paquet précédent à partir de ces informations. Bien que cette méthode consomme de la puissance machine, puisqu'il s'agit de travailler au niveau de chaque paquet, cet investissement en coût calcul machine est dans la plupart des cas largement compensé par le gain en performance et par l'élimination des pertes de paquets en transmission.

Une troisième option consiste à mettre en œuvre un mécanisme dédié de gestion de la retransmission de paquet en combinaison avec un code correcteur d'erreur, de façon à compenser la non-prise en compte de ces mécanismes par des protocoles tels qu'UDP.

La figure 4.2 illustre l'impact positif du contrôle d'erreur sur la congestion réseau.

Figure 4.2

Impact du contrôle d'erreur sur la congestion réseau

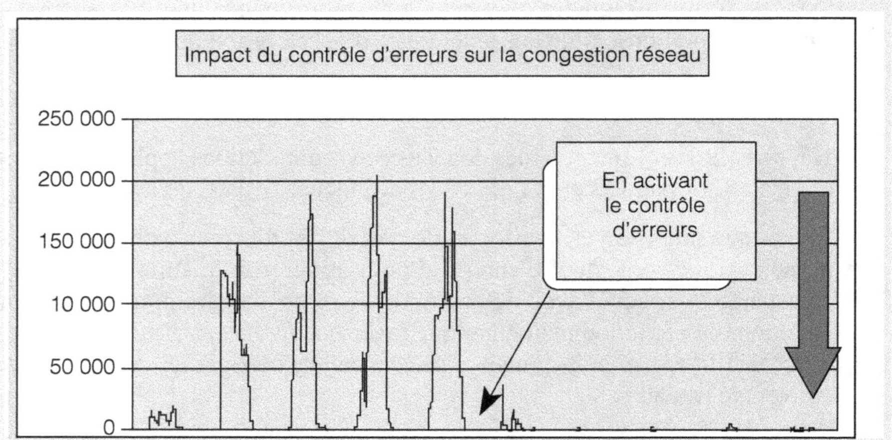

Les mécanismes de contrôle ou de correction d'erreur concourent à préserver la bande passante des abus de consommation dus à des erreurs et pertes de paquets lors des échanges de données, limitant la fréquence des retransmissions et des suppressions de paquets erronés.

Accélération WAN par cache

Le principe classique du cache consiste à placer en mémoire locale une quantité d'informations que l'on souhaite mettre plus rapidement à disposition des utilisateurs.

Comme le montre la figure 4.3, le cache peut travailler en local vis-à-vis des serveurs qu'il optimise afin de leur apporter une fonction de mémoire tampon, diminuant le nombre de sollicitations directes. Cette méthode est appelée cache serveur, ou reverse proxy. Une implémentation complémentaire consiste à travailler en cache vis-à-vis des utilisateurs dans le but de minimiser la quantité de données à transmettre à travers le réseau séparant les postes client des serveurs. Appelée cache client, cette méthode vise à mettre à disposition, au plus près des postes client, les informations fournies par les serveurs, améliorant ainsi les temps d'accès aux données, ainsi que la bande passante nécessaire à leur transport.

Dans les deux cas — caches client ou serveur —, les techniques employées sont limitées aux applications supportées par les solutions considérées. La plupart des solutions cache travaillent sur les flux Web mais peuvent également supporter les données provenant d'applications comme les serveurs de transfert de fichiers FTP, les serveurs d'information de type News ou encore les serveurs de flux vidéo de type streaming. Chaque support d'une nouvelle application nécessite un développement supplémentaire et une mise à jour logicielle de la machine serveur de cache.

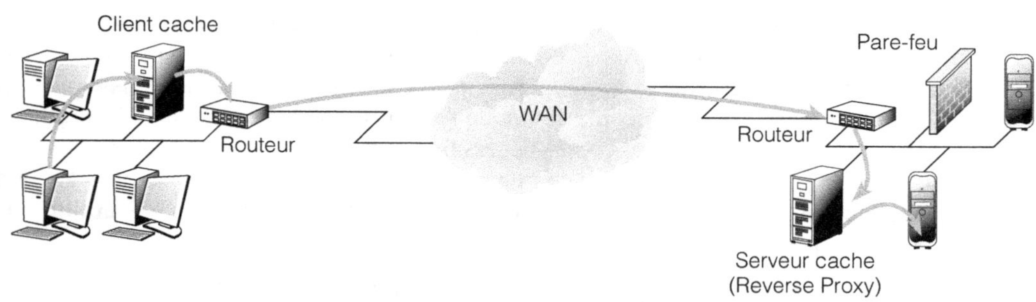

Figure 4.3

Techniques de cache traditionnelles client-serveur

Une analyse de l'environnement informatique d'une entreprise donnée montre que le paysage des applications qu'elle héberge est d'une grande diversité, générant une non moins grande variété de données transitant dans le réseau. Les répétitions de données étant très nombreuses dans un tel environnement, il est clair que les solutions de cache ne peuvent s'appliquer à la totalité des applications de l'entreprise, ce qui n'aide guère cette dernière à optimiser ses coûts et performances dans le WAN.

C'est pourquoi, en complément des implémentations de cache mentionnées précédemment, une nouvelle approche de cache plus optimisée permet d'accélérer les flux des applications d'entreprise à travers le WAN. Cette approche est défendue par toute une génération de jeunes pousses, comme Expand ou Peribit, persuadées qu'il existe une demande réelle des entreprises à solutionner le problème d'accès distant aux applications critiques tout en optimisant la consommation de bande passante.

Duplication des données

Les responsables informatiques en entreprise sont généralement surpris d'apprendre que plus de 90 p. 100 des données qui transitent sur leur réseau sont des répétitions. Les raisons à cela sont qu'une entreprise applique des processus communs de fonctionnement et que ses employés utilisent souvent les mêmes données (fichiers texte, tableaux, images, etc.). Qui n'a un jour, dans le cadre de son travail, repris un document existant pour servir de base à l'élaboration d'un nouveau document ?

Ce processus incrémental de génération de nouveaux objets dans le système d'information de l'entreprise participe de la duplication et de la répétition de données dans les différentes communications. Cela concerne en premier lieu les séquences de texte qui se répètent, comme les coordonnées de l'entreprise dans ses courriers, son logo ou encore le paragraphe de confidentialité inséré dans les documents sensibles.

Les éléments d'information dupliqués ne concernent pas que le texte. Avec l'avènement des moyens de communication multimédias, les images, le son et la vidéo définissent un autre ensemble de données répétitives qui transitent dans l'infrastructure réseau de l'entreprise, entraînant un gâchis dans la consommation de bande passante.

Avec l'évolution des modes de travail dans l'entreprise — télétravail, travail collaboratif —, les données dupliquées sont demandées plusieurs fois à travers le réseau par les utilisateurs. Lorsqu'un groupe de travail, par exemple, s'échange des documents *via* la messagerie, chaque document joint à un message est recopié autant de fois qu'il y a de destinataires à adresser puis envoyé dans le réseau avec toutes les copies nécessaires vers les utilisateurs concernés. Un autre exemple est l'accès à la base de données de l'entreprise, où les informations les plus demandées transitent mainte fois à travers le réseau sans qu'une optimisation soit apportée pour diminuer le volume de trafic répétitif.

Les applications informatiques elles-mêmes sont de nature à créer des duplications de données. Par souci de synchronisation et d'intégrité des données, le client applicatif a tendance à dialoguer fréquemment avec son serveur afin de mettre à jour ses données *via* l'infrastructure réseau. Les communications entre serveurs pour synchroniser leur base de données sont sources de redondance d'information transitant à travers les liens de communication.

Cette surconsommation de bande passante du fait de la redondance des données n'est pas grave en environnement LAN mais devient rapidement critique lorsqu'il s'agit de communications à travers le WAN, la bande passante n'étant plus gratuite.

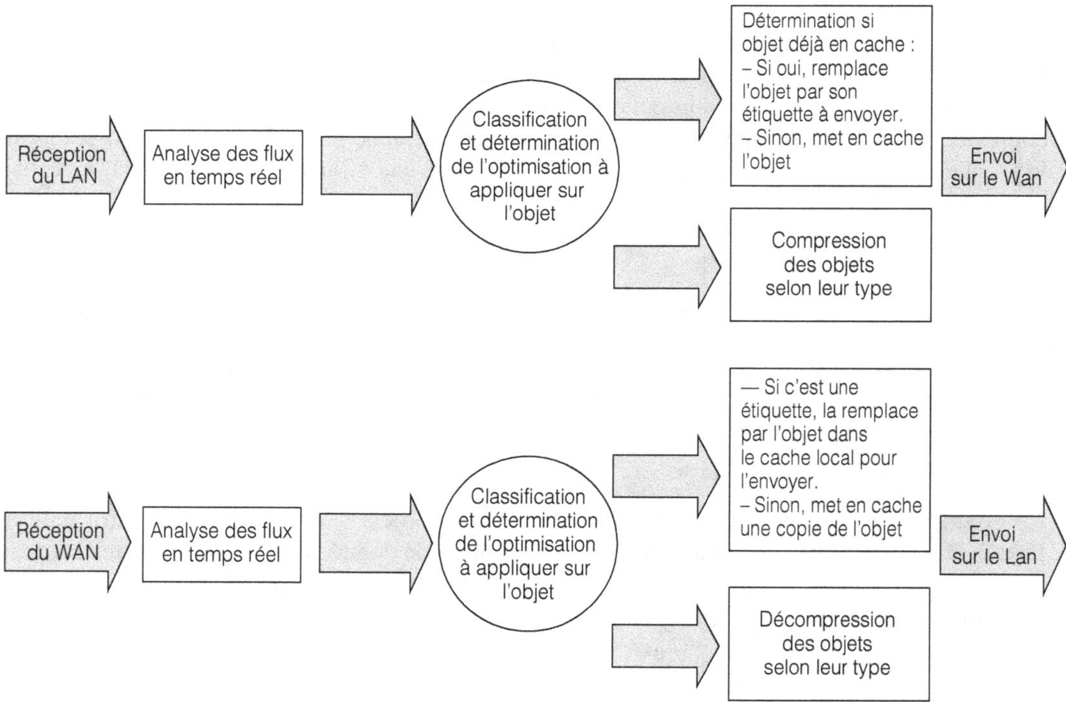

Figure 4.4

Séquence de traitements en optimisation

Pour pallier ces problèmes, il est possible d'analyser au plus près le train d'octets du trafic IP transitant à travers le réseau afin d'identifier les similitudes et les duplications de motifs pour les mettre sélectivement en mémoire cache.

Le mécanisme de cache d'applications d'entreprise combine souvent plusieurs éléments technologiques, incluant un moteur d'analyse de données, un cache sélectif et une technique de compression-décompression adaptative.

La figure 4.4 illustre ces différentes tâches d'optimisation entre l'émetteur et le récepteur.

Lors de la réception du flux du réseau local, l'émetteur commence par analyser les caractéristiques de la donnée à traiter en optimisation. Cette phase d'analyse permet de classifier l'objet et de lui associer un mécanisme d'optimisation adapté. Il est alors possible de déterminer si une mise en cache de l'objet est nécessaire, combinée ou non à une compression afin de tenter de réduire sa taille. Enfin, l'objet est envoyé dans le WAN.

À réception par l'équipement homologue à l'autre bout du WAN, une analyse au fil de l'eau est effectuée afin de classifier à nouveau les éléments reçus et de déterminer les actions à appliquer. Si l'objet est compressé, il s'agit de le décompresser pour retrouver sa forme d'origine avant de l'expédier vers son destinataire dans le LAN. Si une étiquette est reçue à la place de l'objet réel — dans le cas du cache —, le récepteur remplace l'étiquette par l'objet correspondant qui se trouve dans son cache local pour l'envoyer vers son destinataire final.

Analyse des flux en temps réel

Dans l'ordre d'exécution des processus, le moteur d'analyse de données agit en premier. Il passe en revue en temps réel le train de données afin d'identifier les différents segments de protocoles et d'applications qui le composent. En règle générale, la segmentation effectuée a pour but de faire ressortir les différentes parties de la pile protocolaire, comme illustré à la figure 4.5.

Figure 4.5

Exemple de découpage en protocoles d'un flux de données

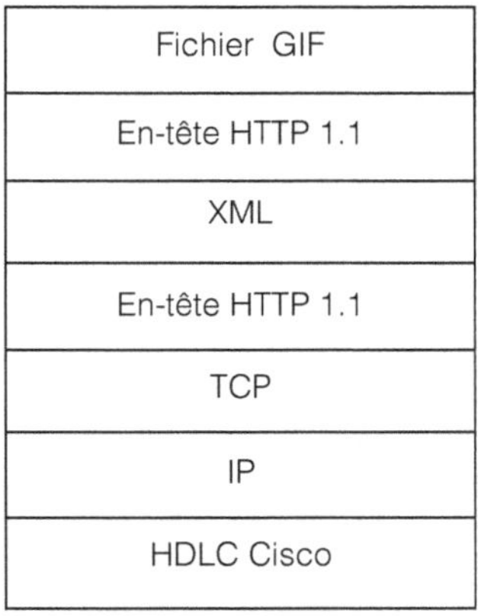

Fichier GIF
En-tête HTTP 1.1
XML
En-tête HTTP 1.1
TCP
IP
HDLC Cisco

Le moteur d'analyse s'appuie généralement sur une base de connaissance protocolaire, avec une compréhension légère de certains protocoles. Le moteur peut ainsi compartimenter l'ensemble des flux puis les ventiler vers les autres mécanismes pour des traitements adaptés.

La base de connaissance évolue en fonction de l'apprentissage effectué sur les flux de données examinés. En d'autres termes, le moteur d'analyse apprend au fil de l'eau et détermine les motifs répétitifs. Les répétitions sont mises en mémoire cache dans l'ensemble des équipements d'optimisation à chaque extrémité du WAN et se voient associer un identifiant unique.

La base de données des correspondances objet-identifiant-étiquette est alors synchronisée entre tous les équipements de cache répartis dans le WAN.

Cache à la volée

L'algorithme proprement dit de cache doit être très sophistiqué afin de distinguer les données qui méritent d'être mises en mémoire pour réutilisation ultérieure — données répétitives — et les autres — données rares car pas souvent répétées. La plupart du temps, les données mises en cache sont des objets complets, comme un fichier d'image GIF, ou partiels, comme la palette de couleurs d'une image GIF, un code JavaScript encapsulé dans une page HTML, ou encore une image bitmap envoyée plusieurs fois à la demande d'utilisateurs travaillant sur le même contenu. Certaines solutions peuvent mémoriser des séquences d'octets et travailler en cache à un niveau de granularité de l'objet plus fin.

La figure 4.6 illustre le principe de fonctionnement d'un cache intelligent générique. Lorsque le moteur de cache identifie un objet intéressant à mettre en mémoire, il le copie pour un usage ultérieur et l'enregistre en lui assignant un identifiant unique. Dans le même temps, tous les moteurs à chaque extrémité du WAN synchronisent leurs caches afin d'avoir les mêmes objets en mémoire, ainsi que leurs références associées.

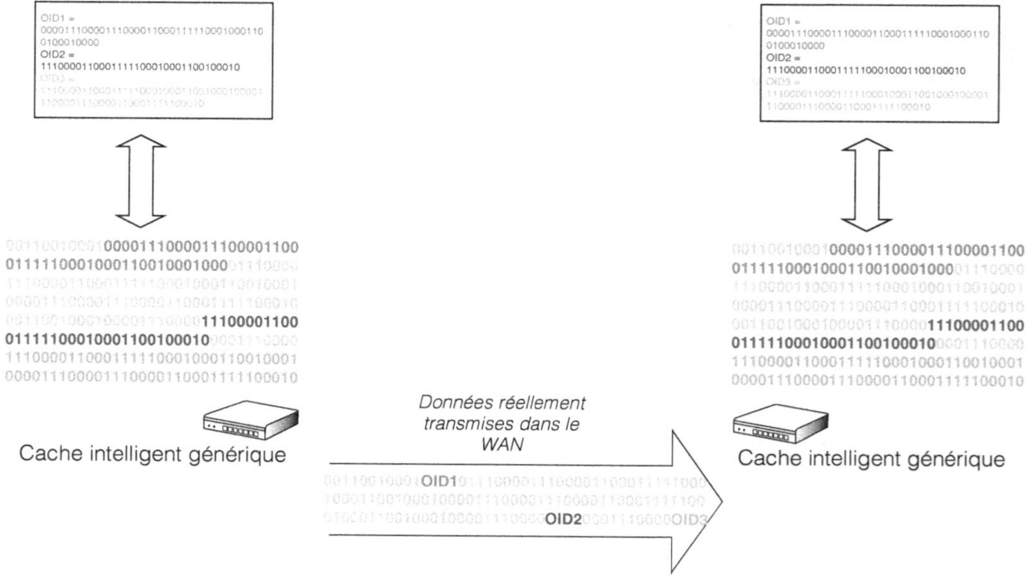

Figure 4.6

Fonctionnement d'un cache intelligent générique

S'il rencontre à nouveau l'objet, le moteur peut uniquement se contenter d'envoyer la référence à l'objet à la place de l'objet complet. À l'autre extrémité, son homologue est capable d'identifier rapidement l'objet et de le récupérer sur son disque local afin de l'attribuer correctement au destinataire. La restitution de l'ensemble du contenu nécessite un mécanisme intelligent capable de reconstruire l'ensemble des flux en temps réel en recombinant correctement les données envoyées réellement à travers le réseau WAN avec les données provenant de son cache local *(voir la section « Réassemblage intelligent avec restitution au destinataire », un peu plus loin dans ce chapitre)*.

Accélération WAN par compression générique de données

La compression vient en complément du cache pour optimiser les flux présentant peu de redondance. La compression peut être plus ou moins performante selon le type de flux. Elle permet de réduire le volume de trafic à transmettre réellement à travers le réseau, même si le cache n'a pu agir dessus en optimisation.

Compression adaptative

La compression adaptative consiste à réduire le volume de données à transmettre à travers le réseau WAN en appliquant un algorithme mathématique adapté à la nature de la donnée à traiter. Pour être générique, la compression doit agir au niveau du paquet.

La compression adaptative des paquets est particulièrement puissante lorsqu'elle est employée en conjonction avec l'analyse dynamique des flux et le cache sélectif mentionnés précédemment. De moindre efficacité que le cache, notamment lorsqu'il travaille au niveau 3, la compression est uniquement activée sur les flux qui n'ont pu être mis en cache.

C'est au moteur d'analyse de données que revient la responsabilité de déterminer les types de données à compresser ainsi que le type de compression à appliquer. On distingue, par exemple, la compression du HTML de celle du SQL ou du JavaScript.

Réassemblage intelligent avec restitution au destinataire

Pour compléter la panoplie des mécanismes d'accélération générique des trafics IP, il est impératif de leur associer un mécanisme de réassemblage.

Le réassemblage consiste à restituer au vrai destinataire le trafic d'origine émis par la source réelle. Dans ce dessein, le mécanisme doit prendre en considération les différents objets à combiner provenant du réseau WAN (transmis à travers le réseau et souvent compressés) ainsi que ceux qui sont récupérés du cache local grâce à l'identifiant de l'objet transmis *via* le réseau. Bien entendu, le réassemblage intègre l'ensemble des mécanismes de décompression nécessaires pour restituer les objets.

Performances obtenues

Les techniques d'accélération générique de flux IP à travers un WAN donnent des résultats assez impressionnants. Le tableau 4.1 récapitule les données annoncées par les fournisseurs de ce type de solution, essentiellement Expand et Peribit).

Tableau 4.1 Performance de réduction en accélération générique de trafic IP

	Valeur moyenne de réduction de données sur le WAN	Valeur maximale de réduction de données sur le WAN
Annonce haute	85 %	95 %
Moyenne totale	65 %	90 %

La valeur moyenne de réduction de données sur le WAN se mesure en faisant le rapport entre le volume de flux de données en entrée de l'accélérateur et celui du flux réellement transmis dans le WAN en moyenne dans une journée. Ce paramètre ne suffit pas à lui seul car, idéalement, la réduction est à son maximum lorsque le volume de trafic à traiter est à son pic. Plus il y a de données à compresser et à cacher, plus les performances en réduction de volume sont élevées. C'est la raison pour laquelle le paramètre « Valeur maximale de réduction de données sur le WAN » est fourni.

Selon les applications et les contextes techniques plus ou moins idéaux pour les tests, on a distingué les valeurs hautes annoncées par les constructeurs des valeurs moyennes de toutes les valeurs fournies.

La valeur moyenne de 65 p. 100 indique que les solutions d'accélération peuvent plus que doubler la capacité de bande passante du réseau WAN. Pour un lien de 128 Kbit/s, l'accélération offre des capacités proches de 360 Kbit/s, soit 2,8 fois plus de capacité. Les valeurs maximales de réduction montrent qu'en cas d'échanges volumineux à travers l'infrastructure réseau, l'augmentation de capacité peut aller jusqu'à 10 fois la valeur du lien WAN en place. Dans une entreprise, les pics de trafic sont souvent constatés en début de journée, lorsque tous les employés se connectent au système d'information. C'est à ce moment que les performances doivent être au rendez-vous afin d'offrir un confort d'utilisation à l'utilisateur pour une productivité maximale.

Accélération des flux Web (HTTP et HTTPS)

Application développée au départ pour accéder aux informations réparties sur Internet, le Web, ou WWW (World-Wide Web), s'est complètement démocratisé pour tendre aujourd'hui à devenir un client utilisé pour accéder aux applications critiques de l'entreprise. Il suffit d'observer la multiplication des nouvelles technologies logicielles, comme les services Web, XML, SOAP (Simple Object Access Protocol), etc., pour mesurer la diversité des moyens qui permettent de transformer tout type d'application métier en une nouvelle version accessible *via* un navigateur Web.

L'entreprise peut transformer une application existante en lui ajoutant une interface HTTP ou développer une nouvelle mouture de l'application en s'appuyant sur ces technologies. Dans les deux cas, l'investissement est souvent assez lourd, aussi bien en temps qu'en ressources et moyens. Le coût n'est souvent pas négligeable. C'est pourquoi, malgré les bénéfices certains que peut procurer la migration, les entreprises ne s'empressent pas de se lancer dans ce type de projet. De premiers exemples de réalisation démontrent cependant que le processus est en marche et que cette tendance a de grandes chances de se développer à moyen terme.

Si l'on ajoute à cela que les grands éditeurs de logiciels d'ERP, de CRM, de systèmes de gestion des ressources humaines, etc., proposent tous une interface de développement pour client Web visant à simplifier le déploiement, la maintenance et la gestion opérationnelle du système d'information globale, on mesure aisément que le client navigateur Web va devenir le mode majoritaire d'accès aux applications critiques de l'entreprise.

Les points techniques structurants pour la généralisation de l'accès Web au système d'information de l'entreprise sont en premier lieu la sécurité et la performance. Dans la balance de décision d'adoption d'une application par l'utilisateur final, vient d'abord la performance. Comme expliqué précédemment, ce qu'on appelle de plus en plus l'expérience utilisateur, qui inclut rapidité d'exécution et d'accès à l'application et à ses données, est le critère d'évaluation par excellence de la qualité de l'application par son utilisateur. On estime que l'utilisateur ne tolère sur Internet qu'une attente inférieure à huit secondes, par exemple. Ses exigences sont toutefois supérieures lorsqu'il s'agit de l'accès à ses outils informatiques de travail.

Au même titre que la performance, la sécurité est cruciale pour le système d'information. La « webisation » de ce dernier ne fait qu'accroître ce besoin puisque les technologies Web permettent un accès de n'importe quel poste client aux applications critiques de l'entreprise.

Une véritable armada de technologies de sécurité sont à considérer afin de respecter au plus prêt les contraintes fortes de sécurité du système d'information. L'authentification, le contrôle d'accès, la confidentialité ou encore l'intégrité de données sont autant de services à mettre en œuvre afin de se conformer aux critères de fonctionnement de l'informatique de l'entreprise. Le protocole HTTPS (HTTP sécurisé) est justement conçu pour cela. Or la performance est un élément critique du protocole HTTPS.

Le navigateur Web client

L'entreprise qui souhaite homogénéiser l'accès à ses multiples applications doit tenter d'uniformiser la partie cliente pour une meilleure exploitation du parc informatique. Si le choix se porte sur le navigateur Web client, cela peut imposer de développer certaines applications spécifiques.

La plupart des éditeurs offrent la possibilité d'accéder aux serveurs en utilisant l'interface utilisateur du navigateur. Dans tous les domaines logiciels, que ce soit l'ERP (Enterprise Resource Planning), le CRM (Customer Relathionship Management), les systèmes de gestion de ressources humaines ou de gestion de base de données, le client peut être soit spécifique de l'application elle-même, soit un client Web standard. Le choix entre les deux n'est pas toujours évident. Même si le client propriétaire n'est pas universel, il reste souvent plus performant et mieux intégré.

L'architecture de la plate-forme applicative est composée d'un premier niveau de serveur Web pour gérer l'interaction entre le client et l'application, suivi d'un deuxième niveau, comprenant le serveur applicatif nécessaire à l'exécution de la logique opérationnelle, et de la zone de stockage et d'accès aux données, incluant le serveur de gestion de base de données.

L'accès aux différentes applications de l'entreprise devient simple en utilisant comme client le navigateur Web. Quel que soit l'éditeur considéré, essentiellement Microsoft et Sun iPlanet (ex-Netscape), le nombre de fonctionnalités ne cesse de croître. Les dernières versions supportent, par exemple, aussi bien des algorithmes de compression au fil de l'eau, généralement Deflate et

GZIP, que des méthodes de cache en disque local ou encore la capacité à exécuter des programmes encapsulés dans du HTML comme du JavaScript.

L'idée de certaines jeunes pousses de l'industrie, créées pour adresser ce marché de niche, consiste à s'appuyer au maximum sur ces capacités afin d'en tirer profit dans une optique d'optimisation des flux à faire transiter à travers le WAN.

Les données Web d'entreprise

Une page Web est par essence composite. La page est un assemblage de plusieurs objets de différents types. Les plus répandus sont le texte, aussi appelé source HTML, les images au format JPEG ou GIF et les codes de programmes en langage Java ou JavaScript, le source du programme étant dans ce dernier cas entièrement visible dans la page HTML.

Chaque objet de la page possède sa propre durée de vie, durant laquelle l'information qu'elle représente est pertinente. Par exemple, les données du tableau sont amenées à changer beaucoup plus souvent que les articles de presse ainsi que les photos associées.

Les données de la page qui ne varient pas dans le temps sont dites statiques, les autres étant des données dynamiques. La répartition entre objets statiques et dynamiques dans les pages Internet est de l'ordre de 80-90 p. 100 pour les premiers et de 10-20 p. 100 pour les seconds.

Cette répartition diffère pour les contenus Web d'applications d'entreprise, la part des éléments dynamiques augmentant dans certains cas jusqu'à devenir majoritaire par rapport aux éléments statiques.

L'optimisation de toutes les données Web peut tirer parti de cette différence entre les différents objets de la page.

L'approche HTTP

À l'image de l'accélération générique IP décrite précédemment, l'accélération Web HTTP se compose d'éléments équivalents, mais cette fois les mécanismes agissent au niveau 7 OSI, c'est-à-dire au niveau de l'application Web et de son protocole HTTP. Des jeunes pousses porteuses de cette approche sont, par exemple, Redline Networks et Crescendo Networks.

Cette approche permet de tirer parti des capacités d'optimisation de flux du navigateur afin d'atteindre des performances meilleures sans imposer d'équipement supplémentaire côté client. Le gain en termes de déploiement, de maintenance et de gestion est évident. Dans certaines solutions d'accélération *(voir ci-après),* il n'est même pas besoin d'installer sur le poste de logiciel client en plus du navigateur pour profiter de tous les avantages de l'accélération.

Le premier élément important est le moteur d'analyse de contenu, qui, ici, inspecte en temps réel le trafic afin d'identifier et de classifier les différents objets composant la page Web. Sont distingués les fichiers texte, image JPEG et les composants de programmes Java, JavaScript, etc. La classification a pour but d'associer un traitement d'optimisation *ad hoc* selon le type d'objet considéré.

La compression spatiale Web

La compression dite spatiale consiste à travailler en réduction de taille sur des objets au fil de l'eau, indépendamment les uns des autres et sans tenir compte des événements précédents.

La compression s'adapte au format de l'objet. Par exemple, le format texte fait l'objet d'une compression importante, que ce soit avec GZIP ou Deflate. Les images plus difficilement compressibles exigent l'application d'un algorithme de compression avec perte de qualité. Cette famille de méthodes de compression convertit l'image du format d'origine vers un autre de définition moindre. Par exemple, une image JPEG d'une résolution de $1\,024 \times 768$ et en 16 millions de couleurs peut être transformée en une image 640×480 en $1\,024$ couleurs, avec au passage une réduction significative de la taille du fichier.

Le tableau 4.2 répertorie les performances que l'on peut obtenir en compression selon le type d'objet considéré.

Tableau 4.2 Taux de compression des objets composant la page Web (en %)

Type de contenu	Ordre de grandeur	Moyenne
HTML	300-5 000	2 000 (20 fois)
JPEG	120-500	200 (2 fois)
JavaScript	200-500	350
XML	300-500	400

Ces chiffres, donnés à titre indicatif, varient selon la puissance des matériels, les types de connectique proposés (100 Mbit/s, 1 000 Mbit/s) et les algorithmes de compression employés (Deflate est plus performant que GZIP).

L'inconvénient majeur de la compression spatiale est qu'elle ne détecte pas les redondances de données dans le temps. Dans certains cas, elle peut même s'avérer moins performante qu'un mécanisme de cache intelligent au niveau IP *(voir précédemment dans ce chapitre)*.

Lorsqu'il s'agit de consultations Web sur Internet, la compression spatiale est performante pour réduire les volumes de trafic à envoyer à travers le WAN. Dans le cas d'applications intranet (CRM, ERP, etc.), en revanche, les pages contiennent plus d'informations répétitives, comme le logo de l'entreprise, le format du document, incluant souvent des champs de données alimentés par des requêtes sur une base de données. La répartition entre données variant peu dans le temps, ou données statiques, et données résultant d'une exécution de traitement, ou données dynamiques, joue plutôt en faveur des données dynamiques.

La compression temporelle Web

En complément de la compression spatiale, il peut être intéressant de mettre en œuvre une méthode de compression qui exploite le changement de valeurs selon le temps.

Pour illustrer la notion de compression temporelle, prenons l'exemple du MPEG (Motion Pictures Expert Group), le format standard pour la vidéo. La performance de MPEG s'appuie sur deux méthodes de compression complémentaires, l'une spatiale, qui s'attache à compresser entièrement une image fixe, en prenant soin de mémoriser cette image comme référence, l'autre temporelle, qui consiste à comparer les images qui succèdent à celle de référence afin d'identifier les différences, c'est-à-dire ce qui a changé avec le temps. À l'affichage, le récepteur complète l'image de référence avec le delta transmis par l'émetteur pour restituer l'image d'origine.

C'est à peu près le même principe qui est utilisé dans le domaine Web pour la compression temporelle. La jeune pousse Crescendo a développé un algorithme en ce sens pour ses accélérateurs Web, qui repose sur l'analyse en temps réel des flux du réseau afin de détecter des points communs entre les pages Web qui y transitent. Ces pages servent de modèles de référence. Par exemple, dans une application CRM, la page principale reste toujours la même tout au long de la journée de fonctionnement, et seules les informations engendrées par des requêtes à la base de données diffèrent d'une consultation à une autre.

Pour tirer parti de ces nombreuses redondances d'information, l'algorithme de compression temporelle maintient une liste des pages les plus répétées et cherche en permanence à déterminer la page de référence optimale, c'est-à-dire celle qui est le plus souvent demandée. À chaque mise à jour de sa base de connaissance, l'algorithme pousse les nouvelles pages de référence vers les navigateurs pour les forcer à les mémoriser dans leur cache local. Ces pages de référence sont les données statiques à traiter. Cela sous-entend évidemment que le navigateur client possède une fonction de cache local.

Il ne reste plus qu'à envoyer les objets dynamiques, qui viennent compléter la page de référence. Les données dynamiques sont compressées selon leur type puis transmises dans le réseau vers le destinataire.

La figure 4.7 illustre chaque étape du processus de compression temporelle.

Pour le réassemblage, un programme JavaScript, également envoyé par l'accélérateur Web vers les clients, récupère les objets delta reçus du WAN et les combine avec la page de référence utilisée afin de restituer la page complète de manière transparente pour l'utilisateur.

Il est évident que la compression temporelle combinée à la compression spatiale surpasse une simple compression spatiale, surtout lorsque le trafic de données présente un grand nombre de redondances des objets dans le temps. Dans un cadre intranet, la compression temporelle affiche des performances plus importantes qu'une approche spatiale.

En addition à cette astuce judicieuse de compression de flux WEB, Crescendo Networks a fait le choix unique dans ce domaine de l'accélération de flux de construire des solutions matérielles en se basant sur les puissances de calcul apportées par des processeurs réseau (Network Processors, ou NP). Ces NP permettent de gagner en performance par rapport à l'approche traditionnelle reposant sur des processeurs généralistes (du type INTEL Xeon, par exemple), tout en offrant une évolutivité des fonctionnalités beaucoup plus souple comparée à une approche reposant sur des processeurs ASIC (Application Specific Instruction Code), qui offrent peu de possibilités d'évolution.

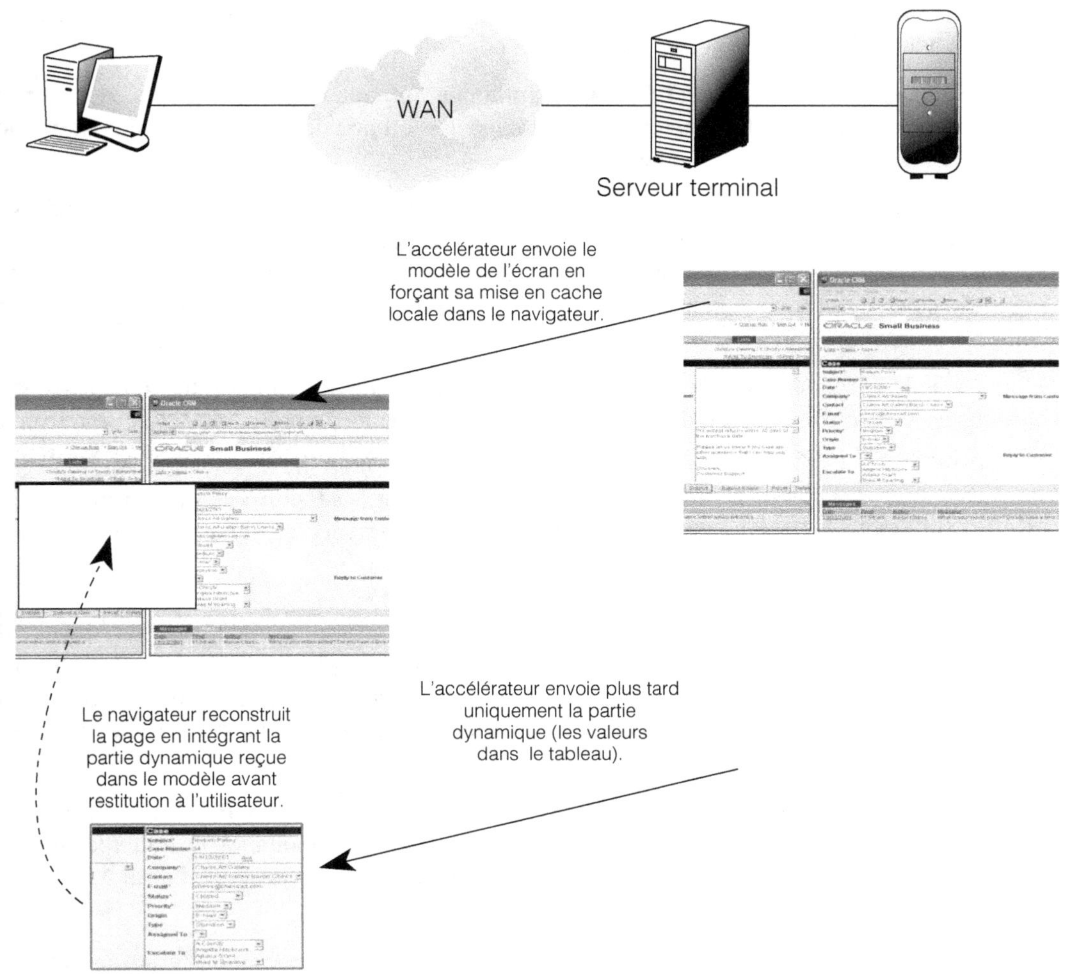

Figure 4.7

Fonctionnement de la compression temporelle Web

L'approche HTTPS

La plupart des équipements d'accélération Web complètent leur panoplie de protocoles supportés en ajoutant à HTTP sa version chiffrée HTTPS au moyen du protocole SSL (Secure Sockets Layer). Cela permet de traiter les flux chiffrés provenant des serveurs Web avec les mêmes performances qu'en HTTP.

Le protocole HTTPS peut être utilisé par les applications de commerce en ligne dans un environnement Internet grand public, mais son principal usage reste les intranets et extranets de l'entreprise, qui permettent d'exploiter le réseau public pour relier les utilisateurs aux applications critiques. On parle parfois en ce cas de VPN à la demande.

L'un des principaux atouts de HTTPS, qui explique en grande partie son succès en entreprise, est son intégration dans le navigateur, qui n'impose pas ou peu de logiciel supplémentaire pour l'établissement de sessions totalement sécurisées.

Son déploiement est en outre plus simple et plus rapide qu'un VPN IPsec, lequel nécessite l'installation d'un client IPsec sur le client, ou qu'un VPN destiné à connecter les clients au site central des serveurs. Des soucis de gestion de versions des clients IPsec selon les systèmes d'exploitation considérés des postes client caractérisent les aléas majeurs de cette solution. HTTPS élimine cette contrainte.

L'approche HTTPS nécessite de fournir des services de connexion rapides, hautement sécurisés et robustes. Comme expliqué précédemment, les inconvénients du protocole HTTP se retrouvent dans le protocole HTTPS et s'ajoutent à ceux du protocole SSL de sécurisation des sessions.

Pour accélérer les sessions HTTPS, il faut agir aussi bien sur la session SSL de transport sécurisé des flux qu'au niveau des données HTTPS à transmettre à travers les tuyaux chiffrés.

Accélération du protocole de transport SSL

À l'image de TCP, l'établissement d'une session SSL nécessite plusieurs échanges entre le client et le serveur. Cette phase d'établissement de session sécurisée a pour but de déterminer les clés de chiffrement des sessions. Elle consiste à négocier dans un premier temps les clés de session puis à les échanger afin de démarrer les dialogues sécurisés.

Cette phase d'établissement est la plus gourmande en consommation CPU. Sur un serveur qui ne possède pas de carte accélératrice HTTPS, c'est au système d'exploitation de traiter les sessions. Il s'ensuit une rapide dégradation des performances de la machine, qui peut aboutir à un blocage de ce dernier.

Pour remédier à ces désagréments, des solutions matérielles dédiées ont été développées. La carte adaptateur réseau intégrant des capacités de traitement SSL est une de ces solutions. Elle reste toutefois limitée en matière d'extensibilité et peut s'avérer très coûteuse en cas d'architecture multiserveur.

Une autre solution consiste en la mise en place de boîtiers externes dédiés aux traitements SSL-HTTPS. Dans l'architecture illustrée à la figure 4.8, le boîtier se positionne près des serveurs qu'il gère et termine l'ensemble des sessions SSL-HTTPS provenant du client distant.

Les échanges de données entre le client distant et le boîtier de traitement SSL-HTTPS se font en toute confidentialité grâce au chiffrement des sessions. Du côté du réseau local, les communications avec les serveurs se font en clair. Si nécessaire, certaines solutions autorisent le chiffrement des sessions internes avec les serveurs pour une plus grande confidentialité au sein du réseau d'entreprise. Le choix se porte alors sur une configuration statique figée de la clé de chiffrement à utiliser de façon à ne pas trop détériorer les performances des sessions.

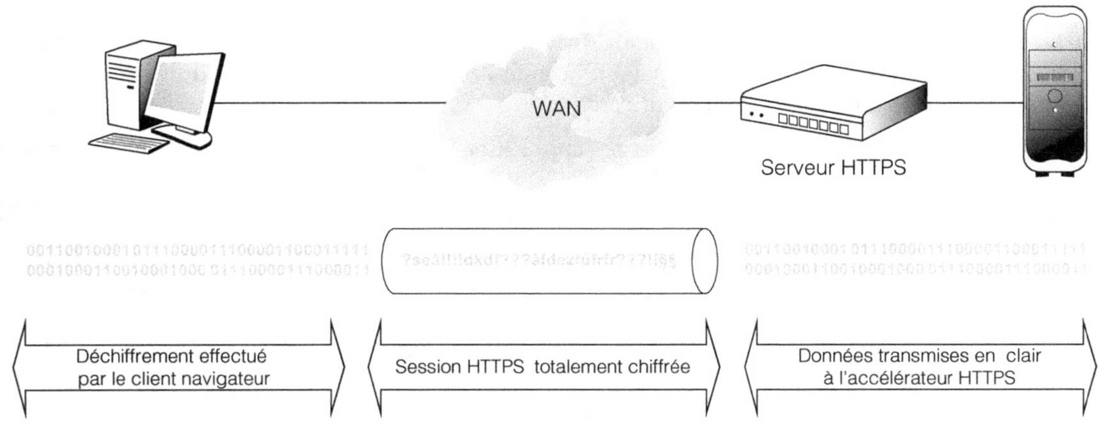

Figure 4.8

Accélération HTTPS via un équipement dédié

Accélération des échanges HTTPS

Le fait de soulager les serveurs du traitement contraignant du SSL garantit une meilleure accélération de bout en bout du temps de réponse de l'utilisateur.

Certaines offres d'accélération HTTPS proposent d'aller encore plus loin dans l'optimisation en ajoutant à la gestion des sessions SSL par du matériel dédié la combinaison des mécanismes d'accélération déjà employés sur les flux HTTP. Autrement dit, avant d'être injectés dans le tuyau chiffré, les flux HTTPS subissent les mêmes traitements d'optimisation que les flux HTTP, à savoir compression spatiale et temporelle, forçage de cache, etc., de façon à bénéficier des mêmes gains de performances.

L'approche VPN-HTTPS

La technique consistant à s'appuyer sur le protocole HTTPS afin d'offrir aux utilisateurs distants un moyen d'accès aux applications critiques de l'entreprise procure des avantages indéniables par rapport à une approche VPN IPsec classique au niveau réseau.

Les contraintes bien connus des VPN IPsec, telles que l'obligation de déployer soit un client logiciel VPN, soit un matériel sur le site client et de le maintenir et de le gérer en fonction de l'évolution des versions des logiciels, des systèmes d'exploitation, etc., sont complètement éliminées dans la solution de VPN en HTTPS.

Cela n'est toutefois possible que si toutes les applications critiques joignables de l'extérieur sont développées en technologie Web. Or la réalité est bien différente. L'entreprise vit sur son historique applicatif, composé d'applications métier développées en interne et de progiciels de toute sorte qui ne peuvent basculer du jour au lendemain en accès Web. Il suffit de citer comme exemple les applications hébergées sur les serveurs centraux de type mainframe, les applications sur des serveurs UNIX, etc.

Dans ces cas, il convient d'élargir le nombre de services accessibles *via* des sessions HTTPS. L'utilisateur, qui n'a besoin que de son navigateur, peut, grâce à un portail hébergé sur un serveur dédié, ou appliance, accéder à une page d'accueil lui donnant la possibilité d'utiliser toutes les applications *via* l'interface Web sécurisée.

L'appliance s'interface avec les différentes applications *via* des protocoles comme RDP (Remote Display Protocol) pour les serveurs Microsoft Terminal Server, X.11 pour les applications s'exécutant sur plate-forme UNIX, ou encore Telnet en émulation 3270 pour les serveurs mainframe IBM.

Cette solution évolue pour intégrer de nouvelles interfaces de communication avec de nouvelles applications et services internes, tout en les adaptant au protocole HTTPS pour les rendre accessibles aux utilisateurs Web.

Accélération des applications critiques

On appelle applications critiques les applications indispensables au bon fonctionnement de l'entreprise. L'efficacité et la productivité de l'entreprise dépendent de l'efficacité de ces applications, véritables piliers du système d'information.

La multiplication des applications d'entreprise a conduit les directeurs informatiques à prendre conscience qu'il était important d'homogénéiser l'ensemble du parc informatique en démarrant par les clients applicatifs. Faute de cela, la gestion et la maintenance du parc informatique, où chaque application possède son propre client propriétaire, peuvent devenir un cauchemar.

Des cabinets d'étude tels que le Gartner Group ont mis en évidence l'importance du concept de TCO (Total Cost of Ownership), ou coût total de possession. Leurs études ont montré que le coût de fourniture, de déploiement et de maintenance des applications informatiques pour un groupe d'utilisateurs donné dépassait largement le coût d'acquisition initial d'un PC et des logiciels. Les évaluations récentes du même Gartner Group évaluent le TCO d'un PC en réseau exécutant un système d'exploitation Windows 98 à environ 50 000 euros sur ses cinq années de vie.

Les composantes de ce TCO sont les suivantes :

- investissement en matériel, réseau et logiciels (environ 30 p. 100) ;

- gestion du système et des réseaux ;

- support technique (environ 16 p. 100) ;

- coûts générés par les utilisateurs finals, tels que perte de temps et diminution de la productivité d'un utilisateur tentant de résoudre lui-même le problème technique (jusqu'à 40 p. 100).

Face à un tel constat, il existe aujourd'hui deux possibilités de client universel : le navigateur Web et le client fin. L'approche Web consiste à mettre en œuvre des architectures à plusieurs niveaux, appelées multitiers. Cette solution n'est néanmoins pas la plus courante, car elle impose comme contrainte forte d'investir en développement logiciel pour basculer les applications en accès Web.

La solution client fin n'impose aucune contrainte pour l'application cible. Les deux fournisseurs principaux de ce type de solution sont Citrix, avec Metaframe, et Microsoft, avec .Net.

Cette solution vise les objectifs suivants :

- permettre un déploiement facile et automatisé des applications ;

- offrir des moyens centralisés de supervision et d'administration ;

- banaliser le poste de travail et éviter la surenchère perpétuelle de ressources, telles que mémoire, CPU ou bande passante réseau, imposées par les nouvelles applications.

Elle consiste à insérer une architecture client-serveur destinée à banaliser le poste de travail. Dans ce modèle, les applications sont déployées, gérées, supportées et exécutées sur le ou les serveurs d'applications.

Le modèle serveur centralisé utilise un système d'exploitation multiutilisateur permettant à plusieurs utilisateurs de se connecter simultanément à un serveur et d'exécuter des applications dans des sessions indépendantes protégées. Ce modèle utilise une technologie permettant de séparer la logique applicative de l'interface utilisateur et de distribuer la présentation de cette interface vers un poste client. Dans le cas de Citrix, le protocole utilisé est ICA (Independent Computing Architecture).

Contrairement à l'approche Microsoft, qui consiste à n'adopter que la seule famille des postes clients Microsoft, Citrix présente l'énorme avantage de supporter tout type de poste client. Cela permet de gérer un environnement totalement hétérogène, en installant sur chacun des postes le client ICA, gratuit, correspondant au système d'exploitation client.

Selon le cabinet Zona Research, avec ce modèle de client fin le TCO peut être réduit de 57 p. 100 sur cinq ans.

Concernant le réseau, seuls les rafraîchissements d'écran, les saisies clavier et les clics de souris sont transmis. La technologie client fin se comporte très bien dans un environnement de réseau local LAN. Ses performances baissent lorsque l'environnement réseau possède des bandes passantes moindres. Des ralentissements perceptibles et parfois inacceptables pour l'utilisateur se ressentent lorsque le poste client est séparé du serveur par un réseau WAN bas débit ou très chargé, du fait qu'un grand nombre de sessions simultanées y transitent. Force est cependant de constater que dans la plupart des déploiements, les clients fins sont séparés des serveurs par un réseau longue distance WAN souvent bas débit.

Les paramètres techniques à surveiller sont le débit moyen et le volume total de données à transmettre, car ils déterminent le temps de réponse ainsi que la durée d'exécution des sessions applicatives.

Pour optimiser l'ensemble des flux client fin, il est nécessaire de mettre en œuvre les mécanismes génériques d'accélération décrits précédemment dans ce chapitre, et ce à chaque extrémité du lien WAN (côtés agence distante et siège social), comme l'illustre la figure 4.9.

En complément de ces mécanismes, qui traitent aussi bien les flux client fin que les autres flux IP, il est intéressant d'ajouter des mécanismes spécifiquement développés pour accroître l'accélération des flux client fin. L'approche souvent adoptée pour cela consiste à coupler aux mécanismes de compression et de cache génériques, un outil de gestion de bande passante.

Figure 4.9

*Architecture
d'accélération des
clients légers*

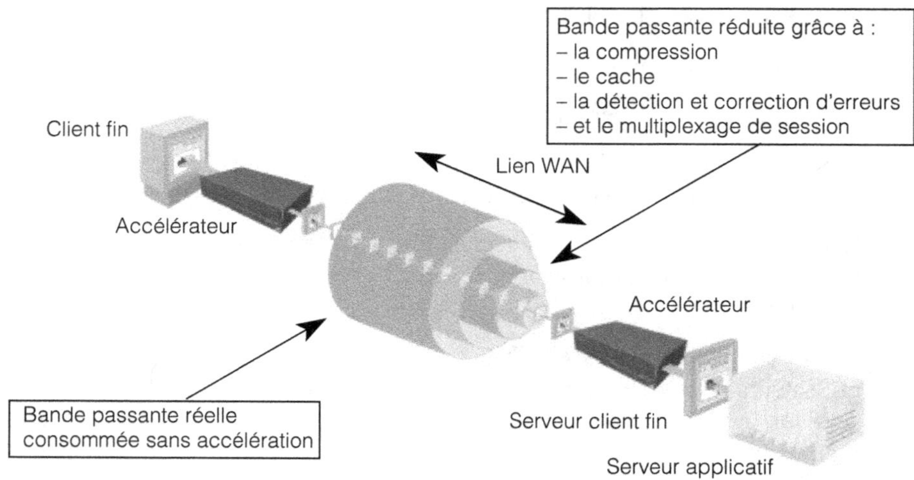

L'une des raisons du mauvais fonctionnement des clients fins réside dans la cohabitation anarchique des applications. Par exemple, un utilisateur distant peut être amené à ouvrir plusieurs sessions, telles que son client fin, son Web et son client FTP, pour télécharger un gros fichier. Chaque application obtient dès lors une quantité de bande passante arbitraire, ne correspondant pas le plus souvent à ses besoins. Les applications les plus importantes peuvent de la sorte se retrouver dépourvues de débit réseau et ne plus fonctionner.

La gestion de bande passante est donc indispensable, en sus de la compression et du cache, pour prioriser les différents flux selon leur niveau de criticité et leur garantir la bande passante nécessaire à leur fonctionnement optimal.

Reste un cas pour lequel il n'existe pas de solution pour résoudre un dysfonctionnement : celui où le client fin est employé pour accéder à l'ensemble des applications de l'entreprise, critiques et non critiques. La distinction entre les applications devient plus difficile car il faudrait pour cela analyser à l'intérieur du tuyau de client fin les différentes sessions applicatives. Or, aujourd'hui, les mécanismes de différentiation de trafic ne travaillent qu'aux niveaux 3 et 4 OSI, ce qui ne leur donne aucune possibilité d'analyser à l'intérieur d'une session applicative client fin.

Le futur défi de ces acteurs de la QoS sera de répondre aux besoins réels d'analyse et de différenciation des trafics au niveau applicatif.

En résumé

L'accélération de flux consiste non seulement à améliorer le temps de réponse utilisateur mais aussi à réduire le volume de données transmis à travers le réseau longue distance WAN. Des mécanismes tels que la compression ou la mise en cache ont pour rôle d'éviter de transmettre la totalité du trafic à travers le WAN. Ces mécanismes sont particulièrement adaptés lorsque la bande passante est limitée (accès bas débit, par exemple) ou chère (liens WAN internationaux, par exemple).

Plusieurs mécanismes ont été imaginés par de jeunes pousses plus imaginatives les unes que les autres pour atteindre ces objectifs. Ces mécanismes peuvent travailler aussi bien au niveau réseau qu'au niveau applicatif.

L'intérêt de ces solutions dépend au finale du coût de la bande passante WAN. Même lorsque cette dernière est chère ou limitée, l'accélération de flux reste utile pour l'optimisation des performances.

5

Détection-prévention d'intrusion et honeypots

La détection d'intrusion n'est pas un phénomène nouveau. Utilisée depuis longtemps dans les laboratoires de recherche, les instances gouvernementales et le monde militaire, elle a pour vocation de déceler toute violation de la politique de sécurité d'un système informatique.

Un IDS (Intrusion Detection System) est fréquemment comparé à un système d'alarme : il alerte et, ce faisant, vous permet, dans le meilleur des cas, d'empêcher la bonne exécution d'une attaque. Lorsque vous ne pouvez empêcher l'attaque, au moins en êtes-vous averti, ce qui vous incite à renforcer le niveau global de sécurité de votre réseau et ainsi à contrer plus efficacement de prochaines attaques.

Force est cependant de constater que la détection d'intrusion s'est le plus souvent cantonnée à donner l'alerte après attaque sans pouvoir l'empêcher. Par ailleurs, les équipements de détection d'intrusion ont peiné à fonctionner en ligne *(in-line)* et à supporter des charges supérieures à 100 Mbit/s, alors même que les épines dorsales des réseaux d'entreprise s'appuient sur des segments à 1 Gbit/s.

Les IDS requièrent de surcroît un niveau de paramétrage *ad hoc,* correspondant aux menaces auxquelles l'entreprise souhaite faire face, et un niveau d'expertise élevé dans la lecture des fichiers de journalisation, ou logs. Très préconisés par les consultants en sécurité à la fin des années 90, ils ont ensuite connu une certaine éclipse. Scott Blake, directeur de la stratégie du programme sécurité chez BindView, déclarait en 2001 :

> « En l'état de la technologie, les IDS ne servent pas à grand-chose. »

Pour toutes ces raisons, les acteurs de l'IDS se repositionnent aujourd'hui sur le marché de la prévention d'intrusion, ou IPS (Intrusion Prevention System). Les principaux avantages de l'IPS par rapport à l'IDS sont sa gestion proactive des attaques et sa faculté de fonctionner en ligne. Tout outil susceptible d'aider les responsables sécurité à prendre une décision face à une menace potentielle participe à la prévention d'intrusion. Certains acteurs remplacent d'ailleurs le terme *prevention* par *protection*.

Le cabinet d'études Gartner Group prédit la fin du marché de l'IDS pour 2005 et une migration vers l'IPS.

Autres produits de lutte contre les intrusions, les honeypots (pots de miel) sont positionnés à des endroits stratégiques du réseau de l'entreprise et ne sont pas officiellement visibles. Ils fonctionnent comme des leurres *(decoy servers)*. Tout trafic partant ou provenant des hôtes honeypots est par essence suspect et par conséquent journalisé.

Les honeypots sont encore peu mis en œuvre en France, où ils ne sont pas considérés comme une première ligne de défense. De fait, ils n'empêchent aucunement une attaque et ne servent qu'à analyser les techniques et mécanismes employés par les pirates ou hackers.

Les entreprises qui implantent des honeypots sont celles qui possèdent une culture et un niveau de sécurité élevés. Bien des éléments de sécurité sont à mettre à œuvre avant les honeypots. Certains éditeurs placent leurs honeypots dans la catégorie des IDS. Symantec, par exemple, suite au rachat de la société Recourse Technologies et de son honeypot ManTrap, a rebaptisé le produit Symantec Decoy Server. La plupart des honeypots sont bâtis sur mesure à partir de logiciels Open Source à base de code UNIX ou Linux.

Les différents types d'IDS

Les IDS s'appuient sur des analyses soit en temps réel ou quasi réel, soit en différé. On en distingue essentiellement deux types : les IDS orientés réseau, ou NIDS (Network IDS), les plus courants aujourd'hui, et les IDS orientés hôtes, ou HIDS (Host IDS), qui devraient à terme dominer le marché. HIDS et NIDS sont complémentaires.

Les IDS réseau (NIDS) analysent un segment du réseau et capturent le trafic de la même manière qu'un analyseur de protocole enregistre les trames et paquets de données. Jusqu'en 2002, les NIDS fonctionnaient principalement en mode *promiscuous* (mode capture), mais ils évoluent vers une mise en œuvre en ligne.

Comme pour beaucoup d'équipements de sécurité, le marché des NIDS s'oriente vers de boîtiers dédiés afin de faire face aux problèmes de performance. Cisco Systems a tenté d'apporter sa propre réponse au problème de rapidité des IDS avec une carte Secure IDS, qu'il place au cœur de ses commutateurs Catalyst. La mise en œuvre de toute technologie de détection et de prévention d'intrusion dans le cœur des équipements est cependant à analyser de très près, car les fabricants de commutateurs tendent à y placer de plus en plus d'éléments de sécurité.

Les IDS hôtes (HIDS) requièrent un agent sur chaque système supervisé. Ils ont pour fonction de surveiller la pile TCP/IP de l'hôte protégé, ainsi que le système d'exploitation et les applications. Le déploiement est donc plus long que pour un IDS réseau.

Mode promiscuous

Le mode promiscuous permet à un équipement réseau, une sonde IDS, par exemple, d'intercepter et de lire chaque paquet transitant sur le câble. L'équipement capture alors les paquets de données à des fins d'analyse. C'est notamment le mode de fonctionnement des analyseurs de protocole réseau, les fameux Sniffers (marque déposée de Network Associates).

Le mode promiscuous s'applique également au mode d'opération dans lequel chaque paquet de données transmis peut être reçu et lu par un adaptateur réseau, par exemple la carte réseau de l'hôte. Ce mode requiert que la carte réseau le supporte ainsi que le pilote d'entrée-sortie du système d'exploitation de l'hôte.

Dans le mode non-promiscuous, les périphériques réseau écoutent les données transmises afin de déterminer si l'adresse réseau incluse dans les paquets de données correspond à la leur. Si tel n'est pas le cas, le paquet de données est passé au périphérique suivant jusqu'à ce que le périphérique disposant de la bonne adresse réseau récupère les données qui lui sont destinées.

Sous le nom de NNIDS (Network Node IDS), une catégorie hybride d'IDS vise à surmonter les limitations des IDS orientés réseau, notamment pour la supervision des environnements commutés. Un NNIDS fonctionne de manière similaire à un IDS réseau. Il prend les paquets réseau, les analyse en corrélation avec sa base de données de signatures d'attaques selon la méthode du pattern matching, puis effectue une analyse protocolaire, notamment pour la conformité aux RFC, ainsi que, dans certains cas, une analyse complémentaire, comportementale ou heuristique, par exemple. La différence avec un NIDS réside dans le fait que l'agent est uniquement concerné par le nœud du réseau sur lequel il réside. Du fait qu'un NNIDS est installé au sein de la pile TCP/IP de l'hôte, on parle parfois de « stack based IDS ».

À la différence d'un IDS réseau, un NNIDS ne fonctionne pas en mode promiscuous. N'ayant pas pour rôle de capturer et d'analyser la totalité des paquets qui transitent sur un segment de réseau, le NNIDS se montre plus performant en consommation de ressources système. Cela permet de l'installer sur les serveurs sans trop imposer d'overhead. Comme pour toute couche logicielle installée sur un serveur, il convient toutefois de bien dimensionner la solution en terme de performance par le biais d'une allocation *ad hoc* de mémoire et de processeurs suffisamment puissants.

Le tableau 5.1 récapitule les principaux avantages et inconvénients des différents types d'IDS. Le plus souvent, les entreprises adoptent une combinaison de ces technologies pour renforcer le niveau global de sécurité.

Les IDS ont surtout pour tâche de gérer les protocoles fondés sur TCP. Même s'ils traitent quelques attaques sur UDP, cette tâche est plutôt dédiée aux pare-feu.

Lorsqu'une alerte arrive sur la console d'un NIDS, le paquet malicieux n'est pas nécessairement parvenu à sa cible. Dans le cas d'une alerte HIDS, lorsqu'une alerte arrive sur la console, le paquet est nécessairement déjà arrivé à sa cible. Deux solutions peuvent se présenter : soit le paquet est bloqué, soit les paquets suivants de même type seront bloqués. S'il s'agit d'une attaque en mode monopaquet, cela indique que le système est sans doute déjà compromis, malgré l'alarme reçue sur la console.

La figure 5.1 illustre les rôles respectifs de l'IDS et du pare-feu. À l'origine, bien distincts, ces rôles tendent aujourd'hui à se combiner.

Tableau 5.1 Avantages et inconvénients des différents types d'IDS

IDS	Avantage	Inconvénient
IDS réseau (NIDS)	– Détecte ou protège des attaques sur un segment du réseau. – Aucun impact sur les hôtes – Aucun impact sur le réseau si en mode promiscuous – Peut détecter les sondes et les attaques de type déni de service.	– Problème de performance (montée en charge sur les segments gigabit) – Ne sert parfois que de système d'alarme et n'empêche pas réellement l'attaque. – Rencontre des difficultés face aux nouvelles attaques. – Nécessite une architecture spécifique pour le trafic chiffré. – Génère beaucoup de données à analyser et à trier.
IDS hôte (HIDS)	– Aucun impact sur la bande passante du réseau – Indépendant du chiffrement – Capacité plus évoluée à comprendre de nouvelles attaques	– Ne fonctionne pas en mode furtif *(stealth)*. – Dépend du système d'exploitation et de la pile TCP/IP. – Requiert un important travail d'administration centralisée si de nombreux hôtes sont protégés.
NNIDS (stack-based IDS)	– Vise à surmonter certaines limites des IDS réseau. – Très utile pour protéger les serveurs stratégiques. N'a pas à examiner tous les paquets qui transitent sur le fil, d'où un gain en performance.	– Hérite des défauts des IDS hôtes. – La terminologie crée une confusion car ce produit combine des fonctions d'IDS réseau et d'IDS hôte.

Figure 5.1

Rôles respectifs de l'IDS et du pare-feu (source Cisco Systems)

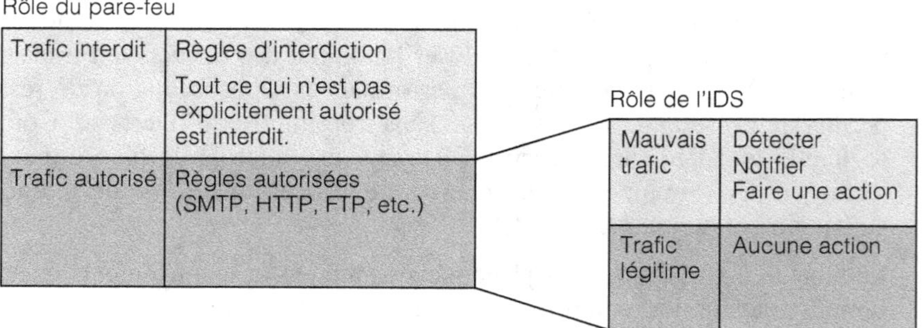

Modes de fonctionnement des IDS

Comme expliqué précédemment, on distingue essentiellement deux types d'IDS, en fonction de leur mode de fonctionnement, les IDS à base de bibliothèques de signatures et les IDS à analyse comportementale.

- **IDS à analyse de signatures (approche par scénario).** Snort, l'IDS Open Source le plus connu, disposait de plus deux mille filtres en 2003. La démarche d'analyse est similaire à celle des antivirus quand ceux-ci s'appuient sur des signatures d'attaques. L'IDS n'est efficace que s'il connaît l'attaque. Les outils commerciaux ou libres évoluent désormais pour proposer une personnalisation de la signature afin de faire face à des attaques dont on ne connaît qu'une partie des éléments. De même, on est parvenu à des signatures génériques. Les outils à base de signatures requièrent évidemment des mises à jour fréquentes.

- **IDS à analyse comportementale (approche par détection d'anomalie).** L'analyse comportementale consiste à détecter toute déviation par rapport à une caractéristique définie. Cette définition du type passe, le plus souvent, par une phase d'apprentissage. L'analyse porte sur l'usage du réseau (protocoles utilisés, volumétrie, horaires d'activité, congestion et erreurs du réseau), l'activité d'un hôte (nombre et listes de processus et d'utilisateurs, ressources consommées) et l'activité d'un utilisateur (horaires et durées des connexions, commandes utilisées, messages envoyés, programmes activés, etc.). Le grand problème avec ce type d'IDS réside dans la définition du profil de normalité et des variations admissibles pour ce profil. Les outils disponibles s'appuient essentiellement sur des calculs statistiques. Il est toutefois possible d'imaginer des systèmes experts dans ce genre de produits de sécurité.

Si le mode de fonctionnement principal des IDS reste l'analyse des signatures, tous les acteurs du marché se penchent actuellement sur l'analyse comportementale. Chacune des deux technologies présente des avantages et des inconvénients.

Les IDS à analyse de signatures ont souvent un temps de retard, que l'analyse s'effectue par pattern matching de chaînes de caractères ou par stateful pattern matching, ou pattern matching à état, qui permet de tenir compte du contexte. Si la signature n'est pas présente dans la base de connaissances de l'IDS, ce dernier est contourné car l'IDS ne voit pas l'attaque. En outre, il suffit de changer légèrement une attaque pour court-circuiter un IDS. Cela a été le cas avec l'attaque Jolt2, qui n'était pourtant qu'une variante du ping de la mort.

Le principal objectif des IDS à analyse comportementale est de faire face aux nouvelles attaques. Force est de constater qu'il est beaucoup plus difficile à ces IDS de qualifier le niveau critique de l'attaque. Ils sont en outre l'objet d'un plus grand nombre de faux positifs.

Faux positif

Un faux positif désigne une fausse alerte, tandis qu'un faux négatif désigne un trafic jugé normal alors qu'il correspond à une action hostile.

Toute déviance par rapport à un comportement donné est sujette à une alerte, alors même que certains changements ne sont dus qu'à une modification naturelle du système. De surcroît, comme l'indique Ludovic Mé dans un document collectif publié en juin 2001 dans la *Revue de l'électricité et de l'électronique (REE)* :

> « L'attaquant peut modifier lentement son comportement afin de parvenir à un comportement intrusif, qui, ayant été progressivement appris (modifié), n'est pas détecté. C'est un faux négatif. »

On considère qu'un IDS n'est utile que si, hypothèse haute, moins de 15 p. 100 des alertes sont erronées. Certains descendent ce chiffre sous la barre des 5 p. 100. Par ailleurs, si le comportement de l'utilisateur est trop riche ou complexe, sa modélisation devient difficile, et l'approche comportementale rencontre ses limites.

Tableau 5.2 Avantages et inconvénients des mécanismes de détection des IDS

Mécanisme de détection	Description	Avantage	Inconvénient
Signature (pattern matching)	Recherche d'une chaîne de caractères d'une attaque plus ou moins connue dans un paquet de données	– Simplicité de la solution – Fiable si connue – Corrélation directe – Applicable à tous les protocoles	– Ne sert à rien si la signature d'attaque est inconnue ou juste modifiée. Peut entraîner un faux négatif. – Taux de faux positif élevé – S'applique moins au trafic par flux (stream). – Pose des problèmes de performance et oblige à sélectionner les signatures choisies. – Implique un test de chaque signature. – Facile à tromper
Signature à état (stateful pattern matching)	La recherche des correspondances tient compte du contexte du flux analysé.	– Simple à mettre en œuvre – Corrélation directe – Fiabilité de l'alerte – Applicable à tous les protocoles – Rend plus difficiles les mécanismes d'évasion.	– Ne sert à rien si la signature d'attaque est inconnue ou juste modifiée. Peut entraîner un faux négatif. – Taux de faux positif élevé – Requiert une plate-forme plus musclée avec de la mémoire. – Plusieurs signatures peuvent s'avérer nécessaires pour une même vulnérabilité.
Analyse protocolaire	Vérification de la conformité des en-têtes (format, champ de contenu, charge utile, caractères spéciaux, etc.) aux RFC du protocole	– Réduction du taux de faux positif – Corrélation directe – Approche plus générique – Alerte fiable – Réduit les problèmes de performance.	– Ne concerne que les protocoles connus. Les protocoles propriétaires requièrent un développement spécifique. – Plus difficile à développer
Analyse comportementale (détection d'anomalie)	Tient compte du comportement d'un utilisateur par rapport à un profil de normalité.	– N'exige pas de connaissance préalable des attaques. – Ne requiert pas de développement de signature en urgence en cas d'attaque.	– Absence de granularité – Dépendance vis-à-vis du profil de normalité. Difficulté à collecter les données correspondant à une activité désignée comme normale pour nourrir le référentiel – Plus difficile à développer – Taux généralement plus élevé de faux positif
Analyse générique (heuristique ou à base de systèmes experts)	Dépend de calculs statistiques.	Seul moyen de détecter certaines attaques	Difficulté à développer les algorithmes et à les implémenter

Le tableau 5.2 récapitule les principaux avantages et inconvénients de chaque mécanisme de détection mis en œuvre dans les IDS. La tendance actuelle consiste à s'appuyer sur plusieurs de ces mécanismes. Les investissements les plus lourds sont ceux qui ne s'appuient pas sur les signatures. On peut considérer les contrôleurs d'intégrité et les honeypots comme des catégories à part.

Les IDS à base de systèmes experts, tel IDES (Intrusion Detection Expert System), sont les premiers à avoir regroupé l'analyse comportementale et l'analyse par scénario. Développé de 1984 à 1986, leur prototype a évolué pour devenir, en 1993, NIDES (Next-Generation Intrusion Detection Expert System), avant d'évoluer dans le projet EMERALD (Event Monitoring Enabling Responses to Anomalous Live Disturbances). Michael Sobirey, ancien assistant chercheur allemand à l'Université de technologie de Brandebourg et consultant senior en sécurité, recense sur son site Web quatre-vingt-douze outils de NIDS (Network IDS) mêlant offres commerciales et logiciels libres.

Il existe aussi de très bons produits gratuits, tel Snort, mais ces derniers s'adressent avant tout aux experts, comme le confirme Jack Koziol dans son ouvrage *Snort 2,* entièrement dédié à cet IDS :

> « Snort est un très bon IDS, mais c'est sa seule qualité. Il ne dispose pas d'interface utilisateur graphique conviviale, ne propose aucune méthode pour émettre des alertes sur papier ou par e-mail, et les informations d'alertes sont présentées de façon très désorganisées. »

Martin Roesch, créateur de Snort, a fondé sa propre entreprise, SourceFire, qui propose aux entreprises une console d'administration payante.

Certains grands comptes préfèrent les logiciels commerciaux, à la fois pour des raisons de maintenance et pour le soin généralement apporté à la console d'administration.

Où placer l'IDS ?

Quel que soit le produit choisi, la première tâche est de savoir s'il faut le placer devant ou derrière le pare-feu. Le débat autour de cette question est de nature quasi religieuse. Nous présentons ci-après l'avis de quelques experts.

Marcus Ranum, père des pare-feu et expert mondialement reconnu en sécurité, considère qu'il faut placer l'IDS derrière le pare-feu en partant du principe qu'il n'est pas important d'identifier une attaque extérieure à partir du moment où elle a échoué. D'autant que les attaques ne proviennent pas toutes de l'extérieur.

D'autres estiment qu'il convient de placer l'IDS des deux côtés du pare-feu. En frontal, il fournit un rempart complémentaire contre les attaques externes et soulage les autres équipements de sécurité. Derrière le pare-feu, il permet de contrôler certains tunnels qui transitent par le pare-feu. Placé ainsi, l'IDS renseigne en outre sur la manière dont fonctionne le pare-feu. Si certains IDS du marché permettent de reconfigurer le pare-feu à la volée, cette fonctionnalité doit être maniée avec précaution puisque certaines attaques consistent précisément à obliger l'IDS à reconfigurer en permanence le pare-feu. L'automatisation de la reconfiguration du pare-feu fait partie des fonctionnalités peu appréciés par les responsables sécurité, lesquels préfèrent prendre la décision de manière manuelle. Si cette reconfiguration à la volée est souhaitée, elle ne devrait être appliquée, dans le meilleur des cas, que dans des situations précises et limitées.

Les principaux problèmes rencontrés par les entreprises qui utilisent des IDS sont les fausses alertes, la montée en charge, la distribution des « agents de surveillance » dans les réseaux commutés et la consolidation des informations.

En sécurisant les services et en appliquant les patch et hotfix nécessaires, il est possible d'augmenter les performances d'un IDS à analyse de signature par réduction de son champ d'analyse. Plutôt que de demander à l'IDS d'analyser un segment à partir de sa base complète de signatures, on supprime les signatures qui ne correspondent pas au cas considéré du fait des correctifs logiciels qui ont été appliqués. On évite ainsi à l'IDS de tenir compte d'une signature liée à une attaque donnée si l'attaque ne peut être portée du fait qu'un correctif logiciel a été appliqué soit au système d'exploitation, soit au service (daemon), soit encore à l'application de l'hôte cible.

Afin de faciliter le travail d'exploitation des équipements de sécurité, les spécialistes en sécurité s'attachent à définir un périmètre restreint d'analyse et à bloquer les attaques susceptibles d'impacter l'activité de l'entreprise.

Le tableau 5.3 recense les principaux outils et acteurs d'IDS du marché. Le site de Michael Sobirey *(http://www-rnks.informatik.tu-cottbus.de/~sobirey/ids.html)* en donne une liste beaucoup plus complète.

Tableau 5.3 Principaux acteurs IDS du marché

Acteur commercial	Logiciel libre
Cisco Systems	AAFID
Computer Associates	Asaax
Internet Security Systems (ISS)	iBRo
Intrusion.com	DIAMS
Nokia (technologie OEM)	Emerald
Intruvert (Network Associates)	Gassata
Network ICE (ISS)	GrIDS
NFR Security	Shadow
Symantec	SNORT

Techniques de contournement des IDS par les hackers

Hackers et pirates ont rapidement cherché à contourner les IDS. Après les dénis de service, des mécanismes plus élaborés, comme les attaques lentes, ont vu le jour. La manipulation du séquençage des paquets TCP, la fragmentation, le recouvrement des paquets et la signalisation de fin de communication font partie des techniques d'évasion classiques utilisées pour contourner les IDS réseau.

Les attaques applicatives et de services Web ont également permis de contourner nombre d'IDS réseau. Une page HTML contenant un script JavaScript, par exemple, réécrit le contenu du document à partir d'une chaîne de caractères encodés ou par décalage du code ASCII.

De nouveaux mécanismes ont vu le jour récemment visant à éviter la journalisation des événements par les IDS. Les pirates essaient en effet toujours de faire disparaître les traces de leur passage en modifiant certains fichiers de log. Malgré l'aide d'outils permettant d'automatiser diverses tâches, ils ne parviennent pas à éviter certains « trous » dans l'horodatage des logs. Un examen attentif des logs permet donc théoriquement de faire face à une éventuelle intrusion.

Si, comme on l'a vu, l'IDS est un outil plus ou moins adapté à la détection, il reste, dans la plupart des cas, incapable d'empêcher l'attaque elle-même. De plus, la quantité de données récoltées par les IDS et le niveau d'expertise requis pour les traiter ont déçu beaucoup d'administrateurs de la sécurité. « On ne sait pas quoi faire des logs » est un refrain connu. Les consoles d'administration des acteurs du monde des réseaux ou de celui de la sécurité n'ont pas encore atteint un niveau de maturité susceptible de satisfaire les entreprises utilisatrices.

Pour toutes ces raisons, les éditeurs d'IDS s'engouffrent aujourd'hui dans une nouvelle voie, la prévention d'intrusion, ou IPS (Intrusion Prevention System), qui vise à bloquer les attaques, même si les diverses technologies disponibles ont encore à gagner en maturité.

Les IPS, de la détection à la prévention

Pour la majorité des acteurs, l'IPS est considéré comme une évolution de l'IDS mais aussi des pare-feu. Seule exception à ce consensus, la société Intruvert, rachetée par Network Associates en mai 2003, considère par la bouche de son cofondateur, Parveen Jain, « qu'un IPS doit avoir été pensé dès le départ avec une architecture complètement nouvelle ». Selon lui, « 1/10 seulement des fonctionnalités d'un IPS peuvent être fournies par un pare-feu ».

La différence fondamentale entre un IPS et un IDS est la capacité du premier à fonctionner en ligne pour empêcher qu'une attaque soit portée, comme l'illustre la figure 5.2.

Figure 5.2

Fonctionnement comparé d'un IDS et d'un IPS

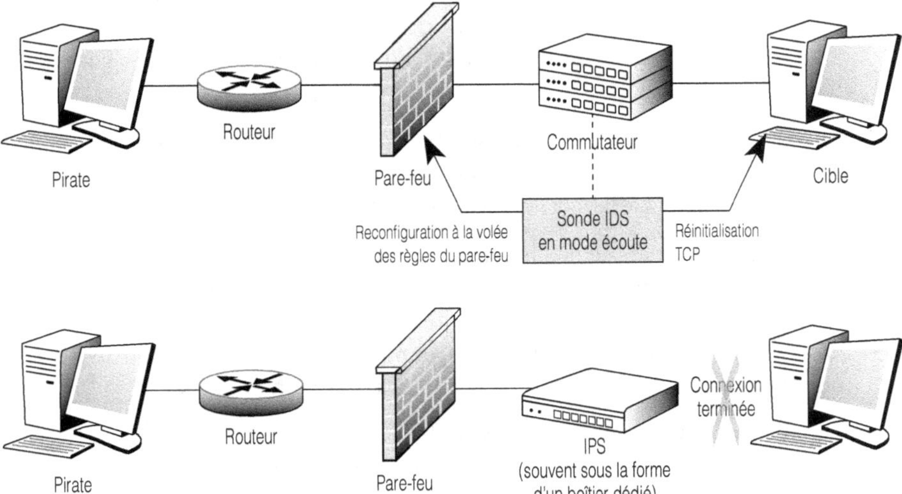

Une réinitialisation TCP visant à terminer la connexion est beaucoup plus facile à réaliser avec un équipement en ligne (IPS) qu'avec un équipement en mode promiscuous (IDS).

Tout comme pour les IDS, il existe des IPS hôtes, ou HIPS (Host IPS), et des IPS réseau, ou NIPS (Network IPS). Si certains spécialistes présentent l'IPS comme la nouvelle génération de l'IDS, pour Martin Roesch, créateur de l'IDS Open Source Snort et fondateur de Sourcefire, l'IPS serait plutôt la prochaine génération des pare-feu. En France, la société Netasq, constructeur de pare-feu, peut se targuer d'avoir implémenté des technologies d'IPS dans ses boîtiers pare-feu avant même que l'acronyme existe.

Selon M. Roesch, IDS et IPS affichent des technologies différentes, avec des fonctions mutuellement exclusives, l'IPS relevant du contrôle d'accès et de l'application des règles de sécurité, et l'IDS de la surveillance réseau et de l'audit. Le rôle de ce dernier n'est pas de sécuriser le réseau mais de dire à quel point il est insécurisé. Ce point de vue intéressant révèle bien la faiblesse des IDS, lesquels, comme expliqué précédemment, sont principalement utilisés en mode écoute et non en ligne. Or pour faire de la prévention, il faut pouvoir être en ligne, et toute la difficulté est d'être en ligne sans bloquer le trafic légitime. Dans certains cas, même 2 p. 100 d'erreur peuvent ne pas être acceptables. Tout trafic légitime bloqué par un équipement de sécurité peut avoir un impact sur l'activité de l'entreprise. Les salles de marché et chambres de compensation des banques en savent quelque chose.

Ajoutons que les acteurs restreignent davantage le périmètre d'analyse d'un IPS par rapport à un IDS. L'objectif est de sélectionner des éléments qui impactent fortement l'activité de l'entreprise. Entre les mécanismes plutôt génériques des pare-feu et la précision chirurgicale des IDS quasiment au bit près, l'IPS représente un bon compromis.

Paramétrage et administration des IDS/IPS

Même l'utilisation d'un seul IDS nécessite un affinement du paramétrage sous peine d'être rapidement submergé par les flots de données à étudier. Le problème ne fait que se complexifier dès lors qu'on dispose de plusieurs sondes. La quantité de logs générés devient si importante que l'action à prendre devient tout sauf évidente.

Heureusement, les consoles d'administration de la sécurité vont en s'améliorant. Elles opèrent généralement par un premier filtrage au niveau de l'agent pour ensuite opérer une agrégation des données et une corrélation des événements.

La difficulté s'accentue dès lors que l'on doit corréler des informations provenant de différentes sources, comme un IDS/IPS, un pare-feu et un contrôleur d'intégrité. Les grands acteurs de l'administration réseau développent des modules destinés à l'administration de la sécurité, mais ces derniers n'offrent pas nécessairement la scalabilité ni la robustesse des consoles d'administration destinées aux très grands comptes ou aux opérateurs.

L'administration de la sécurité reste un domaine où de nombreux progrès sont attendus. Dans beaucoup de grandes entreprises que nous avons rencontrées, l'opérateur de la console de sécurité se doit de faire appel à l'homme de l'art, ne pouvant prendre une décision immédiate.

Critères de choix d'un IDS/IPS

Que l'on opte pour une approche par scénario (bibliothèques de signatures) ou comportementale, voire les deux, il convient de vérifier les caractéristiques et fonctionnalités suivantes avant l'acquisition d'un IDS ou d'un IPS :

- mécanismes mis en œuvre (signature, signature tenant compte de la session, analyse comportementale, analyse heuristique) ;
- capacité à être mis en ligne ;
- personnalisation des signatures ;
- signatures génériques ;
- fréquence des mises à jour (disponibilité de mises à jour en temps réel) ;
- nombre de paquets gérés par seconde sans perte ;
- nombre de sessions TCP simultanées ;
- réaction face aux attaques lentes ;
- existence d'un mode commande en sus de la console d'administration graphique ;
- consolidation des informations (facilité et précision) ;
- résistance aux techniques d'évasion ;
- taux constaté de faux positif et de faux négatif ;
- protocoles pris en compte ;
- plates-formes cibles (UNIX, Linux, Windows) ;
- boîtier dédié, carte insérée dans un commutateur ou solution logicielle ;
- capacité de reconfigurer le pare-feu à la volée (à utiliser avec moult précaution).

Il convient enfin de s'assurer que l'IDS/IPS a été audité et certifié par une instance indépendante reconnue internationalement et de connaître la procédure exacte de certification ou de test.

Contrôleurs d'intégrité et honeypots

Les contrôleurs d'intégrité et les honeypots sont fréquemment classés dans la catégorie des IDS. Pourtant, nous préférons les mettre dans une catégorie légèrement à part du fait de leurs caractéristiques propres. S'ils participent à la détection d'intrusion, ils n'ont pas pour rôle direct et immédiat de bloquer l'assaillant.

Les contrôleurs d'intégrité, tel Tripwire, s'appuient sur un ensemble de mécanismes de cryptographie, dont les algorithmes de hachage, pour vérifier qu'un fichier n'a pas été modifié.

Ici, l'on ne connaît pas précisément l'attaque, mais on sait que des éléments vitaux de fichiers de configuration ou de systèmes d'exploitation ont été modifiés. En plus d'une version dédiée aux serveurs, Tripwire propose une version pour certains équipements réseau (Tripwire for devices), qui permet de s'assurer que la configuration ou le système d'exploitation du routeur n'ont pas été modifiés à l'insu de l'administrateur.

Certains contrôleurs d'intégrité, à l'instar de Covalent, traitent des flux Web, mais leur mise en œuvre reste complexe.

Les honeypots, ou pots de miel, sont des systèmes de leurre visant à analyser les méthodes et tactiques des pirates. Présents depuis des années, ils reviennent un peu sur le devant de la scène. Ce regain de popularité traduit l'intérêt grandissant, à l'heure d'Internet, pour les systèmes proactifs et non plus passifs.

Reste que si l'on constate beaucoup d'agitation autour des honeypots, bien peu de mises en œuvre concrètes sont déployées. Réservés aux entreprises qui ont une culture de la sécurité développée, on les rencontre surtout dans l'aérospatiale, la banque, l'assurance et les industries pour lesquelles les brevets de propriété intellectuelle sont une denrée précieuse. Certains entreprises se servent des pots de miel dans un cadre de veille technologique pour écouter le bruit d'Internet. Cela leur permet d'identifier les nouvelles attaques trois à six mois avant qu'elles deviennent publiques *via* un avis de vulnérabilité.

Pour mettre en œuvre ce type de solution, il convient tout d'abord de verrouiller autant que possible son architecture de sécurité. Cela passe notamment par une bonne gestion et administration de l'existant. Autrement dit, on commence par bien gérer une politique de sécurité définie, combler les failles existantes et analyser régulièrement les logs avant de passer à une étape plus approfondie où l'on cherchera à étudier le comportement des pirates.

Selon le Honeynet Project, une association à but non lucratif qui regroupe une trentaine de professionnels de la sécurité, un honeypot est « une ressource qui accroît la sécurité en étant mise à l'épreuve *(probed),* attaquée ou compromise ». En d'autres termes, un honeypot ne sert strictement à rien s'il n'est pas attaqué. Dans cette optique, on appelle *honeynet* « un réseau de systèmes de production conçu afin d'être compromis ». Une fois le réseau compromis, il est possible d'analyser les données et d'identifier les outils, tactiques et motivations de la communauté des pirates. Par ce biais, les honeypots aident à renforcer la sécurité de l'entreprise.

Pour Marcus Ranum, « les honeypots sont un excellent complément à un bon IDS ». Eric Cole, expert auprès de la CIA et auteur de l'ouvrage *Hackers, attention danger,* se montre plus circonspect :

> « Toute méthode qui attire les attaquants vers un système et leur donne davantage de visibilité est une mauvaise chose. »

Nous considérons pour notre part que la prudence est de rigueur dans la mise en œuvre d'un honeypot et que mettre en œuvre un serveur de leurre avec un niveau de sécurité amoindri par rapport au niveau général de sécurité du reste du réseau de l'entreprise est une mauvaise approche. Le honeypot doit être en cohérence avec l'ensemble de la politique et des mécanismes de sécurité de l'entreprise. C'est à chaque responsable sécurité de considérer les avantages et inconvénients de la mise en œuvre d'un honeypot en fonction des spécialistes dont il dispose et des éléments de sécurité qu'il cherche à récupérer.

Le tableau 5.4 recense les principaux avantages et inconvénients des contrôleurs d'intégrité et honeypots.

Tableau 5.4 Avantages et inconvénients des contrôleurs d'intégrité et honeypots

Mécanisme de détection	Description	Avantage	Inconvénient
Contrôleur d'intégrité (Integrity Checker)	S'appuie sur des fonctions de hachage pour vérifier la modification d'un fichier ou d'un flux Web (code HTML).	– Simplicité de la solution – Fiabilité si bon paramétrage	– Doit être soigneusement paramétré pour éviter les faux positifs. – Requiert un IDS de type hôte et hérite des inconvénients de cette technologie. – N'empêche aucunement l'attaque, se bornant à un système d'alarme. – Difficile à appliquer à des flux Web
Honeypot	Sert de leurre au pirate.	– Tout trafic étant suspect sur l'hôte, le montant des données à analyser reste moindre, l'hôte n'étant pas censé être vu par les utilisateurs. – Permet d'analyser les méthodes d'attaque des pirates.	– Ne sert à rien s'il n'est pas attaqué. – Requiert un haut niveau d'expertise.

La figure 5.3 illustre le fonctionnement d'un honeypot.

Figure 5.3

Fonctionnement d'un honeypot (source The Honeynet Project)

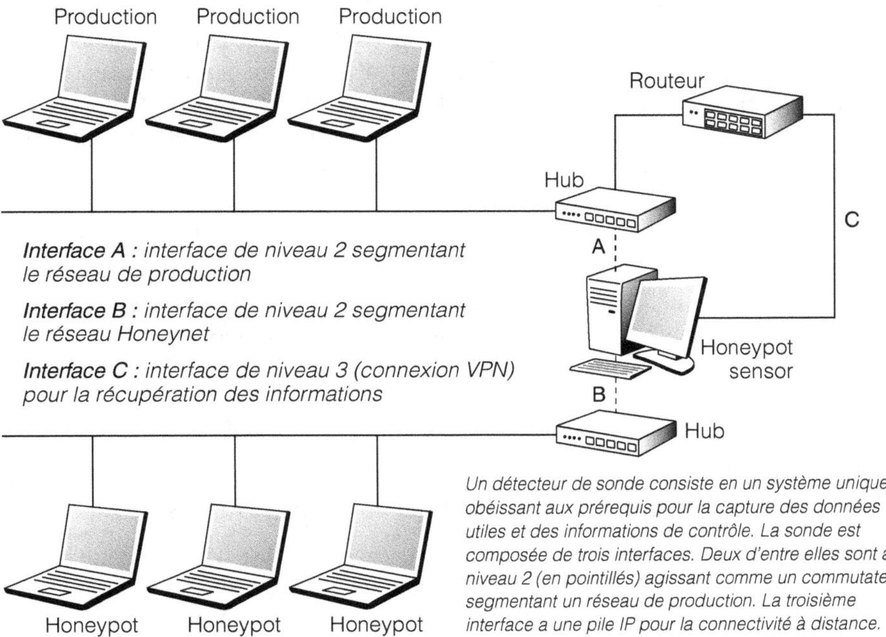

Avec les honeypots, tout le trafic partant des hôtes ou allant vers les hôtes est, par défaut, suspect. Pour être vraiment utile, le système de leurre doit être configuré en cohérence avec le reste de la sécurité du réseau de l'entreprise. S'il est trop simple, on n'attire que les scripts « kiddies » (jeunes pirates utilisant des boîtes à outils toutes faites) et détourne les pirates chevronnés, qui « flairent » le piège tendu. Dans un réseau bien sécurisé, la découverte d'un serveur Windows NT troué paraît suspecte, même s'il arrive parfois aux grandes organisations d'oublier de patcher et de sécuriser un serveur (voir les serveurs Hotmail de Microsoft).

Le piège tendu doit en outre être vraisemblable. Il ne faut pas qu'une faille volontaire puisse décrédibiliser le niveau de sécurité général d'une architecture.

Martin Roesch classe les honeypots en deux catégories : les honeypots de production et les honeypots de recherche. Les premiers visent à réduire le risque sécuritaire d'une organisation, et les seconds à obtenir des informations sur la communauté des pirates.

Dans son livre *Secrets et Mensonges,* Bruce Schneier, expert en cryptographie et fondateur de Counterpane Internet Security, décompose la sécurité en trois domaines : la prévention, la détection et la réaction. Un honeypot peut être utile dans ces trois catégories, même si la prévention est le point faible de son champ d'action.

Un honeypot ne peut empêcher un hacker de venir sur votre réseau, mais du fait que vous allez loguer l'ensemble du trafic venant et partant du pot de miel, vous pourrez en tirer des informations, qui, *in fine,* vous permettront de bloquer une future attaque identique. Il va de soi que vous ne permettrez aux pirates de s'agiter que sur des ressources non critiques et non pas sur les serveurs stratégiques de l'entreprise.

Côté détection, le gain est considérable. Les IDS réseau peinent à faire face à une forte charge de trafic, et il leur est parfois très difficile de distinguer le bon grain de l'ivraie. Occuper un IDS en lui faisant gérer un nombre maximal d'alerte fait partie des techniques employées par les hackers pour les contourner. La réduction des faux positifs (fausses alertes) et le filtrage des données utiles sont des domaines où les IDS ont de gros progrès à accomplir. Un honeypot, en revanche, n'est pas confronté à cette problématique de gestion de trafic et de montée en charge. Tout le trafic qui part du honeypot ou qui lui est destiné est suspect par défaut puisqu'il ne fait tourner aucun service de production. Le taux de faux positif est donc moindre qu'avec un IDS.

L'autre faille des IDS est le taux de faux négatif, qui se traduit par l'incapacité de l'IDS à détecter une attaque valide, ce qui revient à la laisser passer. Les pots de miel sont par essence moins sujets aux techniques d'évasion employées pour contourner les IDS.

Mise en place et configuration d'un honeypot

Selon qu'il est placé dans une zone démilitarisée (DMZ) dédiée ou sur un LAN, un honeypot permet de récupérer des informations sur les pirates externes ou internes.

Pour surveiller, il faut avoir modifié un certain nombre de commandes avec une déportation des événements journalisés. La surveillance doit être constante lorsque le système vulnérable est accessible depuis Internet. Le rôle de la DMZ est d'interdire au pirate de rebondir vers Internet, vers une machine sensible de la passerelle d'accès ou vers le réseau interne. Pour analyser le système une fois le piratage réalisé, il faut déconnecter le système du réseau et le redémarrer depuis un disque dur sain, présent dans le système, mais déconnecté physiquement lorsque le système est connecté au réseau. Il va de soi que sous ce système, il ne faut rien exécuter des binaires laissés par le pirate et repartir de zéro avec un système propre, une réinstallation du système et un reformatage du disque.

Il existe de multiples manières de créer un honeypot. On peut jouer sur l'adressage IP et la translation d'adresses pour faire croire au hacker que le serveur attaqué se trouve sur le LAN de l'entreprise. Le honeypot situé dans la DMZ n'est alors pas renseigné dans le serveur DNS (Domain Name System). Il est capital que la configuration soit conforme aux objectifs visés et qu'en aucun cas l'architecture du honeypot puisse devenir une faille pour le système d'information de l'entreprise. À attirer les guêpes, le risque est évidemment de se faire piquer.

L'utilisation des produits Open Source configurés à façon se rencontre fréquemment pour des besoins précis. La maîtrise du code, de la trame et de ce qui est logué permet de mettre en évidence les deltas qui existent lors de l'analyse des logs et lors de la corrélation de l'ensemble des outils de sécurité mis en œuvre. La remontée des alertes locales des honeypots est sécurisée et s'appuie souvent sur le bien connu syslog (logiciel libre) recompilé de façon *ad hoc*.

Quelques mesures additionnelles sont parfois employées, comme les logs déportés sur un serveur dédié ou certains fichiers de configuration inscrits sur des supports CD-ROM afin que le hacker ne puisse les modifier. Toutes les précautions sont prises pour que le honeypot ne soit pas utilisé comme rebond vers un autre site.

Les produits du marché

Les honeypots sont disponibles en produits commerciaux, comme Symantec Decoy Server, fruit du rachat de la société Recourse Technologies et de son produit ManTrap, ou libres ou Open Source en prenant un UNIX libre (noyau BSD, par exemple) ou un Linux configuré à façon.

Symantec classe son honeypot parmi les IDS. Les mécanismes employés vont du monitoring de ports (NukeNabber) dans les cas les plus simples au leurre interagissant avec le hacker pour aboutir à un vrai système configuré à dessein. Un produit comme VMware, qui sert à la virtualisation de machines, peut également être utilisé. Son inconvénient majeur est toutefois qu'il ne lui est pas possible de masquer complètement sa présence. Bien que ce type de logiciel n'ait pas été conçu dans une optique de honeypot, c'est une solution fréquemment employée.

Consultant en sécurité chez Althes, Vincent Royer explique le fonctionnement de VMware :

« Au niveau réseau, VMware émule un switch, ce qui permet aux machines virtuelles de communiquer sur un réseau virtuel. Si un pirate utilise un outil comme Nmap pour identifier le système, le système d'exploitation de la machine virtuelle est identifié comme une machine réelle. En ce qui concerne le disque, chaque machine virtuelle peut utiliser un disque virtuel (un fichier sur le système hôte) ou une partition brute (toujours sur le système hôte).

» Les deux approches présentent des avantages et des inconvénients. Les disques virtuels sont plus simples à installer et plus souples pour copier ou restaurer un honeypot. À l'inverse, si vous décidez d'utiliser le honeynet pour engager des poursuites judiciaires, l'utilisation d'une partition brute permet de faire une analyse du disque avec des outils classiques. Il faut alors préalablement effacer à zéro la partition hébergeant le honeypot pour ne pas retrouver de traces de l'activité antérieure sur le disque.

» Le système hôte ou éventuellement une autre machine est utilisé pour tracer l'activité réseau grâce à un Sniffer de type tcpdump ou un IDS de type Snort. Au niveau système, l'activité du pirate sur les honeypots est stockée en lieu sûr à travers le pare-feu *via* syslog. Sous UNIX, il faut modifier un shell pour loguer toutes les commandes. »

La figure 5.4 illustre un honeypot à base de VMware. Le système hôte (honeypot) n'a pas d'adresse IP. Seules les VM (Virtual Machines) en ont une. Le pirate tue donc machine virtuelle après machine virtuelle. Le bash modifié logue toutes les commandes vers un syslog sécurisé en transitant par le pare-feu.

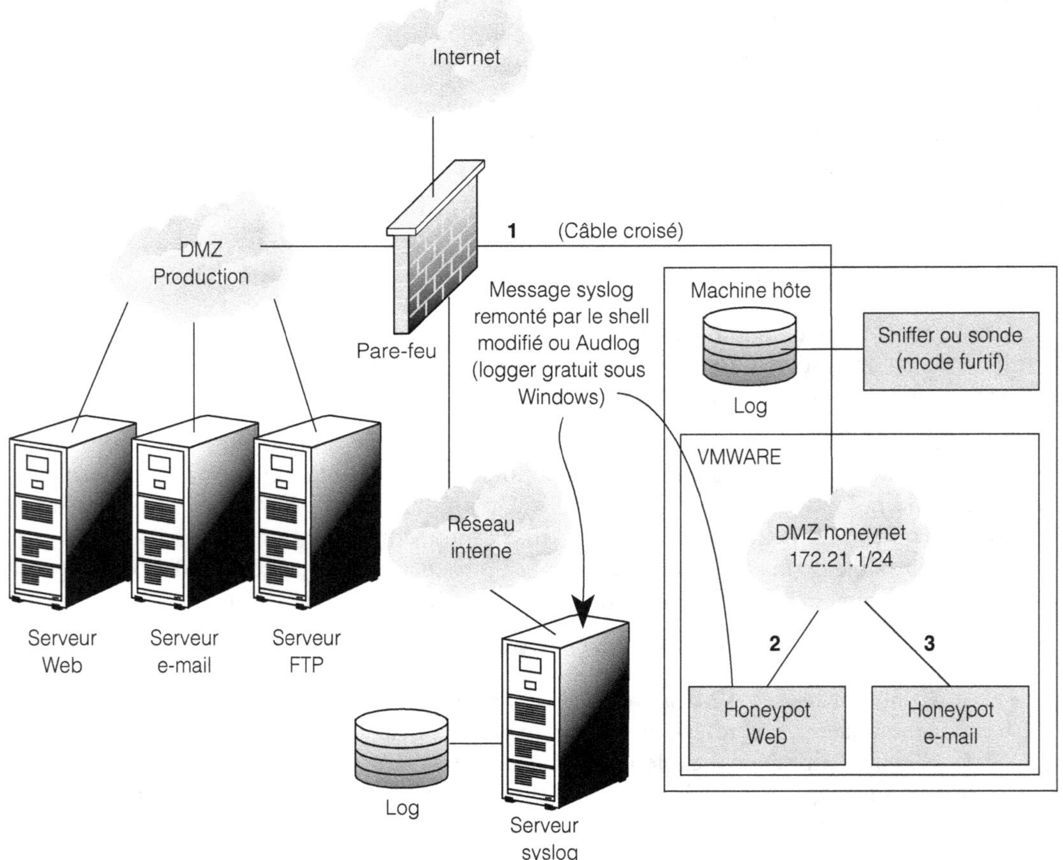

Figure 5.4

Honeypot à base de VMware (source Althes)

Le tableau 5.5 liste les principaux honeypots du marché. Outre les solutions toutes faites, il est possible et même parfois recommandé d'utiliser un UNIX libre (FreeBSD ou OpenBSD, par exemple) ou un Linux afin de le concevoir à façon.

Tableau 5.5 Principaux honeypots du marché

Produit	Description
Back Officer Friendly (BOF)	Conçu par l'équipe de Marcus Ranum de NFR Security. Agit comme un système d'alarme simple. S'appuie sur de la simulation et fonctionne sous Windows. Gratuit pour un usage personnel.
Specter	Plus complet que BOF. Se fonde aussi sur la simulation de services et de systèmes d'exploitation (jusqu'à 11, dont Windows 2000 et AIX). Aussi classé comme un IDS et a été testé dans cette catégorie par plusieurs laboratoires.
Symantec Decoy Server (ex ManTrap)	Ce produit de Symantec (fruit du rachat de Recourse Technologies et de son produit ManTrap) ne s'appuie pas sur de la simulation mais sur un environnement de Sun Solaris modifié rendant difficile sa détection. Il est possible de créer quatre sous-systèmes vus de manière indépendante et constituant des cages *(jails)*. Produit commercial riche à un coût plus élevé.
VMware	Logiciel de virtualisation sous Linux et Windows. Utilisé fréquemment comme système de honeypot. Ce produit n'ayant pas été conçu comme un outil de sécurité à l'origine, son principal inconvénient est que sa présence ne peut être complètement masquée.
Deception Toolkit (DTK)	Conçu par Fred Cohen, DTK est un ensemble de scripts PERL conçu pour les systèmes UNIX, émulant un certain nombre de vulnérabilités connues. Le tout en Open Source.
Honeyd	Créé par Niels Provos, ce daemon pour systèmes BSD, Linux et Solaris est simple à utiliser et à configurer. Permet de simuler des centaines d'hôtes virtuels en même temps. Permet également de simuler des systèmes d'exploitation au niveau de la pile TCP/IP et de tromper Nmap et Xprobe sur les prises d'empreinte. Téléchargeable à l'URL *http://www.citi.umich.edu/u/provos/honeyd/*.

Si les honeypots restent encore peu utilisés dans les entreprises, c'est que ce type d'approche ne fait pas partie des premiers objectifs de sécurisation d'un système d'information. Néanmoins, pour les sociétés spécialisées en sécurité ou pour les organisations situées dans des domaines sensibles, ils peuvent apporter certains éléments d'information intéressants, permettant d'identifier les méthodes des pirates.

En résumé

Considérés comme complémentaires des pare-feu, les IDS ont tout d'abord agi en simple système d'alarme du fait de leur incapacité à fonctionner correctement en ligne et à bloquer une attaque. Ils ont évolué vers les IPS en acquérant la capacité qui leur manquait de fonctionner correctement en ligne afin d'empêcher l'attaque.

Les constructeurs d'IDS ne sont pas les seuls à s'être lancés sur le marché des IPS. Les fabricants de pare-feu leur ont emboîté le pas car leurs produits fonctionnent de manière native et depuis toujours en ligne.

Certains acteurs, tel Intruvert Networks (Networks Associates), qui se sont distingué dans les IDS/IPS, considèrent que l'architecture d'un IPS doit être entièrement nouvelle et avoir été conçue dès le départ pour un bon fonctionnement en ligne et non se limiter à une simple évolution d'un IDS ou d'un pare-feu.

De leur côté, les contrôleurs d'intégrité permettent de se rendre compte de la modification d'un fichier bien identifié, signe d'une intrusion. Cela peut être un fichier de configuration ou un flux Web (code HTML). Pour déterminer les modifications de fichiers illégitimes, les contrôleurs d'intégrité s'appuient sur des algorithmes de hachage.

Enfin, les honeypots permettent d'écouter le bruit d'Internet et de se rendre compte des tactiques et méthodes employées par les pirates. Ils requièrent un excellent niveau d'expertise pour ne pas être pris à leur propre piège.

6

Les attaques Web, armes absolues des hackers

Vous avez configuré votre pare-feu dans les règles de l'art, avez installé une ou plusieurs sondes IDS (Intrusion Detection System) dans votre réseau, fait valider le paramétrage des outils de sécurité par des équipes tierce partie de qualité, et pourtant, vous ne dormez toujours pas sur vos deux oreilles. La raison à cela : les protocoles HTTP et HTTPS (HTTP sur SSL), qui s'appuient respectivement sur les ports TCP 80 et 443.

Ces protocoles sont la clé de toute connexion à Internet. Les pare-feu les utilisent et laissent les ports correspondants ouverts, faisant du tuyau HTTP le point de passage favori des pirates pour scruter les sites Web, voler des informations, voire rendre indisponible votre serveur par un déni de service ou un *buffer overflow* (dépassement de mémoire tampon).

Selon le cabinet d'études Gartner Group, en 2001, plus de 75 p. 100 des attaques étaient des attaques Web *(Web Hacking),* aussi appelées attaques applicatives. Ces attaques constituent l'arme absolue des pirates pour pénétrer une entreprise ou une organisation quelconque. Pour bien comprendre le fonctionnement de ces attaques et évaluer les moyens mis à notre disposition pour en prévenir un certain nombre, il convient dans un premier temps de comprendre ce que sont les architectures Web d'aujourd'hui et, d'une manière générale, les lacunes sécuritaires des protocoles liés à Internet et aux applications.

Du fait de la mise en œuvre de XML (eXtensible Markup Language), WSDL (Web Services Description Language), SOAP (Simple Object Access Protocol) et UDDI (Universal Description, Discovery and Integration), les attaques de services Web ne sont qu'une évolution des attaques Web. Un service Web désigne un ensemble de fonctions packagées en une même entité et publiées sur le réseau de façon à les rendre accessibles à d'autres utilisateurs. Cela revient à rendre disponible une partie de son infrastructure logicielle Web à d'autres entreprises.

Ce chapitre détaille la structure de telles attaques avant de présenter quelques solutions visant à en limiter la portée. Nous verrons également comment certains acteurs du marché associent cette prévention à leur gestion de trafic IP.

Les applications Web

L'OWASP (Open Web Application Security Project) donne la définition suivante d'une application Web :

> « Par essence, une application Web est une application logicielle client-serveur qui interagit avec les utilisateurs ou d'autres systèmes en utilisant HTTP. » *(Voir le site Web de l'OWASP, à l'adresse www.owasp.org).*

Comme l'illustre la figure 6.1, une application Web est constituée de trois parties principales : le serveur HTTP, le serveur d'applications et la base de données.

Figure 6.1

Architecture trois tiers d'une application Web

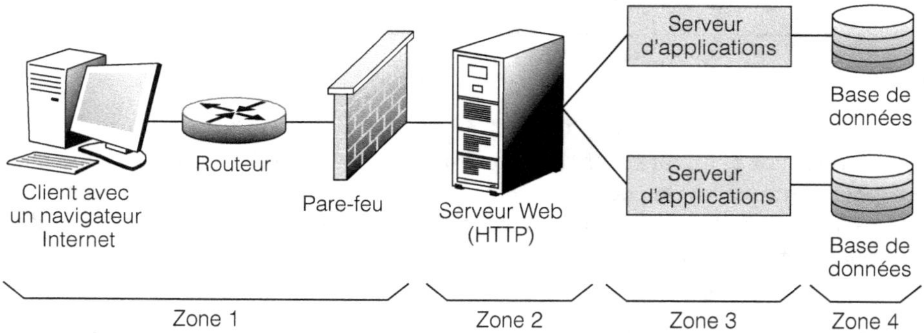

Chaque zone représentée sur la figure peut être sujette à un type d'attaque déterminé, comme le rappelle le tableau 6.1.

Tableau 6.1 Zones d'attaque d'une application Web

Numéro de zone	Type d'attaque
Zone 1	– Attaque CSS ou XSS – Serveur hostile – Attaque visant à modifier les identifiants de session
Zone 2	– Problèmes de configuration – Manipulation des URL
Zone 3	Absence ou mauvaise validation des entrées utilisateur
Zone 4	– Déni de service applicatif – Injection de commandes SQL

Si l'on transpose ces attaques en termes de technologie et de produit, nous obtenons le schéma illustré à la figure 6.2 *(source OWASP),* qui montre la richesse et la complexité des protocoles et langages pouvant servir à bâtir une application Web.

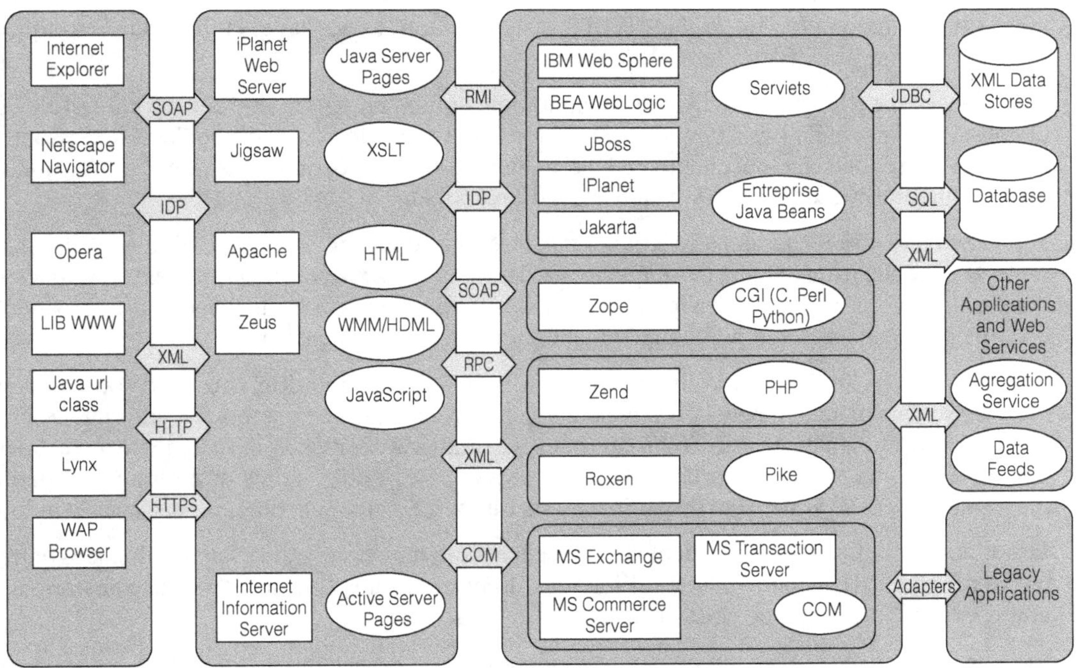

Figure 6.2

Technologies et langages mis en œuvre dans une architecture Web

Aucun langage, aucun protocole ni aucune application ne sont sans défaut. Par ailleurs, tous ces éléments sont vivants. Les protocoles et langages évoluent presque sans cesse. La difficulté de mettre en œuvre des correctifs logiciels a pour conséquence que d'anciennes vulnérabilités restent présentes. Finalement, la balle est toujours dans le camp de l'assaillant.

Fonctionnement d'une attaque Web

Le pirate accède depuis un navigateur au travers de HTTP ou de HTTPS. Avec son navigateur Internet, il a pour premier objectif de récupérer un maximum d'informations sur l'ensemble des composantes de l'architecture qu'il cible. Cela va de la version du protocole HTTP (1.0 ou 1.1), du serveur Web utilisé (Apache, Internet Information Server, Netscape ou encore Zeus), du serveur d'applications et, *in fine,* des bases de données mises en œuvre (Oracle, SQL Server, DB/2, MySQL, PostgreSQL…).

Dans sa quête d'information, le pirate commence par analyser l'ensemble des langages du Web, aussi bien côté client (JavaScript, ActiveX, applets Java) que côté serveur (JSP, JHTML). Il étudie les pages ASP ou PHP du site de même que les scripts CGI (Common Gateway Interface). Il analyse les formulaires HTML (HTML Forms), les champs cachés (Hidden Fields) d'une page HTML, ainsi que la gestion éventuelle des cookies, la persistance des sessions, la possibilité de manipuler les en-têtes HTTP, les URL (dont l'encodage) et, bien sûr, les requêtes SQL permettant d'accéder à la base de données.

Son objectif est d'établir une liste des technologies mises en œuvre et d'attaquer à la fois côté client et côté serveur. Les attaques CSS (Cross Site Scripting), aussi appelées XSS, sont un exemple de rebond sur un client final permettant d'obtenir certains éléments d'information, comme un jeton valide de session au travers d'un cookie.

Par ailleurs, le pirate cherche à provoquer des messages d'erreur pour en savoir davantage sur sa cible. Il effectue, par exemple, des requêtes sur des fichiers inexistants et utilise des métacaractères dans une URL afin d'analyser les réponses du serveur. Pour cela, il dispose d'une panoplie d'outils automatisés, tel le populaire Whisker, un scanner de vulnérabilités pour les sites Web.

D'autres actions se font « à la main ». En jetant un simple coup d'œil au code source du site Web *via* son navigateur, il peut déjà récupérer quelques éléments intéressants. En utilisant des outils tels que NetCat, Nmap, Nessus, Whisker, Brutus et autres Webcracker, il est à même de récupérer des informations susceptibles de le faire progresser. Ces outils, utiles aux pirates comme au responsable de la sécurité, sont disponibles sous Linux mais aussi, de plus en plus, sous Windows.

Les attaques applicatives s'appuient sur l'absence ou la mauvaise validation des données entrées par l'utilisateur. Il est donc impératif d'interdire d'entrer certains caractères ou leur transformation afin d'éviter l'exécution de code hostile.

Lorsque, sur une page Web, on demande un identifiant de login et un mot de passe, on n'autorise de fait que les lettres de l'alphabet de A à Z et les chiffres de 0 à 9. Il est également possible de transformer ces caractères en code HTML afin qu'ils ne puissent être interprétés ou en leur ajoutant un caractère. Ce contrôle doit être à tout prix effectué côté serveur puisque l'administrateur ne dispose d'aucun contrôle abouti côté client, si ce n'est lorsqu'il souhaite lui imposer, par exemple, une authentification forte *via* une carte à puce. Ce filtrage de caractères spéciaux n'empêche toutefois pas l'injection de code SQL dans le mot de passe.

De même, on interdit la fonction de traversée de répertoire. Le SQL Injection a souvent permis le passage de commandes destinées à récupérer des données qui dépassent les droits normalement autorisés. La configuration du serveur HTTP, du serveur d'applications et des bases de données est donc vitale. Cela passe par la désactivation des services et des comptes inutiles et par la modification des paramètres de sécurité, souvent trop faibles par défaut.

Les attaques sur les langages Web

À l'heure actuelle, la plupart des applications sont fondées sur les langages du Web. Les langages évoluent au fil du temps et ne sont pas immédiatement pris en compte par les équipements de sécurité. Certains pare-feu ne disposent que d'un simple parseur XML, ce qui est suffisant. En outre, les failles de développement ne sont pas rares au sein des protocoles et des langages. Autant de points faibles qui vont être découverts au fur et à mesure et exploités par les pirates.

Sans prétendre à l'exhaustivité, les sections qui suivent présentent ces langages afin de faire comprendre les risques qu'ils font peser et le potentiel qu'ils offrent aux pirates.

Le HTML (HyperText Markup Language)

Le HTML est un langage à balises, balises auxquelles sont associés un certain nombre d'attributs. Seuls les éléments autonomes, comme l'élément insertion d'image, ne possèdent pas de balise de fin. Du fait des composantes HTML, certains éléments permettent à un pirate d'obtenir des accès non autorisés.

Si la création de pages HTML peut sembler triviale du fait de l'emploi d'un éditeur tel que Microsoft FrontPage, il est très important de bien connaître ce langage pour identifier les problèmes de sécurité.

Le tableau 6.2 donne la liste des problèmes potentiels que peuvent poser certains éléments et leurs attributs.

Tableau 6.2 Éléments et attributs du HTML 4.*x* et leur implication sécuritaire

Élément et attribut	Rôle	Risque sécuritaire
`<form>`	Création d'un formulaire pour une entrée utilisateur	C'est par ce biais que la plupart des attaques risquent de se dérouler. Le pirate emploie des caractères non autorisés pour gagner des privilèges dans le contrôle d'accès de la cible. La solution passe par le nettoyage des entrées utilisateur.

`<form action>`	Cet attribut définit le programme d'exécution côté serveur Web. Ce peut être, par exemple, une adresse de script de traitement de ces données en CGI, PHP, ASP ou Perl, située sur un serveur ou une adresse de courrier électronique.
	Exemples :
	`action="http://www.eyrolles.com/cgi-bin`
	`➥/testcgi.pl"`
	`action="mailto:monadresse@courrier.com"`
		Vous donnez de fait l'ordre au navigateur de transmettre vos données en indiquant où trouver le programme. En connaissant le nom du programme servant à traiter les données renseignées par l'utilisateur, le pirate potentiel peut découvrir des éléments intéressants sur le serveur Web et éventuellement à terme remplacer le programme par son propre programme.

`<input>`	Définit les contrôles utilisés dans un formulaire.	Une modification des attributs permet d'envoyer des données non désirées au serveur HTTP.
`<input maxlength =<variable>>`	Attribut de longueur maximale. Cet attribut définit le nombre de caractères maximal que l'on peut insérer dans une zone d'entrée de données. Exemple : pour un code postal français, on limite à 5 le nombre de chiffres autorisés.	La modification de cet attribut par un pirate peut servir à envoyer de longues chaînes de caractères, empêchant le serveur Web de procéder correctement à l'entrée qui lui est envoyée.
`<input size =<variable>>`	Attribut de taille	Provoque les mêmes problèmes que l'attribut de longueur maximale.

Tableau 6.2 Éléments et attributs du HTML 4.*x* et leur implication sécuritaire *(suite)*

Élément et attribut	Rôle	Risque sécuritaire
`<input type =hidden>`	Type d'entrée cachée. Sert à cacher des données afin qu'elles ne soient pas vues par l'utilisateur qui visite la page. Certains sites de commerce électronique utilisent cet attribut pour insérer le prix servant à votre caddie Web (shopping cart).	En modifiant le prix, si celui-ci n'est pas validé côté serveur, le pirate peut passer commande à un prix défiant toute concurrence.
`<form method>`	Méthode de transmission des données d'un formulaire à un serveur. Les deux méthodes principales employées sont POST et GET. La méthode POST est la plus efficace, car elle permet le traitement d'une plus grande quantité de données.	En écoutant la méthode soumise au serveur, un pirate peut altérer les informations envoyées ou les écouter.
`<script language= <variable>>`	Langage de script, tel que JavaScript (qui n'a rien avoir avec le langage Java), VBScript, Jscript et XML.	Cet élément permet potentiellement à un pirate de modifier le script envoyé au navigateur client.
`<object>`	Insertion d'un objet. Cet élément sert typiquement à afficher un contrôle ActiveX mais peut être également utilisé pour des applets Java, des éléments OLE ou d'autres types d'objets.	Les auteurs de virus qui envoient leur code malicieux par voie électronique emploient souvent ce mécanisme. Si l'utilisation de contrôles ActiveX est obligatoire dans votre organisation, il est recommandé de n'utiliser que des contrôles ActiveX signés, même si la protection n'est pas totale.
`<applet>`	Applet Java. Sert à afficher ou exécuter une applet Java.	Une applet modifiée peut servir d'attaque, d'où l'intérêt de les valider et des décompiler.
`<embed>`	Sert à embarquer un objet. Souvent utilisé pour un objet multimédia.	Utilisé pour présenter des contrôles ActiveX ou des plug-in Netscape, il est possible d'y glisser du code malicieux.

Le HMTL n'est pas le seul langage du Web. JHTML (Java dans un fichier HTML), PERL, Python, Java, PHP, ASP (Active Server Pages), JavaScript, d'origine Netscape, CGI (Common Gateway Interface), JSP (JavaServer Pages), VBScript ou encore ActiveX, sans oublier les directives SSI (Server Side Includes), sont aussi beaucoup employés.

Le responsable de la sécurité doit donc vérifier que les développeurs écrivent des scripts conformément à la politique de sécurité préalablement définie. Il vérifie notamment que les entrées fournies par un utilisateur sont valides et ne peuvent être modifiées.

Le protocole HTTP (Hypertext Transfer Protocol)

HTTP est le protocole utilisé pour faire communiquer un client Web (navigateur Internet) et un serveur Web. Protocole de niveau applicatif (couche 7 du modèle OSI), il s'appuie sur le protocole de transport TCP.

Simple, léger, orienté objet, HTTP est dit *stateless,* ou sans état. Cela signifie que chaque requête HTTP effectuée d'un navigateur vers un serveur est indépendante de la précédente. Autrement dit, le serveur HTTP ne conserve pas d'historique des en-têtes ou des sessions précédentes. Le mode de communication obéit à un modèle de type requête-réponse. HTTP tient compte des proxy, et la version 1.1, définie par la RFC 2626, prend en compte les connexions permanentes et la mise en cache des pages Web.

Le protocole HTTP a connu trois versions. La première, HTTP 0.9, définie en 1991, est très peu utilisée, à la différence de sa suivante, HTTP 1.0, finalisée en mai 1996 (RFC 1945 de l'IETF). La société Digital Defense indiquait, en janvier 2002, que 75 p. 100 des transactions HTTP étaient toujours fondées sur la version 1.0. Tim Berners-Lee, l'inventeur du HTML et du World-Wide Web, est l'un des acteurs qui ont participé à sa création.

Le HTTP 1.0 utilise des en-têtes similaires à ceux servant à l'envoi de courrier électronique (RFC 822) et aux groupes de discussion (RFC 1036) pour transmettre des informations supplémentaires entre clients, serveurs et relais.

La version 1.1 (RFC 2616), définie en juin 1999, apporte de nombreuses améliorations, notamment en matière de performance et de souplesse. Elle supporte davantage de méthodes que la version 1.0.

Une transaction HTTP se décompose en quatre étapes élémentaires :

1. Le client établit une connexion avec le serveur.

2. Le client envoie sa requête.

3. Le serveur envoie la réponse.

4. Le serveur ferme la connexion.

Les URL HTTP

Une URL (Uniform Resource Locator) HTTP est structurée de la façon suivante :

http://nom-du-hôte [:numero de port]/chemin-d'acces [parametres] [requetes]

Son principe de fonctionnement est le suivant :

Du côté du client :

1. Le client contacte le serveur sur le numéro de port (par défaut 80) et envoie sa requête (demande de document, par exemple) en spécifiant une méthode HTTP, suivie d'une adresse de document et d'un numéro de version du protocole HTTP.

2. Le client envoie des informations d'en-têtes facultatives pour indiquer au serveur sa configuration et les documents qu'il peut accepter.

3. Après la requête et les en-têtes, le client peut envoyer des données supplémentaires par le biais des méthodes GET ou POST.

Du côté du serveur :

4. Le serveur HTTP répond avec une ligne d'état contenant trois champs :

   – La version HTTP.

   – Un code d'état.

   – Une description.

5. Après la ligne d'état, le serveur envoie au client des informations d'en-tête relatives à lui-même ainsi qu'au document demandé.

6. Si la requête du client est validée de manière positive, les données demandées sont envoyées. Dans le cas contraire, des explications en clair peuvent être transmises.

Les réponses du serveur

Les réponses du serveur et les codes d'état sont regroupés par classe. Le tableau 6.3 recense les grandes classes de codes.

Tableau 6.3 Classes de codes de statut et types de réponses

Code de statut	Type de réponse
100-199	Informationnel. Non utilisé par HTTP 1.0
200-299	La requête du client s'est déroulée avec succès.
300-399	Redirection
400-499	Erreur de la requête du client
500-599	Messages d'erreur du serveur

Quelques erreurs sont des classiques :

• L'erreur 500 Internal Error Server (erreur du serveur interne) indique qu'un problème est survenu du côté du serveur sur lequel on tente de se connecter.

• L'erreur 401 Unauthorized (non autorisé) indique que la requête n'est pas autorisée.

Nous donnons en annexe la liste complète des codes d'erreur de HTTP 1.1 (RFC 2616) en anglais et en français.

Les méthodes de HTTP 1.0

HTTP 1.0 supporte les méthodes recensées au tableau 6.4.

Tableau 6.4 Méthodes supportées par HTTP 1.0

Méthode	Description
GET	Sert à récupérer le document spécifié par l'URL. C'est la méthode la plus couramment usitée. Les données sont ajoutées à la fin de l'URL. Le nombre d'octets du fichier de données que l'on peut envoyer est limité. Si le fichier demandé consiste en une page HTML statique, le contenu du fichier est affiché par le navigateur. Si le fichier demandé est un fichier dynamique (ASP, CGI), le serveur procède à son traitement en exécutant les commandes et envoie le résultat au navigateur Web.
HEAD	Identique à GET, si ce n'est qu'elle ne demande pas la transmission du corps de la ressource en retour. Seules les méta-informations constituant l'en-tête HTTP sont envoyées, telles que code de réponse du serveur, en-tête du serveur, en-tête de date, type de document, etc. On peut l'utiliser à des fins de tests d'hyperliens, de vérification d'existence ou d'actualité d'une ressource.
POST	Permet l'envoi de données au serveur à des fins de traitement. Les données se trouvent dans le corps de la requête cliente. La méthode POST est principalement mise en œuvre lorsque des programmes CGI ou des langages de script orientés serveur sont employés. Permet d'envoyer plus de données que la méthode GET. Exemple : exécution d'un programme CGI à partir des données entrées dans un formulaire HTML.

HTTP 1.1 est plus riche que HTTP 1.0. Il définit de nouvelles méthodes et de nouveaux en-têtes, apporte une amélioration très nette dans la gestion des caches, optimise les requêtes (notion de connexions persistantes) et permet l'existence de serveurs HTTP multiples sur le serveur physique. C'est évidemment la version à privilégier pour la gestion des proxy.

En sus des trois méthodes de HTTP 1.0 supportées, HTTP gère les méthodes recensées au tableau 6.5.

Tableau 6.5 Méthodes supplémentaires supportées par HTTP 1.1

Méthode	Description
OPTIONS	Permet au client HTTP de connaître les options de communication utilisables pour obtenir la ressource visée. On peut donc savoir ce qu'il est possible de faire sans pour autant requérir la ressource. « Dis-moi ce que tu acceptes pour communiquer » résume cette méthode.
PUT	Cette méthode demande que le corps de la requête soit enregistré dans l'URI spécifié. Le serveur traite directement les données envoyées, contrairement à un programme CGI avec la méthode POST. On l'utilise pour transmettre un fichier sur un serveur. C'est la réciproque de la méthode GET.
DELETE	Sert à effacer la ressource spécifiée par l'URI.
TRACE	Demande au serveur de renvoyer la requête telle qu'elle a été reçue *(loopback)*. Permet aussi au client de voir ce qui a été reçu de l'autre côté de la chaîne et de lister les proxy en ligne. Utilisé lors de tests et autres informations de diagnostic.
CONNECT	Méthode réservée aux proxy permettant de faire du tunneling de type SSL (Secure Sockets Layer)

Toutes ces méthodes peuvent être interrogées en ligne de commande *via* un client Telnet ou l'outil NetCat.

Pour connaître les options disponibles du serveur Web, nous allons utiliser la méthode OPTIONS à partir d'une station sous Linux (noyau 2.4). Nous sommes allés sur un site réel en changeant le nom de la firme. Que ce soit avec NetCat ou Telnet, il convient de préciser le numéro de port utilisé (80 par défaut) :

```
[root@BIANCA root]# nc www.societe.com 80
OPTIONS * HTTP/1.1
HTTP/1.1 200 OK
Date: Sat, 22 Feb 2003 13:47:12 GMT
Server: Apache/1.2.5
Content-Length: 0
Allow: GET, HEAD, OPTIONS, TRACE
Connection: close
```

Il faut respecter la casse et presser deux fois la touche **Entrée** après OPTIONS * HTTP/1.1.

Lorsque nous lançons le navigateur Web sur le site *www.eyrolles.com,* nous pouvons, *via* l'analyseur de protocole gratuit Ethereal, suivre la connexion trame par trame et protocole par protocole, comme l'illustre la figure 6.3.

Figure 6.3

Requête sur le site www.eyrolles.com avec la méthode GET

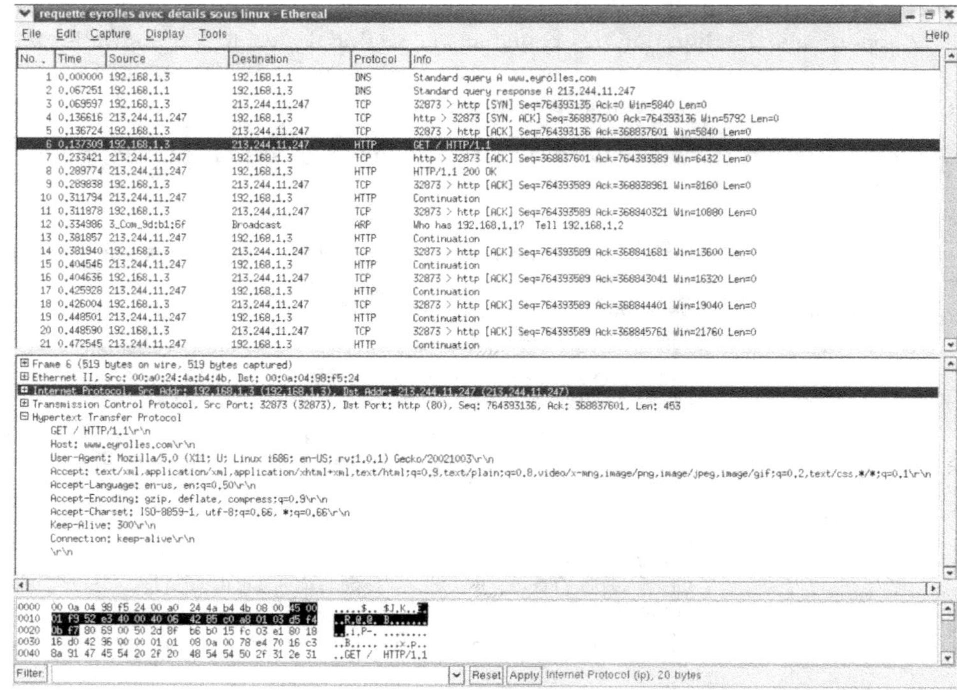

Dans cet autre exemple, notre requête OPTIONS donne les éléments suivants :

```
HTTP/1.1 200 OK
Server: Microsoft-IIS/5.1
Date: Tue, 18 Feb 2003 15:03:21 GMT
MS-Author-Via: MS-FP/4.0,DAV
Content-Length: 0
Accept-Ranges: none
DASL: <DAV:sql>
DAV: 1, 2
Public: OPTIONS, TRACE, GET, HEAD, DELETE, PUT, POST, COPY, MOVE, MKCOL, PROPFIND,
➥PROPPATCH, LOCK, UNLOCK, SEARCH
Allow: OPTIONS, TRACE, GET, HEAD, COPY, PROPFIND, SEARCH, LOCK, UNLOCK
Cache-Control: private
```

Le serveur HTTP est celui de Microsoft Internet Information Server (IIS version 5.1). Les méthodes publiques sont les suivantes : OPTIONS, TRACE, GET, HEAD, DELETE, PUT, POST, COPY, MOVE, MKCOL, PROPFIND, PROPPATCH, LOCK, UNLOCK et SEARCH. Seules les méthodes OPTIONS, TRACE, GET, HEAD, COPY, PROPFIND, SEARCH, LOCK et UNLOCK sont autorisées par défaut.

Plusieurs de ces méthodes sont des méthodes WebDAV. WebDAV (extensions for Distributed Authoring and Versioning on the Web) est un protocole permettant de faire de la gestion de fichiers sur un serveur Web, avec des possibilités de copie, création, suppression et mise à jour de fichiers sur le serveur au travers de HTTP. Il remplace de plus en plus souvent les mises à jour, autrefois essentiellement opérées par le biais de FTP. Un pirate éventuel peut profiter d'une mise à jour d'ouverture de protocoles et y insérer ses propres fichiers et commandes d'attaque.

Autre exemple, lié à la méthode TRACE :

```
TRACE /<script>exemple</script> HTTP/1.0


HTTP/1.1 200 OK
Server: Microsoft-IIS/5.1
Date: Tue, 18 Feb 2003 15:15:40 GMT
Content-Type: message/http
Content-Length: 41


TRACE /<script>exemple</script> HTTP/1.0
```

Cette commande permet de faire exécuter un script dans le navigateur du client *via* des attaques CSS (Cross Site Scripting), aussi appelées XSS, que nous détaillons ultérieurement dans ce chapitre.

En résumé, il est recommandé de désactiver toutes les méthodes non utilisées pour ne conserver que les méthodes GET, HEAD et POST. Notons qu'avec certains pare-feu et équipements de sécurité, il est possible d'interdire une méthode donnée comme l'illustre la figure 6.4.

Figure 6.4

Le produit de BlueCoat permet d'activer et de désactiver certaines méthodes HTTP

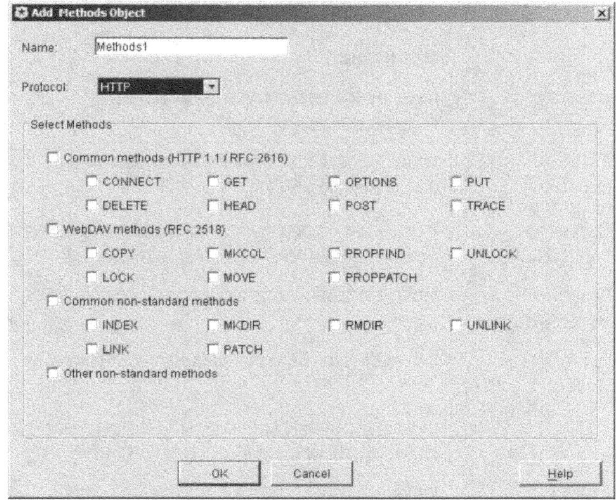

Les en-têtes HTTP

Les en-têtes HTTP sont utilisés pour transférer toutes sortes d'informations entre le client et le serveur.

Quatre catégories d'en-têtes ont été définies par la RFC 2616. Le tableau 6.6 en détaille les propriétés.

Tableau 6.6 En-têtes HTTP

Type	Description
Général	Informations non relatives (non liées) au client, au serveur ou à HTTP lui-même
Requête	Format des documents préférés et paramètres du serveur
Réponse	Informations relatives au serveur HTTP renvoyant la réponse
Entité	Informations relatives aux données transmises entre le client et le serveur

On peut visualiser l'en-tête d'un site Web. Nous présentons ci-dessous celui de *www.eyrolles.com* :

```
HTTP/1.1 200 OK
Date: Tue, 25 Mar 2003 18:05:42 GMT
Server: Apache/1.3.27 (Unix)
Set-Cookie: xd=11d9d029a737d2e607604b63328ef011; path=/
Expires: Thu, 19 Nov 1981 08:52:00 GMT
Cache-Control: no-store, no-cache, must-revalidate, post-check=0, pre-check=0
Pragma: no-cache
Connection: close
Content-Type: text/html
```

Le tableau 6.7 résume les champs d'en-tête pouvant donner des informations au pirate. Ces champs sont classés par ordre alphabétique.

Tableau 6.7 Champs d'en-tête HTTP utiles

Type	Description	Exemple
`Allow` (permettre)	Liste les méthodes supportées par une ressource requise (URI).	`Allow: GET, HEAD, PUT, POST`
`Authorization` (autorisation)	Liste les crédits d'autorisation lors d'une authentification HTTP.	`Authorization = "Authorization" ":" credentials`
`Content-Encoding` (encodage du contenu)	Indique la méthode d'encodage du contenu des données retournées au navigateur Internet.	`Content-Encoding: gzip` (indique que le contenu est compressé avec `gzip`).
`Content-Length` (longueur du contenu)	Indique la taille du corps du contenu en nombre d'octet.	`Content-Length : 3495` (indique la taille du message transféré, soit 3 495 octets).
`Content-Type` (type de contenu)	Indique le type de contenu dans une réponse.	`Content-Type: text/html ; charset=ISO-8859-4`
`Date`	Indique la date et l'heure du serveur. Le format employé doit être conforme à la RFC 1123.	`Date: Sat, 22 Feb 2003 08:12:03 GMT`
`Expires` (expire)	Indique la date et l'heure auxquelles le contenu doit être considéré comme ayant expiré.	`Expires: Sun, 23 Feb 2003 09:11:03 GMT`
`From` (de)	Donne une adresse e-mail afin d'identifier le responsable du contenu. Rarement utilisé.	`From: webmaster@societe.com`
`Last-Modified` (dernière modification)	Le serveur donne la date et l'heure de la dernière modification de la ressource.	`Last-Modified: Tue, 25 Feb 2003 07:08:02 GMT`
`Location` (localisation)	Indique l'emplacement de la ressource requise.	`Location: http://www.example.com/ pub/commande.html`

Tableau 6.7 Champs d'en-tête HTTP utiles *(suite)*

Type	Description	Exemple
Referer	Permet au client de spécifier la ressource à partir de laquelle l'URI a été obtenu.	Referer: http://www.w3.org/ hypertext/DataSources/Overview.html
Server (serveur)	Indique le nom du serveur Web. Il est possible de modifier cette information.	Server : IBM_HTTP_SERVER/1.3.19.1 Apache/1.3.20 (Unix)
User-Agent	Donne les informations sur l'agent utilisateur, autrement dit le client HTTP.	User-Agent: Mozilla/4.0 (compatible; MSIE 6.0; Windows NT 5.1)
WWW-Authenticate (authentification du www)	Retourné avec le code d'erreur 401 (code de réponse non autorisée), ce champ négocie un « challenge », ou élément de négociation de l'authentification, pour l'authentification avec le serveur afin d'accéder à une ressource autorisée.	WWW-Authenticate = "WWW-Authenticate" ":" 1# challenge

HTTP est un protocole client-serveur sans état qui supporte deux méthodes d'authentification, HTTP Basic et HTTP Digest, toutes deux décrites dans la RFC 2617.

Le schéma élémentaire d'authentification HTTP Basic ne peut être considéré comme une méthode sûre. En effet, le nom de l'utilisateur et le mot de passe transitent en clair sur le réseau. Pour éliminer cette faiblesse, il faut recourir à des solutions tierces, à base de certificats X.509 v3 de l'UIT (Union internationale des télécommunications), de cartes à puce ou de jetons ou encore de SSL, une solution largement utilisée.

À l'instar de HTTP Basic, l'authentification d'accès de HTTP Digest vérifie que les deux parties (le client et le serveur) partagent un secret partagé, à savoir le mot de passe. Contrairement à ce qui se produit avec Basic, la vérification peut être réalisée sans envoyer le mot de passe en clair, ce qui demeure la grande faiblesse de HTTP Basic.

La RFC 2459 définit l'utilisation des certificats X.509 et des CRL (Certificate Revocation List) X.509 v2 dans le cadre des PKI (Public Key Infrastructure) d'Internet.

Exemple d'en-tête HTTP lors d'une connexion à *www.exemple.com* :

```
Host: www.exemple.com
Pragma: no-cache
Cache-Control: no-cache
User-Agent: Lynx/2.8.4dev.9 libwww-FM/2.14
Referer: http://www.exemple.com/login.php
Content-type: application/x-www-form-urlencoded
Content-length: 49
```

La ligne Referer de l'en-tête est envoyée par la plupart des navigateurs Internet. Elle contient l'URL de la page Web accédée par le navigateur. Certains sites font le choix de vérifier cet en-tête afin de s'assurer que la requête est effectuée à partir d'une page provenant véritablement du site. Cela empêche qu'un pirate ne modifie les pages Web du serveur et ne les sauvegarde sur son ordinateur.

Ce mécanisme de vérification échoue dès lors que le pirate peut modifier le `Referer` pour le faire ressembler à celui du site ciblé.

Dans l'exemple ci-dessous, la ligne d'en-tête HTTP précise la langue préférée de l'utilisateur :

```
GET / HTTP/1.1
Accept: image/gif, image/x-xbitmap, image/jpeg, image/pjpeg, application/vnd.ms-excel,
➡application/vnd.ms-powerpoint, application/msword, application/x-shockwave-flash, */*
Accept-Language: fr
Accept-Encoding: gzip, deflate
User-Agent: Mozilla/4.0 (compatible; MSIE 6.0; Windows NT 5.1)
Host: www.exemple.com
Connection: Keep-Alive
Cookie: MC1=V=3&LV=200210&HASH=2C47&GUID=3FB4472C188C4CE69E10A35DA253AE96; msresearch=1;
➡SITESERVER=ID=V=200210&HASH=2C47&GUID=3FB4472C188C4CE69E10A35DA253AE96
```

La ligne en gras indique fr, ou français, comme langue préférée de l'utilisateur. Une application adoptant une stratégie internationale multilingue de son application peut choisir de prendre ce « label » et de le soumettre à une base de données pour aller chercher un texte *ad hoc,* comme un texte de bienvenue dans la langue de l'utilisateur.

Si le contenu de cet en-tête est envoyé en clair, un pirate peut injecter des commandes SQL en modifiant l'en-tête afin d'effectuer des traversées de répertoires auxquels il n'a normalement pas accès.

Comme le signale l'OWASP, d'une façon générale, si les en-têtes sont utilisés par une application Web, les pirates peuvent les modifier afin d'y introduire des métacaractères et prendre le contrôle du système, qui, *in fine,* reçoit les données d'en-tête.

Il est impossible d'empêcher une éventuelle modification des en-têtes HTTP. Si la plupart des navigateurs Internet empêchent la modification des en-têtes, l'utilisation de proxy et d'un peu de programmation permet de pallier cette impossibilité de modifier naturellement l'en-tête HTTP du navigateur Internet utilisé.

HTTPS (HTTP over SSL)

Défini par Netscape en 1994, le protocole SSL (Secure Sockets Layer) et sa légère variante de l'IETF TLS (Transport Layer Security), définie par la RFC 2246, permettent de chiffrer la communication entre le client (le navigateur Internet) et le serveur Web. Au lieu de s'appuyer sur le port TCP 80, on s'appuie dans ce cas sur le port 443.

SSL repose sur des clés publiques et privées et des certificats.

Les services fournis par SSL version 3.0 sont les suivants :

- chiffrement des données ;

- authentification du serveur ;

- intégrité du message ;

- authentification optionnelle du client.

SSL authentifie le serveur auprès du client. Il utilise pour ce faire différents mécanismes de cryptographie à clé publique et des certificats numériques, fondés sur le standard X.509 v3.

Ce protocole, très largement utilisé pour le commerce électronique sur Internet, supporte de manière optionnelle dans sa version 3.0 l'authentification du client auprès du serveur afin d'obtenir une authentification mutuelle.

SSL supporte les algorithmes à clé publique RSA (Rivest Shamir Adelman), les algorithmes à clé privée IDEA (International Data Encryption Algorithm), DES (Data Encryption Standard) et 3DES (Triple DES), ainsi que la fonction de hachage MD5.

SSL et TLS sont *de facto* des standards sur Internet *(voir au chapitre 4 la problématique d'affaiblissement de la performance et de la sécurité liée à SSL et les moyens d'y remédier).*

La longueur de la clé SSL est de 40, 56 ou 128 bits. Plus la clé est longue, plus il faut de temps et de ressources pour parvenir à la casser. En matière de chiffrement symétrique, les experts considèrent à l'heure actuelle qu'une clé de 128 bits est nécessaire pour offrir un bon niveau de sécurité.

Limites de SSL

Il ne faut pas se méprendre sur l'impression de sécurité procurée par SSL. Si ce protocole traite bien du problème de la confidentialité en chiffrant les données, il ne protège en rien des intrusions.

Même si une clé de chiffrement sur 40 bits peut sembler faible, bien qu'étant encore largement utilisée en 2003 par certaines entreprises, dont des banques, les pirates ne cherchent pas à casser la méthode de chiffrement à proprement parler mais à détourner la session SSL dans les cas où les certificats clients X.509 ne sont pas employés. Ces pirates ont bien davantage intérêt à prendre le contrôle du serveur de bases de données de la banque qui abrite les numéros de Carte bleue des clients, par exemple, plutôt qu'à guetter la transaction d'un client sur le Web.

SSL pose des problèmes d'analyse aux outils de détection d'intrusion. Si l'on désire l'employer, il convient de bien réfléchir à la gestion des sessions SSL de bout en bout et à la manière dont on peut permettre l'analyse des données par des solutions tierces.

Selon les choix de mise en œuvre de SSL, l'impact sur la performance peut être considérable. Les ingénieurs de Radware, par exemple, estiment la diminution de performance dans un ratio allant de 1 à 50, tandis que des études américaines évoquent une chute de performance de 1 à 100. Heureusement, il existe des solutions pour pallier cette baisse drastique de performance.

Analyse d'une session HTTP sur SSL

Une session HTTP sur SSL démarre de la manière suivante (avec la lettre s derrière `http`) :

```
https://mabanque.com.
```

La figure 6.5 donne un exemple de flux chiffré avec SSL tel qu'il apparaît dans l'analyseur de protocole Ethereal.

Figure 6.5

Communication chiffrée vue par un analyseur de protocole

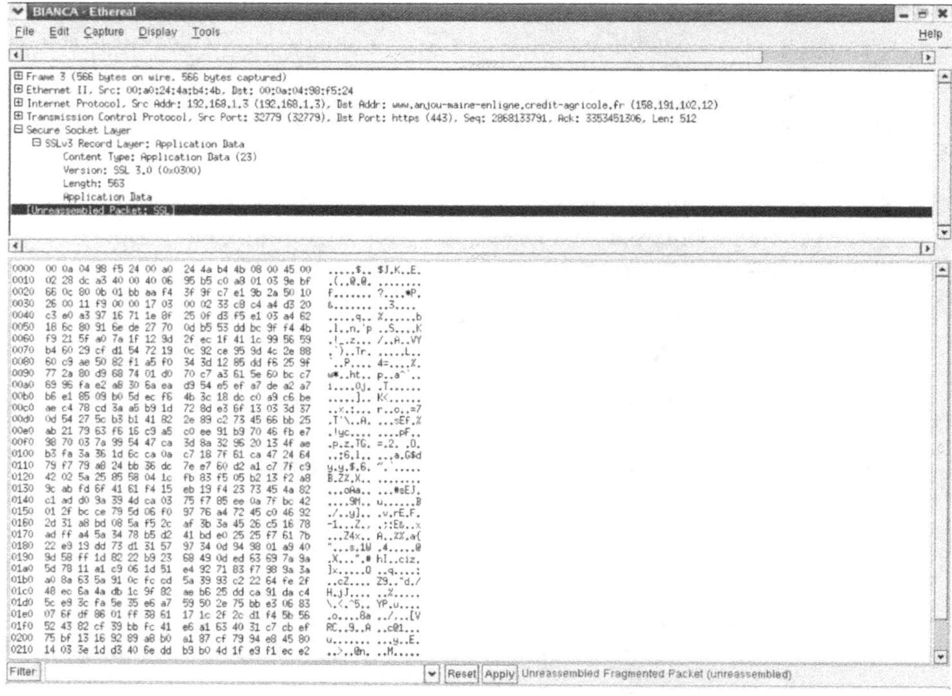

SSL ne fait que chiffrer le tuyau et protège des écoutes entre deux hôtes. Cela évite, par exemple, que le mot de passe transite en clair. En revanche, SSL n'offre pas de véritable sécurité si l'on n'utilise pas de certificat client. Quant au déchiffrement proprement dit, des outils tels que ssldump permettent de déchiffrer le flux de communication pour peu que le pirate possède le certificat SSL. Le piratage d'une transaction SSL par un déchiffrement en ligne n'est pas la méthode privilégiée par l'assaillant.

Voici un exemple de sortie de ssldump, tiré du site *http://www.rtfm.com/ssldump/,* depuis lequel on peut télécharger l'utilitaire, qui est en fait un analyseur de protocole pour SSL v3 et TLS 1.0 :

```
New TCP connection #3: localhost(3638) <-> localhost(4433)
3 1   0.0738 (0.0738)  C>S  Handshake       ClientHello
3 2   0.0743 (0.0004)  S>C  Handshake       ServerHello
3 3   0.0743 (0.0000)  S>C  Handshake       Certificate
3 4   0.0743 (0.0000)  S>C  Handshake       ServerHelloDone
3 5   0.0866 (0.0123)  C>S  Handshake       ClientKeyExchange
3 6   0.0866 (0.0000)  C>S  ChangeCipherSpec
3 7   0.0866 (0.0000)  C>S  Handshake       Finished
3 8   0.0909 (0.0043)  S>C  ChangeCipherSpec
3 9   0.0909 (0.0000)  S>C  Handshake       Finished
3 10  1.8652 (1.7742)  C>S  application_data
3 11  2.7539 (0.8887)  C>S  application_data
3 12  5.1861 (2.4321)  C>S  Alert           warning         close_notify
3     5.1868 (0.0007)  C>S  TCP FIN
3     5.1893 (0.0024)  S>C  TCP FIN
```

En février 2003, l'École polytechnique fédérale de Lausanne *(http://www.epfl.ch)* a fait la preuve d'une faille au cours d'une session SSL. Nous expliquons en détail cette faille au chapitre 3, consacré aux VPN.

S-HTTP (Secure-Hypertext Transfer Protocol)

S-HTTP peut se substituer à SSL pour les transactions sur le Web. Là où SSL s'applique à une session entière, S-HTTP peut être utilisé pour de simples documents Web.

S-HTTP supporte un ensemble d'algorithmes de chiffrement, ainsi que les fonctions de sécurité suivantes :

- Authentification

- Confidentialité

- Intégrité

- Non-répudiation

S-HTTP a été développé à l'origine par EIT (Enterprise Integration Technologies), racheté par Verifone en 1995. Il est possible d'utiliser à la fois S-HTTP et SSL. L'expérience prouve que SSL l'a largement emporté en terme d'usage.

Les attaques d'URL

L'URL (Uniform Resource Locator) a été définie en décembre 1994 par la RFC 1738. La RFC 1808 traite des URL relatives, tandis que la RFC 2396 se penche sur la définition de l'URI (Uniform Resource Identifier), dont l'URL n'est, en fait, qu'un sous-ensemble.

L'URI identifie les ressources par le biais d'une représentation primaire de leur mécanisme d'accès, par exemple la localisation réseau, plutôt que par l'identification de la ressource par son nom ou quelque autre attribut.

Une URL s'écrit de la manière suivante :

Protocole://serveur/numero-de-port/chemin-d'acces-a-la-ressource/ressource?parametres

Le tableau 6.8 décrit chacune de ces composantes d'une URL.

Les plus connus des protocoles utilisés dans une URL sont HTTP et FTP. En voici quelques exemples courants :

- *http://www.ietf.org/rfc/rfc2396.txt*

- *http://213.186.34.67/pub/documents/index.html*

- *https://www.banque-en-ligne.fr/cgi-bin/emcgi?appl=T4SID*

- *http://209.100.212.5/cgi-bin/search/search.cgi?searchvalue=unicode+bug&type=archives*

- *ftp://ftp.ietf.org/rfc/rfc1808.txt*

- *mailto:webmaster@societe.com*

- *news:comp.infosystems.www.servers.unix*

Tableau 6.8 Composantes d'une URL

Composante	Description
Protocole	HTTP et FTP sont les protocoles les plus courants, mais on peut parfaitement employer les protocoles HTTPS, LDAP, POP3, Telnet, NNTP, Gopher, WAIS, etc.
Serveur	Classiquement, c'est le nom DNS, mais on peut aussi entrer directement l'adresse IP de l'hôte ou un nom NetBIOS. Exemple : *www.eyrolles.com*.
Numéro de port	Ce numéro est optionnel si le port du service est celui par défaut. En revanche, on doit le spécifier pour un port 8080. Exemple : *www.masociete.com:8080*.
Chemin d'accès à la ressource + ressource	Chemin permettant d'accéder à la ressource, qui peut être un fichier statique ou un programme dynamique. Exemple : *www.exemple.com/repertoire/fichier.html*.
Paramètre	Dans certains cas, il est nécessaire de passer des paramètres pour accéder à la ressource avec une chaîne d'interrogation qui démarre par un ?. Exemple : *https://www.banque-enligne.fr/cgi-bin/emcgi?appl=T4SID*

Une URL n'est ni plus ni moins qu'une chaîne de caractères que l'on envoie le plus souvent au travers d'un navigateur Internet. Les caractères non-ASCII, c'est-à-dire tout ce qui est au-dessus des 128 premiers caractères dans l'encodage ISO-8859-1, ne sont pas autorisés dans une URL.

Une espace, une tabulation ou une nouvelle ligne dénotent la fin de l'URL. Le jeu de caractères ou de symboles utilisable dans une URL est récapitulé au tableau 6.9.

Tableau 6.9 Symboles d'une URL

Symbole	Valeur
Caractères alphanumériques	Lettres de A-Z, a-z, chiffres de 0 à 9
Caractères réservés	% / @ ? # < > + = $: ;
Caractères spéciaux	[ ] { } - \ ` * ~ - ( ) ^ |

Les caractères spéciaux et réservés, aussi appelés métacaractères, ont un sens spécial pour les applications ou les scripts. Ces métacaractères peuvent notamment modifier le comportement d'une application en étant insérés dans les paramètres d'une URL, un en-tête HTTP ou un cookie.

Le tableau 6.10 donne la signification des métacaractères les plus usités.

Les exemples ci-dessous montrent comment ces métacaractères ou symboles spéciaux peuvent être utilisés à des fins malveillantes :

• Exemple 1, requête utilisant l'astérisque (*) :

```
http://www.serveur_cible.com/index.asp?quelquechose=..\..\..\..\WINNT\system32\
cmd.exe?DIR+e:\WINDOWS\DOCUMENTS\PRECIEUX\*.xls
```

La touche astérisque permet au pirate de lister les documents Excel dans le sous-répertoire `precieux` sur un système Windows XP sur l'unité E:.

Tableau 6.10 Signification de quelques métacaractères

Métacaractère	Signification
;	Sert généralement de séparateur de commande dans les scripts Bourne Shell et les requêtes SQL.
| (pipe)	Très utilisé dans les scripts de shell UNIX. Sert à joindre deux commandes. La sortie de la 1re commande correspond à l'entrée des données de la seconde.
!	Signe d'appel pour l'exécution d'une commande
&	Paramètre de délimitation
?	Séparateur d'une chaîne de caractères au sein d'une requête d'URL
=	Sépare le nom du paramètre de sa valeur.
+	Symbole transformé en espace
:	Séparateur de protocole

Sur un système UNIX ou Linux, on peut, par exemple, lister les scripts PERL dont l'extension se termine par `.pl` :

```
http://www.serveur_cible/script.pl?quelquechose=ls%20*.pl
```

- Exemple 2, requête utilisant le tilde (~) :

```
http://www.serveur_cible.com/~francis
```

Le caractère tilde permet au pirate de savoir si un utilisateur est valide sur un système. Normalement, sur tout site sérieux, ce genre de requête n'aboutit pas. Au minimum, le serveur indique que la page n'existe pas ou génère une erreur de type 403 (Error Denied).

- Exemple 3, requête utilisant des guillemets simples (') :

```
http://www.serveur_cible/cgi-bin/attaque.asp?nom=francis`;
➥EXEC master.dbo.xp_cmdshell'cmd.exe dir c:'--
```

Bien connue pour l'injection de commandes SQL, que nous développons plus loin, cette commande exécute l'invite de commande `cmd.exe` d'une machine Windows NT/2000.XP et permet au pirate de copier ce qu'il veut.

- Exemple 4, requête utilisant le slash (/) pour la traversée de répertoires :

```
http://www.serveur_apache.com////////////////…///////////////////////
```

Grand classique du serveur HTTP Apache mais aussi de Vignette, ce type d'attaque permet de lister les fichiers du répertoire racine, même s'il existe un fichier par défaut.

- Exemple 5, requête utilisant le caractère pipe (|) :

```
http://www.serveur_cible.com/cgi-bin/test.cgi?page=../../../../bin/ls%20-al/etc|
```

Nous sommes ici sur un serveur UNIX ou Linux où le hacker récupère la liste des fichiers du répertoire.

Le filtrage de ces caractères spéciaux et la validation des entrées font donc partie des points essentiels à prendre en compte.

Le codage d'URL

Avant de détailler des attaques qui se sont appuyées sur un type d'encodage donné, nous allons détailler les différents types d'encodage utilisés.

Le codage d'URL peut se faire en hexadécimal (puissance de 16). Il est alors représenté par `%XX`, où XX peuvent prendre les valeurs de `%00` à `%FF`. L'encodage implique l'ajout du préfixe `%`.

Le tableau 6.11 donne la conversion de quelques symboles usuels.

Tableau 6.11 Codage hexadécimal utilisé dans une URL

Caractère	ASCII hexadécimal
Tabulation	%09
Espace	%20
Retour chariot	%0D
Saut de ligne	%0A
"	%22
#	%23
%	%25
&	%26
(	%28
)	%29
,	%2C
.	%2E
/	%2F
:	%3A
;	%3B
<	%3C
=	%3D
>	%3E
?	%3F
@	%40
[	%5B
\	%5C
]	%5D
^	%5E
`	%60
{	%7B
|	%7C
}	%7D
~	%7E

Le codage ASCII sur 8 bits n'est pas suffisant pour représenter des jeux de caractères supérieurs à 256 caractères. En dehors du code ASCII hexadécimal, le format UCS (Universal Character Set), classiquement désigné UTF-8, est supporté.

L'UCS est un standard de l'ISO 10646 censé embrasser la plupart des systèmes d'écriture. Il propose trois niveaux d'implémentation (voir la RFC 2279 de l'IETF). En dehors du groupe de travail de l'ISO (International Organization for Standardization), un groupe de travail, baptisé The Unicode Project, a agrégé des entreprises américaines éditrices de logiciels multilingues. Ce groupe est devenu le consortium Unicode *(www.unicode.org)*.

En 1991, les deux groupes de travail, UCS et Unicode, ont adopté un schéma de représentation commun. Le consortium Unicode et l'ISO/IEC JTC1/SC2 ont décidé de conserver des tables de codage compatibles et de travailler étroitement ensemble sur les futures extensions.

Unicode 1.1 correspond au standard ISO 10646-1:1993, Unicode 3.0 au standard ISO 10646-1:2000 et Unicode 3.2 au standard ISO 10646-2:2001. Depuis la version 2.0, toutes les versions d'Unicode sont compatibles, et seuls les nouveaux caractères sont ajoutés, sans pour autant supprimer les anciens.

À l'origine, Unicode permettait de représenter $2^{33} - 1$ caractères distincts. Aujourd'hui, Unicode est limité à 10FFFF en base 16 (hexadécimale), soit un peu plus de 2^{20} caractères.

Le codage Unicode

Le BMP (Basic Multilingual Plane) d'Unicode est constitué des 65 535 premiers caractères Unicode. Il est prévu que tous les caractères en usage usuel y soient représentés. Certains caractères chinois considérés comme rares sont représentés en dehors de ce plan. Ajoutons que la compatibilité des systèmes supportant Unicode avec des caractères en-dehors du BMP est très rare.

UTF-7

UTF-7 est l'une des premières formes de représentation d'Unicode. Ses caractéristiques sont les suivantes :

- Un texte Unicode encodé en UTF-7 n'utilise que les caractères de l'ASCII américain (sur 7 bits), de valeur comprise entre 0 et 127.

- Le texte utilise un code d'échappement, le signe +, qui précède une chaîne de caractères qui doit être décodée pour retrouver le caractère Unicode de départ.

L'encodage UTF-8 doit lui être préféré puisqu'il offre davantage de caractères que les 127 premiers.

UTF-8

Un document encodé en UTF-8 (RFC 2279) utilise l'ensemble du jeu de caractères, de 0 à 256. Il n'est toutefois pas compatible avec certains systèmes de transfert de données, qui suppriment le huitième bit des messages. Cela signifie qu'il peut être utilisé partout où le système ne détruit pas les caractères accentués.

Les caractères supérieurs à 128 forment des chaînes qui doivent être décodées pour retrouver le caractère Unicode de départ. Les caractères Unicode jusqu'à 10FFFF en base 16 peuvent être représentés en UTF-8.

Ce codage présente quelques inconvénients pour les Asiatiques, puisque les caractères chinois requièrent trois caractères, là où d'autres encodages asiatiques utilisent seulement deux caractères.

Le tableau 6.12 recense les six formats d'encodage UTF-8.

Tableau 6.12 Formats d'encodage UTF-8

UTF-8
0xxxxxxx
110xxxxx 10xxxxxx
1110xxxx 10xxxxxx 10xxxxxx
11110xxx 10xxxxxx 10xxxxxx 10xxxxxx
111110xx 10xxxxxx 10xxxxxx 10xxxxxx 10xxxxxx
1111110x 10xxxxxx 10xxxxxx 10xxxxxx 10xxxxxx 10xxxxxx

UTF-16

UTF-16 est très similaire à UCS-2. La différence entre les deux réside dans le fait que tous les caractères Unicode jusqu'à 10FFFF en base 16 peuvent être représentés en UTF-8.

UTF-16 n'est pas limité au BMP, contrairement à UCS-2. Cependant dans UCS-2, tous les caractères ont la garantie d'être représentés sur deux octets. Avec un encodage de type UTF-16, les caractères qui ne font pas partie du BMP sont représentés sur quatre octets.

Une zone de caractère est réservée et indique, quand le premier bloc de deux octets fait partie de cette zone, qu'il faut utiliser un bloc supplémentaire de deux octets pour connaître la valeur du caractère.

Les systèmes Unicode compatibles avec UTF-16 sont rares. C'est un simple constat de quelque chose qui existe en théorie mais qui n'est pas utilisé par les éditeurs.

La majorité des systèmes d'exploitation, dont Microsoft Windows, sont restés sur un encodage UCS-2 et ne peuvent donc gérer les caractères en dehors du cadre du Basic Multilingual Plane.

UTF-32

UTF-32 est très semblable à l'encodage UCS-4. La principale différence entre les deux est que seuls les caractères Unicode jusqu'à 10FFFF en base 16 peuvent être représentés en UTF-32. Les caractères compris entre 2^{20} et $2^{32}-1$ deviennent des caractères qu'il est interdit d'utiliser en UTF-32. Un texte UTF-32 peut toujours être converti en UTF-8 ou UTF-16 sans perte, ce qui est important.

UTF-8, UTF-16 et UTF-32 sont les formes de représentation recommandées, UTF-8 étant de loin la plus courante.

Du fait que la valeur d'un code est définie sur 16 bits, il est possible d'avoir 65 536 caractères ou symboles. Ce codage Unicode permet une représentation plus compacte d'un mot sur 16 bits que ne le feraient deux symboles codés en ASCII hexadécimal. Cela lui permet d'être mieux adapté à certaines langues orientales, notamment asiatiques, qui disposent de plusieurs jeux de caractères différents, à l'instar du japonais, qui comporte l'hiragana, le katakana et les idéogrammes kanji.

Les systèmes d'exploitation modernes (Windows NT-2000-XP, Linux, UNIX) supportent le codage Unicode, dont la représentation est de type `%uXXYY`. Les deux valeurs hexadécimales représentent l'octet le plus élevé (`XX`) et l'octet le moins élevé (`YY`).

Beaucoup de pages Web laissent l'encodage de caractères non défini (paramètre `charset` dans HTTP). Dans les versions précédentes du HTML et de HTTP, l'encodage de caractères par défaut supposé était celui de l'ISO 8859-1. La plupart des navigateurs Internet ont pour leur part un encodage de caractères par défaut différent, si bien qu'il n'est pas possible de compter sur un encodage de type ISO 8859-1. Avec le HTML en version 4, si l'encodage par défaut n'est pas utilisé, n'importe quel encodage peut être utilisé.

La figure 6.6 illustre l'encodage du navigateur Mozilla sous Linux. On peut choisir un autre encodage dans une liste très complète et l'adapter à sa langue.

Figure 6.6

Encodage par défaut déterminé par l'utilisateur final

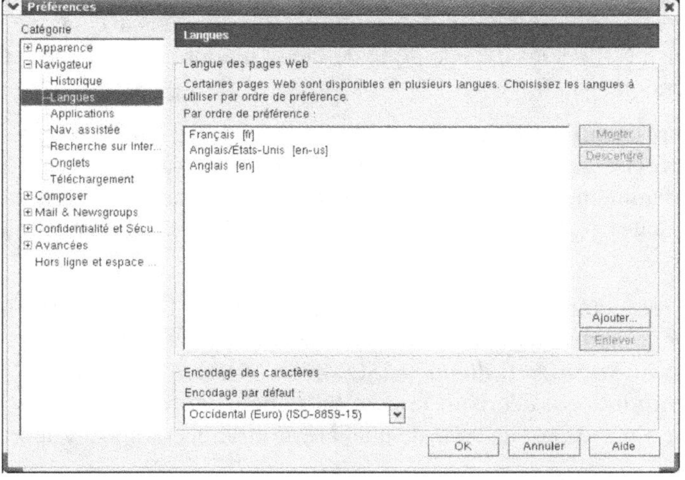

Si le serveur Web ne connaît pas l'encodage choisi, il ne peut savoir quels caractères spéciaux sont utilisés. Les pages Web fonctionnent toutefois sans problème avec des encodages de caractères non définis. Cela vient du fait que la plupart des jeux de caractères assignent les mêmes caractères pour les valeurs inférieures à 128 (de 0 à 127). Pour les valeurs supérieures à 128, certains encodages de caractères 16 bits ont des représentations complémentaires multioctet pour les caractères spéciaux.

Codage et attaques

Deux types d'attaques peuvent s'appuyer sur un encodage UTF-8 :

- Lorsqu'une séquence UTF-8 est plus longue que nécessaire pour un caractère donné. Ce fut le cas du premier bogue Unicode, qui a touché, en octobre 2000, les serveurs HTTP IIS 4 et 5 de Microsoft à la suite d'un mauvais décodage opéré par le serveur Web de Microsoft.

- Lorsqu'une séquence contenant des octets est d'un format incorrect (voir le tableau 6.12 et les six formats UTF-8, par exemple).

Concernant le bogue Unicode de Microsoft, un auteur anonyme avait posté un message dans un forum de discussion dédié à la sécurité affirmant qu'il pouvait utiliser l'URL ci-dessous pour lancer des commandes arbitraires sur des serveurs IIS 4 (Windows NT 4) et 5 (Windows 2000 Server) :

http://addresse_du.serveur_web/scripts/..%c1%1c../winnt/system32/cmd.exe?/c+dir+c:

Il donnait dans son message un exemple concret qui attaquait un serveur chinois. Certaines personnes ont bien sûr testé cette vulnérabilité et ont cru que cela ne fonctionnait pas sur des serveurs américains. En réalité, en testant des serveurs IIS avec des fontes de caractères étrangers, on s'est aperçu que tous les sites étaient vulnérables à l'attaque.

Le problème réside dans la traduction des caractères Unicode. En testant avec un script PERL toutes les combinaisons possibles d'Unicode (65 535) dans %c1%1c, on s'aperçoit que les valeurs %c0%af et %c1%9c sont des représentations trop longues d'Unicode pour les caractères slash (/) et antislash (\). IIS les décode donc de façon inappropriée. Cette faille fonctionne sur les serveurs IIS versions 4 et 5.

La représentation du caractère / est 2F en caractère ASCII hexadécimal. L'encodage Unicode, et plus précisément la spécification UTF-8, autorisant plus de 256 caractères, comme indiqué précédemment, un codage sur plusieurs octets peut être représenté sur 1, 2 ou 3 octets. Or l'encodage trop long d'un caractère n'est pas autorisé si l'on respecte précisément les spécifications d'UTF-8.

En ne respectant pas cette spécification, le serveur IIS de Microsoft a permis qu'un pirate vienne défaire le serveur HTTP. Le 17 octobre 2000, Microsoft a publié un bulletin de sécurité intitulé *Microsoft Security Bulletin* (MS00-078), *Patch Available for 'Web Server Folder Traversal' Vulnerability,* qui décrivait la possibilité pour un pirate de gagner des privilèges sur le serveur Web et d'y exécuter du code de manière arbitraire, comme la suppression ou l'ajout de pages Web.

Par la suite, d'autres soucis toucheront la firme de Redmond, notamment le double décodage.

En juillet 2001, le ver Code Red s'est appuyé sur un codage Unicode pour mettre à mal des milliers de serveurs Microsoft IIS et infecter 250 000 systèmes neuf heures à peine après son éclosion. À l'époque, on a estimé le coût des dégâts à près de 2 milliards de dollars, voire, à terme, 8,2 milliards. Une performance à rapprocher de celle du ver I Love You, au coût total de 8,5 milliards de dollars.

Le CERT *(www.cert.org)* a publié un bulletin d'alerte *(Cert Advisory CA-2001-19 "Code Red" Worm Exploiting Buffer Overflow in IIS Indexing Service DLL),* qui détaille cette attaque reposant sur un dépassement de la mémoire tampon, une faille découverte par la société eEye Digital Security en juin 2001.

Nous verrons au chapitre 7, consacré aux virus, que le ver Slammer (*alias* Sapphire, Helkern ou W32.SQLExp.Worm), a fait beaucoup plus fort en terme de propagation et donc de coûts engendrés.

Les attaques SQL

Créé en septembre 2001, l'OWASP (Open Web Application Security Project) est un organisme à but non lucratif qui regroupe des développeurs et des professionnels dans le but d'améliorer la sécurité des systèmes et protocoles.

Le tableau 6.13 récapitule les attaques les plus courantes recensées par l'OWASP en janvier 2003.

Tableau 6.13 Top 10 des attaques critiques sur les applications Web

Attaque Web	Description
Paramètre non validé	Requête Web non validée avant son utilisation par une application Web
Contrôle d'accès rompu	Mauvaise application de la politique de sécurité et notamment des droits des utilisateurs authentifiés. Ceux-ci accèdent à des comptes et/ou des informations sensibles qui leur sont normalement interdits.
Compte cassé et gestion de la session	Les crédits et jetons de session sont mal protégés. L'assaillant peut compromettre mots de passe, clés et sessions de cookies.
Faille CSS ou XSS (Cross Script Scripting)	L'application Web est utilisée pour transporter une attaque vers le navigateur Internet de l'utilisateur final. L'attaque consiste en un vol de session.
Buffer Overflow	Un dépassement de mémoire tampon se produit quand le montant des données écrites en mémoire est supérieur au montant de mémoire réservée pour l'opération. D'où un possible crash du serveur. Certains Buffer Overflow peuvent servir à prendre le contrôle d'un privilège.
Injection de commandes	Les applications Web passent des paramètres quand ils accèdent à des systèmes externes (bases de données, par exemple) ou au système d'exploitation local.
Condition d'erreur	Mauvaise gestion des conditions d'erreur. Un pirate peut ainsi parvenir à des informations détaillées du système.
Utilisation non sécurisée de la cryptographie	L'intégration de fonctions cryptographiques est une tâche difficile. Le résultat se traduit fréquemment par une protection faible.
Administration à distance	Beaucoup d'applications Web permettent à un administrateur d'accéder au site *via* une interface Web. Si ces fonctions administratives ne sont pas bien protégées, un pirate peut disposer d'un accès complet au site.
Mauvaise configuration du serveur Web et du serveur d'applications	Les options de configuration des serveurs ne sont pas suffisamment sécurisées par défaut.

Dans les sections qui suivent, nous explicitons deux attaques connues, le SQL Injection, aussi appelé injection de commandes SQL, et le code croisé de scripts, ou CCS (Code Site Scripting), également appelé XSS pour éviter la confusion avec les feuilles de style en cascade utilisant le même acronyme CSS (Cascading Style Sheets).

Le SQL Injection

L'injection de commandes SQL fait partie des grands classiques des attaques. Nous commençons par rappeler au moyen d'exemples simples ce qu'est SQL puis mettons en lumière des cas réels d'attaques, dont certains fort complexes.

Comme expliqué précédemment, une architecture Web comporte, côté back-office, des bases de données SQL (Structured Query Language).

SQL a été développé à l'origine par des chercheurs d'IBM avant d'être normalisé en 1986, 1989 (SQL-89) puis 1992 (SQL-2 ou SQL-92) par l'ANSI (American National Standards Institute) — *www.ansi.org* —, l'équivalent américain de notre AFNOR.

SQL est bien plus qu'un simple outil de requêtes effectuées dans des bases de données. Il peut être utilisé pour contrôler toutes les fonctions qu'un SGBD (système de gestion de bases de données) peut offrir à ses utilisateurs. Cela comprend notamment la définition, la recherche et la manipulation des données ainsi que le contrôle d'accès.

Toutes les bases de données relationnelles du marché supportent le langage SQL, faisant de ce dernier un véritable standard. Certains constructeurs d'analyseurs de protocole, à l'instar de Network Associates, ont d'ailleurs développé des modules dédiés à ce langage, comme la couche SQL*Net pour les bases Oracle. La plupart des dialectes SQL se fondent sur la norme SQL-2.

Rappels sur les bases de données

Une base de données est constituée d'un ensemble de données qui peuvent être facilement accessibles et mises à jour. Une base est composée de tables et de champs.

Le tableau 6.14 illustre une table caractéristique, celle des salaires du personnel d'une petite PME. Une base de données est constituée de nombreuses tables de ce type, que l'on peut classer et trier pour regrouper les données en fonction des besoins. On trouve ainsi des tables de produits, de clients, de fournisseurs, de vendeurs, de stocks de marchandises, de commandes, d'agences, de distributeurs, etc.

Un directeur commercial, par exemple, peut effectuer diverses requêtes afin de savoir où sont ses clients, quel est le chiffre d'affaires moyen qu'il réalise avec eux, quelle est la date de la dernière visite du commercial en charge du dossier, etc.

Beaucoup d'utilisateurs étant susceptibles d'utiliser une base de données, différents droits d'accès sont attribués par l'administrateur en fonction du profil défini. Ainsi, un responsable commercial de la région Rhône-Alpes pourra trier l'ensemble des données fournisseur, vendeur et client de cette région. En revanche, il ne sera peut-être pas autorisé à effectuer des recherches sur ces types de données pour les régions de France qui n'entrent pas dans le cadre de sa charge.

Tableau 6.14 Table des salaires d'employés (table `SALAIRE_PERSONNEL`**)**

Identifiant	Nom	Prénom	Fonction	Salaire en €
1234567890	DUPOND	Gisèle	PDG	200 000
1234567891	MARTIN	Paul	Directeur R & D	100 000
1234567892	DURAND	Jacques	Chef d'atelier	50 000
1234567893	AVIERA	Martine	Chef de produits marketing	70 000
1234567894	CAMPAGNY	Robert	Ouvrier spécialisé	30 000
1234567895	DUVIVIER	Anne	Secrétaire	20 000

Les attaques de bases de données

Toute base de données est interrogeable par SQL. Ce langage, à l'instar de nombre d'autres langages et de protocoles, ayant été conçu avec des impératifs de sécurité moindres qu'aujourd'hui, il est facile d'imaginer qu'une personne mal intentionnée récupère l'ensemble du fichier client de l'entreprise et connaisse ainsi les tarifs proposés par les fournisseurs, les remises effectuées aux distributeurs ou tout simplement le salaire du patron ou d'un collègue direct.

Certaines bases de données disposent d'un grand nombre de comptes utilisateur et de mots de passe par défaut, rendant son administration particulièrement lourde.

SQL permet d'interroger mais aussi de modifier les tables d'une base de données. Un soin tout particulier doit être apporté à la validation des entrées utilisateur. SQL est par ailleurs un langage en anglais proche du langage naturel et donc simple à comprendre.

Le tableau 6.15 donne un exemple de résultat de la requête simple suivante :

```
SELECT NOM, PRENOM, FONCTION, SALAIRE,
FROM SALAIRE_PERSONNEL
```

Tableau 6.15 Résultat d'une requête simple sur la table `SALAIRE_PERSONNEL`

Nom	Prénom	Fonction	Salaire en €
DUPOND	Gisèle	PDG	200 000
MARTIN	Paul	Directeur R&D	100 000
DURAND	Jacques	Chef d'atelier	50 000
AVIERA	Martine	Chef de produits marketing	70 000
CAMPAGNY	Robert	Ouvrier spécialisé	30 000
DUVIVIER	Anne	Secrétaire	20 000

Il est très facile de modifier la table `Salaire_Personnel` :

- Ajouter un nom :

```
INSERT INTO SALAIRE_PERSONNEL (IDENTIFIANT, NOM, PRENOM, FONCTION, SALAIRE)
VALUES (1234567896, 'MENAGER', 'Olivier','contremaître', 15 000 _)
```

- Supprimer le nom du patron :

```
DELETE FROM SALAIRE_PERSONNEL
WHERE NOM = 'Dupond'
```

- Augmenter un salaire :

```
UPDATE TABLE_SALAIRE
SET SALAIRE = 30 000
WHERE NOM = 'MENAGER'
```

Cette facilité à ajouter, renommer et supprimer des tables ou des éléments de tables est lourde de dégâts potentiels.

Les commandes SQL à surveiller

Le langage SQL comporte quatre grandes catégories de commandes, qui permettent la définition, la manipulation, l'interrogation et le contrôle de données. Les tableaux 6.16 à 6.20 recensent, catégorie par catégorie, les commandes SQL auxquelles il faut apporter un soin particulier. Nous avons également inclus des tableaux des langages servant aux transactions et des commandes de programmation.

Catégorie 1. Le langage de définition de données

Les commandes DDL (Data Definition Language) définissent la structure d'une base de données. Elles permettent de créer, modifier ou supprimer divers objets, tels qu'une table, une vue ou encore un index.

Le tableau 6.16 recense les principales commandes DDL.

Tableau 6.16 Commandes DDL

Commande	Description
ALTER TABLE	Modifie la structure de la table par des ajouts ou des suppressions.
CREATE INDEX	Construit l'index pour une colonne.
CREATE TABLE	Ajoute une nouvelle table.
CREATE VIEW	Crée une nouvelle vue dans la base de données.
DROP TABLE	Supprime une table.
DROP VIEW	Supprime une vue de la base de données.
DROP INDEX	Supprime l'index d'une colonne.
CREATE SCHEMA	Ajoute un schéma à la base de données.
DROP SCHEMA	Supprime un schéma de la base de données.
CREATE DOMAIN	Ajoute un nouveau domaine de valeur.
ALTER DOMAIN	Modifie un domaine.
DROP DOMAIN	Supprime un domaine.
TRUNCATE TABLE	Détruit complètement les données contenues dans une table.

Catégorie 2. Le langage de manipulation des données

Les commandes DML (Data Manipulation Language) permettent de manipuler les informations d'une base de données.

Le tableau 6.17 recense les commandes DML.

Tableau 6.17　Commandes DML

Commande	Description
INSERT	Ajoute de nouveaux éléments.
DELETE	Supprime plusieurs lignes de données.
SELECT	Sélectionne et récupère des données.
UPDATE	Met à jour (modification) des données existantes.

Catégorie 3. Le langage de requête

Les requêtes de sélection DQL (Database Query Language) correspondent à des interrogations sur une base de données afin d'en extraire des informations.

Le tableau 6.18 recense les commandes DQL.

Tableau 6.18　Commandes DQL

Commande	Description
SELECT	Sélectionne les tables dans une base de données.
DISTINCT et ALL	– DISTINCT sélectionne chaque élément distinct d'une colonne de données. – ALL indique que des doublons peuvent apparaître dans le résultat d'une requête. Constitue une commande par défaut de SELECT.
AS	Définit un alias afin d'améliorer la lisibilité de la requête.
WHERE	Émet une condition dans la requête de sélection.
GROUP BY	Sert à trier les informations de sortie.
HAVING	Spécifie un critère de recherche pour un groupe ou une fonction d'agrégation. Généralement utilisée avec GROUP BY, HAVING se comporte comme la commande WHERE.
ORDER BY	Classe les données retournées par la requête de sélection.
JOIN	Permet de joindre plusieurs tables et d'extraire les données de ces tables.

Catégorie 4. Le langage de contrôle d'accès

Les commandes DCL (Data Control Language) permettent de gérer les droits d'accès aux objets d'une base de données.

Le tableau 6.19 recense les commandes DCL.

Tableau 6.19 Commandes DCL

Commande	Description
GRANT	Accorde à un utilisateur des privilèges d'accès.
REVOKE	Met fin aux privilèges d'accès d'un utilisateur.
CREATE USER	Crée un utilisateur dans la base de données.
ALTER USER	Modifie les paramètres de connexion à une base de données pour un utilisateur.
CREATE ROLE	Crée un rôle auquel seront affectés des privilèges par le biais de la commande GRANT.

Le tableau 6.20 recense les commandes de contrôle des transactions.

Tableau 6.20 Commandes de contrôle des transactions

Commande	Description
COMMIT	Valide la transaction en cours.
ROLLBACK	Abandonne la transaction en cours et revient en arrière.
SET TRANSACTION	Définit les caractéristiques d'accès aux données de la transactions en cours.

Il est possible de placer des points de sauvegarde SAVEPOINT entre des commandes DML.

Le tableau 6.21 recense quelques commandes de programmation SQL.

Tableau 6.21 Commandes de programmation SQL

Commande	Description
DECLARE	Définit un curseur pour une requête. Un curseur SQL représente une zone de mémoire de la base de données où la dernière instruction SQL est stockée.
EXPLAIN	Décrit le plan d'accès aux données.
OPEN	Ouvre un curseur afin de récupérer les résultats de la requête.
FETCH	Récupère une ligne de résultat de la requête.
CLOSE	Ferme un curseur.
PREPARE	Prépare une commande SQL pour une exécution dynamique.
EXECUTE	Exécute dynamiquement la requête SQL soumise.
DESCRIBE	Décrit une requête SQL.
DECLARE	Définit un curseur pour une requête. Un curseur SQL représente une zone de mémoire de la base de données où la dernière instruction SQL est stockée.

Les procédures stockées au sein des bases de données

Certaines bases de données, comme Microsoft SQL Server, offrent en standard un certain nombre de procédures stockées. Ces dernières ont été introduites par Sybase dans la première version de Sybase SQL Server.

Les procédures stockées offrent plusieurs avantages pour les développeurs et les utilisateurs finals :

- Performance d'exécution par rapport à une requête SQL classique.

- Réutilisation de la procédure définie.

- Trafic réseau réduit.

- Sécurité, même si elle n'est pas absolue.

- Encapsulation des données.

Il existe deux types de procédures stockées : les procédures stockées système, dont le préfixe commence par `sp-`, et les procédures stockées étendues, aussi appelées externes, dont le préfixe commence par `xp-`. Les deux types de procédures sont écrits dans un langage conventionnel, comme le C ou le C++, et sont essentiellement des DLL (Dynamic Link Library) compilées.

Exemples de procédures stockées système :

```
sp_add_ : ajout d'un nouvel utilisateur, serveur, etc.
sp_drop_ : suppression d'un objet existant
```

Exemples de procédures stockées étendues :

```
xp_sendmail : envoi d'un courrier électronique
xp_cmdshell : exécution d'une commande
```

Les procédures stockées contiennent du code SQL compilé, qui permet d'exécuter des requêtes lourdes ou des instructions qui sont régulièrement utilisées sur les bases de données. Elles sont conservées au sein de la base de données sous une forme exécutable. Bien entendu, elles sont capables de faire appel à d'autres procédures ou fonctions tout comme d'être appelées par d'autres programmes.

La structure modulaire de ces procédures autorise la conception de petites unités programmatiques indépendantes, donc plus rapides à charger en mémoire et, partant, à exécuter dans une base de données. Les procédures stockées sont capables de recevoir des paramètres d'entrée et de retourner des valeurs en sortie.

La création de procédures stockées s'effectue par l'intermédiaire de l'instruction `CREATE PROCEDURE`. L'injection d'une procédure reste beaucoup plus facile que l'injection d'une requête régulière.

Lorsque vous installez Microsoft SQL Server, vous disposez par défaut de plus d'un millier de procédures stockées prêtes à l'emploi. Il convient de supprimer toutes les procédures stockées qui ne sont pas utilisées, certaines étant véritablement dangereuses. Cette épuration de tout ce qui est inutile est un principe auquel il faut s'atteler sans relâche.

Certains pensent que si, par exemple, une application ASP (Active Server Pages) utilise des procédures stockées dans une base de données, l'injection de commandes SQL est impossible, mais c'est faux.

Les attaques SQL indirectes

Le SQL Injection est historiquement venu à la suite d'une erreur de saisie d'un utilisateur qui lui a permis d'accéder à des données auxquelles il ne devait pas avoir accès. Cela s'est traduit par l'injection de commandes qui n'avaient pas été prévues par le développeur, commandes qui ont pu récupérer des informations dans la base de données située au cœur de l'entreprise.

Dans le cadre d'une application Web, les bases de données permettent de stocker des informations sur les sessions utilisateur, les enregistrements client, les préférences et des éléments de contenu. Dans la base de données se trouvent les éléments qui vont servir à personnaliser la navigation de l'utilisateur et la navigation dans le site selon son profil.

Ce type d'attaque, parfois qualifiée d'indirecte, est beaucoup plus efficace et rapide qu'une attaque directe en essayant de percer un mot de passe.

Un site Web qui ne valide pas ses entrées est soumis à quatre types de problèmes selon l'OWASP :

- changement des valeurs SQL ;
- concaténation des déclarations SQL ;
- ajout d'appels de fonctions et de procédures stockées à une déclaration ;
- catalogage et concaténation des données récupérées.

Nous allons développer deux exemples simples, bien connus du monde des hackers, tirés des sites *www.silksoft.co.za* et *www.sqlsecurity.com*.

Notre objectif n'est pas de transformer le lecteur en hacker chevronné en un chapitre mais de faire comprendre l'utilisation mal intentionnée d'erreurs programmatiques des développeurs lorsqu'ils ne valident pas les entrées saisies par les utilisateurs.

Ce type de précaution devient de plus en plus pris en compte par les équipes de développement, même si, pour beaucoup d'applications, ce type de validation n'est pas systématiquement opéré ou mal opéré, notamment du fait des contraintes de temps.

Exemple 1. Injection de commandes SQL *via* un formulaire HTML

Un développeur d'une application Internet place des commandes SQL dans un formulaire HTML (*via* PERL, ASP, CGI, PHP, etc.). Si les données saisies ne sont pas validées par le serveur, celui-ci peut être amené à exécuter des commandes SQL potentiellement hostiles.

La déclaration SQL sous-jacente dans le formulaire est la suivante :

```
SQL="SELECT * FROM utilisateurs WHERE identifiant='" & request.form("identifiant")
➥& "' AND password='" & request.form("mot de passe") & "'"
```

Si l'utilisateur renseigne les champs suivants :

- identifiant : `Paul.Martin` ;
- mot de passe : `XV25z45b`.

le mot de passe n'apparaît pas en clair, et une distinction est opérée entre les lettres majuscules et minuscules.

La requête SQL est effectuée auprès de la base de données de la manière suivante :

```
SELECT * FROM UTILISATEURS WHERE identifiant='Paul.Martin' AND password=' V25z45b'
```

Deux choses peuvent alors se passer :

- Le nom et le mot de passe étant corrects, l'utilisateur peut poursuivre.

- L'une des deux valeurs entrées, l'identifiant ou le mot de passe, ou les deux sont fausses. L'utilisateur est bloqué.

Imaginons maintenant que la requête utilise le symbole simple quote (') après l'identifiant :

- identifiant : ' ;

- mot de passe : (rien ou vide).

Le serveur répond par une erreur de syntaxe dans l'expression de la requête :

```
Syntax error in string in query expression 'identifiant='' AND password='';'.
```

L'attaquant connaît de la sorte les noms des champs dont il a besoin, les champs identifiant et password :

- identifiant : ', ou identifiant de type '% ;

- mot de passe : ', ou pawsword de type '%.

Cette variable SQL est soumise à la base de données de la manière suivante :

```
SELECT * FROM utilisateurs WHERE identifiant='' OR identifiant comme '%' AND mot de
➥passe='' OR password comme '%'
```

Lorsque cette commande SQL est exécutée, tous les enregistrements sont retournés sur le navigateur Internet de l'assaillant. Si l'application utilise cette réponse afin de déterminer la bonne séquence d'authentification du couple identifiant-mot de passe, le pirate peut poursuivre.

Le pirate est considéré comme le premier nom de la table utilisateur, avec les privilèges associés à ce compte d'administrateur.

L'entrée suivante d'identifiant :

```
' or identifiant comme 'C%
```

retourne tous les enregistrements avec des identifiants commençant par C.

SPI Dynamics présente le résultat de la manière suivante au travers d'un formulaire HTML faisant office de processus de login :

```
SQLQuery = "SELECT Nom_utilisateur FROM Utilisateurs WHERE Nom_utilisateur = '"
➥& strUsername & "' AND Password = '" & strPassword & "'"
strAuthCheck = GetQueryResult(SQLQuery)
If strAuthCheck = "" Then
boolAuthenticated = False
Else boolAuthenticated = True
End If
```

- login : ' OR "=';

- mot de passe : `' OR "='`.

Cela donne à la requête SQL la valeur suivante :

```
SELECT Nom_utilisateur FROM Utilisateurs WHERE Nom_utilisateur = '' OR ''='' AND
➥Password = '' OR ''=''
```

Au lieu de comparer les entrées saisies par l'utilisateur dans la table utilisateur de la base de données, la requête SQL compare « rien » à « rien », ce qui, bien évidemment, est toujours vrai (la valeur `rien` est différente de `NULL`).

Dès le login et le mot de passe, des ennuis sérieux peuvent survenir si l'entrée n'est pas validée. Imaginons que nous sachions que la base de données héberge une table des auteurs, appelée `auteurs`.

En saisissant les commandes ci-dessous, la table des auteurs est supprimée si aucune validation d'entrée n'est opérée :

- login : `olivier' ; drop table auteurs -- ;`

- mot de passe : `' ou 1=1--`.

Les symboles - de la séquence correspondent à un commentaire sur une seule ligne dans Transact-SQL, le language SQL de Microsoft SQL Server. Ce commentaire est requis dans le champ où l'on demande le nom de l'utilisateur pour ne pas avoir un message d'erreur.

Exemple 2. Utilisation des messages d'erreur de la base de données

Imaginons que l'application dispose de suffisamment de droits pour ajouter de nouveaux utilisateurs au serveur Microsoft SQL Server.

Le pirate peut entrer la chaîne suivante :

```
Identifiant : ' exec master..xp_cmdshell 'net user newusername newuserpassword /ADD'--
```

Le pirate a besoin de connaître la structure de la base de données et des tables. Pour ce faire, il envoie des commandes qui forcent des erreurs, comme l'illustre l'exemple ci-dessous, tiré de la société NGSSoftware, une entreprise spécialisée dans la sécurité :

```
Nom_utilisateur : ' having 1=1 --
```

Le message d'erreur suivant est généré :

```
Microsoft OLE DB Provider for ODBC Drivers error '80040e14'
[Microsoft][ODBC SQL Server Driver][SQL Server]Column 'utilisateurs.id' is
invalid in the select list because it is not contained in an aggregate
function and there is no GROUP BY clause.
/process_login.asp, line 35
```

L'attaquant connaît désormais le nom de la table, ainsi que celui de la première colonne. Il peut classer les informations par le biais de la commande `group by` :

```
Nom_utilisateur : ' group by users.id having 1=1--
```

Cela provoque l'erreur suivante :

```
Microsoft OLE DB Provider for ODBC Drivers error '80040e14'
[Microsoft][ODBC SQL Server Driver][SQL Server]Column 'utilisateus.nom_utilisateur'
is invalid in the select list because it is not contained in either an
aggregate function or the GROUP BY clause.
/process_login.asp, line 35
```

Finalement, l'attaquant aboutit à la ligne suivante :

```
Nom_utilisateur : ' group by utilisateurs.id, utilisateurs.nom_utilisateur,
➥utilisateurs.password, utilisteurs.privs having 1=1--
```

Cela ne produit aucune erreur et équivaut à la requête SQL standard :

```
SELECT * FROM utilisateurs WHERE nom_utilisateur = ''
```

Le pirate sait maintenant que la requête fait référence uniquement à la table `utilisateurs` et comprend, dans l'ordre, les colonnes `ID`, `nom_utilisateur`, `password` et `privs`. Il peut utiliser toutes les armes à sa disposition. Nous invitons le lecteur à lire le document plus complet de l'exemple proposé par cette société. Ce qui nous importe ici c'est de comprendre la démarche du pirate et les moyens qui lui permettent de bâtir la cartographie de l'application.

Les attaques ne s'appuient pas uniquement sur l'utilisation de guillemets simples (`'`). Elles peuvent aussi utiliser la fonction `char()`.

Les attaques de type LDAP Injection reposent sur les mêmes principes.

Les mesures de prévention

Pour se protéger contre les pirates, des mesures de prévention doivent être définies dès le début de la phase de développement d'une application. Celle-ci comprend notamment la phase fondamentale de validation de toutes les entrées utilisateur. Il faut pour cela étudier avec soin chaque script orienté serveur. En effet, la qualité des scripts peut diverger, surtout lorsqu'ils ne sont pas réalisés par le même développeur. Il faut donc tester chaque valeur et chaque argument de toute injection de paramètres.

Une autre étape importante consiste à mettre en œuvre des filtres aussi spécifiques que possibles. Chaque fois que c'est réalisable, il convient d'utiliser des valeurs numériques. Un produit d'une table se prête parfaitement à une identification par numéro en utilisant la fonction `ISNumeric` de SQL Server, par exemple. Après cela, il suffit de ne combiner que nombres et lettres. S'il est absolument nécessaire d'utiliser des symboles ou des signes de ponctuation particuliers, mieux vaut les convertir en caractères HTML.

Une autre mesure importante consiste à limiter précisément les droits d'accès des utilisateurs. Le compte système par défaut de SQL Server, `sa`, ne devrait jamais être utilisé, de par sa nature sans limite et non restrictive. Le principe à observer est de définir des comptes précis pour des besoins précis.

Supposons qu'une entreprise dispose d'un site Web permettant à tout public de commander des produits. Un enregistrement d'utilisateur public aura les droits `SELECT` sur la table `produits` de la base de données et les droits `INSERT` sur la table `commandes`. En supprimant les procédures stockées étendues, telles que `xp-cmdshell`, utilisée avec le compte `sa - system account` et `xp_grantlogin`, il est possible de bloquer un certain nombre d'attaques avant qu'elles se produisent.

Puisqu'il faut limiter les entrées saisies par l'utilisateur, il est nécessaire de limiter le nombre et la nature des caractères autorisés dans sa zone d'entrée de texte.

Imaginons un identifiant de produit fondé sur 10 caractères numériques. Il ne faut en ce cas n'autoriser que des chiffres et dans la limite de 10 caractères. Il ne sert à rien de permettre la saisie de 50 caractères. Si la valeur saisie n'est pas numérique, l'utilisateur est renvoyé vers une page d'erreur. Certains spécialistes des bases de données recommandent l'utilisation de la méthode POST pour les formulaires plutôt que GET car avec cette dernière les données sont ajoutées à la fin de l'URL et peuvent susciter des convoitises.

Même en limitant la zone de texte, des dégâts peuvent être causés avec peu de signes, comme l'illustre l'exemple suivant :

Nom d'utilisateur : `' ; shutdown - -`

qui arrête le serveur SQL Server.

Ce type d'attaque peut être placé dans le processus d'authentification ou dans le mot de passe que doit saisir l'utilisateur.

Certains pare-feu limitent la taille des URL. Cela se révèle utile pour prévenir un certain nombre d'attaques. Le développeur de l'application doit en ce cas connaître précisément la longueur maximale à utiliser. Il peut dans tous les cas éviter les chaînes de répertoires trop longues. Une absence de validation peut toutefois causer des dégâts avec moins de 12 caractères, comme nous l'avons vu avec l'exemple de fermeture du serveur SQL.

Il faut encore verrouiller son serveur SQL, soit par le biais d'outils dédiés, comme Database Scanner, un logiciel d'ISS (Internet Secuirty Systems), un des premiers outils commerciaux exclusivement dédiés à ce genre d'analyse, soit en appliquant les bonnes pratiques liées aux SGBD en général et au produit en particulier.

Cela passe par des mots de passe solides pour les comptes d'administration de la base de données et l'utilisation de comptes à faibles privilèges quand cela est possible. La séparation des privilèges, appelée compartimentation, fait partie des aspects clés de la sécurité.

On n'utilise jamais un compte d'administration pour effectuer une opération qui ne requiert pas le niveau de privilèges de ce compte. Sous Linux ou UNIX, on se connecte sous son compte habituel avant de s'identifier en tant que `root` (administrateur ou superutilisateur). Dans les fichiers de journalisation, on peut voir de la sorte quel administrateur a effectué la dernière opération d'administration. Si plusieurs administrateurs s'identifient directement en tant que `root`, il n'est pas possible de savoir qui a commis une erreur dans la dernière opération d'administration réalisée.

On trouve à l'URL suivante une liste de vérification concernant la sécurité de SQL Server :

http://www.sqlsecurity.com/DesktopDefault.aspx?tabindex=3&tabid=4

Le CERT publie un document intitulé *How To Remove Meta-characters From User-Supplied Data In CGI Scripts,* disponible à l'adresse suivante :

http://www.cert.org/tech_tips/cgi_metacharacters.html

Plutôt qu'une suppression pure et simple des caractères interdits, qui suppose que le développeur prévoie tous les cas de figure, le CERT recommande d'ajouter un caractère, comme un underscore (_), au caractère interdit.

C'est notamment ce qu'a réalisé Wietse Venema dans le module `percent_x.c` du programme TCPWrapper (`tcpd`), un programme de contrôle de TCP qui permet de bloquer et de journaliser les accès :

```
char    *percent_x(...)
{
        {...}
    static char ok_chars[] = "1234567890!@%-_=+:,./\
abcdefghijklmnopqrstuvwxyz\
ABCDEFGHIJKLMNOPQRSTUVWXYZ";
        {...}
for (cp = expansion; *(cp += strspn(cp, ok_chars)); /* */ )
        *cp = '_';
```

Au total, trois démarches peuvent être employées pour valider les entrées :

- Tenter de modifier les données afin qu'elles deviennent valides. Cela pose quelques problèmes, puisque le développeur ne fait pas nécessairement la différence entre ce qui constitue une entrée valide et une entrée interdite. Supposer que tous les cas de figure puissent être prévus est une gageure.

- Rejeter les entrées qui sont connues comme étant mauvaises ou constituant des attaques. Cette approche pose les mêmes problèmes que la précédente. Les attaques connues évoluent, et les hackers ont suffisamment d'imagination et de temps d'avance pour concevoir de nouvelles techniques d'injection de commandes.

- Accepter les entrées qui sont connues pour être valides. C'est probablement la meilleure façon de faire, même si c'est la plus difficile à implémenter.

Pour chaque entrée, il faut vérifier le type de donnée (date, chaîne, nombre), ainsi que la syntaxe et la longueur.

Le programme AppShield de Sanctum permet, par exemple, de choisir précisément les caractères qui doivent être autorisés et transmis à l'application. Ce type de programme se place devant le serveur HTTP et bloque tous les éléments non autorisés.

La figure 6.7 illustre les caractères et symboles autorisés par le logiciel de protection applicative AppShield.

Figure 6.7

Définition des caractères autorisées comme entrée de saisie dans AppShield

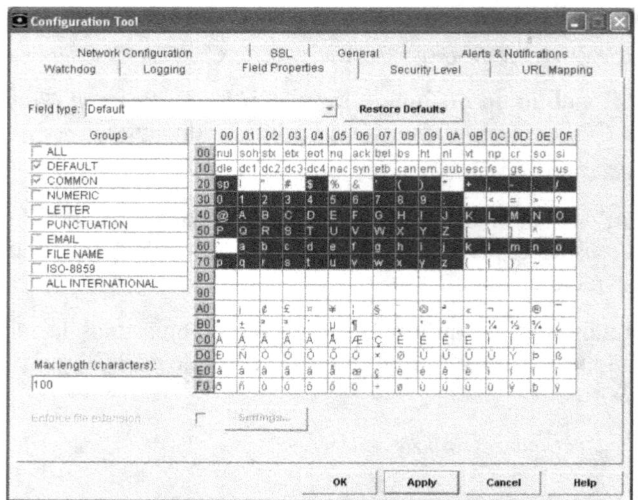

Les attaques CSS ou XSS

En août 2002, douze banques françaises ont été victimes d'une attaque CSS (Cross Site Scripting).

Certaines d'entre elles ont bien réagi — le hacker n'a volé aucune information — et ont profité de l'attaque pour corriger le tir, tandis que d'autres ont préféré recourir directement aux tribunaux. Certains services de courrier Web, comme Hotmail, Yahoo! ou encore Netscape, ont été attaqués avec succès.

Ce type d'attaque est fréquemment appelé attaque XSS afin d'éviter la confusion avec les feuilles de style en cascade, appelées aussi CSS (Cascading Style Sheets). Pour éviter toute confusion, nous adoptons ici l'acronyme XSS.

Les attaques XSS constituent l'une des attaques applicatives les plus communes. Elles s'appuient sur le vol de données personnelles d'un utilisateur qui se connecte légitimement sur un site Web donné.

Contrairement aux attaques qui n'impliquent que deux parties, le pirate et la victime, une attaque XSS implique trois composantes :

- Le pirate.

- Un utilisateur légitime qui se connecte à un site Web.

- Le site Web.

L'objectif de l'attaque est de voler des informations sensibles au client légitime, telles que les cookies de session, qui lui permettent normalement de se connecter au site Web. En dérobant le jeton de session d'un utilisateur légitime, le pirate peut agir en son nom et passer commande de biens proposés sur le site Web. La situation peut se révéler dangereuse puisqu'il est possible aussi bien de s'emparer du numéro de Carte bleue d'un utilisateur.

Un code malicieux peut utiliser beaucoup de balises HTML en sus de <SCRIPT> pour lancer du code JavaScript. Ce code malicieux JavaScript peut aussi résider sur un autre serveur et forcer le client à télécharger le script puis à l'exécuter.

Dans le scénario type de déroulement d'une application Web, deux jetons d'authentification sont échangés, un nom d'utilisateur et un mot de passe pour des valeurs stockées dans un cookie. Ensuite, c'est le seul jeton d'authentification qui est utilisé. On comprend aisément que la session d'un utilisateur Web soit vulnérable au piratage si un assaillant peut capturer le cookie d'un utilisateur.

Si les entrées utilisateur ne sont pas validées, les problèmes de sécurité sont les suivants :

- L'intégrité des données peut être compromise.

- Les cookies peuvent être établis et lus.

- Les entrées saisies par l'utilisateur légitime peuvent être interceptées.

- Des scripts malicieux peuvent être exécutés par le client légitime dans un faux sentiment de contexte de sécurité.

Les attaque XSS sont liées au contenu dynamique des pages HTML d'un serveur Web. Elles passent par l'insertion de code (généralement un script écrit en JavaScript) dans un hyperlien (code malicieux HTML) généré par le pirate. Ce dernier peut même charger le code malicieux sans aucune intervention de la part de la victime. Par ailleurs, le pirate n'a pas besoin d'attendre qu'un utilisateur légitime se connecte pour récupérer les informations de contexte de sécurité et lancer son attaque. Il peut parfaitement automatiser son action.

Ce type d'attaque, présenté dans un avis du CERT le 2 février 2000 (*CERT Advisory CA-2000-02 Malicious HTML Tags Embedded in Client Web Requests),* reste d'actualité. Certains hackers français estiment que fin 2002, 60 p. 100 des sites y sont vulnérables. Un chiffre qu'il convient de prendre avec précaution et uniquement comme un ordre d'idée, tant les statistiques sont difficiles à établir dans ce domaine. Les messages postés en 2002 sur la liste de diffusion BugTrag, hébergée par SecurityFocus puis rachetée par Symantec, tendent cependant à confirmer l'étendue de cette menace.

Il existe de nombreux types de pages HTML dynamiques. Il peut s'agir d'une page d'un moteur de recherche de site Web, d'une page de login qui stocke les comptes utilisateur dans une base de données, d'une page avec un formulaire Web qui traite des numéros de carte de crédit, etc. L'attaque peut s'appuyer ou non sur un formulaire Web. N'importe quel navigateur Internet supportant un langage de script est une victime potentielle d'une attaque XSS, qui correspond tout simplement à un vol de session.

L'objectif du pirate est de récupérer des informations sensibles de sa victime qui sont uniquement accessibles au sein d'une session valide sur le serveur cible Web. HTTPS (HTTP + SSL) n'immunise pas contre ce type d'attaque, qui a, rappelons-le, pour origine l'absence ou la mauvaise validation des entrées. Le pirate s'appuie soit sur un site Web, dont il a identifié un script CGI (Common Gateway Interface) vulnérable, soit sur son propre site Web.

Par script CGI vulnérable il convient d'entendre un site qui ne valide pas les entrées fournies par l'utilisateur, telles que les balises HTML <SCRIPT>. Le script du pirate est envoyé à la victime, et le code malicieux du pirate est exécuté dans le navigateur de sa victime sous le contexte de sécurité du site Web cible.

La figure 6.8 illustre cette attaque en trois parties, qui ne rend pas indisponible le site Web attaqué.

Figure 6.8

Fonctionnement d'une attaque XSS (source Predictive Systems, racheté par INS)

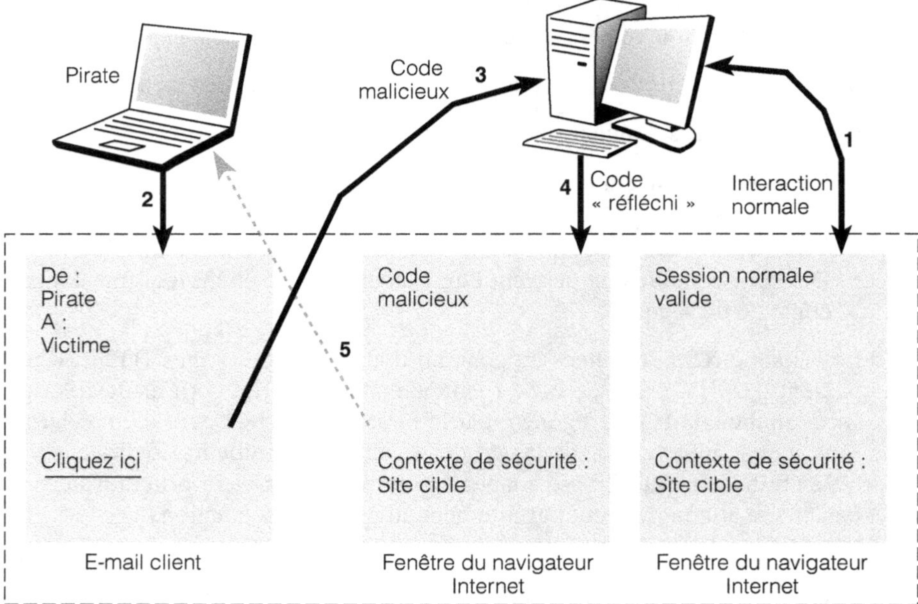

1. L'utilisateur se connecte à un site classique qui établit une session valide en s'appuyant sur un cookie. L'utilisateur se connecte *via* son compte pour procéder à un achat afin de bénéficier d'une promotion d'un quelconque produit susceptible de l'intéresser.

2. L'utilisateur légitime qui est victime du pirate clique sur une URL, envoyée par e-mail, par exemple, ou visite un site Web qui inclut un script malicieux créé par le pirate (typiquement un script CGI). Cela peut être aussi le propre serveur du pirate, avec son propre code malicieux évidemment.

3. Le navigateur Web de la victime transmet le code malicieux au script vulnérable du site Web comme une requête Web.

4. Le site Web cible renvoie le code malicieux au navigateur de l'utilisateur victime en réponse à la requête.

5. Le code malicieux s'exécute au sein du navigateur Internet de la victime sous le contexte de sécurité du site Web cible.

Le pirate récupère donc les informations de session de sa victime et peut se faire passer pour elle.

Les conditions pour que cette attaque réussisse sont doubles. L'utilisateur victime doit être convaincu de cliquer sur un lien ou de visiter un site Web abritant le code malicieux, et il doit être effectivement connecté au site cible avec une session valide, c'est-à-dire qui n'a pas expiré. Ces conditions peuvent être réunies à travers du « social engineering » par courrier électronique ou téléphone.

Social engineering

Le « social engineering » consiste à utiliser des éléments non techniques pour récupérer des informations sensibles. Pour le comprendre, il suffit d'imaginer un utilisateur qui vous appelle dans votre entreprise en se faisant passer pour quelqu'un du service informatique et vous demande de lui indiquer votre mot de passe pour, soi-disant, vous installer un nouveau logiciel susceptible de vous intéresser. Kevin Mitnick, l'un des pirates les plus célèbres et un hacker de haut vol, a souvent utilisé cette approche pour récupérer des informations sensibles. Conclusion : ne donnez jamais votre mot de passe à un inconnu, même s'il vous appelle depuis un numéro de poste interne de votre entreprise.

Une victime n'a pas nécessairement besoin de cliquer sur un lien, comme dans l'exemple que nous avons présenté. Le code XSS peut être réalisé de manière à se charger automatiquement dans un courrier électronique HTML *via* la manipulation des balises HTML `<IMG>` et `<IFRAME>`.

Le vol de cookie n'est qu'un exemple des différentes implications des attaques XSS. En corrompant les langages de script orientés client, un pirate peut prendre le contrôle total du navigateur de la victime.

L'une des premières mesures de prévention consisterait à n'autoriser aucun logiciel de script client dans votre navigateur Internet et à supprimer tous les attachements possibles au format HTML de votre client de messagerie. La réalité montre hélas qu'un certain compromis est nécessaire. Une politique de sécurité trop stricte amène généralement les utilisateurs à chercher à la contourner, ouvrant par là même de nouvelles brèches.

La principale prévention de ces attaques reste la qualité de développement et les tests réalisés sur les serveurs d'applications Web. À cela s'ajoutent des produits complémentaires, spécifiquement conçus pour lutter contre les attaques Web. Les premiers d'entre eux se sont concentrés sur la protection contre les attaques applicatives pour ensuite tenir compte des services Web (XML, WSDL, SOAP, UDDI).

Il convient de ne pas se méprendre sur les propos de certains éditeurs ou constructeurs de ces produits lorsqu'ils disent offrir des « pare-feu applicatifs ». Les solutions que nous présentons ci-après sont complémentaires des pare-feu passerelles. Le recoupement entre la zone de traitement des vulnérabilités (limitation de la taille des URL, parseur SOAP, etc.) et les attaques est pour l'heure assez faible.

Les principaux acteurs de la lutte contre les attaques Web sont de taille modeste et encore peu connus. La liste suivante présente les principaux d'entre eux :

• Sanctum

• Kavado

• Teros (ex-Stratum8 Networks)

- SPI Dynamics

- Ubizen

- Deny-All

- Intelliwall (technologie neuronale)

Parmi ces acteurs, notons deux sociétés françaises, Deny-All et Intelliwall. Deny-All est le plus présent en France. Intelliwall a la particularité de s'appuyer sur une technologie neuronale et non sur un reverse proxy.

Sanctum et Kavado disposent tous deux de deux produits distincts :

- un scanner de vulnérabilité contre les attaques applicatives ;

- un logiciel de protection contre ces mêmes attaques.

La solution de Teros, anciennement Stratum8 Networks, contre les attaques applicatives prend la forme d'un boîtier dédié. Deny-All s'appuie sur des serveurs Sun et HP pour offrir une protection de type appliance. Ajoutons à ce groupe SPI Dynamics, qui fournit uniquement un scanner de vulnérabilités applicatives, baptisé WEB Inspect.

Le tableau 6.22 récapitule les offres de produits destinées à lutter contre les attaques Web.

Tableau 6.22 Principales offres du marché de la lutte contre les attaques Web

Fabricant	Scanner de vulnérabilité	Solution de protection	Type de protection
Sanctum	AppScan	AppSield	Matérielle et logicielle
Kavado	ScanDO	InterDo	Logicielle mais peut inclure un équipement matériel tiers.
Teros	Non applicable	APS-100	Boîtier dédié
Ubizen	Non applicable	Ubizen DMZ/Shield	Logicielle
Deny-All	Non applicable		Boîtier dédié
SPIDynamics	WEBInspect	Non applicable	Logicielle

Les produits faisant office de protection se situent entre le pare-feu passerelle, la DMZ et le réseau interne de l'entreprise.

La figure 6.9 illustre l'emplacement de ce type de protection dans une configuration avec équilibrage de charge et redondance.

Aucune de ces solutions n'est complètement prête à l'emploi. Un paramétrage *ad hoc* est nécessaire sur les champs, la longueur des entrées, les symboles autorisés, le mapping d'URL, etc.

Ces solutions gèrent les grandes fonctions suivantes, avec des nuances selon les acteurs :

- analyse poussée des requêtes HTTP ;

- génération des règles par auto-apprentissage, avec une analyse poussée jusqu'au contrôle de validité des valeurs du formulaire HTML ;

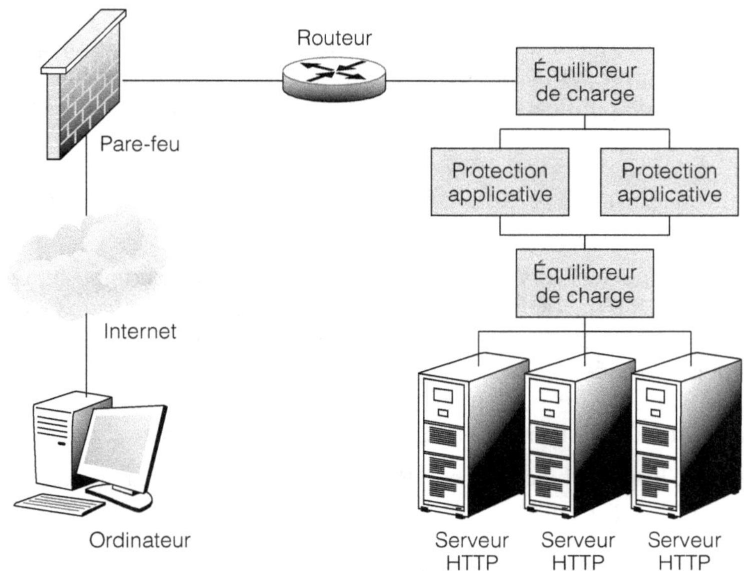

Figure 6.9

Architecture de protection contre les attaques applicatives

- persistance de session ;

- réécriture d'URL aller-retour ;

- gestion des services Web (XML, SOAP, UDDI).

Si l'on considère que 75 p. 100 des attaques sont aujourd'hui applicatives, ce type de solution est évidemment très intéressant. Toutefois, cela ne devrait venir qu'en complément d'une validation précise des entrées opérées par les développeurs.

La mise en œuvre de ces solutions de protection peut être complexe, notamment pour les applications développées en interne. Les produits logiciels et matériels ne peuvent être efficaces que si l'on connaît parfaitement les processus de communication des applications à protéger. La mise en œuvre d'une communication SSL de bout en bout est aussi à étudier *(voir le chapitre 4)*.

Les services Web (XML, SOAP, WSDL, UDDI)

Les services Web sont présentés à l'heure actuelle comme la réponse aux maux de l'informatique. Leurs avantages énoncés sont une meilleure et plus rapide intégration des applications, associée à une réduction des coûts. Revers de la médaille, les services Web soulèvent des problèmes de sécurité, qui laissent supposer l'adoption de nouveaux standards et une mise en œuvre progressive.

À titre d'exemple, la bataille entre The Liberty Alliance Project et Microsoft .Net Passport soulève des problèmes d'interopérabilité sur la fédération des créances. Or les services Web ne reposent pas sur des connexions « figées » entre applications.

Cette modification de la manière dont vont communiquer les applications amène à repenser les relations entre partenaires B-to-B *(business-to-business)*. On imagine plus facilement les entreprises démarrer par un projet en interne avant de publier leurs services sur un serveur public. La possibilité de publication partielle qu'apporte la version UDDI 3.0 est sortie trop tard pour que les premières solutions la supporte aujourd'hui. Ces possibilités de découverte dynamique et de publication des services effraient par avance les RSSI (responsables de la sécurité des systèmes d'information). La sécurité est le facteur d'inhibition numéro 1 dans le processus d'adoption des services Web.

La mécanique des services Web se décline avec quatre composantes principales : XML, SOAP, WSDL et UDDI. XML est la pierre angulaire de ces services. Il représente 2 p. 100 du trafic à l'heure actuelle contre 25 p. 100 en 2006, selon la société ZapThink. XML est un métalangage qui permet de définir des balises et de leur associer une interprétation. Il peut être utilisé pour encapsuler n'importe quel type d'information structurée et constitue à ce titre un outil idéal pour transmettre de l'information entre des systèmes disparates.

SOAP (Simple Object Access Protocol) permet d'échanger des messages XML de manière uniforme en utilisant le protocole de transport HTTP, même s'il pourrait parfaitement utiliser d'autres protocoles de transport, tel SMTP (Simple Mail Transfer Protocol). Quant à WSDL (Web Services Description Language), il définit les méthodes de description des services Web. Placé sur le réseau, un analyseur de trame voit HTTP encapsuler SOAP, lequel encapsule les flux métier.

UDDI (Universal Description, Discovery and Integration) fournit une méthode de description des services publiés afin que les services Web puissent être localisés et rendus accessibles pour d'autres services Web.

XML, tout comme SOAP, ne dispose pas de sécurité intégrée. Le protocole de transmission de messages SOAP ajoute une nouvelle dimension aux attaques des serveurs Web. En sus des attaques de type buffer overflow (dépassement de mémoire tampon) contre le serveur Web lui-même, les attaques de dépassement de mémoire tampon peuvent être dirigées à travers le serveur lui-même au niveau du moteur SOAP.

Puisqu'il n'y pas de sécurité intégrée, il convient de s'appuyer sur d'autres éléments. Ici comme ailleurs, les batailles entre acteurs ne manquent pas. Si certains reprochent à SOAP son manque de sécurité, d'autres estiment simplement que « ce n'est pas son travail ».

SAML (Security Assertion Markup Language) 1.0 est un framework XML qui permet l'échange des informations de sécurité sans préjuger des mécanismes d'authentification et d'autorisation employés. Ce standard est de plus en plus supporté par les applications.

La figure 6.10 explique le fonctionnement de SAML. L'internaute s'identifie auprès du site de l'entreprise Martin, et SAML transmet ses droits d'accès auprès du service Web d'enchères de l'entreprise Dupont.

Complémentaire de SAML, WS-Security offre un niveau d'abstraction très supérieur. Il décrit notamment des extensions et améliorations des messages SOAP afin de fournir une qualité de protection à travers l'intégrité du message, sa confidentialité et un unique message d'authentification.

Figure 6.10

Fonctionnement de SAML (source 01 Réseaux)

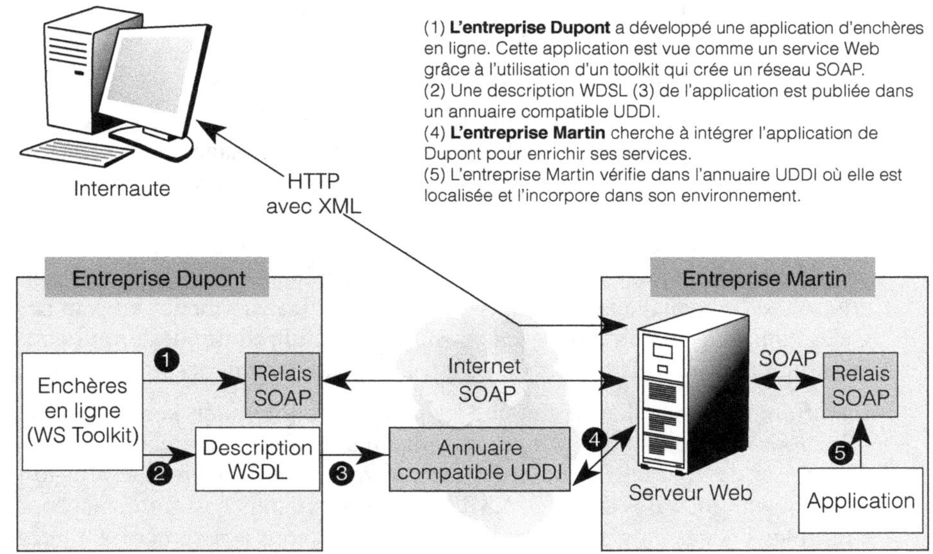

WS-Security propose également un mécanisme général d'association des jetons de sécurité aux messages. Le jeton peut être de n'importe quel type, à l'instar d'un ticket Kerberos ou d'un certificat X.509 v3.

Deux composantes majeures ont été définies au sein de WS Security : XML Encryption et XML Signature. La première décrit comment utiliser XML pour représenter une ressource Web chiffrée numériquement et chiffre, en partie ou en totalité, un document XML. Il existe une séparation entre données chiffrées et informations de chiffrement. La seconde composante vise à assurer l'authentification et l'intégrité du message et/ou les services d'authentification de l'expéditeur (signataire) pour tout type de donnée, qu'elle soit située au sein du document XML qui inclut la signature ou ailleurs.

Outre ces normes mises entre les mains du W3C puis dans celles de l'OASIS (Open Access Same time Information System), plus prompte à ratifier les standards, ces derniers restent en cours d'implémentation dans bon nombre de produits. Des sociétés telles que RSA Security, Entrust ou Netegrity, qui possèdent la maîtrise de la gestion des contrôles d'accès Web et du Single Sign On Web, sont impliquées dans ce domaine.

Ajoutons que l'organisation WS-I (Web Services-Interoperability) a publié un draft annonçant la disponibilité d'un profil de base définissant des spécifications et des lignes directrices pour développer des services Web interopérables. Ce profil va, par exemple, décrire Secure HTTP, qui n'est pas encore proposé par le standard WS Security de l'OASIS.

Outre XML Security Toolkit et l'intégration des standards dans les applications, un autre segment de la sécurité a vu le jour avec le marché des pare-feu et autres solutions complémentaires, qui proposent un filtrage SOAP. Pour l'heure, cela concerne principalement la complémentarité avec les pare-feu traditionnels, même si il y a en partie recouvrement.

Par exemple, CheckPoint Software a ajouté le filtrage des messages XML à son pare-feu traditionnel firewall-1/VPN-1 NG Feature Pack-3. De son côté, Reactivity a lancé l'été dernier son Service Firewall, offrant un filtrage complémentaire aux pare-feu.

Cette complémentarité s'explique de la manière suivante. Le trafic réseau est constitué de paquets tandis que le trafic applicatif est formé de messages. Le pare-feu de service surveille, sécurise et contrôle tous les messages fondés sur XML transitant entre les entreprises, les partenaires, les utilisateurs, etc. Un pare-feu de service XML, tel Reactivity Service Firewall ou VordelSecure de Vordel, offre un meilleur niveau de sécurité et plus de richesse fonctionnelle de traitement des messages qu'un serveur d'applications. Il le fait en séparant la sécurité, le contrôle et le management du service d'un point de vue métier au sein de chaque application. Cela réduit la possibilité pour les développeurs d'introduire des erreurs ou des portes dérobées et permet aux administrateurs de définir indépendamment des règles de sécurité d'audit.

La différence réside dans le fait que les pare-feu traditionnels sont habitués à définir des authentifications et autorisations d'homme à machine et non d'application à application. À terme, les entreprises devront faire appel à des mécanismes qui dépasseront le peer-to-peer à un saut (hop). Le « firewalling » des données XML ne représente toutefois qu'un aspect de la sécurité XML. Contrôler l'accès en s'appuyant sur l'identité est tout aussi important et requiert SAML, WS-Security et les certificats numériques. Il faut de surcroît être capable de router les messages SOAP.

VordelSecure, qui fonctionne comme un reverse proxy, mêle contrôle d'accès (authentification, autorisation, comptabilité), filtrage de contenu, système d'alerte et gestion des logs. VordelSecure supporte les principaux standards liés au services Web (SAML, XKMS, XML Schema, XPath, XML Signature, XML Encryption, WS-Security). En résumé, Vordel examine l'intégrité, la structure et le contenu des requêtes XML utilisant la quasi-totalité des standards des services que nous avons décrit. VordelSecure peut ainsi vérifier l'authenticité de certificats X.509 en les intégrant à des annuaires de PKI et par voie de conséquence être à même de gérer des certificats invalides ou révoqués.

Techniquement, il n'est pas difficile de sécuriser les services Web, mais il est difficile de construire une solution capable de monter en charge pour de grandes communautés. Puisqu'il n'existe pas de standard complet de sécurisation, il y a un effort à réaliser dans la connexion. Certains analystes recommandent pour cela d'employer des méthodes « tactiques » simples telles que les VPN (réseaux privés virtuels), l'authentification bidirectionnelle SSL, le chiffrement et la signature au niveau du message.

Le discours de certains analystes du marché est le suivant :

> « Les solutions existantes chez les éditeurs peuvent aider à réduire les coûts d'implémentation et d'administration, mais préparez-vous à jeter la solution dans deux ans. »

De fait, on estime qu'il faudra entre dix-huit et trente mois pour aboutir à une finalisation claire des standards de sécurité des services Web. L'architecture SSL (Secure Sockets Layer) ou sa déclinaison mieux nommée TLS (Transport Layer Security) de l'IETF ne sont pas pleinement adaptées à la sécurisation des services Web.

SSL opère entre deux points de terminaison, par exemple entre un navigateur Internet et un serveur Web, et non entre applications. Il est difficile de prouver qu'une session SSL s'est effectivement déroulée ou qu'une donnée a bien été reçue *via* SSL. Il est impossible de sauvegarder un message afin de prouver qu'il n'a pas été modifié. Il faut sauvegarder le flux bidirectionnel dans sa totalité et rejouer le trafic SSL afin d'obtenir le texte en clair, ce qui est totalement inadapté. La clé de session SSL servant à chiffrer la transaction n'est conçue que pour une courte période de temps, d'où le besoin d'autres mécanismes et le rôle fondamental des signatures numériques.

IBM et Microsoft ont choisi de s'associer avec un ensemble de partenaires pour créer un groupe de standards baptisé WS-Security. Le premier de ces standards a été soumis à l'OASIS, où il a évolué en WSS-SMS (WS Security-SOAP Message Security). D'autres standards sont toujours en cours de développement, comme WS-Trust, WS-Federation, WS-Policy, WS-Security Policy ou encore WS-Secure Conversation. Cette pile WS-Security a été conçue à partir de zéro comme un ensemble de primitives de bas niveau. Elle doit permettre différents scénarios pour la conception et le déploiement de services Web sécurisés et de I-SSO (Internet-Single Sign On). Cette approche de bas niveau laisse cependant nombre de réponses en suspens, et l'interopérabilité dépend des travaux du WS-I (Web Services-Interoperability).

Le tableau 6.23 récapitule quelques-uns des standards définis ou en phase de finalisation. Certains de ces derniers ont déjà passé le stade de la première version.

Tableau 6.23 Standards des services Web finalisés et en cours

Standard	Description
WS-Policy (Web Services-Policy) Framework	Initiative de BEA Systems, IBM, Microsoft et SAP AG visant à conduire et à assurer l'interopérabilité des politiques de sécurité pour la description et la communication des services Web
WS-Trust	Permet l'interopérabilité du jeton de sécurité en définissant un protocole de requête-réponse par lequel les acteurs SOAP peuvent émettre une requête à une autorité de confiance quelconque qui a un jeton de sécurité particulier susceptible d'être échangé avec un autre. WS-Trust fournit un canevas pour les relations de confiance entre services Web.
WS-Privacy	Détermine les règles de confidentialité (respect de la vie privée).
WS-Secure Conversation	Authentifie les échanges de messages par la propagation d'un contexte de sécurité et la gestion des clés associées.
WS-Federation	Permet de gérer les relations de confiance dans un environnement fédéré.
WS-Autorisation	Définit les autorisations d'accès.
WS-Security	Toujours en phase d'élaboration. A été conçu pour intégrer diverses spécifications tierces en vue de sécuriser les transactions sur Internet.
XML DSIG (XML Digital Signature)	Définit la représentation des signatures numériques en XML permettant de signer un document entier ou seulement une partie.
XML Encryption	Définit le chiffrement et le déchiffrement d'un document dans sa totalité ou seulement en partie.
SAML (Security Assertion Markup Language)	Définit les formats de message XML et un vocabulaire pour transporter les informations composant la procédure d'authentification.
XKMS (XML Key Management Specification)	Spécifie l'infrastructure PKI (Public Key Infrastructure).
XACML (eXtensible Access Control Markup Language)	Définit le contrôle d'accès.

Quelles que soient les solutions implémentées, on aboutit à des « configurations propriétaires de standards ouverts ». Si deux approches sont similaires pour sécuriser un message SOAP, il peut y avoir une grande différence et une administration coûteuse dans les processus afin d'établir les relations de confiance numériques dont dépendra un SOAP sécurisé.

De même, l'architecture de gestion des identités prônée par The Liberty Alliance, initiée par Sun, n'a pas satisfait IBM et Microsoft. The Liberty Alliance ne fait aucune référence à WS-Security, à l'exception de WS-SMS. Par exemple, WS-Security utilise uniquement le format de jeton de sécurité de SAML alors que The Liberty Alliance se fonde très fortement sur les protocoles d'interaction de SAML. Un fournisseur d'identité s'appuyant sur The Liberty Alliance est, par défaut, ignorant des identités des utilisateurs traversant des sites Web, tandis que le service de pseudonymes WS-Federation connaîtra plusieurs identités pour un même utilisateur.

En dépit de ces limitations, on devrait converger peu à peu vers WSS-SMS, qui devrait constituer la base des futures architectures.

En attendant, différentes solutions apportent des éléments de réponse à la sécurisation des services Web. On dispose en particulier des pare-feu applicatifs. Cette notion revêt toutefois plusieurs sens selon l'interlocuteur. Ce segment de la sécurité comprend trois parties : les pare-feu d'applications XML, les pare-feu d'applications Web (pare-feu applicatifs) et les pare-feu traditionnels d'applications, notamment à base de proxy.

Les pare-feu XML et d'applications Web sont les premiers à se regrouper, les services Web étant vus comme une extension de la protection applicative. Les pare-feu d'applications XML ont des capacités d'authentification et d'autorisation qui les lient plus directement à la sécurité de niveau applicatif. Les pare-feu applicatifs se sont engouffrés dans le trou laissé par les pare-feu traditionnels, même si ces pare-feu réseau à l'origine ont remonté peu à peu l'ensemble des couches du modèle OSI pour traiter la couche applicative (niveau 7).

Les pare-feu applicatifs sont généralement des reverse proxy qui agissent en frontal du serveur Web et complètent le pare-feu traditionnel situé à la périphérie du réseau de l'entreprise. Certains fournisseurs n'emploient d'ailleurs pas le terme de pare-feu pour éviter la confusion avec les pare-feu traditionnels. Le firewalling XML consiste à contrôler les éléments envoyés au service Web. Cela passe par le filtrage des messages SOAP (autorisation ou interdiction de tel message SOAP à tel service Web), la validation du format des messages, la validation de la partie utile (payload) des messages, utilisant pour ce faire XML Schema, et la validation des éléments individuels et attributs de XML dans la partie utile de SOAP *via* XPath. Il s'assure de surcroît que la partie utile n'a pas été modifiée *via* XML Signature.

Outre ce premier niveau de vérification, XML Access Control opère un contrôle d'accès aux services Web en se fondant sur l'identité et non sur les données ou sur la partie utile. Cela implique l'authentification avec un certificat client de type SSL, SAML, WS-Security (incluant Kerberos) ou les certificats numériques. Côté vérification, on s'appuie sur XKMS, OCSP (Online Certificate Status Protocol), CRL (Certificate Revocation List) et l'accès à un annuaire LDAP.

Comme on l'a vu, si des solutions existent bel et bien, reste encore à arbitrer en fonction de son cahier des charges.

En résumé

La validation des entrées utilisateur est un élément fondamental de la protection applicative. Elle doit être réalisée en amont par les développeurs d'applications Web. Les résultats d'une requête doivent également être filtrés, et les messages d'erreur soigneusement gérés.

Les parades aux attaques Web commencent à arriver sur le marché et tendent à se simplifier au fil du temps. Ce marché est cependant loin d'être mature. Le combat contre les attaques applicatives oppose un défenseur et un attaquant, et l'assaillant a souvent un coup d'avance.

7

Antivirus et lutte contre le Spam

Les virus, vers, chevaux de Troie et autres codes malicieux sont presque contemporains de la naissance de l'informatique. Toute entreprise a été, est ou sera un jour touchée.

Les études conjointes menées par le Computer Security Institute et le FBI (Federal Bureau of Investigation) indiquent que 85 p. 100 des 500 premières entreprises américaines ont fait l'objet d'une menace virale. Plus de 60 p. 100 d'entre elles ont connu une perte financière moyenne de 2 millions de dollars du fait d'une faille sécuritaire.

Le marché des antivirus est l'un des rares à être considéré comme mûr par les cabinets d'études avec celui des pare-feu. Et de fait, les entreprises ont conscience qu'il faut disposer d'une protection antivirus sur les passerelles (messagerie, pare-feu, etc.), serveurs et postes client.

Après avoir rappelé quelques définitions de base de la virologie informatique, ce chapitre détaille les principales menaces liées aux codes mobiles malicieux, ou MMC (Malicious Mobile Code), afin de mieux comprendre les mécanismes de défense mis en œuvre par les éditeurs d'antivirus. La problématique de performance induite et les solutions qui ont vu le jour à la fin de 2002 et au début de 2003 sont également détaillées.

Le chapitre introduit les problématiques du Spam, ces courriers électroniques non désirés qui polluent les boîtes de messagerie, et du filtrage d'URL. L'une des tendances du marché consiste en effet à combiner en une même solution l'ensemble des systèmes de protection contre ces attaques. Cela évite un chaînage complexe de proxy. La lutte antispam peut de la sorte être placée sur certaines passerelles antivirus *via* des options de logiciels de messagerie ou des produits dédiés.

Comme toujours en matière de sécurité, il n'existe pas de sécurité absolue. Seule l'adoption d'une politique de sécurité *ad hoc* permet de prendre des mesures proactives et de limiter les dégâts en cas d'attaque.

Typologie des attaques

On est frappé de constater la rapidité de propagation des codes malveillants au cours de ces dernières années. Sapphire, alias Helkern, W32.SQLExp.Worm ou encore Slammer sont les diverses appellations du ver qui a frappé Internet le samedi 25 janvier 2003 à 5 h 30 GMT. Malgré 376 octets seulement de charge utile, c'est tout l'Internet de certains pays, comme la Corée du Sud, qui a été mis à bas. On estime que 12 000 machines ont été contaminées en dix minutes seulement. Certains SOC (Security Operation Center) ont relevé 300 000 attaques par heure dans le monde.

Les experts en antivirus ont été étonnés de la qualité de ce ver. Il s'appuyait sur des failles de sécurité de SQL Server et MSDE (Microsoft SQL Server 2000 Desktop Engine) de Microsoft, un moteur de base de données livré avec des produits tels que Visio. On estime que la création de ce ver est le fait d'un seul auteur et non d'une équipe, alors que depuis plusieurs années les créateurs de virus se sont associés aux hackers pour combiner des méthodes de propagation et de destruction les plus efficientes possibles.

Les sections qui suivent présentent les différentes menaces existantes et donnent une définition aussi précise que possible des virus, vers, chevaux de Troie, bombes logiques et autres codes malicieux mobiles. Elles dressent ensuite l'état des lieux des armes des éditeurs destinées à contrer ces menaces ainsi que des nouvelles tendances du marché. Une grande tendance de ce marché vise à combiner divers moyens de défense pour faire face aux attaques hybrides de différentes catégories d'assaillants, notamment les auteurs de virus et les pirates.

Virus, ver et codes malicieux

Pour donner une définition d'un virus, partons de celle de Fred Cohen, père de la virologie informatique et expert mondialement reconnu en sécurité, qui créa, le 3 novembre 1983, le premier virus connu dans un but expérimental :

> « Un virus est un programme qui infecte les autres programmes en les modifiant afin d'inclure une copie de lui-même. » (*Source* A Short Course on Computer Viruses.)

Même si certains trouvent d'autres « pères » aux virus, la qualité des recherches de Fred Cohen et son apport au monde de la sécurité font l'unanimité. Le mot « virus » quant à lui est dû à Leonard Adleman, un autre célèbre expert en sécurité.

La caractéristique fondamentale d'un virus est sa capacité à s'autoreproduire et non sa nuisance. Un programme destructeur n'est donc pas forcément un virus, et un virus n'est pas nécessairement destructeur.

Un ver *(worm)* n'est pas un virus. Il se répand en utilisant un environnement donné *via* un vecteur complémentaire, comme le Carnet d'adresses d'Outlook ou TCP/IP, au lieu d'un objet donné, tel un fichier exécutable. Bien qu'un ver ne soit pas un virus au sens strict, F. Cohen le classifie comme une sous-catégorie de virus. Nous adoptons la même démarche dans cet ouvrage.

Un cheval de Troie est un programme qui paraît innocent de prime abord mais qui crée des portes dérobées permettant à un assaillant de prendre le contrôle d'un système ou d'en tirer parti. Il tire son nom de l'épisode de *L'Iliade,* d'Homère, dans lequel le rusé Ulysse fait déposer devant les portes de la forteresse de Troie un immense cheval de bois dans lequel sont cachés les Grecs. Les Troyens, abusés par le Grec Sinon, qui les persuade que le cheval est un don des Dieux destiné à rendre Troie invulnérable, le font entrer dans les murs. À la nuit tombée, les Grecs en descendent et mettent la ville à sac.

L'auteur d'un cheval de Troie cible sa victime afin qu'elle se montre intéressée par le téléchargement d'un programme. Bien souvent, la victime a le sentiment de télécharger un programme innocent et gratuit susceptible de lui être utile. Parvenu au sein du système, le cheval de Troie permet, par exemple, de voler des mots de passe. L'objectif est de prendre le contrôle du PC cible.

L'IETF (Internet Engineering Task Force) a publié en 1991 le document *Site Security Handbook* (RFC 1244, remplacée par la RFC 2196), qui donne notamment une définition technique du cheval de Troie. Des scripts VBS (Visual Basic Script) ou JavaScript créent des failles sur les hôtes cibles. Aujourd'hui, les logiciels antivirus traitent tout à la fois virus, vers, scripts hostiles (Jscript, JavaScript, VBS, ActiveX, applets Java), chevaux de Troie et leurs interactions.

Des produits complémentaires, comme les outils de détection d'intrusion, ou IDS (Intrusion Detection System), sont à même de gérer chevaux de Troie et vers *(voir le chapitre 5).* L'IDS eTrust Content Inspection de Computer Associates embarque même une base de signatures de virus dans son logiciel de détection d'intrusion. Quant aux pare-feu, ils s'interfacent de plus en plus avec des logiciels antivirus, voire les intègrent. C'est notamment le cas des pare-feu de Netasq, Arkoon et Fortinet, pour ne citer que quelques exemples.

Si les virus sévissent toujours, c'est qu'ils évoluent sans cesse et qu'on n'a toujours pas trouvé d'arme absolue pour y faire face. L'un des derniers exemples en date est SWF/LFM-926, un virus prototype qui touche les fichiers Macromedia Flash.

On aurait tort de croire que les codes malicieux, aussi appelés malveillants, ne proviennent que de sites Web « underground ». Certains grands groupes français sont régulièrement à l'origine de codes hostiles, développés par des employés indélicats. Il s'agit le plus souvent de virus maison, qui n'ont pas forcément pour objectif de se répandre sur Internet mais qui visent à causer des dégâts au sein de l'entreprise.

Les bombes logiques, qui visent à se déclencher à un instant donné, constituent un autre type de menace. Un exemple classique de bombe logique est celui d'une mini-application ou d'un fichier hostile qui se déclenche lorsque le nom de son auteur est, par exemple, supprimé du logiciel de paie suite à un licenciement.

Les grandes familles de virus

Il existe quatre grandes familles de virus, recensées au tableau 7.1.

Tableau 7.1 Les grandes familles de virus

Famille	Description
Virus de boot	Inscrit son code hostile dans le MBR (Master Boot Record) ou dans le secteur de démarrage d'une disquette. Il représente à l'heure actuelle une minorité de virus. Certaines commandes non documentées sous DOS, comme `FDISK /MBR`, permettent parfois de corriger le problème mais provoquent plus de dégâts dans d'autres cas.
Virus de fichier	Infecte tout fichier exécutable au sens large **(.exe, .com, .dll)**. Beaucoup sont conçus en fonction du code Windows 32-bits du fait de la popularité de cette plate-forme.
Virus macro	Infecte un hôte cible *via* les macros des traitements de texte ou tableurs. Ce type de virus était très populaire jusqu'à la fin des années 90. L'environnement Microsoft Office est particulièrement visé en raison de la popularité de cette suite applicative côté poste client.
Virus de script, vers Internet et code mobile malicieux	Cette catégorie hybride représente une partie importante des codes hostiles actuels. Cela comprend les composants Java et ActiveX, les langages de script, les vers et les chevaux de Troie et portes dérobées. Les auteurs emploient un ensemble de techniques pour concevoir ces virus hybrides, qui obéissent à la fois à la définition d'un virus, d'un ver et d'un cheval de Troie. Ils s'appuient sur le courrier électronique, les réseaux peer-to-peer (P2P) ou encore les IRC (Internet Relay Chat). C'est en regard de cette combinaison de méthodes de propagation qu'il convient d'analyser les solutions des acteurs offrant une protection contre les codes malicieux.

Tableau 7.2 Menaces de code malveillant en 2002 *(source Kaspersky Labs)*

Famille de codes hostiles	Pourcentage des menaces	Commentaire
Vers réseau	89,1 %	Les vers utilisant le vecteur de propagation de la messagerie représentent 95,6 p. 100 des vers réseau. Suivent les vers LAN (2,5 p. 100), les vers peer-to-peer (1,7 p. 100) et les vers IRC (0,2 p. 100).
Virus – Virus Windows – Virus macro – Virus de script – Autres virus	7 %	Les virus macro représentent 56,1 p. 100 de cette catégorie contre 40,9 p. 100 pour les virus Windows et 2,7 p. 100 pour les virus de script.
Chevaux de Troie – Programmes de portes dérobées – Programmes servant à des « exploits[(*)] » illégaux et à voler les mots de passe – Programmes causant des dommages spécifiques	3,9 %	Les programmes servant à utiliser des portes dérobées représentent 54 p. 100 de cette famille, contre 17,9 p. 100 pour les programmes servant à voler des mots de passe.
Canulars *(hoax)*, encore appelés virus mimétiques	Non applicable	Les plus connus en 2002 sont JDBGMGR, Ace-?, SULFNBK, Virtual Card for You, California IBM et Girl Thing. Le danger est faible mais peut conduire à quelques ennuis, comme la suppression d'un fichier légitime.

(*) Un « exploit » correspond à l'exploitation d'une faille d'un système d'exploitation ou d'un applicatif.

Les laboratoires Kaspersky ont analysé l'ensemble des attaques portant sur l'année 2002 en se fondant sur les incidents rapportés par leurs équipes. Pendant longtemps, beaucoup d'auteurs de virus ont souhaité avoir leur signature dans la base de référence de cet éditeur russe.

Le tableau 7.2 récapitule leurs résultats. L'objectif de cette étude n'est pas de désigner le code malicieux le plus actif de l'année mais les tendances du marché.

Un canular *(hoax)* est généralement envoyé par courrier électronique. Dans le cas de JDBG-MGR, on vous demandait de supprimer le fichier **jdbgmgr.exe** — un fichier Windows lié à Java — contenant soi-disant un virus. Le message, disponible en plusieurs langues, avec quelques variantes, donnait la chose suivante en français :

```
JE VIENS D'ETRE INFECTE PAR UN DE MES FOURNISSEURS
FAITES CE QU'IL Y A D'ECRIT EN DESSOUS ET TOUT SE PASSERA BIEN LE NOM DU VIRUS EST jdbgmgr.exe
➥L'ICONE EST UN PETIT OURSON.IL EST TRANSMIS AUTOMATIQUEMENT PAR LE CARNET D'ADRESSES.
LE VIRUS N'EST PAS DETECTE PAR VOTRE ANTIVIRUS ET RESTE EN SOMMEIL PENDANT 14 JOURS AVANT DE
➥S'ATTAQUER AU DISQUE DUR. IL PEUT DETRUIRE TOUT LE SYSTEME !!!
JE VIENS MOI MEME DE LE TROUVER SUR MON DISQUE DUR !!!AGISSEZ DONC TRES VITE POUR L' ELIMINER
➥COMME SUIT:
1. Aller dans DEMARRER, faire "RECHERCHER"
2. dans la fenetre FICHIERS-DOSSIERS taper le nom du virus: jdbgmgr.exe
3. Assurez vous de faire la recherche sur votre disque dur "C"
4. Appuyer sur "RECHERCHER MAINTENANT"
5. Si vous trouvez le virus L'ICONE EST UN PETIT OURSON son nom "jdbgmgr.exe "
➥---> NE L'OUVREZ SURTOUT PAS!!!!!
6. Appuyer sur le bouton droit de la souris pour l'=Eliminer aller la CORBEILLE) vous pouvez
➥aussi l'effacer en appuyant sur SHIFT DELETE afin qu'il ne reste pas dans la corbeille.
7. aller la CORBEILLE et l'effacer d=E9finitivement ou bien vider la corbeille. Mais SURTOUT
➥NE L'OUVREZ PAS , SUPPRIMER-LE DIRECTEMENT !!!!=!


SI VOUS TROUVEZ LE VIRUS SUR VOTRE DISQUE DUR ENVOYEZ CE MESSAGE A TOUS VOS CORRESPONDANTS
➥FIGURANT SUR VOTRE CARNET D'ADRESSES CAR CE VIRUS PASSE VRAIMENT PARTOUT ET TRES
➥VITE !!! !!! !!! .


DESOLE POUR CET INCIDENT MAIS, MOI AUSSI, JE ME SUIS FAIT AVOIR !!! !!!
➥ET MERCI D'AGIR VITE.
```

La suppression du fichier n'empêche pas Windows de fonctionner. Le principe de ce *hoax* est que les utilisateurs se transmettent ce message par voie électronique pour entraîner un effet de chaîne *(chain letters)*. C'est pourquoi, dans les entreprises, il est important d'éduquer les utilisateurs afin qu'ils ne colportent pas de fausses menaces et rumeurs. Avant de renvoyer le fichier formant une chaîne à des collègues, l'employé doit se mettre en contact avec son service informatique et n'entreprendre aucune action par lui-même.

Les classes de virus

On distingue trois classes de virus :

- **Les virus *in-the-wild*** (en liberté, ou dans la nature). Désigne les virus en circulation, présents sur le terrain. Un bon antivirus doit être capable de lutter contre ces virus et de mettre à jour aussi vite que possible leurs signatures et moteurs. La Wild List Organisation *(http://www.wildlist .org/WildList/)*, un groupe de volontaires composé en partie de chercheurs en virologie informatique, référence mois par mois l'ensemble des virus dans la nature.

- **Les virus *in-the-zoo*** (au zoo, ou en cage). Ce sont des virus rares, qui ne frappent pas les cinq continents au même moment. Ils sont plus ou moins détectés par les éditeurs d'antivirus.

- **Les virus de laboratoire.** En marge des catégories principales précédentes, ces virus proto-types sont issus des travaux de recherche des éditeurs d'antivirus. Ils servent à faire évoluer leurs mécanismes de protection.

Les virus n'ont pas l'obligation de rester en mémoire en permanence après l'exécution de leur code sur un hôte cible, à l'exception des virus de secteurs de démarrage. Par essence, ces derniers ne peuvent être exécutés que lors du processus de boot (démarrage).

Un virus est généralement constitué de trois parties :

- **Une routine contaminante.** Consiste en un code programmatique mis en œuvre par l'auteur, qui prend soin de ne pas infecter un fichier qui a déjà été préalablement contaminé. Plutôt qu'une contamination rapide en masse, il peut choisir des attaques plus lentes.

- **Une charge utile** (payload). Désigne l'action que va faire le virus, un élément gênant ou plus souvent destructeur.

- **Un déclencheur** (trigger). La condition de déclenchement peut-être liée à la présence d'un fichier ou d'une heure ou d'une date précise. Les déclencheurs sont notamment utilisés par les bombes logiques.

Il n'entre pas dans le cadre de cet ouvrage de détailler toutes les catégories de virus. Nous nous bornons à détailler les notions de virus polymorphe, souvent mal comprise, et de métamorphisme, qui constitue une évolution des virus polymorphes.

Virus polymorphes et métamorphisme

Les virus polymorphes sont conçus pour échapper à la détection des logiciels antivirus. Un simple virus qui se réplique est facilement repérable par un logiciel antivirus, pour peu que ce dernier contienne sa signature (pattern matching).

Pour pallier ce problème de détection par les scanners antivirus, les auteurs de virus ont commencé par travailler sur le chiffrement de la signature afin de le rendre beaucoup plus difficile à décrypter. Un virus chiffré se propage et infecte les fichiers de la même manière qu'un virus classique. Il se compose d'une routine de déchiffrement du virus et du corps du virus chiffré. Pour chiffrer le corps du virus, une clé de chiffrement est employée, que le virus modifie d'infection en infection. Puisque cette clé change, le corps du virus devient lui aussi différent, rendant sa détection difficile par un antivirus.

Un virus polymorphe ajoute un troisième élément à un virus chiffré, un moteur de mutation. Celui-ci sert à générer des routines de déchiffrement aléatoires, qui varient chaque fois que le virus infecte un nouvel objet (fichier ou programme). Dans ce type de virus, le moteur de mutation et le corps sont tous deux chiffrés.

Avant de s'attaquer aux routines de chiffrement variables, les auteurs de virus polymorphes changeaient simplement l'ordre des instructions pour effectuer une fonction donnée. L'utilisation d'un chiffrement variable rend les choses beaucoup plus complexes.

Les étapes du processus de chiffrement variable sont les suivantes :

1. Le virus polymorphe utilise un moteur de mutation et un corps de virus chiffré.

2. Lorsque l'utilisateur lance un programme ou un fichier infecté par un virus polymorphe, la routine de déchiffrement prend le contrôle de l'hôte et déchiffre le corps du virus et le moteur de mutation.

3. La routine de déchiffrement transfère le contrôle de l'ordinateur au virus, qui cherche à localiser un nouveau fichier ou programme à infecter.

4. Le virus fait une copie de lui-même et du moteur de mutation en mémoire vive (RAM).

5. Le virus fait appel au moteur de mutation, lequel génère une nouvelle routine de déchiffrement, capable de déchiffrer le virus tout en conservant une ressemblance aussi minimale que possible avec la routine précédente.

6. Le virus chiffre une nouvelle copie du corps du virus et du moteur de mutation.

7. Le virus ajoute au fichier cible une nouvelle routine de déchiffrement avec le virus nouvellement chiffré et le moteur de mutation.

Les premiers virus polymorphes sont apparus en 1991 avec Tequila et Maltese Amoeba, créé par le fameux Dark Avenger, qui avait distribué en 1992 son moteur de mutation connu sous l'acronyme MtE.

Les chercheurs en antivirus ont d'abord essayé de concevoir des routines de détection spécifiques pour chaque virus polymorphe. C'était aller droit dans le mur, par consommation excessive de temps et de ressources. Ils ont donc opté pour une détection générique, en partant des trois postulats suivants :

• Le corps d'un virus polymorphe est chiffré afin d'éviter sa détection.

• Le virus doit être déchiffré pour pouvoir s'exécuter normalement.

• Une fois que le programme infecté commence à s'exécuter, il doit prendre le contrôle de l'ordinateur afin de déchiffrer le corps du virus. Le virus déchiffré obtient ainsi le contrôle de l'hôte.

Cette détection générique pose de sérieux problèmes de performances. Elle peut en outre rater des virus, puisqu'il peut s'écouler plusieurs heures avant que le virus se déchiffre en mémoire virtuelle. Pour pallier ces difficultés, on s'est orienté vers la détection heuristique, qui tient compte du comportement du code malveillant.

Le métamorphisme désigne une évolution des virus polymorphes, qui supprime la notion de point d'entrée dans le code du programme (fin du *jump,* ou saut). Leur détection par les logiciels antivirus est rendue de la sorte plus complexe.

Nous reviendrons sur ces notions à la section dédiée aux solutions, dans la seconde partie du chapitre.

Qui écrit les virus ?

La population qui écrit des virus ou autres codes malveillants est vaste. Cela va de l'adolescent boutonneux au solitaire qui souhaite prouver sa compétence au reste de la communauté informatique.

L'ego joue un rôle très important en matière de sécurité. Contrairement à ce que l'on pourrait penser, il n'est nullement besoin d'être un expert, même si certains auteurs de virus ont démontré de réelles capacités de programmation et d'imagination. Sur Internet, il est possible de trouver des kits prêts à l'emploi permettant de créer un virus de toute pièce ou à partir d'une souche existante.

Un cliché répandu prétend que les éditeurs d'antivirus entretiennent des relations inavouables avec les auteurs de virus. S'il est difficile de nier que des éditeurs ont pu lâcher des virus dans la nature aux tout débuts de l'histoire de la virologie informatique, cela n'est assurément plus le cas aujourd'hui. Suffisamment de personnes s'adonnent à cette activité sans que les éditeurs aient besoin d'en rajouter, même si certains experts chez certains éditeurs sont en relation avec des auteurs de virus.

Les vers

Au sens strict, un ver n'est pas un virus et se définit par sa capacité à se reproduire. C'est donc par abus de langage que certains sont parfois désignés comme des virus. Certains codes hostiles peuvent toutefois revêtir les deux définitions. L'on trouve chez des éditeurs d'antivirus cette approximation lexicale.

Le premier ver Internet a été lancé le 2 novembre 1988 par Robert Morris Junior, alors étudiant en informatique à l'université de Cornell (États-Unis). Au cours d'une expérience, qu'il croyait avoir ratée, menée depuis le fameux MIT (Massachusetts Institute of Technology), le programme qu'il avait créé, appelé *worm* (ver) parce qu'il s'autorépliquait et s'autopropageait, pour l'injecter sur Internet contamina plus de 6 000 systèmes informatiques.

Ce programme tirait parti d'un trou de sécurité du mode debug de Sendmail, le programme de messagerie UNIX le plus utilisé au monde. Seul problème, le code développé par Robert Morris comportait un bogue, et sa propagation dépassa vite les ambitions de son auteur. Le coût de l'attaque a été estimé dans une fourchette comprise entre 200 et 53 000 dollars par installation. Cela fait sourire aujourd'hui, puisque les dégâts des vers se mesurent parfois en milliards de dollars.

Pour la petite histoire, R. Morris était le fils d'un dirigeant américain de la sécurité informatique de la NSA (National Security Agency). Il a été condamné à trois années d'approbation pour avoir violé l'article 18 du Computer Fraud and Abuse Act, à 400 heures de travail au service de la communauté et à 10 050 dollars d'amende. Treize ans après, l'année 2001 a été qualifiée d'« année du ver » avec la sortie de deux vers majeurs, Code Red et Nimda.

Principes de fonctionnement des vers

Les vers peuvent exploiter les éléments suivants :

• Messagerie (MTA SMTP, carnet d'adresses d'un logiciel client de messagerie, etc.).

- Réseau P2P (peer-to-peer), comme KaZaA ou eDonkey, qui servent à échanger des fichiers, notamment les fichiers musicaux au format MP3.

- Canaux IRC (Internet Relay Chat), qui permettent aux internautes de dialoguer entre eux.

- Protocoles réseau.

Aujourd'hui, vers et virus sont dits hybrides du fait qu'ils combinent un ensemble de mécanismes propres aux deux catégories pour gagner en vitesse de propagation.

Des vers comme Nimda ou Code Red et leurs nombreuses variantes ont évidemment fait réagir les éditeurs de solutions antivirus. La protection des postes client, et non pas seulement de la passerelle, est l'élément novateur de ces solutions.

Chevaux de Troie et portes dérobées

La RFC 1244 (Site Security Handbook) de l'IETF (Internet Engineering Task Force) définit un cheval de Troie de la façon suivante :

> « Programme qui fait quelque chose d'utile, ou simplement quelque chose d'intéressant. Il fait toujours quelque chose d'inattendu, comme voler des mots de passe et copier des fichiers à votre insu. »

Le pirate tente donc d'abord de vous séduire par son programme. Il faut que vous ayez intérêt à le télécharger et à le lancer pour que le ou les programmes cachés s'installent à votre insu sur votre poste. Certains chevaux de Troie, comme BackOrifice ou NetBus, sont présentés comme des outils d'administration pour la prise de contrôle à distance.

Un cheval de Troie n'est donc ni un virus ni un ver. Il n'a pas de fonction d'autoreproduction. Il entre cependant dans la vaste famille des codes malveillants puisqu'il crée des portes dérobées, qui offrent au pirate un contrôle quasi total de votre machine.

La notion de porte dérobée *(backdoor)* désigne le fait d'offrir un accès à l'insu du propriétaire légitime de l'application par le biais d'un service, ou daemon, particulier sur un port donné. L'intention n'est pas toujours malveillante. Certains éditeurs de logiciels laissent une porte dérobée à leur programme pour faciliter les opérations de maintenance à distance en permettant à un technicien de prendre le contrôle de l'hôte. Disons tout net que nous condamnons une telle pratique, surtout si elle n'est pas clairement documentée et parfaitement expliquée et si elle est installée par défaut. Nous recommandons pour chaque applicatif nouvellement installé sur un segment de réseau dédié de tester les services et ports mis en œuvre. Cela peut se faire facilement *via* des outils Open Source tels que Nessus, du Français Renaud Deraison, ou Nmap, qui offre, en autres choses, la fonctionnalité d'examen, ou scan de ports.

Les « joiners » sont un exemple de camouflage utilisé par les auteurs de chevaux de Troie pour tromper leurs victimes. Ces derniers jouent de la fusion avec un fichier sain. Troj/Joiner-A, par exemple, installe Troj/The Thing-E, qui crée une porte dérobée, et Troj/PSWBarik-C, qui vole les mots de passe. Le piège s'installe lorsque l'utilisateur clique sur le fichier fusionné, reçu en pièce jointe, par exemple.

Certains antivirus sont capables de détecter le cheval de Troie dans son état dangereux en analysant notamment la mémoire. L'IDS hôte RealSecure Desktop Protection, d'ISS, par exemple, inclut un module qui analyse toute installation de programme non référencé. Il bloque si nécessaire les flux initiés de la station vers l'extérieur afin d'y déceler des événements malveillants. Il protège également tout fichier stratégique de la station.

Les solutions de protection contre ce type de code malveillant sont toutefois meilleures pour la détection que pour l'éradication, notamment si l'utilisateur a commencé à nettoyer les programmes infectés à la main et dans la Base de registre de Windows. Vu le temps consacré au nettoyage d'un poste infecté, l'administrateur a tout intérêt à bloquer tout code malicieux détecté sans autoriser l'installation de ce ou ces programmes.

Les rootkits, ou kits racine

Apparu d'abord dans le monde UNIX, un rootkit est un ensemble de programmes, de fichiers et de scripts, qui permettent à un pirate de prendre le contrôle du code d'un système d'exploitation, tout en masquant sa présence à l'administrateur légitime.

L'un des objectifs de cette attaque est de prendre le contrôle du compte administrateur, appelé root sous UNIX. Le rootkit emploie généralement quatre types de programmes : des chevaux de Troie (avec des versions modifiées de login, netstat, ps, etc.), des portes dérobées (inetd, par exemple), des analyseurs réseau (Sniffer) pour capturer les paquets (Ethereal, par exemple) et des nettoyeurs de fichiers log.

Des logiciels de contrôle d'intégrité tels que Tripwire ou MD5sum peuvent agir de façon préventive contre l'installation de rootkits en environnement sain. Si une machine est déjà compromise, avec des binaires modifiés, ce type d'outil n'est cependant d'aucune utilité. Si de nombreux rootkits sont bien connus des mondes UNIX, Linux et Windows, la force des pirates réside dans leur capacité à créer leurs propres outils.

Codes malveillants et menaces non identifiées

Les menaces de code malveillant peuvent être de deux types, stationnaires ou anonymes :

- **Menaces stationnaires.** Il est possible de localiser le code malveillant, sur un site Web, par exemple. Les applets Java malicieuses et les scripts JavaScript, Jscript, VBScript et ActiveX sont des exemples de menaces fixes. Elles ne se répandent pas de leur propre chef, et il faut attendre qu'un utilisateur se connecte au site Web contenant le code hostile.

- **Menaces anonymes.** Traduisent des codes malicieux dont il n'est pas possible de déterminer l'origine exacte. Au mieux découvrira-t-on la région la plus infectée à un instant t.

Les auteurs de virus n'envoient évidemment pas leurs codes malicieux depuis leurs propres machines. Ils masquent leurs méfaits et n'hésitent pas à employer des ordinateurs d'universités mal protégés ou des ordinateurs publics, qu'ils trouvent dans des cybercafés, par exemple. Les virus, vers et chevaux de Troie entrent tous dans cette catégorie.

Les codes mobiles malicieux

Les actions menées par les codes mobiles malicieux peuvent avoir un impact non négligeable sur l'activité et la confidentialité des données d'une entreprise. Elles peuvent mener à une modification des paramètres système, à un vol de données personnelles *(privacy)* et à l'envoi de dénis de service. La copie ou la suppression de fichiers, le chiffrement de la table des partitions et l'installation d'une porte dérobée permettant de prendre le contrôle du PC au bon-vouloir de l'assaillant font partie de ces menaces.

Nous listons ci-dessous les modifications qui peuvent être apportées au système. Une partie de ces éléments est tirée de la présentation faite par Carey Nachenberg, du centre de recherche antivirus de Symantec, à l'IPVC (International Virus Prevention Conference) 1999 :

- Modification de la Base de registre de Windows.

- Lancement de fichiers non souhaité et non contrôlé par l'utilisateur légitime lors du démarrage de sa machine.

- Modification de certains fichiers système (**config.sys, autoexec.bat** et autres **.sys**).

- Formatage ou partitionnement du ou des disques durs.

- Suppression ou modification de fichiers.

- Modification des paramètres de sécurité du navigateur Internet.

- Introduction de composants Java ou ActiveX afin d'introduire des portes dérobées pour de futures attaques.

- Désactivation ou modification des paramètres du logiciel antivirus.

- Modification des fichiers ou du contenu des serveurs peer-to-peer (poste à poste).

- Réécriture du BIOS de l'ordinateur.

- Introduction d'un virus, ver ou bombe logique par l'ajout ou la modification de fichiers système.

- Modification de données d'une application. Le Chaos Computer Club de Hambourg, un club allemand de hackers, a démontré qu'il était possible de transférer des fonds, *via* un programme ActiveX et le logiciel Quicken de Microsoft, à l'insu de l'utilisateur légitime de l'application lors d'une transaction en ligne.

- Modification des informations des clés publique et privée trouvées sur la machine.

Concernant le vol de données confidentielles, les menaces sont les suivantes :

- Vol des mots de passe.

- Exportation de fichiers de données d'application (tableurs, traitements de texte, logiciels verticaux, etc.).

- Récupération des sites visités par la victime ainsi que des données envoyées sur ces sites.

- Exportation d'informations des logiciels avec leur numéro de version. Cela permet de savoir si la victime est à jour de ses patch et si une faille connue peut être utilisée par le hacker.

- Exportation des clés publique et privée trouvées sur l'hôte.

- Utilisation de l'adresse de messagerie de la victime pour l'envoi d'e-mails, dont du Spam, ou courrier électronique non sollicité.

Le dernier type d'attaque possible des codes malveillants est l'attaque par déni de service, ou attaque DoS (Deny of Service). Les applets tentent d'occuper tout l'espace mémoire disponible afin d'empêcher l'utilisateur légitime d'exécuter ses applications habituelles. Certains attaques tendent à empêcher l'utilisateur de se connecter à Internet ou de lire son courrier électronique.

Les menaces par applets Java et langages de script

Il existe différentes menaces de ce type, selon la plate-forme cible. À l'heure actuelle, les auteurs de virus s'attaquent particulièrement aux plates-formes sous Windows. C'est en effet la plate-forme la plus utilisée côté poste client, et les auteurs de code malicieux cherchent à faire le plus grand nombre de victimes. On a vu cependant de premiers codes malicieux toucher le monde Linux en 1997 avec Bliss, même s'ils restent nettement moins nombreux que sous Windows. Quand Linux aura gagné ses lettres de noblesse sur le poste client, il faudra s'attendre à trouver de plus en plus de virus sous cet environnement.

Par plate-forme, nous entendons les menaces liées à Java et aux principaux langages de script.

Nous allons examiner tout d'abord comment les applets Java sont utilisées dans le cas typique où l'utilisateur surfe sur le Web :

1. Le navigateur Internet se connecte à un site Web, de type *www.javahostile.com.*

2. Le navigateur télécharge la page Web *ad hoc,* généralement hébergée sur la première page accessible, qui contient la référence à un fichier Java ou à un fichier archive (.JAR). Ce dernier contient aussi bien les multiples éléments d'une applet Java que l'information sur le certificat numérique.

3. Le navigateur récupère le fichier Java ou son archive.

4. Si l'applet est fournie sous la forme d'un fichier archive JAR, le navigateur Internet vérifie si un certificat numérique est inclus.

5. En s'appuyant sur les paramètres de sécurité du navigateur Internet, la validité du certificat numérique et éventuellement celle entrée par l'utilisateur client, l'applet Java est acceptée ou rejetée.

6. Le navigateur inspecte le contenu du « code octet » pour vérifier s'il adhère ou non aux standards Java sans code malicieux particulier.

7. Si l'applet correspond aux conditions de sécurité, le navigateur Internet charge l'applet Java dans une JVM (Java Virtual Machine), une sorte de sandbox (bac à sable), et la lance.

8. Le code Java n'est pas maintenu en permanence et doit être téléchargé à nouveau durant l'activité de surf sur le Web.

Si Java a été conçu dans une telle optique sécuritaire, pourquoi connaissons-nous des problèmes ? La réponse à cette question tient à des problèmes d'implémentation et non au système lui-même. Le modèle de sécurité de Java protège l'utilisateur de toute modification de ses paramètres système et du vol de ses données personnelles. En revanche, il fournit peu d'éléments contre les dénis de service.

Nous verrons à la section consacrée aux solutions comment utiliser les signatures et certificats numériques pour protéger applets Java et contrôles ActiveX

Le Spam

Le Spam peut être défini comme tout courrier reçu de manière non sollicitée, le plus souvent de manière massive, suite à une collecte non autorisée de l'adresse du destinataire. Cette dernière précision est importante car elle seule permet de distinguer le Spam des campagnes d'e-mail marketing légitimes.

Les Anglo-Saxons appellent aussi cette pratique *junk mail,* UCB (Unsollicited Bulk E-mail) ou encore UCE (Unsollicited Commercial E-mail). En France, la CNIL (Commission nationale de l'informatique et des libertés) donne la définition suivante du Spam :

> « Le spamming ou Spam est l'envoi massif, et parfois répété, de courriers électroniques non sollicités, à des personnes avec lesquelles l'expéditeur n'a jamais eu de contact et dont il a capté l'adresse électronique de façon irrégulière. » (*Source http://www.cnil.fr/thematic/index.htm.*)

Les caractéristiques du Spam sont les suivantes :

- Le courrier est envoyé à un nombre massif d'utilisateurs.
- Le récipiendaire ne connaît pas l'expéditeur.
- Il est très difficile de « tracer » l'expéditeur.
- Le récipiendaire n'a jamais demandé à recevoir ce type de courrier.
- Il est très difficile de se désabonner.

Les lettres de diffusion ne constituent pas en soi du Spam, s'il est possible de se désabonner et si la récupération de votre adresse e-mail n'a pas été réalisée de manière illicite. Des robots scrutent certains sites ou groupes de discussion à la recherche d'adresses e-mail à exploiter pour de tels envois massifs.

Le Gartner Group estime qu'entre 2000 et 2002, le Spam a été multiplié par 16 et qu'entre 30 et 50 p. 100 du courrier électronique destiné aux entreprises est constitué de Spam. En Europe, une étude de la Commission européenne évalue le coût du Spam à 10 milliards de dollars en 2002. Jupiter Media Metrix estime pour sa part que chaque courrier électronique non sollicité revient à un dollar en perte de productivité et que le coût des dégâts d'une entreprise de 500 employés serait de près de 750 000 dollars par an. Comme toujours avec les cabinets d'étude, les chiffres sont à prendre avec précaution et recul.

Quoi qu'il en soit, il est certain que le Spam est consommateur de ressources humaines et matérielles et qu'il est un important facteur de perte de temps. De simple nuisance à l'origine, le Spam est devenu au fil du temps un véritable fléau pour les entreprises. Eric Allman, créateur en 1981 de Sendmail, le MTA (Message Transfer Agent) SMTP le plus utilisé au monde, indique dans une interview au site Silicon.com :

« Il y a un vrai problème. Trop de Spam finira par tuer l'e-mail. Nous n'en sommes pas encore là, mais cela pourrait arriver. »

Les principales conséquences du Spam sont les suivantes :

- Gaspillage de la bande passante, du trafic inutile transitant sur le réseau de l'entreprise en sus d'Internet.

- Saturation des boîtes aux lettres des serveurs de messagerie et des clients de messagerie. De nouveaux équipements de stockage sont nécessaires pour héberger les messages alors qu'une réduction des éléments inutiles éviterait un tel investissement.

- Obligation de nettoyage manuel. Le Spam contraint l'administrateur de messagerie, voire l'utilisateur du client de messagerie, à faire régulièrement le ménage dans le courrier reçu. Ce dernier doit vérifier si le courrier est ou non du Spam. Le risque de faux positifs (messages utiles déclarés en tant que messages abusifs) est un problème majeur. Personne ne peut offrir un taux de filtrage de 100 p. 100 de manière complètement automatisée.

- Problèmes de sécurité. Si un lien HTML renvoie l'utilisateur vers un site hostile, un mauvais filtrage du contenu peut introduire du code hostile ou malicieux sur le poste client.

- Problèmes légaux. Si un Spam est envoyé à votre insu avec votre adresse e-mail légitime à une autre entreprise et que ce courrier fasse référence à un sujet relatif à la pornographie, vous pouvez, vous et votre société, être mis en accusation devant la justice, en particulier aux États-Unis.

Sur le mot Spam

Le Spam est à l'origine un produit d'alimentation de la société Hormel Foods constitué de porc et de jambon, que l'on trouvait sous forme de conserves dans les années 40. La troupe de comédie britannique des Monthy Pythons en a fait un sketch où la scène se déroulait dans un restaurant. Un groupe de Vikings chantait « Spam ! Spam ! Spam ! » après que la serveuse eut annoncé les plats qui se terminaient quasiment tous par le mot « spam ».

Le cabinet d'étude Gartner Group évoque une nouvelle forme de Spam, baptisée *friendly fire*, pour désigner les courriers électroniques envoyés depuis son lieu de travail à ses amis, incluant photos de famille, clips vidéo, blagues, etc. Même si cela occupe de l'espace et de la bande passante, ce n'est toutefois pas du Spam à proprement parlé. Tout au plus peut-on songer à des « effets collatéraux », pour rester dans la métaphore guerrière.

Les adresses sont collectées par les spammeurs de multiples façons, par exemple dans les groupes de discussion, sur les sites Web, dans les annuaires (pages jaunes et blanches) ou dans les IRC (Internet Relay Chat). Les spammeurs utilisent des robots pour collecter automatiquement les adresses. Ils peuvent aussi opérer sans difficulté à partir de la connaissance d'un nom de domaine et en constituant leurs propres base d'adresses. Si la structure de l'adresse d'une personne en entreprise est constituée de `prenom.nom@entreprise.com`, il y a de fortes chances que vous puissiez envoyer un courrier à l'ensemble des personnes de cette entreprise en utilisant simplement des annuaires regroupant ce type de données pour un envoi massif non ciblé.

Les outils permettant d'envoyer des courriers non sollicités pullulent sur Internet. Les grands spammeurs préfèrent toutefois créer leurs propres outils pour éviter la détection par les solutions antispam. Les spammeurs s'appuient toujours sur d'autres machines que les leurs, un peu à la manière des auteurs de virus et des pirates. Les relais de messagerie ouverts, les comptes webmail, les proxy Web ouverts et les comptes gratuits ou volés de type dial-up sont leurs proies de choix.

Un relais de messagerie ouvert est un MTA (Message Transfer Agent) SMTP d'un serveur de messagerie configuré pour traiter et transmettre des e-mails à n'importe quelle destination sans tenir compte du fait que l'expéditeur soit connu de ce serveur. Le courrier électronique reçu apparaît au récipiendaire comme émanant d'un serveur de messagerie légitime. Il est prudent de ne pas laisser son relais SMTP ouvert. Certaines solutions antispam effectuent cette vérification.

Les outils de défense

Aucun acteur sérieux de solution antivirus ne peut garantir une protection absolue. Le seul argument parfois évoqué est une protection à 100 p. 100 contre les virus connus et répandus, dits *in-the-wild*.

La course entre auteurs de virus et éditeurs d'antivirus est sans fin. Les auteurs de virus ont cependant toujours une longueur d'avance, malgré les progrès faits dans l'analyse générique, qui recoupe à la fois les analyses heuristiques et les analyses comportementales.

Les antivirus

On distingue quatre grandes catégories de technologies de lutte contre les virus connus et inconnus. Le tableau 7.3 en donne une description synthétique.

Tableau 7.3 Panorama des technologies antivirus

Type de défense	Description
Signature, ou pattern matching	Chaîne d'octets décrivant le virus. C'est le moyen le plus précis et le plus efficace pour détecter un virus. Toutefois, si le logiciel antivirus n'a pas la signature, il ne connaît pas le virus et le laisse passer.
Analyse heuristique	S'appuie sur l'examen de séquences de codes caractérisant la présence d'un virus dans des programmes.
Analyse comportementale	Analyse dynamique des opérations de lecture et d'écriture en mémoire, qui s'appuie sur des signatures de description de comportement.
Contrôle d'intégrité	S'appuie sur des algorithmes de hachage pour vérifier qu'un octet n'a pas été modifié. Certains outils utilisent pour cela du CRC 32-bits, mais les principaux et meilleurs algorithmes de hachage sont MD5 et SHA-1.
Bac à sable *(sandbox)*	Le code malveillant s'exécute dans un environnement confiné. En fonction des tentatives d'accès mémoire ou disque, on peut déterminer s'il s'agit d'un virus tout en protégeant l'hôte. La solution de Finjan n'opère dans le bac à sable qu'une décompilation côté passerelle, tandis que, côté client, elle opère une pleine exécution du code.

Les éditeurs de solutions contre les codes malicieux incluent une partie ou l'ensemble de ces mécanismes de défense.

Le tableau 7.4 récapitule les technologies mises en œuvre par quelques éditeurs présents en France.

Tableau 7.4 Types d'analyse offertes par des éditeurs présents en France

Nom de l'éditeur	Type d'analyse			
	Signature	Heuristique	Comportementale	Contrôle d'intégrité
Aladdin Knowledge Systems	Oui	Oui	Oui	Non
Computer Associates	Oui	Oui	Non	Non
Finjan	Oui	Oui	Oui	Oui
F-Secure	Oui	Oui	Non	Oui
Kaspersky Labs	Oui	Oui	Oui	Oui
Network Associates	Oui	Oui	Non	Non
Panda Software	Oui	Oui	Non	Non
Sophos	Oui	Oui	Non	Oui
Symantec	Oui	Oui	Dépend du produit.	Non
Trend Micro	Oui	Oui	Oui	Non

Le choix d'un antivirus ne se fait pas en fonction de la totalité des technologies supportées mais de leur complémentarité (approche holistique). L'intérêt de l'analyse comportementale est un des points les plus discutés entre experts en antivirus.

Le premier type d'analyse et le plus ancien est fondé sur la signature du virus par une analyse du code. Cela fonctionne parfaitement si le virus est référencé, mais pas du tout s'il est inconnu. Pour certains éditeurs, la base de signatures peut devenir très importante, contraignant certains d'entre eux à purger les anciens virus. Mais cela n'est pas le cas de tous les éditeurs d'antivirus.

Stephan Roux, consultant avant-vente chez l'Anglais Sophos, s'en explique :

> « La taille de nos signatures (de 5 à 15 Ko) nous permet d'être performant et de ne pas faire de purge puisque notre base de 70 000 virus tient en moins de 2 Mo. »

En revanche, un éditeur comme Aladdin Knowledge Systems ne disposait, début 2003, que d'une base de 5 000 signatures. Ses signatures liées aux environnements DOS, par exemple, ont été supprimées par choix délibéré. L'éditeur s'est concentré sur l'analyse du contenu actif et des langages de script, tout comme Finjan, considéré comme le leader mondial dans ce domaine par plusieurs cabinets d'études, bien que ces acteurs restent encore modestes en terme de marché. Toutefois, la base de signatures moins riche que celle des concurrents ne signifie pas *in fine* une protection moindre puisque ces acteurs s'appuient principalement sur d'autres mécanismes de détection.

Aladdin Knowledge Systems permet l'intégration de la base de signatures et du moteur de Kaspersky Labs de manière optionnelle et payante pour son produit eSafe Mail fonctionnant sous Windows.

Généralement, il faut moins de deux heures à un éditeur sérieux pour fournir un antidote. Si cela semble rapide, cela reste insuffisant au regard de la vitesse de propagation actuelle des codes malveillants. Trend Micro, leader des passerelles antivirus, a mis en place des notions de filtrage en attendant la sortie du pattern matching (séquence d'octets représentant la signature du virus, autrement dit sa fiche ADN), qui permettra l'analyse complète et donc la désinfection d'un virus. Son objectif est de proposer à ses clients des outils permettant de bloquer la propagation du virus.

La recherche générique

La bataille entre éditeurs d'antivirus se joue surtout sur la recherche générique, qui se traduit notamment par l'analyse heuristique et l'analyse comportementale.

Un système heuristique essaie de trouver des instructions dans les codes de certains programmes afin de révéler la présence caractéristique d'un virus. Pour le moins, l'accord est loin d'être unanime sur la portée des différents types d'analyses.

Voici les définitions de François Paget, chercheur en virus chez Network Associates :

> « La recherche heuristique s'apparente à une recherche d'anomalies au sein des fichiers analysés. On peut, par exemple, rechercher où se situe le point d'entrée d'un exécutable 32-bits et définir une suspicion si celui-ci n'est pas normalement localisé. La recherche heuristique ne s'appuie pas sur la connaissance particulière d'une famille de virus mais sur la structure des fichiers analysés et sur les fonctionnalités liées à l'ensemble des virus ou des chevaux de Troie.

> » Il est aussi possible de rechercher des instructions inattendues et potentiellement dangereuses, comme des appels à des interruptions DOS non documentées, des fonctionnalités d'émission d'e-mails ou des instructions liées à des « exploits » connus. La comptabilisation du nombre d'anomalies sur un même fichier donne ensuite une indication du niveau de fiabilité de l'alerte. Quant à l'analyse comportementale, je la nomme « monitoring de programmes ». Elle repose sur l'analyse dynamique des opérations de lecture et d'écriture en mémoire. L'écriture en mode physique sur un disque dur pourra de la sorte amener une alerte. »

Marc Blanchard, ancien directeur technique des laboratoires de Trend Micro Europe et éditeur de produits d'analyse comportementale, déclare pour sa part :

> « Notre système de détection s'appuie sur des comportements existants et enrichis dans nos fichiers de signature de comportement. Cela nous permet d'effectuer des examens comportementaux croisés dans nos traps de détection et de ne pas freiner les détections des codes métamorphiques. »

Comme expliqué précédemment, le métamorphisme désigne une nouvelle génération de virus polymorphes, dont le rôle est d'éviter la détection par les antivirus en supprimant la notion de point d'entrée. Le virus contourne les *jumps* (sauts) et se met à la place. Pour M. Blanchard, « l'analyse comportementale représente l'avenir en matière antivirus ».

Cet avis n'est pas partagé par Denis Zenkin, de Kaspersky Labs, pour qui « l'analyse comportementale de Trend Micro est en fait une analyse heuristique ordinaire ». Sophos, de son côté, n'est pas du tout intéressé, à court terme tout du moins, par l'analyse comportementale. Selon Stephan Roux, « dans l'analyse comportementale les règles sont trop liées au fonctionnement de la machine et à son utilisation ».

Chez Symantec France, Damaze Tricart, chef de produit, précise son opinion :

> « L'analyse comportementale n'en est pas vraiment une puisque le moteur n'analyse pas le fichier. À l'exécution du fichier, le moteur comportemental bloque une action interdite demandée par le fichier. Ainsi, lorsqu'un fichier s'exécute et que, tout à coup, il commence à envoyer des e-mails, le moteur comportemental bloque cette action car référencée comme interdite pour ce type de fichier. Le fichier est donc effectivement exécuté, mais l'action interdite est bloquée. Nous ne faisons appel à l'analyse comportementale que dans le cas des scripts et des vers et uniquement dans notre produit grand public. Il y a eu à un moment une tentative d'ajout d'un blocage comportemental d'écriture dans les exécutables, mais la fonction a été retirée du fait d'un nombre de fausses alertes beaucoup trop important. C'est là que réside le problème des antivirus fondés sur le mode comportemental. »

Une autre technologie est le contrôle d'intégrité. Kaspersky Labs, Finjan et Sophos l'utilisent, pour ne citer que quelques acteurs majeurs du domaine. L'éditeur russe s'appuie sur du CRC 32-bits tandis que Sophos utilise un algorithme propriétaire.

Tripwire, spécialiste du contrôle d'intégrité, n'utilise le CRC 32-bits dans ses produits que pour des raisons historiques et de rapidité de traitement. Il recourt de plus en plus à la place à des algorithmes de hachage, beaucoup plus solides, comme MD5 ou SHA-1.

Selon Denis Zenkin, de Kaspersky Labs, « il n'y a aucun code malicieux qui ne puisse être stoppé par la technologie CRC 32-bits ». « Néanmoins, précise-t-il, nous comprenons que MD5 et SHA-1 soient des algorithmes beaucoup plus fiables, et nous travaillons à leur intégration dans Kaspersky Inspector pour Windows et Linux. »

La lutte antivirus ne se résume pas à un mixage de l'ensemble des technologies possibles. Aucun éditeur n'a découvert la panacée, et il n'existe pas de solution absolue. Un éditeur tel que F-Secure utilise trois moteurs : celui de Kaspersky, Orion (le sien) et celui de F-Prot. *In fine,* le choix s'opère en fonction d'un nécessaire compromis. Computer Associates mêle à Inoculate 7 deux moteurs heuristiques pour doubler la protection. Il ne suffit toutefois pas de cumuler les moteurs pour offrir une protection supérieure. Quel que soit l'antivirus mis en œuvre, il laissera toujours passer un code hostile à un moment ou un autre. Il convient donc surtout pour le responsable sécurité de voir comment il peut bâtir une politique antivirus globale. La composante d'administration est d'ailleurs souvent le point fort des principaux éditeurs du marché (Symantec, Network Associates, Trend Micro).

Si certains cabinets d'études recommandent le recours à un éditeur unique côté poste client et passerelle pour simplifier les coûts d'administration, nous ne partageons pas cette approche pour notre part. Dans une optique sécuritaire, il convient plutôt de choisir des éditeurs dont les points forts ne s'appuient pas sur les mêmes techniques d'analyse.

Le tableau 7.5 recense les critères de choix d'un antivirus qui nous paraissent les plus pertinents.

Tableau 7.5 Critères de choix d'un antivirus

Critère d'analyse	Description
La solution antivirus est elle complète et pérenne ? Mes choix seront-ils valables dans trois ans ?	Analyse des points de vulnérabilité : – passerelles ; – postes client ; – PDA ; – mobiles.
Dois-je avoir plusieurs éditeurs en fonction des systèmes d'exploitation de mes hôtes ?	Mon éditeur offre-t-il le même niveau fonctionnel et la même qualité de produits pour plusieurs systèmes d'exploitation (UNIX/Linux, Windows, Macintosh, etc.) ? Certains éditeurs sont spécialisés dans un environnement donné (Windows le plus souvent) ou limitent trop les versions d'UNIX et distributions Linux supportées.
Degré de réactivité des éditeurs (moins de deux heures pour les meilleurs)	Rapidité et stabilité des définitions : – des signatures ; – des moteurs. Est-il possibilité de revenir en arrière en toute sécurité en matière de signatures et de moteurs ? Quels sont les processus d'automatisation des mises jour ? Comment accède-t-on aux mises à jour lorsque Internet sature sous les attaques ? Quel filtrage peut-on opérer en attendant la sortie de la définition du virus ?
Facilité d'installation, de déploiement et d'administration	Quelles équipes vont se charger de l'opération ? De quel type de formation ont-elles besoin ? Puis-je utiliser mes outils de déploiement de logiciels existants ?
Support technique des éditeurs	Puis-je dialoguer dans ma langue avec un spécialiste antivirus ? Peut-il intervenir dans ma société pour un problème particulier ?
Qualité du produit. Test de laboratoires : ICSA (division de TruSecure), Checkmark, Université de Hambourg, Virus Bulletin, etc.	Quelle est la capacité des produits : – à détecter ? – à éliminer ? – à désinfecter ? – à contenir un code malicieux ? Quel est le taux de faux positifs et de faux négatifs ?
La solution antivirus est elle complète et pérenne ? Mes choix seront-ils valables dans trois ans ?	Analyse des points de vulnérabilité : – passerelles ; – postes client ; – PDA ; – mobiles.

Les outils de détection d'intrusion, ou IDS (Intrusion Detection System), et de filtrage d'e-mails peuvent servir de complément à la lutte antivirus. Les mondes respectifs des virus, vers, scripts malveillants et chevaux de Troie font appel à des équipes et à des compétences particulières.

Depuis fin 2002 et début 2003, on constate que les éditeurs s'orientent vers des boîtiers dédiés pour abriter leurs passerelles antivirus, auxquelles ils ajoutent éventuellement des compléments.

Aladdin Knowledge Systems propose un boîtier dont l'approche nous paraît séduisante, notamment pour la lutte contre les virus de script. Panda Software vise également le monde des entreprises avec un boîtier qui, tout comme ceux de Network Associates ou Symantec, dispose de toute une gamme d'outils.

À l'origine, ces solutions étaient plutôt orientées petites structures, et certaines n'affichent pas la même souplesse ni la même qualité que les solutions purement logicielles. Mais les choses évoluent et les boîtiers montent en gamme pour toucher les grands comptes. On devrait aboutir à terme à un niveau de performance semblable sinon supérieur grâce à du matériel optimisé et à des fonctionnalités nouvelles. Les antivirus présents sous forme de boîtiers dédiés correspondent toutefois à une forte tendance du marché.

L'analyse générique ou heuristique a un impact non négligeable sur la performance. Généralement, les éditeurs proposent trois niveaux de sécurité, comme l'illustre la figure 7.1. Or, nous avons clairement constaté avec certaines solutions un net ralentissement de la performance lorsque le niveau de sécurité est élevé, avec une analyse de tous les fichiers. Dans certains cas, il devient carrément difficile de travailler tant le ralentissement de la station de travail se révèle important.

Figure 7.1

Paramétrage de la protection heuristique avec Symantec Antivirus Corporate Edition

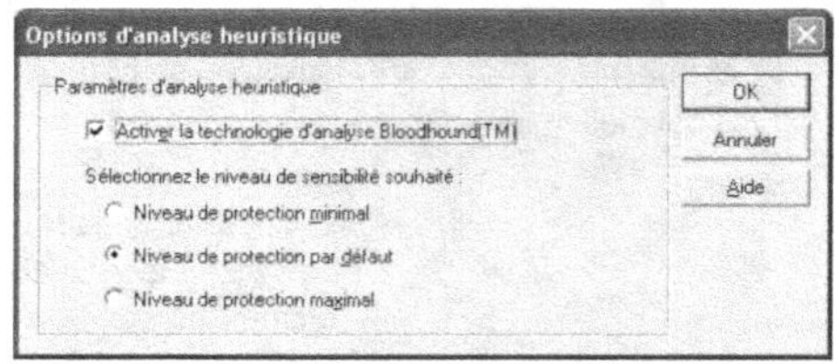

Ce que ne peuvent pas faire les antivirus

Si le marché des antivirus est considéré par les analystes comme le plus mûr du domaine de la sécurité, avec un taux de déploiement supérieur à 90 p. 100 chez les grands comptes et les PME-PMI, les produits antivirus font face à deux limites incontournables :

- Ils ne peuvent offrir une garantie absolue contre les codes malveillants.

- Ils ne peuvent pas toujours réparer les dégâts occasionnés par les virus.

Aucun antivirus du marché ne peut garantir une protection à 100 p. 100, ne serait-ce qu'à cause de l'apparition de virus inconnus. Si les signatures de ces virus ne sont pas référencées dans la base de l'éditeur, l'antivirus les laisse passer. Par ailleurs, aucune technologie générique, qu'elle soit heuristique, comportementale ou à base d'intelligence artificielle, n'est parfaite.

Cela n'empêche pas certains éditeurs de proposer, sans rire, des garanties sans mise à jour. Ils ont au fil du temps précisé que cela ne concernait que les mises à jour de signatures, comme si les mises à jour de moteurs n'étaient pas également des éléments aussi fondamentaux que les signatures. Résultat, ils n'opèrent pour l'essentiel qu'en tant que bloqueurs stupides. Il suffit de considérer un programme classique, qui n'ira jamais inscrire de données dans un MBR (Master Boot Record), ou secteur de démarrage, en dehors de l'installation d'un système d'exploitation ou de l'utilisation d'utilitaires comme les outils de partitionnement de disques durs. Le bloqueur alerte toute tentative d'écriture au sein du MBR.

Mises à jour

Dans un antivirus, les mises à jour concernent principalement les signatures, opérées quotidiennement, et les moteurs, moins fréquemment. Certains éditeurs sortent un nouveau moteur d'analyse heuristique tous les trois mois environ.

À l'heure où nous écrivons ce livre, plus de 70 000 virus seraient référencés. Ce nombre varie toutefois d'un éditeur à un autre, de même que les méthodes de comptage. Connaître le nombre de virus n'a d'intérêt que s'il y a une énorme différence entre deux éditeurs. Le fait que Sophos référence 70 000 virus contre 5 000 seulement pour Aladdin indique des choix de stratégie différents plutôt qu'un niveau de protection très éloigné.

Quant à la réparation des dégâts d'un virus, tout dépend du virus et de son action destructrice. Ceux qui se contentent de mobiliser de la mémoire peuvent être retirés de l'hôte cible assez facilement. D'autres se montrent beaucoup plus coriaces. Certains d'entre eux chiffrent la table des partitions, par exemple, rendant le redémarrage de la machine problématique sans élément préalablement sauvegardé. D'autres chiffrent des fichiers ou des disques durs, effacent des données, renomment des objets ou modifient la Base de registre de Windows, rendant la récupération du système longue et difficile.

Certains antivirus peuvent détecter un virus et le supprimer, mais pas davantage. Dans la messagerie électronique, on souhaite certes voir supprimer les virus mais aussi récupérer les pièces jointes une fois désinfectées. Certains antivirus effectuent l'ensemble des opérations suivantes, tandis que d'autres se limitent à une partie d'entre elles seulement :

- détection ;

- désinfection ;

- élimination ;

- mise en quarantaine.

Certains constructeurs d'antivirus ne permettent pas à leurs produits de nettoyer les virus, à l'instar de Nokia et de son boîtier Nokia Message Protector, dédié à la sécurisation du contenu des flux SMTP. Les ingénieurs considèrent en effet que le nettoyage peut provoquer une menace potentielle.

Nous recommandons aux entreprises de verrouiller la configuration côté postes client afin qu'un utilisateur final ne puisse modifier les paramètres et accepter un code malveillant. Les PC d'aujourd'hui disposent de ports USB. Certaines clés USB ont des capacités de stockage allant jusqu'à 4 Go, ce qui les rend susceptibles d'héberger beaucoup de données et de programmes à l'insu du service informatique et de les installer en connectant la clé sur le port USB du PC. Il est possible dans certains cas de désactiver les ports USB au sein du BIOS de l'ordinateur. Même une petite clé de 32 Mo remplace avantageusement plusieurs disquettes et permet d'emporter des documents. Si l'utilisateur final en entreprise a la possibilité de désactiver l'antivirus sur son poste client, des fichiers rapatriés sur le PC peuvent abriter un code malicieux et contre-carrer la protection effectuée côté passerelle, bien que rien n'ait transité par le réseau.

De la même manière, la mise à jour des bases de signatures et des moteurs doit être contrôlée par le service informatique de façon centralisée. Il est toutefois toujours possible de télécharger chez des éditeurs comme Symantec des outils du type Intelligent Updater et de mettre à jour l'antivirus alors même que la configuration est verrouillée. Cela ne constitue pas un risque majeur mais montre que le verrouillage n'est pas complet.

Une passerelle antivirus pour une messagerie SMTP peut faire une analyse en temps réel dans la journée. Le soir, lorsque les employés ne travaillent plus, un examen antivirus des fichiers de l'ensemble des boîtes aux lettres des utilisateurs peut se révéler utile, pour peu qu'un tel examen n'enfreigne pas la loi sur la protection de l'e-mail et de la vie privée.

Il est théoriquement possible qu'un virus ne soit pas identifié au niveau de la passerelle. Certaines entreprises n'analysent que le trafic SMTP et laissent de côté le trafic HTTP et FTP, par exemple. De la même manière, certains codes hostiles ne se déclenchent que sur des postes clients et sont difficiles à identifier côté passerelle. Enfin, lors de montées en charge, certaines passerelles ont des difficultés à analyser tout le trafic.

Faire face à la montée en charge

Certains antivirus sont de gros consommateurs de puissance CPU et de mémoire, que ce soit côté passerelle ou client. Pour s'en rendre compte, il suffit d'utiliser des outils tels que le moniteur de performances livré par défaut avec Windows NT/2000 et XP.

La figure 7.2 illustre l'utilisation sous Microsoft Windows XP du temps et de la mémoire ainsi que des accès disque lors d'un examen antivirus réalisé à la demande. Les courbes montrent clairement l'impact de l'utilisation de l'antivirus sur le processeur, la mémoire et l'accès disque. On remarque par moment une chute de la mémoire, qui, au départ, est mobilisée à 100 p. 100 . Ces chutes de l'utilisation peuvent s'expliquer par la taille des fichiers analysés mai aussi du fait des trous de mémoire *(memory leaks)*.

Côté passerelle, l'expérience montre que les grandes entreprises s'appuient sur des systèmes UNIX ou Linux, avec des machines biprocesseur et 1 à 2 Go de mémoire vive.

Figure 7.2

Impact de l'utilisation d'un antivirus sur le processeur, la mémoire vive et la lecture disque lors d'un examen des fichiers des disques durs

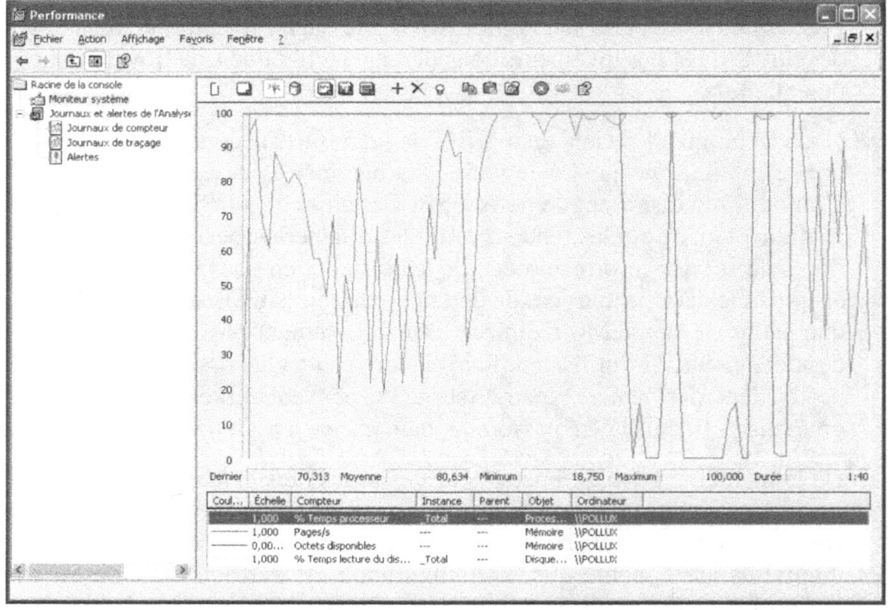

Pour faire face à la masse des fichiers à analyser, il est possible d'utiliser des équilibreurs de charge ou des solutions complémentaires du type de celle de Radware, qui permet, sous forme d'appliance, de soulager les logiciels antivirus et le filtrage d'URL. On peut ajouter le support du protocole ICAP (Internet Content Adaptation Protocol), que nous détaillons à la section suivante. Bien qu'il ne soit pas encore supporté par les tous les éditeurs d'antivirus, ce protocole permet d'optimiser de manière très importante le trafic à analyser. D'aucuns estiment ce gain à 500 p. 100.

La solution CID (Content Inspection Director) de Radware est une des premières du genre, mais la concurrence ne devrait pas tarder à en proposer d'autres du même type. Dans cette solution, les règles de filtrage des antivirus distinguent les flux sains des flux dangereux. Ces règles, hébergées directement sur l'appliance du constructeur, évoluent beaucoup moins que les définitions de virus ou les différents moteurs antivirus. Les protocoles inspectés et redirigés sont HTTP, FTP et SMTP.

Le principe de cette solution est que les passerelles antivirus n'ont pas à vérifier tous les flux, puisque 80 p. 100 du trafic est jugé sûr. Les ingénieurs de Radware ont constaté que les passerelles antivirus sont limitées à un débit moyen de 3 Mbit/s, ce qui est insuffisant dans le cas des architectures multihoming. En redirigeant à bon escient les flux HTTP sur des fermes de serveurs spécialisées — en s'appuyant notamment sur les pièces de type MIME (Multipurpose Internet Mail Extensions) —, le débit peut être augmenté de 500 p. 100 , et l'on peut atteindre une analyse de contenu de niveau Gigabit.

En sus du filtrage par type de flux, il est possible de filtrer en fonction des adresses IP source et destination. La batterie de serveurs antivirus peut donc varier selon des règles définies. Un éditeur sera meilleur sur les contrôles ActiveX et les scripts VBScript et un autre sur les scripts HTML. Si, à des fins de sécurité, les entreprises ont le souci de s'équiper d'un éditeur différent côté poste client, trop rares sont celles qui mélangent, au sein de leurs passerelles, plusieurs éditeurs en tenant compte des qualités propres de chaque produit. Les analystes des cabinets d'études ont beau mettre en avant la simplicité d'une stratégie mono-éditeur, la plupart des spécialistes en sécurité préfèrent mêler à bon escient les technologies lorsque c'est possible.

Certains solutions, comme Antigen, de Sybari, n'hésitent pas à mêler pas moins de cinq moteurs d'antivirus, issus de partenariats avec des éditeurs d'antivirus, pour protéger les systèmes de messagerie des entreprises. Le flux de courrier électronique entrant est passé au crible des différents moteurs en fonction du contenu et selon un ordre qui dépend du type de fichier (document Word contenant une macro ou code HTML).

L'équilibrage de charge de Radware s'appuie sur l'algorithme Response Time Load Balancing et non sur le temps écoulé entre un SYN (synchronisation) et un ACK (accusé de réception) d'un paquet TCP, qui mesure davantage la performance de la pile TCP/IP que celle de l'application située au-dessus. Les premières passerelles antivirus validées sont celles d'Aladdin Knowledge Systems, de Network Associates et de Trend Micro. Côté filtrage d'URL, citons celles de Surf-Control et de WebSense.

Pour la première mouture de la solution CID de Radware, il n'existe pas de fonctionnement en mode transparent. Cela peut donc offrir un point de rupture en cas de panne matérielle. Il convient dès lors de la doubler en mode actif-passif, même s'il est possible d'utiliser le mode actif-actif. L'utilisation du mode actif-actif doit cependant être contrôlée. Dès lors que le taux d'utilisation CPU dépasse 50 p. 100 sur chaque boîtier, il n'est plus possible d'en retirer un pour des opérations de maintenance puisque le boîtier restant croulerait sous la charge. C'est un des aspects à prendre en compte lors de l'utilisation du mode actif-actif, et ce quel que soit l'équipement.

Précisons qu'avec la capacité de traitement de plusieurs gigabits d'Application Switch III, la plate-forme de base de Radware, le besoin du mode actif-actif se fait moins sentir.

La figure 7.3 illustre le fonctionnement du produit CID (Content Inspection Director), de Radware, qui fait office de point de décision pour orienter le trafic qui doit être inspecté par un équipement de sécurité. Le filtrage, au sein de CID, est fonction du service applicatif. Le nombre d'équipement antivirus et de filtrage d'URL peut être fortement réduit grâce à l'algorithme de routage intelligent de CID.

Beaucoup considèrent que 80 p. 100 des flux qui transitent par les passerelles antivirus n'ont pas réellement besoin d'être analysés. L'optimisation des règles de filtrage permet donc de soulager les passerelles antivirus et les solutions de filtrage d'URL.

Figure 7.3

*Fonctionnement
du produit CID
(Content Inspection
Director) de Radware*

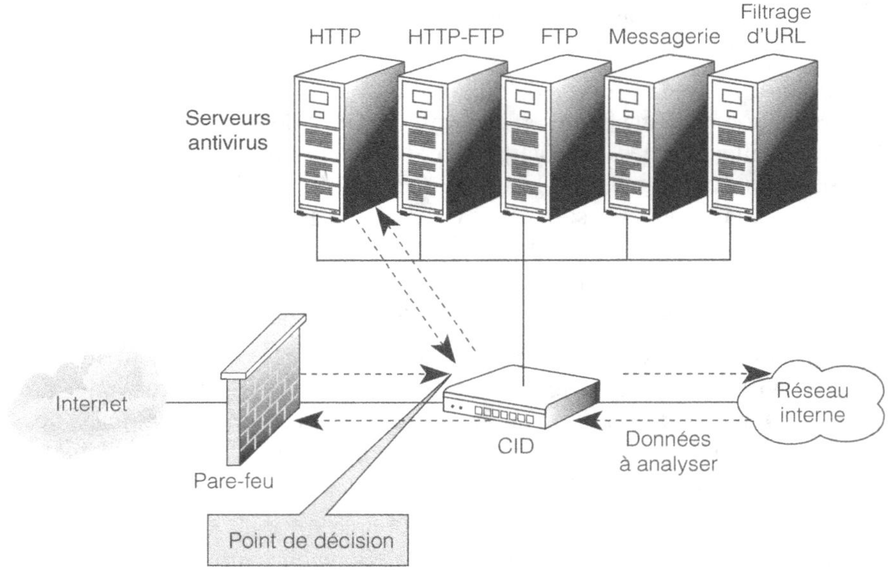

ICAP, le futur de la gestion de contenu Internet

Les équilibreurs de charge visant à réduire le montant de données à analyser ne sont pas les seuls moyens d'optimiser l'architecture. ICAP (Internet Content Adaptation Protocol) est, en ce début des années 2000, un protocole vectoriel riche de promesses. Lancé par Network Appliance, le spécialiste des boîtiers de cache, et Akamai Technologies, ce protocole est supporté par de plus en plus d'acteurs aussi bien côté client que côté serveur, dont les éditeurs d'antivirus et de filtrage d'URL.

Officiellement présenté en décembre 1999 par le Forum ICAP, le protocole ICAP vise à fournir une interface de communication unique pour la personnalisation et le traitement des contenus.

La RFC 3507 de l'IETF donne la définition suivante d'ICAP :

> « ICAP est un protocole dont le but est de fournir une vectorisation du contenu fondée sur l'objet pour des services HTTP. ICAP est, par essence, un protocole léger pour exécuter un appel de procédure distante (RPC) sur des messages HTTP. Cela permet ainsi à des clients ICAP de passer des messages HTTP à des serveurs ICAP pour une transformation ou tout autre traitement (« adaptation »). Le serveur exécute le service de transformation sur les messages et renvoie les réponses au client, habituellement avec les messages modifiés. Les messages adaptés peuvent être des requêtes HTTP ou des réponses HTTP. » *(Source http://www.ietf.org/rfc/rfc3507.txt.)*

ICAP permet notamment d'éviter le chaînage complexe de proxy, qui pose des problèmes de performance, d'administration et de reporting. Les équipements d'accès à Internet, qu'ils soient des téléphones cellulaires, des assistants numériques personnels, ou PDA (Personal Digital Assistants), des ordinateurs ou encore des pagers, encore largement utilisés aux États-Unis, ne supportent pas tous les mêmes formes de contenu. En outre, le contenu auquel souhaite accéder l'utilisateur n'est disponible qu'en fonction de la bande passante dont il dispose. Les données récupérées ne sont pas les mêmes en cas de connexion à 56 Kbit/s *via* un modem ou à 1 024 Kbit/s *via* un modem ADSL ou câble.

Les appliances situées à la périphérie du réseau entre le LAN (Local Area Network), ou réseau local, de l'entreprise et Internet ne disposent pas d'infrastructure de communication commune. De plus, les schémas et API étant propriétaires, aucun vendeur de « proxy cache » ne peut communiquer avec tous les fournisseurs de services, la réciproque s'appliquant également.

Il s'avérait donc nécessaire d'opter pour des environnements ouverts, afin de répondre aux besoins du marché. L'orientation appliance vient du fait que les deux premiers initiateurs, Network Appliance et Akamai Technologies, sont des constructeurs de matériel. ICAP peut cependant être implémenté par un éditeur de logiciel, comme c'est le cas de Webwasher, qui s'est beaucoup impliqué dans ce protocole auprès de l'IETF.

Les principaux objectifs d'ICAP sont les suivants :

- rendre le contenu Internet plus flexible pour l'utilisateur final ;

- fournir une infrastructure de communication pour les appliances de périphérie fondée sur des standards ouverts afin de gérer des services à valeur ajoutée ;

- décharger les API, grosses consommatrices de ressources (maintenance, développement, etc.), ainsi que d'autres services des serveurs de sites Web vers des serveurs dédiés.

Des trois versions d'ICAP, 0.9, 0.95 et 1.0, la dernière est la plus stable. C'est celle qui est majoritairement supportée.

Un équipement peut faire office de serveur ICAP, de client ICAP ou les deux. ICAP a été officiellement défini auprès des instances de l'IETF en avril 2003 sous la RFC 3507.

La création du protocole ICAP répond aux exigences suivantes :

- simplicité ;

- évolutivité, ou scalabilité ;

- capacité à utiliser l'infrastructure existante ;

- modularité, les services devant pouvoir être ajoutés ou soustraits sans affecter l'architecture sous-jacente ou la performance ;

- utilisation des méthodes et standards de communication existants ;

- capacité à soulager les ressources offrant les services de périphérie.

Au finale, ICAP est un protocole léger, qui définit, à partir des méthodes de redirection fournies par HTTP 1.1, la façon d'intercepter et de modifier une requête. Cela permet de faire appel à une application de traitement stockée sur un serveur distant pour intervenir sur la page Web demandée par l'internaute. Sans ICAP, chaque opération effectuée sur le contenu passe par le recours à des technologies propriétaires, souvent lourdes à mettre en œuvre et ajoutant un délai supplémentaire (latence). Les fonctionnalités d'équilibrage de charge et de haute disponibilité sont intégrées au protocole.

Les services ICAP vont de l'analyse antivirus à la translation de langage de balises (d'un PDA vers un téléphone mobile, par exemple), en passant par l'insertion de publicités, la traduction d'une langue dans une autre, le filtrage de contenu et la compression des données.

Un acteur comme Trend Micro, leader mondial des passerelles antivirus, estime que ses solutions ICAP vont jusqu'à accroître de 500 p. 100 les performances. Une fois qu'un objet (fichier de données, exécutable, etc.) est examiné par l'antivirus, celui-ci est mis en cache. L'utilisateur qui souhaite accéder à cet objet ne verra pas son fichier à nouveau analysé par l'antivirus, sauf s'il existe une nouvelle mise à jour des signatures de l'antivirus. Cela explique l'optimisation de bande passante et de traitement opérée par la passerelle antivirus.

Les deux modes de fonctionnement principaux d'ICAP sont les suivants :

- modification de requête (reqmod) ;

- modification de réponse (respmod).

Le principe de fonctionnement classique du mode modification de requête est le suivant :

1. Un client envoie une requête à un serveur d'origine (le serveur de contenu où résident les ressources).

2. Cette requête est redirigée à un serveur ICAP *via* le proxy cache.

3. Le serveur ICAP modifie le message et le renvoie au serveur proxy.

4. Le serveur proxy analyse le message modifié et le transmet au serveur d'origine afin de répondre à la requête du client.

5. La requête est exécutée par le serveur d'origine, et la réponse est délivrée au client en transitant par le cache.

Le principe de fonctionnement classique du mode modification de réponse est le suivant :

1. Le client envoie une requête traitée par le serveur d'origine.

2. La requête est réalisée comme attendu par le serveur d'origine.

3. La réponse est redirigée par le serveur proxy au serveur ICAP.

4. Le serveur ICAP modifie le message de réponse et le délivre au client *via* le serveur proxy.

Il existe deux autres modes, la satisfaction de requête et la modification de résultat.

Le tableau 7.6 résume les différents services délivrés par ICAP *(source Network Appliance)*.

Tableau 7.6 Services d'ICAP

Service	Architecture			
	Modification de requête	Satisfaction de requête	Modification de réponse	Modification de résultat
Filtrage de contenu	✓	✓	✓	✓
Translation de passerelle	✓		✓	
Traduction d'une langue dans une autre	✓	✓	✓	
Examen antivirus			✓	
Insertion de publicité	✓	✓	✓	✓
Compression des données			✓	✓

Les vers Nimda, Code Red et leurs variantes ont conduit à infléchir la réflexion des éditeurs d'antivirus quant aux mécanismes de protection. Trend Micro a défini une stratégie et des produits permettant de filtrer avant que le ver ou code malicieux se propage partout et en attendant la sortie de la signature du virus (pattern matching), qui s'effectue généralement en moins de deux heures pour la quasi-totalité des éditeurs.

En janvier 2003, Sapphire, un ver contenant 376 octets de charge utile seulement, a pourtant mis Internet quasiment à genoux en Corée. Ce ver a opéré exclusivement en mémoire en ne s'appuyant sur aucun fichier permanent ou temporaire. Il a surtout visé les bases de données (SQL Server 2000 et MSDE) auxquelles n'avait pas été appliqué le Service Pack 3, disponible depuis le 17 janvier 2003. Le patch Microsoft Security Bulletin MS02-039 permettait aussi d'être protégé depuis le 24 juillet 2002.

Sapphire a provoqué des dénis de service et a perturbé massivement les infrastructures réseau en monopolisant inutilement de la bande passante. Il exploitait le port UDP 1434 (le port de SQL Server Resolution Service) pour envoyer sa trame de données de 376 octets. La réception d'un tel paquet entraîne la génération d'une longue clé de registre, dont la taille trop importante produit un dépassement de la mémoire tampon et donne au ver les privilèges nécessaires à son activation. Une fois la machine compromise, l'intrus cherche à se répandre par ce même port vers des séries d'adresses IP qu'il génère de manière aléatoire à travers une boucle infinie.

Sapphire employait des paquets multicast. Autrement dit, une seule commande envoyée frappait un sous-réseau entier, soit 255 hôtes, ce qui explique sa vitesse de propagation. Les trois fonctions d'API Win32 employées étaient GetTick-Count **(Kernel32.dll),** Sockets et Sendto **(WS2_32.dll).**

Chez Network Associates, on estime que plus de 12 000 machines ont été atteintes en dix minutes et 130 000 au bout d'une demi-heure. Chris Rouland, directeur de X-Force chez ISS, indique que les différents SOC (Security Operation Center) de la firme d'Atlanta ont enregistré de 200 000 à 300 000 attaques par heure le samedi 25 et entre 9 000 et 10 000 le lendemain. Chez Kaspersky Labs, on annonçait un ralentissement d'Internet de 25 p. 100 le premier jour de l'offensive.

Si certains éditeurs d'antivirus proposent des SLA (Service Level Agreement) de moins de deux heures pour fournir une définition de virus, ce 25 janvier 2003 montre que cela n'est pas suffisant et que l'application des patch doit rester un travail précis et régulier. Selon News.com, même Microsoft aurait eu des serveurs touchés.

Comme expliqué précédemment, Sapphire a touché en premier lieu les serveurs Microsoft SQL Server, mais le moteur de base de données MSDE (Microsoft SQL Server 2000 Desktop Engine), que l'on peut trouver dans des produits orientés client comme Microsoft Visio ou Visual Studio, pour ne citer que quelques exemples, n'a pas été épargné.

Robert Graham, expert en sécurité et architecte chez ISS (Internet Security Systems), estime sur son site personnel *(http://www.robertgraham.com/journal/030126-sqlslammer.html)* que les victimes les plus nombreuses furent sous MSDE.

Applets Java et contrôles ActiveX signés

Une applet Java ou un contrôle ActiveX peuvent être accompagnés d'une signature numérique et d'un certificat.

L'objectif de la signature numérique est de s'assurer de l'authenticité de la source en révélant l'origine et l'auteur de l'applet. La signature numérique permet de certifier que le contenu binaire de l'applet Java correspond exactement au contenu originellement signé par le fournisseur du logiciel. En fonction des paramètres de sécurité du navigateur Internet, déterminés par l'administrateur ou laissés au soin de l'utilisateur final, les applets Java peuvent avoir un accès étendu à l'ordinateur local et par la suite au réseau.

Les actions autorisées pour une applet Java sont généralement les suivantes :

- lecture et écriture de fichiers sur le poste client ;

- suppression et renommage des fichiers ;

- création de répertoires ;

- listage du contenu d'un répertoire ;

- vérification de l'existence d'un fichier donné ;

- récupération d'informations sur un fichier (taille, type, modification de l'horodatage) ;

- création d'une connexion réseau vers un ordinateur autre que celui de l'hôte de provenance de l'applet ;

- écoute des connexions réseau sur le poste client ;

- obtention du nom de l'utilisateur et de son répertoire personnel ;

- définition des propriétés du système ;

- exécution d'un programme sur le système client ;

- autorisation donnée à l'interpréteur Java de quitter ;

- chargement de DLL sur le poste client ;

- création ou manipulation de n'importe quelle thread ne faisant pas partie de la même applet ;

- installation permanente de nouveaux composants Java sur le système.

Les applets Java non signées, c'est-à-dire non accompagnées de signature numérique ou de certificat, ne sont pas traitées avec le plus haut niveau de sécurité par le navigateur.

Sous Internet Explorer 6 SP1, il est possible de sélectionner les paramètres de sécurité liés à Java, comme illustré à la figure 7.4.

Figure 7.4

*Définition des paramètres de
sécurité de la JVM de Microsoft*

En choisissant de personnaliser les paramètres de sécurité de la machine virtuelle Java, nous obtenons l'écran illustré à la figure 7.5.

En cliquant sur l'onglet Autorisation, il est possible de modifier les paramètres à sa convenance, comme l'illustre la figure 7.6.

Le clignotant de la figure 7.6 passe au rouge en fonction des choix définis et du danger éventuel. Grâce à IEAK (Internet Explorer Administration Kit), de Microsoft, il est possible pour un administrateur de personnaliser l'ensemble des paramètres des navigateurs Internet qui vont être installés et déployés sur les postes client et de verrouiller la configuration afin que l'utilisateur ne puisse en modifier les paramètres.

Figure 7.5

Affichage des autorisations
de la JVM Java

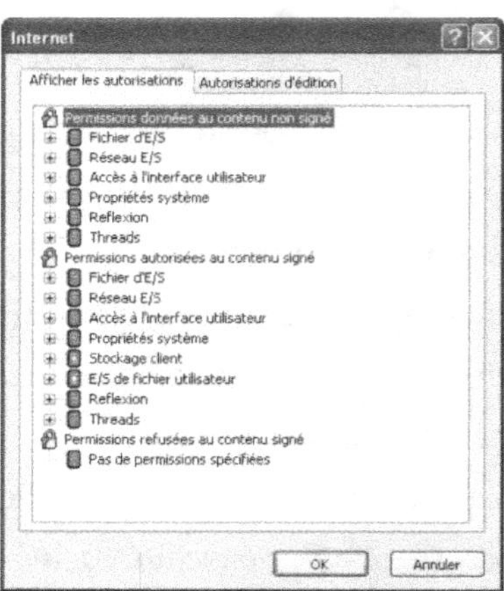

Figure 7.6

Paramétrage personnalisé
des autorisations Java

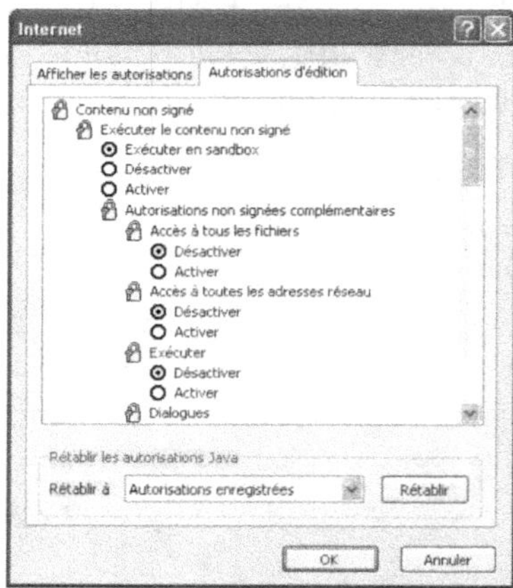

Figure 7.7

Paramétrage des contrôles
ActiveX signés ou non sous
Internet Explorer version 6

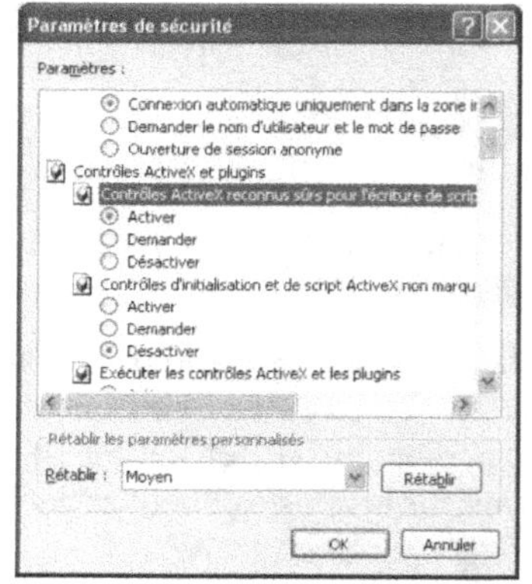

Les scripts sont abondamment utilisés dans les processus d'administration, notamment JavaScript, un langage conçu par Netscape et qui n'a rien à voir avec Java, et VBScript, de Microsoft, pour installer des logiciels et créer des répertoires et des fichiers.

Lorsque les développeurs créent un composant ActiveX, ils peuvent le marquer ou non comme sûr pour l'écriture de scripts. En fonction des paramètres d'Internet Explorer — ActiveX ne concerne que le monde Windows de Microsoft —, il est possible d'activer le script ou de le désactiver.

La figure 7.7 illustre les options de paramétrage que l'on peut choisir sous Internet Explorer.

Il convient de n'utiliser que des composants ActiveX de source sûre. Une fois le contrôle ActiveX installé, avec l'option « ... sûrs pour l'écriture de scripts », tout programme VBScript ou JavaScript peut faire appel à lui au sein du navigateur sans aucune restriction de sécurité. Certains experts considèrent toutefois qu'un composant ActiveX marqué comme sûr peut se révéler dangereux, sauf s'il a été parfaitement développé pour ne pas constituer une arme pour un pirate. D'autres spécialistes en sécurité considèrent qu'un composant provenant d'une source sûre représente une menace moindre que l'utilisation d'un composant ActiveX non signé provenant d'une source inconnue.

La tendance reste à préférer des composants signés plutôt que non signés, même s'il est parfaitement envisageable pour un développeur d'infecter un composant ActiveX avec un virus Windows et de signer ce composant avec une signature numérique de type RSA.

Certains éditeurs d'antivirus permettent de sélectionner les fonctions interdites par les langages de script JavaScript, VBscript et les contrôles ActiveX. Cette approche est intéressante. Couplée à la validité de la source d'envoi, elle permet de faire face à un certain nombre de menaces inconnues.

L'appliance eSafe Gateway d'Aladdin Knowledge Systems illustrée à la figure 7.8 permet d'interdire la fonction copie de répertoire si elle est lancée à partir d'un script récupéré au sein d'une page HTML en surfant sur le Web.

Figure 7.8

Filtrage des scripts via l'appliance eSafe Gateway d'Aladdin

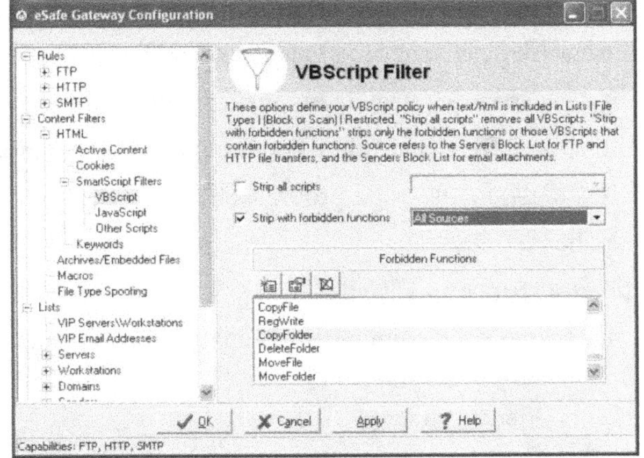

Certains éditeurs peuvent bloquer des scripts jugés hostiles, mais cette granularité nous paraît intéressante et souhaitable pour un contrôle précis de la solution antivirus.

Les outils antispam

La gestion du Spam doit obéir à trois composantes majeures :

- détection ;

- prévention des faux positifs ;

- gestion des faux négatifs.

Les faux positifs sont des courriers électroniques identifiés par erreur comme étant du Spam. L'administrateur doit donc après lecture rediriger au bon destinataire l'e-mail mis en quarantaine. Cependant, en lisant le courrier, il ne respecte pas la loi française sur la protection de la vie privée si l'expéditeur a coché l'option « privé » dans son logiciel de messagerie client. C'est pourquoi certaines solutions s'appuient sur un identifiant (ID) marquant le message considéré comme du Spam. En fonction d'éléments clés, le récipiendaire du message peut choisir de le recevoir ou non. L'administrateur de la messagerie n'a donc pas à lire le message.

Même si certaines solutions antispam permettent de supprimer directement un courrier électronique considéré comme du Spam, cela n'est pas la solution à privilégier. Nous recommandons la mise en quarantaine, quitte à opérer une lecture manuelle en bonne intelligence avec les parties concernées (l'administrateur de la messagerie et le récipiendaire du message). Une suppression automatisée des Spam peut conduire à des erreurs et aboutir à ce qu'un e-mail légitime soit bloqué et ait un impact sur l'activité de l'entreprise. Ce point est essentiel lorsqu'il s'agit d'un bon de commande ou d'une signature de contrat.

Dans le monde de l'entreprise, les outils antispam sont principalement orientés passerelle. Toutefois, des produits grand public peuvent être installés sur le poste client.

Les faux négatifs sont des courriers électroniques qui auraient dû être identifiés comme du Spam mais que la passerelle de filtrage a laissé passer.

Pour être efficace, la détection du courrier non sollicité doit s'appuyer sur un ensemble de mécanismes. La richesse de ces mécanismes et leur personnalisation font partie des critères de choix.

Nous listons ci-dessous les principaux mécanismes utilisés :

- listes noires, ou RBL (Real-time Blackhole List) ou encore DNS RBL ;

- listes noires personnalisées ou propres à l'entreprise ;

- listes blanches ;

- « parser » et « stripper » HTML ;

- analyse générique se décomposant en analyse heuristique et neuronale, opérateurs booléens et mécanismes bayesiens ;

- analyse syntaxique et lexicale ;

- analyse de l'en-tête, du corps et de l'objet du message (analyse du contenu).

Filtrage de contenu et filtrage d'URL

Le filtrage de contenu de sécurité, ou SCM (Security Content Management), peut se décomposer en plusieurs parties :

- filtrage d'URL ;

- filtrage d'accès à Internet ;

- filtrage de courriers électroniques (entrant, sortant, interne, Spam) ;

- filtrage antivirus ;

Des études montrent que si on laisse les salariés d'une entreprise complètement libres de leur activité sur Internet une quantité non négligeable de bande passante est utilisée à des fins personnelles. Cela ralentit l'accès à Internet du trafic légitime, pose des problèmes de sécurité par l'arrivée de codes hostiles, engendre des problèmes de législation ou encore peut faire recourir à un équipement supplémentaire pour stocker un objet non directement lié à l'activité de l'entreprise.

Bien sûr, il convient de disposer d'une politique de sécurité globale touchant l'ensemble des membres de l'entreprise. Peu d'entreprises se permettent de bloquer des pièces jointes ou d'interdire l'accès à Internet autrement que pour des sites ciblés. Par ailleurs, une politique trop restrictive risque d'être mal acceptée et contournée. Des utilisateurs peuvent apporter des modems et se connecter *via* une offre illimitée sur des sites normalement interdits par la politique de l'entreprise et récupérer des éléments litigieux ou problématiques.

Les installations « sauvages » de modems, donc non gérées par le service informatique de l'entreprise, sont possibles dans la mesure où l'utilisateur possède des droits l'autorisant à changer la configuration de son poste de travail. On rencontre malheureusement trop fréquemment des entreprises où tous les utilisateurs se connectent à leur machine avec des droits d'administrateur, outrepassant de ce fait toutes les règles de sécurité mises en œuvre par l'entreprise.

Si nous parlons du filtrage de contenu de sécurité dans ce chapitre, c'est que certains éditeurs, tels SurfControl, Clearswift et Webwasher, mêlent antivirus, filtrage de contenu et solution antispam dans une solution globale. Certains choisissent de s'interfacer avec un antivirus, tandis que d'autres intègrent directement le moteur d'un éditeur d'antivirus au sein de leur logiciel.

Ces solutions de filtrage comportent les briques intégrées suivantes :

- filtrage de contenu ;

- filtrage d'URL ;

- filtrage de courriers électroniques et de Spam ;

- filtrage antivirus ;

- outils de reporting combiné ;

- outils d'administration.

En cas de solution séparée, il convient de bien choisir la passerelle destinée à gérer le filtrage. Les choix sont les suivants :

- L'éditeur de la solution antivirus, qui propose de plus en plus un complément de filtrage d'URL et antispam.

- L'éditeur spécialisé dans le filtrage d'URL, qui propose généralement une offre antivirus tierce partie avec une option antispam maison.

- L'éditeur de la passerelle de messagerie, qui propose une option antispam.

- Les solutions de type appliance, qui offrent du tout-en-un.

- Les offres de service qui proposent la gestion de la messagerie, de la politique antivirus et de la lutte antispam ou l'un de ces éléments seulement.

Même si, *in fine,* on peut retrouver dans une même solution l'ensemble des fonctions (antivirus, filtrage de contenu, dont le filtrage d'URL, et antispam), la culture de l'entreprise éditrice est le plus souvent liée à un domaine particulier. Trend Micro, Symantec, Network Associates ou encore Kaspersky Labs sont des éditeurs dont la culture antivirus est le cœur de métier. Pour certaines entreprises, la lutte antispam et le filtrage sont le fruit de rachats de sociétés externes. Websense, SurfControl et Webwasher sont des sociétés dont le filtrage d'URL est le métier d'origine, d'où leur choix de s'intégrer ou d'intégrer directement des logiciels antivirus.

Grâce au protocole ICAP évoqué précédemment, une solution combinée évite le chaînage complexe de proxy, ce qui séduit les administrateurs puisque cela leur facilite les tâches de gestion. En revanche, comme toute solution plus ou moins intégrée, on peut regretter ou non certains choix de l'éditeur. Il est possible de combiner plusieurs solutions tout en s'appuyant sur une option fournie par tel constructeur ou éditeur au sein de sa solution tout-en-un. Bien que légèrement moins intégrée que la solution tout-en-un, une telle combinaison est moins complexe qu'une séparation totale de chaque fonction de filtrage.

Le filtrage d'URL doit être maîtrisé sur le plan fonctionnel. La solution peut autoriser ou non l'accès des sites Web à certains utilisateurs. Les solutions tiennent toutes compte des plages horaires.

L'objectif du filtrage d'URL est multiple :

- améliorer la productivité des salariés ;

- augmenter la bande passante ;

- renforcer la sécurité.

L'amélioration de la productivité passe par une politique de restriction d'accès à certains sites. Ce sont, par exemple, les sites de Bourse, d'enchères en ligne ou de messagerie instantanée, dans lesquels les employées peuvent consacrer 1 heure ou plus par jour sans lien direct avec leur activité professionnelle. Selon une étude de Sofres Interactive commanditée par Websense, un des leaders mondiaux du filtrage sur Internet, 39 p. 100 des salariés se déclaraient en 2001 favorables à une politique de restriction de l'accès à Internet sur leur lieu de travail.

Si le filtrage d'URL joue également sur la bande passante, cette dernière peut se trouver fortement améliorée par le contrôle des utilisateurs sur leur politique de téléchargement. Le filtrage passe par la gestion des sites de téléchargement peer-to-peer susceptibles de donner accès à des répertoires partagés des disques durs pour le téléchargement de fichiers, de flux audio-vidéo ou d'accès aux radios Internet.

La sécurité concerne enfin le filtrage des programmes de spyware au niveau de la passerelle. Le premier à offrir cette fonction a été Websense, à la fin de 2002. On peut aussi interdire aux utilisateurs de surfer sur des sites underground pour récupérer des logiciels qui satisfont leur curiosité.

Les éditeurs spécialisés dans ce domaine font appel à des robots mais procèdent *in fine* à une vérification manuelle des sites filtrés. Les sites sont classés entre 50 à 70 catégories. Les éditeurs répertoriaient début 2003 plus de 4,5 millions de sites sensibles pour plus d'un milliard et demi de pages. Les données sont compressées et renvoyées dans la base de données du logiciel. Cette dernière peut être personnalisée en fonction des besoins de l'entreprise.

Certains administrateurs de grandes entreprises que nous avons rencontrés préfèrent opter pour des produits européens, estimant que la base d'URL est de la sorte mieux adaptée.

Les listes RBL (Real-time Blackhole List)

Les RBL sont des listes où sont inscrits les adresses e-mail, domaines ou adresses IP reconnus comme faisant du Spam. La majorité d'entre elles — environ 150 en 2003 — sont gratuites, mais certains services sont payants, comme MAPS (Mail Abuse Prevention System).

On parle de RBL ou de DNS RBL du fait que les listes d'adresses IP sont stockées dans une base au format DNS de sorte à stopper le Spam à la source. Les MTA (Message Transfer Agent) SMTP (RFC 2821) des produits antispam effectuent une requête sur le serveur RBL afin de vérifier que l'adresse n'est pas mise sur liste noire.

Il est possible de blackister un TLD, ou domaine de premier niveau (.biz, .tv, .mil, .org, .museum et .pro), un domaine de second niveau (example.com, Monster.com, Sex.com, Societe.fr) ou encore une adresse e-mail complète (utilisateur@aol.com, liste-diffusion@yahoo.com, paul.dupond @free.fr).

La valeur de ces listes est difficile à évaluer avec certitude. Certains considèrent que c'est une première ligne de défense utile, qui augmente le montant de Spam bien identifié. D'aucuns, en revanche, considèrent que ces listes ne valident pas avec suffisamment de sérieux les éléments placés en liste noire et ont un taux de faux positif beaucoup trop élevé.

Par ailleurs, si votre serveur de messagerie configuré en mode open relay (relais ouvert) est inséré par erreur sur un serveur RBL majeur, il vous faudra du temps et beaucoup d'énergie pour vous faire retirer de la liste noire, vous empêchant ainsi de communiquer avec tout autre serveur vérifiant la validité de votre serveur de messagerie.

Le principe de fonctionnement d'une liste noire (DNSBL) est le suivant :

1. On récupère l'adresse IP du serveur de messagerie distant :

```
10.10.2.3
```

2. On la transforme en sens inverse :

```
3.2.10.10
```

3. On l'ajoute au serveur de noms de domaine de la liste noire :

```
3.2.10.10.lookupzone.com
```

4. Si le serveur retourne une adresse IP positive, le serveur est mis sur liste noire.

Si les listes noires restent une première approche, il existe bien d'autres méthodes pour lutter contre le Spam. De plus, ce type d'action n'est souvent efficace qu'après incident. Les spammeurs font évoluer en permanence leurs mécanismes de propagation.

Tout utilisateur de compte Hotmail (Microsoft), l'un des services webmail les plus touchés par le Spam, sait que le filtrage *a posteriori* d'une adresse e-mail est inefficace. Microsoft a ajouté une option permettant de ne recevoir que des courriers électroniques de personnes référencées. Le reste va dans le dossier courrier indésirable et est supprimé automatiquement au bout de quelques jours.

En effectuant un filtrage efficace côté passerelle, on s'épargne un filtrage fastidieux côté poste client, soit par le logiciel de messagerie lui-même, soit par un logiciel tiers. Pour lutter contre le Spam, certains font appel à la notion d'adresses e-mail jetables. Par précaution, ces personnes ne donnent pas leur adresse e-mail majeure lors de salons mais une adresse moins stratégique. Cette solution a aussi ses limites. D'aucuns pensent encore que la stricte identification des auteurs d'e-mails est le seul moyen de lutter contre le Spam.

Filtrage en fonction d'une base de données constituée de signatures connues

C'est une méthode aussi efficace que simple. Les éditeurs s'appuient sur une base de données constituée de courriers électroniques identifiés comme du Spam. Le travail des éditeurs consiste à enrichir constamment cette base de connaissance.

Ce type de filtrage évite que la messagerie soit polluée par des Spam bien connus. Le gros du Spam est ainsi éliminé, mais les Spam bien ciblés ne sont généralement pas pris en compte.

Filtrage par mots-clés ou phrases types

Dans ce filtrage, un certain nombre de mots-clés ou de phrases sont interdits. Par exemple, si le mot *sex* (écrit en anglais) est interdit — le Spam est à l'origine essentiellement américain, même si le reste du monde s'y met à grands pas —, tous les mots contenant cette chaîne de caractères sont bloqués, mis en quarantaine ou supprimés. En Angleterre, beaucoup de villes et de régions se terminant par les lettres sex, comme Sussex, Middlesex, Essex, etc., cela ne va pas sans poser problème.

La meilleure solution est la mise en quarantaine, qui évite les faux négatifs, c'est-à-dire les message légitimes considérés comme du Spam. Des phrases peuvent être prises en compte, comme « perdez 20 kilos en sept jours » ou « Comment devenir riche en investissant un euro ».

Il ne faut jamais répondre à ce genre de message ni le transmettre. En répondant, vous validez votre adresse de courrier électronique auprès du spammeur. En transmettant le message à une autre personne, vous contribuez à utiliser inutilement de la bande passante et à occuper un espace de stockage pour l'e-mail en sus du traitement effectué (lecture, transfert, déplacement, suppression).

Il faut donc combiner ce filtrage avec d'autres méthodes.

Filtrage par analyse lexicale ou de scoring

Les éditeurs de solutions ont essayé de tenir compte du sens des messages en s'appuyant, par exemple, sur des opérateurs booléens. Certaines solutions à base de mots-clés et de dictionnaires établissent une notation par mot *(scoring)*. Au-delà d'un indice préétabli et paramétrable, 100 par exemple, le courrier est ou non considéré comme du Spam.

La chaîne « sexe + médecin + maladie » n'est pas mise en quarantaine du fait de la présence du mot « sexe ». En revanche, une chaîne avec « sexe + tarifs + escort » est mise en quarantaine.

Pour nous Français, il convient évidemment de vérifier que la solution choisie comporte un dictionnaire français, de façon à éviter de renseigner un dictionnaire personnalisé avec trop d'éléments. Une entreprise ayant des filiales dans toute l'Europe et dans le reste du monde essaiera de s'adapter aux mots de la langue locale.

Filtrage par analyse bayesienne

La logique bayesienne tire son nom du pasteur anglais Thomas Bayes, qui était aussi mathématicien. Ce type de logique est une branche de la logique appliquée au processus décisionnel et aux statistiques inférentielles, qui traite de l'inférence des probabilités.

Le théorème de Bayes a été publié pour la première fois en 1763, deux ans après sa mort, dans *An Essay Towards Solving A problem in the Doctrine of Chances*. L'idée est de tenir compte d'événements déjà réalisés pour en prévenir de futurs. Selon la logique bayesienne, la seule façon de quantifier une situation au résultat incertain est de la déterminer au travers de sa probabilité. Le théorème de Bayes est donc un moyen de quantifier ce qui est incertain. La probabilité bayesienne ne se définit pas comme une fréquence d'occurrence mais comme un degré de croyance.

Webwasher CSM Suite est un logiciel de filtrage de contenu au sens large qui peut utiliser ce type de logique.

Certains contestent les filtres bayesiens du point de vue purement mathématique.

Filtrage par analyse des en-têtes, du corps du message et des pièces jointes

Les solutions de filtrage analysent les trois composantes d'un message Internet : en-tête, corps et pièce jointe.

Un en-tête non falsifié, où seules les adresses et le nom du fournisseur d'accès sont modifiées, ressemble à ceci :

```
From francis.ia@example.com Tue Apr 15 00:45:07 2003
Return-Path: <francis.ia@example.com>
Received: from mwinf0503.provider.fr (mwinf0503.wanadoo.fr) by mwinb0504
```

```
     (SMTP Server) with LMTP; Tue, 15 Apr 2003 00:45:07 +0200
X-Sieve: CMU Sieve 2.2
Received: from Francis (APastourelles-107-1-17-161.abo.wanadoo.fr
  [81.48.127.161]) by mwinf0503.provider.fr (SMTP Server) with SMTP id
  BB58568000C3; Tue, 15 Apr 2003 00:45:06 +0200 (CEST)
Message-ID: <004c01c302d7  7ed8afa0  8d743351@Francis>
From: "Francis" <francis.ia@provider.fr>
To: =?iso-8859-1?Q?M=E9nager_Olivier?= <O.Menager@example.fr>, "Olivier"
➡<menagerol@example.fr>
Subject: =?iso-8859-1?Q?Sur_l'avanc=E9e_du_bouquin?=
Date: Tue, 15 Apr 2003 00:45:06 +0200
MIME-Version: 1.0
Content-Type: multipart/alternative; boundary="----=_NextPart_000_0049_01C302E8.421841A0"
X-Priority: 3
X-MSMail-Priority: Normal
X-Mailer: Microsoft Outlook Express 6.00.2800.1106
X-MimeOLE: Produced By Microsoft MimeOLE V6.00.2800.1106
X-Evolution-Source: pop://olivierl@pop.provider.fr/

This is a multi-part message in MIME format.
```

Les adresses Internet ont été historiquement définies par la RFC 822 de l'IETF, à laquelle a succédé la RFC 2822. SMTP (Simple Mail Transfer Protocol) est défini par la RFC 821, à laquelle a succédé la RFC 2821.

Un spammeur modifie certains paramètres pour éviter qu'on remonte jusqu'à lui. Il commence par masquer le chemin pris par le message. Ce masquage, lié par exemple, à un format de dates invalides est un des signes de Spam.

Pour le corps du message ou là pièce jointe, un filtrage plus classique peut être opéré (mots interdits, etc.). Si le message comporte un lien URL (considéré comme une pièce jointe), il peut être interdit ou passer au moteur antivirus. De même une adresse non conforme à la RFC 2822 est signe de Spam.

Filtrage par analyse générique, heuristique ou neuronale

C'est le domaine dans lequel les éditeurs de solutions antispam entendent apporter de la valeur ajoutée. Comme pour les virus, on entre ici dans un monde moins précis et sujet à des faux positifs.

La technologie neuronale, qui existe depuis longtemps dans le monde des réseaux, est plus nouvelle pour le Spam. Comme son nom le laisse supposer, elle consiste à imiter le comportement humain. Il est très difficile d'analyser l'algorithmique mise en œuvre. Ce type d'analyse vient en complément des précédents. C'est dans cette technologie que peut se jouer la différence entre éditeurs lors de tests réalisés en direct.

Outre les produits antispam que l'on peut trouver chez les éditeurs de solutions de messagerie, de filtrage de contenu ou antivirus, certaines solutions ajoutent un service antispam à la demande payant, qui permet de compléter l'offre purement produit proposée. Cela passe par une connexion à une base de données dans laquelle les Spam bien identifiés sont quotidiennement référencés. Côté entreprise, cela permet d'éviter les premières vagues de Spam et de se concentrer sur les cas particuliers, le gros du travail étant déjà filtré par la société proposant ce service.

En résumé

Les passerelles antivirus se présentent désormais de plus en plus sous forme de boîtiers dédiés afin de faciliter les tâches de l'administrateur, qui a moins à se soucier de la gestion du système d'exploitation sur lequel repose l'application. Bien souvent, ces boîtiers ne se contentent plus d'une approche purement antivirus mais proposent une solution tout-en-un ou se mêlent antivirus, filtrage de contenu et filtrage antispam.

Pour lutter contre les virus, vers et autres chevaux de Troie, les éditeurs d'antivirus s'appuient sur des bases de signatures (pattern matching) mais aussi sur des mécanismes génériques fondés sur des technologie heuristiques ou comportementales afin de faire face aux codes malicieux inconnus. C'est dans ce type d'analyse que les distinctions s'opèrent entre éditeurs et où les travaux de recherche sont les plus importants. L'analyse heuristique peut entraîner des faux positifs et avoir un impact non négligeable sur la performance.

Les compléments aux antivirus visent à opérer un filtrage de contenu, incluant le filtrage d'URL, afin d'optimiser la bande passante du réseau, la productivité des employés et le niveau de sécurité global. Le support du standard ICAP 1.0 côté passerelle est de plus en plus demandé par les entreprises. Il apporte un véritable bénéfice en évitant le chaînage de proxy. Il permet en outre d'optimiser les performances. Il est également possible d'optimiser les performances au moyen d'équipements dédiés qui filtrent les éléments utiles devant être présentés aux passerelles antivirus, de filtrage d'URL et d'autres solutions antispam.

Le Spam, ou courrier non sollicité, est devenu une véritable nuisance. Toute une panoplie de mécanismes et de services sont mis en œuvre pour lutter contre ce phénomène. Les filtrages à base de mots-clés dans l'en-tête, l'objet ou le corps du message étant insuffisants, les acteurs du marché de l'antispam s'appuient sur des technologies heuristiques, bayesiennes ou neuronales. Pour l'entreprise, la solution passe toujours par une éducation des utilisateurs.

8

Gestion de la performance et administration de la sécurité

La gestion de la performance et de la sécurité du système d'information est une composante fondamentale de l'administration. Sans administration quotidienne, les équipements de sécurité et d'optimisation de performances ne servent pas à grand-chose.

L'installation et la configuration des différents équipements de sécurité et périphériques réseau (routeurs, commutateurs, serveurs, etc.) sont les éléments fondamentaux de l'administration, auxquels il convient d'ajouter la lecture des logs des ces équipements. Ainsi, les consoles de supervision SNMP prennent-elles tout leur intérêt dans le cadre d'une administration globale du réseau.

Pour des raisons de commodité, ce chapitre traite séparément ces deux parties complémentaires que sont la gestion de la performance et l'administration de la sécurité. Les mêmes standards sont toutefois adoptés dans les deux cas. Certains d'entre eux, tel le protocole SNMP, ont été modifiés afin de mieux s'adapter aux contraintes fortes imposées par la sécurité. D'autres, tel syslog, ont été conçus pour satisfaire les besoins spécifiques de la sécurité.

Gestion de la performance

Cherchant à répondre en permanence à de nouveaux besoins et exigences des utilisateurs, le système d'information peut sembler de plus en plus complexe à maîtriser par ses administrateurs. Du coup, le champ d'application de la gestion et de la supervision globales du système d'information ne se restreint plus à la surveillance de l'infrastructure réseau. Il doit s'étendre à celle des services et applications qui s'y exécutent.

Lorsqu'il s'agit de mesurer les performances et de créer des rapports sur la faculté du système d'information à délivrer correctement les services selon les objectifs de qualité fixés, la vision globale du système d'information s'étend sur trois environnements : réseau, système et applications.

Le défi de la supervision de performances consiste à fournir l'information exacte à la bonne personne avec suffisamment de rapidité et d'exactitude.

Cette section détaille les principales missions de la gestion de performance, ainsi que les sources de données qui la sous-tendent.

Missions de la gestion de performance

Gérer et superviser la performance d'un système d'information implique plusieurs missions, dont les plus importantes sont les suivantes :

- résolution d'incident en temps réel ;
- planification de capacité ;
- gestion des niveaux de service ;
- maîtrise des coûts et facturation.

Chacune de ces grandes missions présente un objectif distinct et s'accompagne de tâches mesurables par les administrateurs, que ce soit en travail individuel ou en groupe. Nous détaillons ci-après l'ensemble de ces activités.

Résolution d'incident en temps réel

La résolution d'incident consiste à identifier les problèmes et à trouver les solutions pour les parer.

Toujours menée à un rythme effréné, l'activité de résolution d'incident est dépendante des appels entrants au niveau du help desk, ou assistance technique, d'utilisateurs mécontents du fonctionnement de leurs applications ou des alarmes reçues sur la plate-forme d'administration signalant des anomalies détectées sur l'infrastructure.

Les administrateurs sont souvent confrontés à des situations de crise soudaines, lors desquelles le travail s'effectue dans l'urgence. Si les actions d'anticipation et de prévention d'incident sont exécutées correctement, le nombre et l'intensité des problèmes sont toutefois réduits en proportion.

Planification de capacité

À l'inverse de la résolution d'incident, la planification de capacité est par nature anticipative. Son rôle est de prévoir suffisamment de ressources pour supporter les pics de trafic à court et à long terme.

Bien que souvent associée à tort exclusivement à la bande passante, la planification de capacité s'applique aussi bien aux ressources matérielles telles que équipements réseau et serveurs. Une nouvelle application introduite dans le réseau ou de nouvelles fonctionnalités ou services activés sur des applications existantes sont autant d'événements qui obligent les administrateurs à prévoir les ressources nécessaires au bon fonctionnement de l'ensemble du système.

La bande passante, les serveurs ou encore les équipements réseau représentent des investissements non négligeables pour l'entreprise et doivent donc être planifiés de manière optimale.

Gestion des niveaux de service

La gestion des niveaux de service s'attache à mesurer et élaborer des rapports relatifs au bon fonctionnement des services — applications et contenus — délivrés sur l'infrastructure. En dépit de l'évidence de son utilité, la gestion des performances du système global n'en reste pas moins des plus difficile à mettre en œuvre.

Les attentes qualitatives et quantitatives sont particulièrement délicates à exprimer et encore plus à mesurer et interpréter. Elles varient selon les environnements, les spécificités et les priorités des entreprises, lesquelles se déclinent en fonction de la criticité accordée aux applications utilisées.

Maîtrise des coûts et facturation

L'informatique représente de plus en plus la composante la plus coûteuse de l'entreprise. L'évolution perpétuelle des métiers, combinée à une compétitivité toujours plus agressive, contraint l'entreprise à s'appuyer davantage sur son système d'information pour accroître sa productivité et dégager de la rentabilité.

Arme redoutable si elle est bien utilisée, l'informatique pèse sur la structure des coûts. Cela contraint le responsable informatique à justifier ses budgets et à dépenser à bon escient. L'enjeu est de maîtriser les investissements, c'est-à-dire de contrôler la consommation des ressources informatiques par les employés utilisateurs. Cela passe par des rapports d'analyse des consommations suffisamment fins pour alimenter une demande d'investissement supplémentaire.

Par contre-coup, l'équipe informatique est amenée à se positionner en prestataire de service vis-à-vis des autres entités de l'entreprise. Dans les grandes organisations, il est de plus en plus commun de trouver un système de facturation interne, dans lequel la facture est émise depuis les services informatique et télécommunications vers les autres entités consommatrices de leurs ressources. La composante principale du système de mesure de la consommation et de facturation est la plate-forme de gestion de performance de l'infrastructure.

La complexité s'agrandit lorsqu'on passe d'une facturation forfaitaire à une facturation par usage. Dans le premier cas, le système ne nécessite que peu d'interfaçage avec le système d'information pour la mesure des consommations. Dans le second, la finesse et la richesse des paramètres de mesure obtenus déterminent la granularité de la facturation par usage fourni.

Malgré la complexité et la lourdeur de l'implémentation d'une facturation par usage, l'entreprise ne peut retarder éternellement sa mise en place. C'est souvent la condition *sine qua non* pour rester en course face aux compétiteurs. L'entreprise doit se remettre en question, rester souple, dynamique et améliorer sa réactivité comme sa proactivité.

La manière de consommer les ressources informatiques évolue en conséquence. L'allocation de ressources doit pouvoir se faire de façon dynamique, idéalement à la demande. Une opération marketing lancée par une entreprise sur ses cibles en mobilisant l'ensemble du système d'information illustre parfaitement cette tendance. La surconsommation de bande passante doit non seulement être quantifiée avec la plus grande exactitude possible, mais aussi facturée au service concerné avec précision.

Les sources de données

Par essence, la gestion d'un système d'information a besoin de standards. Ces derniers ont pour fonction de garantir l'interopérabilité entre les différentes solutions du marché et d'offrir une vision précise de l'ensemble des composants du système d'information.

La base de l'administration du système d'information est sans conteste aujourd'hui SNMP (Simple Network Management Protocol). Défini par l'IETF, ce standard définit les relations et les modes de communication entre la plate-forme d'administration et les éléments gérés.

SNMP spécifie les domaines d'administration suivants :

- composants de l'administration ;

- modèle de données standard ;

- protocole de communication entre la plate-forme de gestion et les éléments administrés.

Dans une architecture SNMP, on distingue deux types de composants : la plate-forme de gestion et l'élément géré.

La plate-forme de gestion fournit la visibilité du système à l'administrateur réseau. Son rôle consiste, d'une part, à interroger les différents éléments du système afin de collecter les valeurs des paramètres techniques d'administration, et, d'autre part, à maintenir une base de données globale, appelée MIB (Management Information Base), regroupant les paramètres techniques du système d'information global.

L'élément géré comporte un agent. Ce dernier a pour tâche de répondre aux requêtes provenant de la plate-forme d'administration et de maintenir sa propre base MIB contenant les paramètres techniques relatifs à l'élément considéré.

La figure 8.1 illustre l'interaction entre ces différents éléments : l'équipement, l'agent logiciel embarqué dessus, responsable de la gestion de la base de données vis-à-vis de la plate-forme d'administration externe, et la MIB, qui est la base de données de gestion de l'équipement.

Figure 8.1

Détail de l'agent

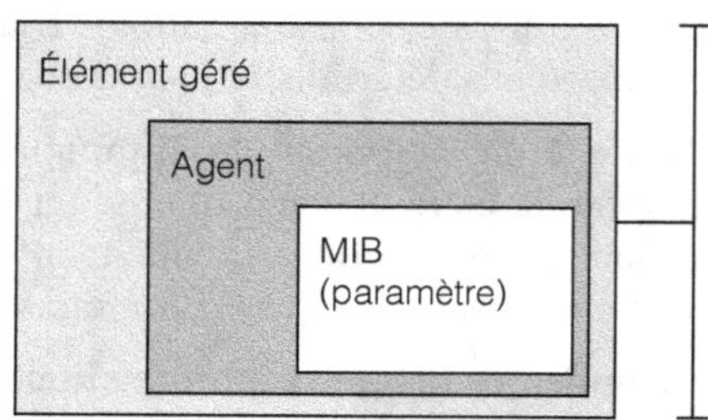

La MIB est une base de données de structure arborescente. Au sommet de l'arbre se situe la racine. Viennent ensuite les branches, qui représentent autant de ramifications correspondant à la classification des paramètres. Chaque nœud intermédiaire de la ramification correspond à une sous-catégorie d'appartenance du paramètre. On peut trouver un nœud « constructeur », qui indique le nom du constructeur de l'équipement, par exemple Cisco, puis un nœud « équipement », avec le nom de l'équipement du constructeur, par exemple un commutateur Catalyst.

Les dialogues entre la plate-forme d'administration et l'agent sont définis par le standard SNMP sous la forme de l'ensemble de commandes illustré à la figure 8.2.

Figure 8.2

*Commandes
du protocole SNMP*

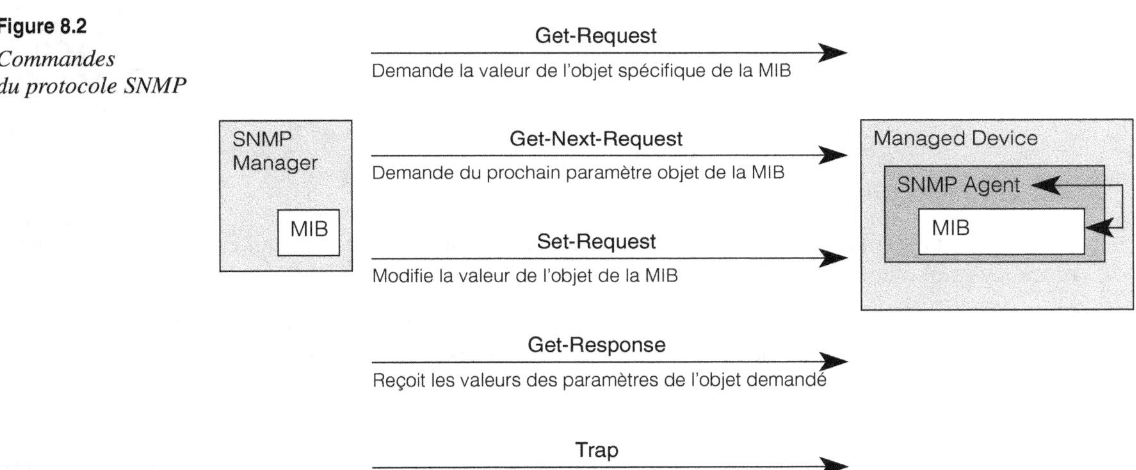

Le protocole de communication est de type client-serveur. Dans la plupart des cas, la plate-forme d'administration émet des requêtes qui déclenchent des réponses de l'agent. L'agent est toutefois capable d'initier le dialogue, en envoyant, par exemple, des alarmes sous forme de messages d'alerte, ou « traps », vers la plate-forme d'administration. Les communications SNMP reposent sur le protocole de transport UDP (User Datagram Protocol).

Le paramètre principal des commandes SNMP est l'identificateur de l'objet interrogé, ou OID (Object ID), dans l'arbre MIB. Cet identificateur est unique par paramètre technique de la MIB.

La MIB de l'équipement ne suffit pas pour caractériser complètement les performances du réseau car elle ne fournit que l'état de l'équipement réseau auquel elle est associée. Pour connaître les performances de l'infrastructure, il est nécessaire de compléter la gestion des MIB des équipements par l'analyse du trafic qui les traverse. Pour ce faire, des sondes de mesure sont placées dans le réseau afin de fournir les caractéristiques du trafic.

Comme l'illustre la figure 8.3, la visibilité des équipements réseau doit être complétée par celle des flux. C'est ce qu'on appelle la « visibilité du trafic ». Cette dernière s'obtient essentiellement au moyen de sondes de trafic placées sur le parcours des flux.

Figure 8.3

*Insertion de sondes
de mesure de trafic*

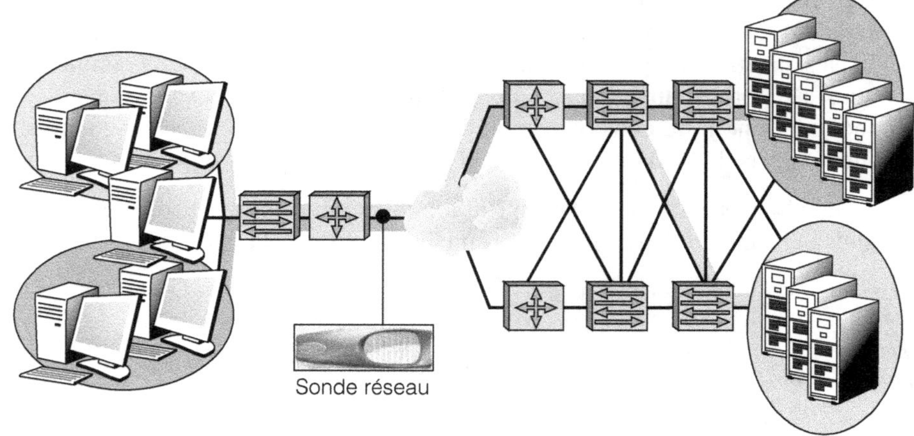

MIB et RMON (Remote MONitoring)

On a vu précédemment que la MIB est la base de données de gestion qui caractérise l'élément réseau auquel elle est associée (exemple : routeur, commutateur, serveur, pare-feu, etc.).

Il existe aussi une MIB pour caractériser le trafic qui transite à travers le réseau. Elle porte comme nom RMON (Remote MONitoring). Cette MIB RMON peut être localisée sur un équipement réseau. Mais pour une meilleure efficacité et justesse de caractérisation du trafic, la RMON peut se situer sur un équipement dédié à la mesure de trafic.

La collecte d'informations a pour fonction d'aider à la résolution d'incident et surtout à la gestion de performance globale de bout en bout.

L'IETF (Internet Engineering Task Force), l'organisme de standardisation du RMON, l'a divisé en deux standards complémentaires, le RMON1 et le RMON2.

- **RMON1.** S'attache à mesurer l'ensemble des paramètres techniques relatifs aux couches de l'OSI 1 et 2. Cette MIB offre une visibilité des couches basses du réseau. Typiquement, le RMON1 procure des informations sur le taux d'erreur bit, le taux d'utilisation de la bande passante, les détails des conversations et les extrémités qui dialoguent à travers le réseau au niveau bas.

- **RMON2.** Fournit la collection de paramètres de mesure se trouvant entre les couches 3 et 7. Des informations de performance, telles que taux d'utilisation de la bande passante, classement des postes selon le volume de trafic généré, conversations, taux d'erreur paquet observé, etc., sont mises à la disposition de la plate-forme d'administration.

La figure 8.4 illustre les champs d'action du RMON1 et du RMON2 dans l'architecture OSI.

Les RMON 1 et 2 sont organisés de la même façon. Les ramifications sont des catégories de paramètres techniques qui sont détaillées ultérieurement dans ce chapitre.

La figure 8.5 illustre la structure du RMON1.

Figure 8.4

*Champs d'action
du RMON1
et du RMON2
dans le modèle OSI*

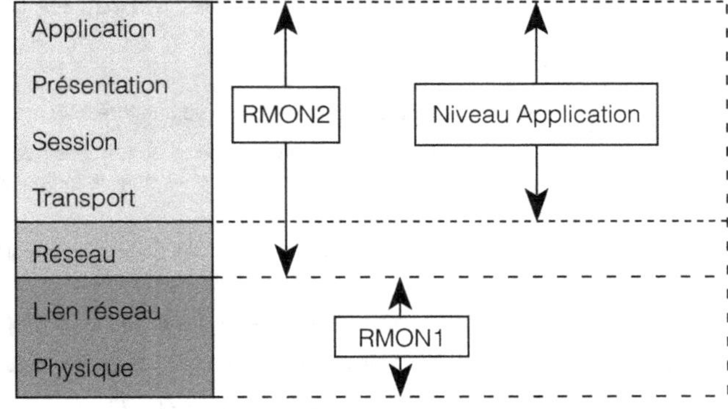

Figure 8.5

Structure du RMON 1

Le RMON1 comprend jusqu'à dix groupes. Une de ses particularités est que ce RMON existe aussi sous une forme restreinte, appelée mini-RMON, contenant non pas dix mais quatre groupes principaux. Cette spécification allégée permet une implémentation du RMON sur des équipements réseau ne bénéficiant que de peu de ressources pour gérer une MIB.

Le détail de chacun des groupes MIB composant le RMON1 est donné au tableau 8.1.

Le RMON2 contient neuf groupes apportant un complément de visibilité sur les couches supérieures.

La figure 8.6 illustre la structure du RMON2.

Tableau 8.1 Groupes MIB du RMON1

Groupe RMON1	Description	Mini-RMON (O/N)
Statistiques	Performance et taux d'utilisation du segment réseau mesuré	O
Historique	Historique du taux d'utilisation et de la performance du segment réseau mesuré. Permet de générer des graphes dans le temps des performances du réseau.	O
Alarme	Seuils préfixés pour la surveillance des compteurs importants. Ces seuils déclenchent des alarmes en cas de dépassement.	O
Machine	Mesures de performance faites au niveau des machines	N
Top N des machines	Classement des machines selon le trafic engendré sur le réseau	N
Matrice	Classement des conversations entre les paires de machines selon le trafic engendré	N
Filtre	Filtres configurés afin d'intercepter certains flux spécifiques dans le trafic total	N
Capture	Sauvegarde le trafic à des fins d'analyse ultérieure.	N
Événement	Liste les événements qui déclenchent une alarme.	O
Token Ring	Paramètres du trafic dédiés aux réseaux Token Ring	N

Figure 8.6

Structure du RMON2

Contrairement au RMON1, le RMON2 est rarement implémenté sur des équipements réseau du fait qu'il nécessite des capacités de traitement des flux puissantes et sophistiquées. Il s'agit en effet d'analyser et de mesurer en temps réel les flux des couches hautes de l'OSI (3 à 7).

Le RMON2 est fourni dans des sondes spécialisées placées dans le réseau pour les besoins de la plate-forme de gestion des informations. Il n'existe pas de version allégée de la RMON2.

Le tableau 8.2 décrit chacun des groupes qui composent le RMON2.

Tableau 8.2 Groupes du RMON2

Groupe RMON2	Description
Liste de protocoles	Liste détaillée des protocoles découverts par la sonde dans le réseau d'attachement
Statistiques de protocoles	Statistiques de mesure de performance et d'utilisation par protocole et/ou application
Correspondance adresse MAC et réseau	Liste des correspondances entre les adresses de niveau réseau (couche 3 de l'OSI) et de niveau liaison de données (couche 2 de l'OSI)
Statistiques machine au niveau réseau	Statistiques et mesure de performances et d'utilisation des machines vues au niveau réseau
Conversation entre les machines au niveau réseau	Liste des conversations entre les paires de machines mesurées au niveau réseau, classées selon le volume généré
Statistiques machine au niveau application	Statistiques et mesure de performances et d'utilisation des machines vues au niveau application (couche 7 de l'OSI)
Conversation entre machines au niveau application	Liste des conversations entre les paires de machines mesurées au niveau application et classées selon le volume généré
Variables utilisateur spécifiques	Variables définies par l'utilisateur
Standards de configuration de la sonde	N/A

Comme souvent avec les standards, il est nécessaire d'ajouter des paramètres spécifiques pour un environnement particulier non encore traité par le standard, comme la MIB ATM avant qu'elle soit normalisée par l'IETF, ou pour des solutions réseau propriétaires d'équipementiers et éditeurs. On parle dans ce dernier cas d'extensions de MIB propriétaires, qui viennent se greffer à la MIB standard afin de la compléter et de donner une vision globale de l'environnement à administrer.

Les sondes de mesure

Une sonde est un équipement matériel dédié à la mesure et à la capture de trafic à des fins de gestion de performance des infrastructures réseau. Sa mission est de surveiller le comportement du système d'information et de le caractériser quantitativement à partir d'un nombre important de critères de performance.

Dans la plupart des implémentations, la sonde se situe en marge du réseau opérationnel. En mode dit passif, la sonde est connectée au réseau pour travailler de manière non intrusive. En d'autres termes, elle n'a aucune influence sur le comportement du réseau opérationnel. Une panne de la sonde, par exemple, n'a aucune conséquence sur le fonctionnement du réseau opérationnel.

Selon les possibilités d'intégration des sondes dans le réseau, l'alternative technique est la suivante :

- intégration à l'aide de matériels de dérivation dédiés, appelés taps *(voir la figure 8.9)* ;

- utilisation de la fonction de copie de ports des commutateurs afin de dupliquer le trafic vers les ports connectés sur la sonde.

Malgré sa simplicité de mise en œuvre et son coût réduit, puisqu'il n'est pas nécessaire d'investir dans un tap, la seconde option pêche par ses lacunes en informations statistiques. Par exemple, une sonde connectée à un commutateur Cisco configuré pour fonctionner en mode SPAN (Switch Port Administration Network) ne reçoit que des flux sans erreur, et l'administrateur n'a aucune idée du taux d'erreur réel de son infrastructure.

C'est la raison pour laquelle l'implémentation correcte reste celle qui inclut le déploiement de taps en combinaison avec des sondes.

Comme l'illustre la figure 8.7, quatre paires de câbles torsadés sont nécessaires pour connecter la sonde au commutateur. Cette façon de relier la sonde au réseau lui procure la capacité de surveiller en temps réel les trafics circulant à travers l'infrastructure, avec de meilleures performances et en distinguant correctement les flux dans un sens et dans l'autre.

Figure 8.7

Câblage d'une sonde dans un réseau commuté

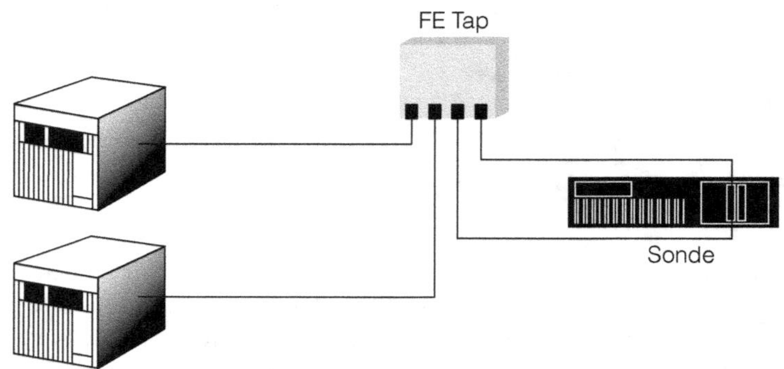

La figure 8.8 montre la circulation des flux dans les deux sens. Grâce à une distinction au niveau des ports physiques de la sonde pour la capture des flux, il est facile de séparer les mesures des deux types de flux.

Les compteurs embarqués dans la sonde alimentent ensuite une base de données locale RMON1 ou 2. Cette base de données est accessible pour consultation par la plate-forme d'administration *via* le protocole SNMP.

La mission de la sonde est de collecter un maximum d'informations portant sur les trafics acheminés à travers l'infrastructure réseau. Dans certains cas, la sonde est amenée à s'adapter à des contraintes techniques particulières imposées par les technologies en vigueur.

Les technologies de « virtualisation » des connexions dans les réseaux WAN, telles que CV, de X.25, DLCI, de Frame Relay, ou VP/VC, d'ATM, obligent à avoir des sondes capables de distinguer les différents circuits virtuels ouverts à l'intérieur d'un câble physique et de gérer des statistiques de performances distinctes pour chacun d'eux.

Le « trunking », assez populaire dans les LAN, permet de mieux mesurer le comportement du trafic dans ce type de réseau. La figure 8.9 illustre la façon de mettre en parallèle plusieurs liens de même débit — par exemple quatre liens Fast Ethernet de 100 Mbit/s — afin d'obtenir une capacité agrégée proche du total de tous les liens.

Figure 8.8

Diagramme des flux avec une sonde

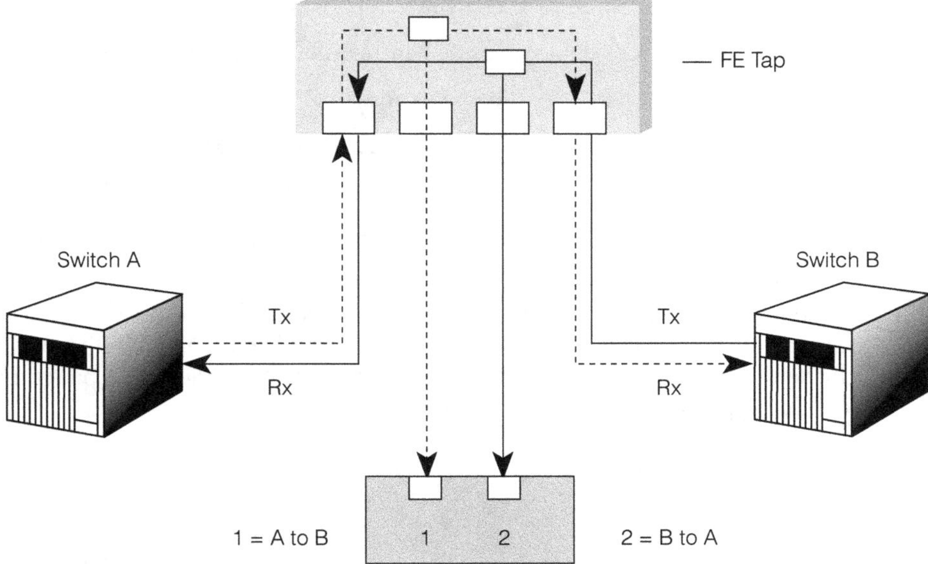

Figure 8.9

Architecture de sondes pour liens agrégés

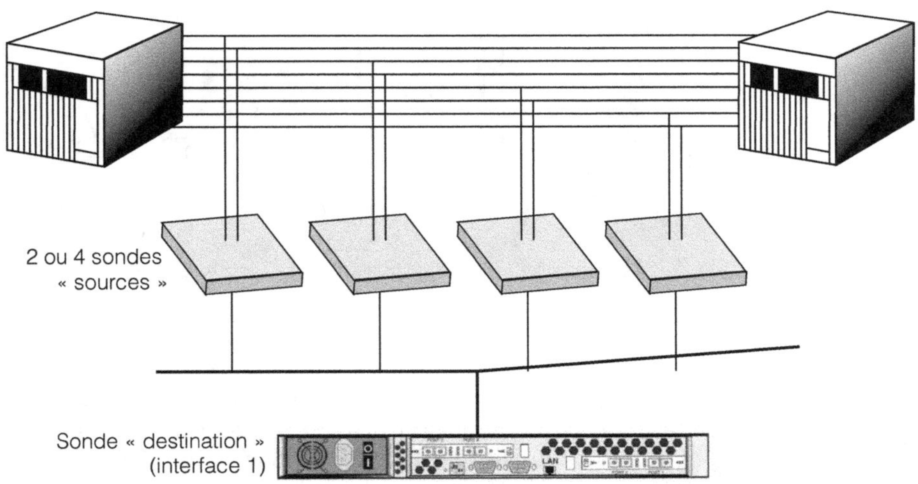

Pour analyser et mesurer les performances globales du lien agrégé, on fait appel à des architectures de sondes en cascade. Deux niveaux de hiérarchie de sondes permettent à la fois de gérer chacun des liens Fast Ethernet indépendamment les uns des autres et d'avoir une visibilité totale sur le lien agrégé.

Les sources de données de l'infrastructure réseau

Les différentes sources de données de l'infrastructure réseau sont les suivantes :

- données fournies par les équipements réseau (MIB embarquées) ;

- données fournies par les postes client et les serveurs (MIB) ;

- données collectées par les sondes insérées dans le réseau (RMON1 et RMON2).

Ces trois sources fournissent des données généralement complémentaires.

Comme l'illustre la figure 8.10, les équipements du réseau, tels que routeur ou commutateur, donnent une visibilité sur le réseau, tandis que les extrémités, postes client et serveurs, donnent des informations sur les applications. Les sondes offrent une visibilité sur les trafics traversant l'infrastructure de bout en bout. La sonde permet de caractériser par la mesure l'interaction entre les applications et l'infrastructure réseau.

Figure 8.10

*Position
des différentes
sources de données*

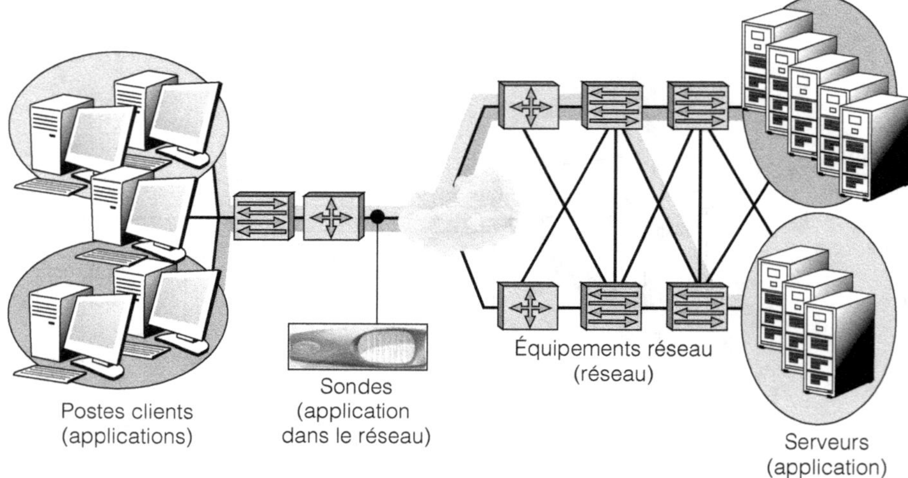

Malgré la complémentarité des données fournies par les différents éléments du système d'information, des différences existent dans la manière de collecter les données et de les mettre à disposition. Une consolidation de l'ensemble des données est alors impérative.

Données sur les équipements réseau

Tous les équipements réseau sont administrables à distance grâce à SNMP. Ils intègrent tous une MIB contenant les paramètres techniques relatifs au matériel et aux flux traversant le réseau. La visibilité de la nature des flux de données gérés par l'équipement est cependant restreinte.

Données sur les machines client et serveur

Même si certaines données sont disponibles sur les postes client, elles sont peu consultées. C'est surtout au niveau du serveur que les statistiques sont demandées.

Une machine serveur embarque habituellement un agent SNMP qui alimente une MIB interne d'informations de gestion. Ces informations élémentaires illustrent l'état de fonctionnement des principaux éléments vitaux de la machine. Les statistiques sur le taux d'utilisation et l'occupation portent sur la CPU, le disque dur ou encore la mémoire. Il est très rare de trouver des données sur les applications qui fonctionnent au-dessus.

Pour avoir des informations de performance des applications situées au niveau de la machine, il faut utiliser des modules agent.

Une application critique peut intégrer dans son code un agent de surveillance et de mesure de la performance. Cet agent est une sorte de module logiciel intégré dans l'application, qui a accès à l'ensemble de ses paramètres techniques et en offre une visibilité détaillée. En contrepartie, il est totalement lié à l'application et ne procure aucune donnée sur les autres applications cohabitant sur la même machine. À chaque évolution de l'application, il est nécessaire de réécrire l'agent pour l'adapter.

C'est la raison pour laquelle on a développé des agents d'administration d'application génériques. Ces agents inspectent les différentes ressources de la machine, surveillent le fonctionnement des processus qui composent les applications et analysent le comportement réseau de la machine afin de corréler l'ensemble des données et d'offrir une vision globale et détaillée des performances des applications.

L'inconvénient majeur de cette approche est la gestion de la distribution des agents sur les machines à surveiller. Les mises à jour de versions d'agents peuvent devenir périlleuses lorsqu'on a affaire à un grand système d'information d'entreprise.

Données des sondes réseau

Les sondes permettent de faire le lien indispensable entre l'application et le réseau. En grande partie génériques pour le réseau et l'application considérée, les sondes peuvent fournir des informations spécifiques à certaines technologies réseau ou à certains types d'applications.

Placées à des endroits stratégiques de l'infrastructure, elles procurent une vision à la fois globale et détaillée de l'environnement, sans pour autant imposer de déploiement massif. En nombre restreint, elles sont plus aisément administrables.

Faire correspondre les sources de données avec les fonctions de gestion de performance

Chacune des fonctions de gestion de performance s'appuie sur les différentes sources de données disponibles dans l'infrastructure. Le tableau 8.3 montre la correspondance des sources de données et des fonctions de gestion de performance.

**Tableau 8.3 Correspondance des sources de données
et des fonctions de gestion de performance**

	MIB équipements réseau	Sonde RMON1-2	Agent actif
Résolution d'incident en temps réel	X	X	X
Planification de capacité	X	X	X
Gestion des niveaux de service		X	X
Maîtrise des coûts et facturation		X	X

Ce qui interpelle à première vue dans ce tableau est la couverture fonctionnelle complète de la source de données RMON par la sonde. La sonde se montre utile à l'ensemble des fonctions de gestion de la performance. Elle offre à la plate-forme de gestion de performance la visibilité indispensable des trafics transitant à travers le réseau, ainsi que des détails des applications et des utilisateurs.

Afin de compléter la visibilité du réseau, il importe d'avoir des sources de données sur les équipements réseau et leurs MIB. La résolution d'incident et la planification de capacité sont des tâches qui nécessitent une vision des comportements des équipements réseau, combinée à la connaissance des trafics qui y transitent.

Dans le cadre de la gestion des niveaux de service, l'emploi d'agents actifs permet de simuler le comportement utilisateur afin d'obtenir les ordres de grandeur de la performance réellement délivrée à l'utilisateur final.

Administration de la sécurité

L'administration de la sécurité est sans doute l'un des aspects les plus importants de la politique de sécurité. Garante de la visibilité et du contrôle de la mise en œuvre de la politique de sécurité, elle doit permettre de maîtriser l'implémentation des règles de sécurité, ainsi que de surveiller et d'auditer leur bonne adaptation aux besoins de sécurité de l'entreprise.

Considérée à l'origine comme un complément de l'administration des réseaux, l'administration de la sécurité s'est développée à partir des standards SNMP. Avec l'évolution des technologies de sécurité et la complexité grandissante des architectures de sécurité déployées, l'administration de la sécurité s'est progressivement étoffée de ses propres standards et technologies de gestion. Nous analysons dans cette section la version sécurisée de SNMP (version 3), ainsi que le syslog.

Les outils d'administration SIM

Pour la sécurité, les outils SIM (Security Information Management) constituent le complément indispensable d'une administration globale de réseaux. Fin 2003, les purs acteurs de la sécurité fournissent les meilleurs outils SIM, mais les grands de l'administration réseau, tels IBM/Tivoli, Hewlett Packard, Computer Associates, Micromuse, etc., se lancent à leur tour dans l'administration de la sécurité, HP étant l'un des plus récents.

Ces entreprises considèrent avec raison que l'administration de la sécurité n'est qu'une composante de l'administration globale du système d'information de l'entreprise. Si certains cabinets d'étude estiment que ces généralistes de l'administration réseau ne sont pas aussi performants que les purs acteurs des outils SIM, nous devrions assister d'ici à quelques années à un rattrapage par ce type de société. Certaines consolidations (rachats-fusions) se sont d'ailleurs déjà produites et devraient se poursuivre.

Ce marché est toutefois loin d'être mûr. Selon le cabinet d'études Gartner Group, NetForensics, un acteur de bonne réputation, disposerait de la plus grande base installée. Des acteurs tels que Intellitactics ou ArcSight, ce dernier étant relativement récent, disposent également d'une bonne réputation.

Le tableau 8.4 récapitule les principaux acteurs du marché des SIM, étendu à ceux qui proposent des outils d'administration de sécurité avec un champ d'action plus restreint que les purs SIM. Certaines solutions sont plus à même de gérer les produits de l'éditeur que de s'interfacer avec de très nombreux produits provenant de différentes sociétés.

Tableau 8.4 Acteurs de l'administration de la sécurité

Acteur	Produit
IBM/Tivoli	Tivoli Risk Manager
Micromuse	Netcool for Security Management
Intellitactics	NSM (Network Security Manager)
ArcSight	ArcSight
SECnology	SECnology
e-Security	e-Sentinel
NetForensics	NetForensics
Enterasys	Dragon Entreprise Management Server
Addamark Technologies	LMS (Log Management System)
BindView	Plusieurs produits
Computer Associates	eTrust Security Commander Center
Symantec	ESM (Enterprise Security Manager)
ISS	SiteProtector
NetIQ	Plusieurs produits dont ceux issus du rachat des produits de Pentasafe
OpenService	Threat Manager
GuardedNet	NeuSecure
Hewlett Packard	HP Security Management
Cisco Systems	CiscoWorks SIMS (Security Information Management Solutions). S'appuie sur NetForensics.
Solsoft	Solsoft Product Suite

Fonctionnement d'un SIM

Le mode général de fonctionnement d'un SIM comporte trois étapes principales :

1. Collecte des données d'un équipement (pare-feu, IDS, routeur, serveur, etc.).

2. Agrégation des données.

3. Corrélation des données.

Les données sont le plus souvent stockées dans une base de données de type Oracle, MySQL ou MS-SQL. Le montant des données à stocker est rapidement très important pour les grands réseaux. Il dépend en partie des seuils d'alerte qui ont été définis. À l'heure où nous écrivons, les solutions les plus performantes sont capables de gérer aux alentours de 600 événements par seconde. Ces plates-formes sont généralement disponibles sous plusieurs environnements (UNIX-Linux mais aussi de plus en plus Windows), de même que pour la partie console ou middleware.

En règle générale, le plus petit dénominateur commun pour une communication interéquipement s'appuie sur SNMP et syslog, ce qui pose des problèmes de sécurité s'ils ne sont pas mis en œuvre de manière adéquate. SNMP et syslog reposent tous deux sur le protocole UDP, orienté sans connexion, et donc plus facile à *spoofer* (usurper) que TCP.

En dehors de ce type de communication, auquel on pourrait ajouter l'architecture OPsec de CheckPoint Software, on rencontre aussi des agents personnalisés chargés de récolter les données jusqu'au point d'agrégation. Bien souvent, cette solution est mieux sécurisée que ses équivalents reposant sur UDP. Elle entraîne toutefois un travail supplémentaire d'installation par périphérique. Cette surcharge de travail est importante dans les grands réseaux. Placer un agent sur quelques IDS est une chose, en déployer une centaine est une toute autre affaire. Beaucoup d'administrateurs de sécurité s'appuient sur syslog et les agents pour leurs besoins de transport de données. Il convient évidemment dans ce cas de sécuriser syslog, qui n'est pas sécurisé par défaut.

Il est recommandé de déployer une maquette avant de se lancer dans la mise en oeuvre d'un SIM et de bien délimiter le paramètre d'analyse. Mieux vaut se contenter de peu au départ. Une fois la maîtrise opérée et constatée, on peut ensuite étendre le rayon d'action de l'analyse. Comme le disent les gens liés au monde du renseignement, « l'information n'est rien sans l'analyse ».

Aucun SIM ne peut correspondre à toutes les problématiques de sécurité pouvant être déployées dans une entreprise. Deux reproches principaux sont adressés aux outils SIM :

- L'opérateur situé derrière la console d'administration, ne sachant que faire devant la remontée d'alertes et d'indications fournies par la console après corrélation des événements, doit trop souvent faire appel au spécialiste de la sécurité. Certaines solutions tendent à remédier à ce problème. Un opérateur ne peut garantir d'expertise sur l'ensemble des routeurs, commutateurs, serveurs et systèmes d'exploitation de l'entreprise. Comme tout un chacun, il est plus ou moins compétent sur certains domaines.

- Il faut procéder à des tests pour mesurer la pertinence réelle du moteur de corrélation et ne pas s'en tenir au seul discours des vendeurs. À titre d'exemple, il faut vérifier si deux événements classés de risque moyen sur deux équipements différents peuvent entraîner un risque majeur en fonction de l'architecture technique de la cible.

Améliorations de sécurité de SNMP v3

Si SNMP a connu une croissance rapide à la fin des années 80 et au début des années 90, force est de déplorer deux de ses faiblesses majeures :

- incapacité à spécifier le transfert de données brutes *(bulk)* ;

- manque de sécurité sur les plans de l'authentification et de la confidentialité.

Certaines de ces déficiences ont mené, en 1993, à la publication d'un ensemble de RFC par l'IETF, connues sous la dénomination de SNMP v2, la deuxième version de SNMP. SNMP v2 inclut notamment des éléments de sécurité. Toutefois, ils ne furent pas largement acceptés par la communauté du fait d'un manque de consensus et que certaines faiblesses étaient perçues dans la définition même de SNMP v2.

En 1996, paraît une édition révisée de SNMP v2, comportant des améliorations fonctionnelles, mais toujours sans élément de sécurité. Baptisée SNMP v2c, cette version utilise un simple mot de passe non sécurisé comme service d'authentification.

Plusieurs groupes de travail indépendants se sont penché sur la sécurité de SNMP v2. Les groupes V2u et V2* ont convergé en mars 1997 sur certains concepts et éléments techniques pour former le groupe de travail IETF SNMP v3. En janvier 1998, les fruits des travaux de ce groupe ont abouti aux RFC 2271 à 2275, dont certaines ont ensuite évolué.

Le tableau 8.5 récapitule les principales RFC de SNMP v3.

Tableau 8.5 Principales RFC de SNMP v3

RFC	Titre (en anglais)
RFC 2271	*An Architecture for Describing SNMP Management Frameworks*
RFC 2272	*Message processing and Dispatching for SNMP*
RFC 2273 (mise à jour par la RFC 3413)	*SNMPv3 Applications*
RFC 2274 (mise à jour par les RFC 2574 puis 3414)	*USM (User-based Security Model) for version 3 of the Simple Network Management Protocol (SNMPv3)*
RFC 2275 (mise à jour par les RFC 2575 puis 3415)	*VACM (View-based Access Control model) for the Simple Network Management Protocol (SNMP)*
RFC 3410	*Introduction to version 3 of the Internet Network Management Framework*
RFC 3584	*Coexistence between version 1, version 2, and version 3 of the Internet-standard Network Management Framework*
RFC 2572	*Message Processing and Dispatching for the Simple Network Management Protocol (SNMP).* Non exclusif de SNMP v3

SNMP v3 ne remplace ni SNMP v1 ni SNMP v2. Il ne modifie en aucune façon le PDU (Protocol Data Unit) de SNMP, autrement dit sa charge utile. SNMP v3 définit simplement un service de sécurité à utiliser en conjonction avec SNMP v2 ou SNMP v1. Une implémentation de SNMP v3 consiste donc en des éléments définis au travers des RFC 2271-2275 et de leurs mises à jour, plus le format PDU et des fonctionnalités définies dans SNMP v2.

La figure 8.11 illustre l'architecture protocolaire de SNMP v3. SNMP s'appuie sur le protocole UDP pour les réseaux IP, mais il peut aussi s'appuyer sur des réseaux non TCP/IP, tels que IPX pour l'environnement historique de Novell.

La figure 8.12 reprend l'architecture complète de SNMP, avec le sous-système de sécurité et le sous-système de contrôle d'accès, que nous détaillons ci-après.

Le répartiteur, inclus dans le moteur SNMP, envoie et reçoit les messages SNMP. Il répartit également les PDU SNMP entre les applications SNMP. Lorsqu'un message SNMP doit être préparé ou que les données doivent être extraites d'un message SNMP, le répartiteur délègue à un message la version spécifique de traitement de message au sein du sous-système de traitement des messages. Le modèle de traitement des messages interagit avec le sous-système de sécurité afin de s'assurer que la sécurité adéquate est appliquée au message traité.

Figure 8.11

Architecture protocolaire de SNMP v3

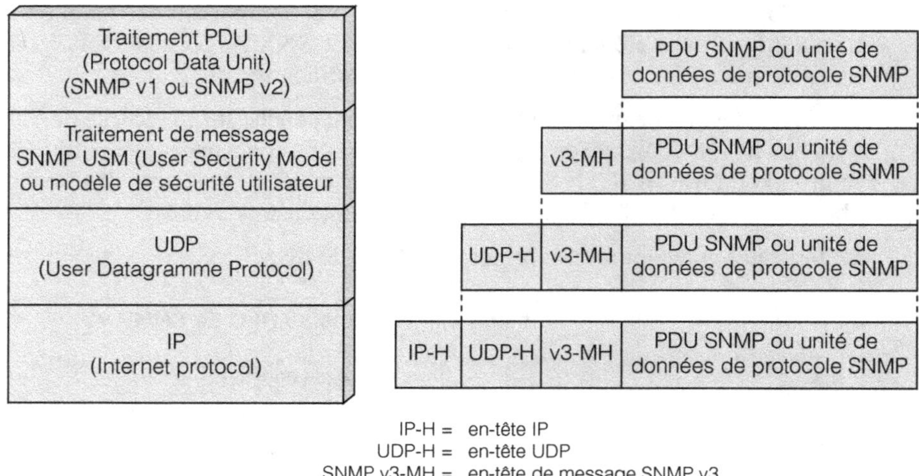

Le modèle de sécurité USM

Le modèle de sécurité utilisateur USM (User Security Model) fournit des services d'authentification et de confidentialité (RFC 2574 à l'origine puis RFC 3414).

Telles que définies dans la RFC 3414, les principales menaces auxquelles le modèle de sécurité utilisateur doit parer sont les suivantes :

- **Modification de l'information.** Menace qu'une entité non autorisée modifie les messages SNMP en transit. Cela concerne les messages d'administration, de configuration et de compatibilité, y compris le positionnement de valeurs d'objet.

- **Masquerading.** Menace d'opérations d'administration non autorisées par un utilisateur quelconque sous couvert de l'usurpation d'identité d'un utilisateur possédant les autorisations *ad hoc*.

Les deux menaces secondaires suivantes ont été identifiées, dont le modèle de sécurité utilisateur ne fournit qu'une protection limitée :

- **Divulgation** *(disclosure)*. Menace d'écoute entre les agents administrés et une station d'administration. S'en protéger peut faire partie d'une politique de sécurité locale.

- **Modification du flot de données.** Le protocole SNMP étant fondé sur un service de transport sans connexion (UDP), le réordonnancement des messages, leur retard ou encore leur rejeu constituent des menaces potentielles.

Les deux menaces suivantes ne sont pas prises en compte par le modèle de sécurité :

- **Déni de service, ou DoS (Denial of Service).** Le modèle de sécurité SNMP ne cherche pas à adresser la grande gamme d'attaques qui empêchent les utilisateurs légitimes d'accéder à un service. De tels dénis de service sont souvent impossibles à distinguer des pannes réseau auxquelles un protocole de gestion de réseau doit évidemment faire face.

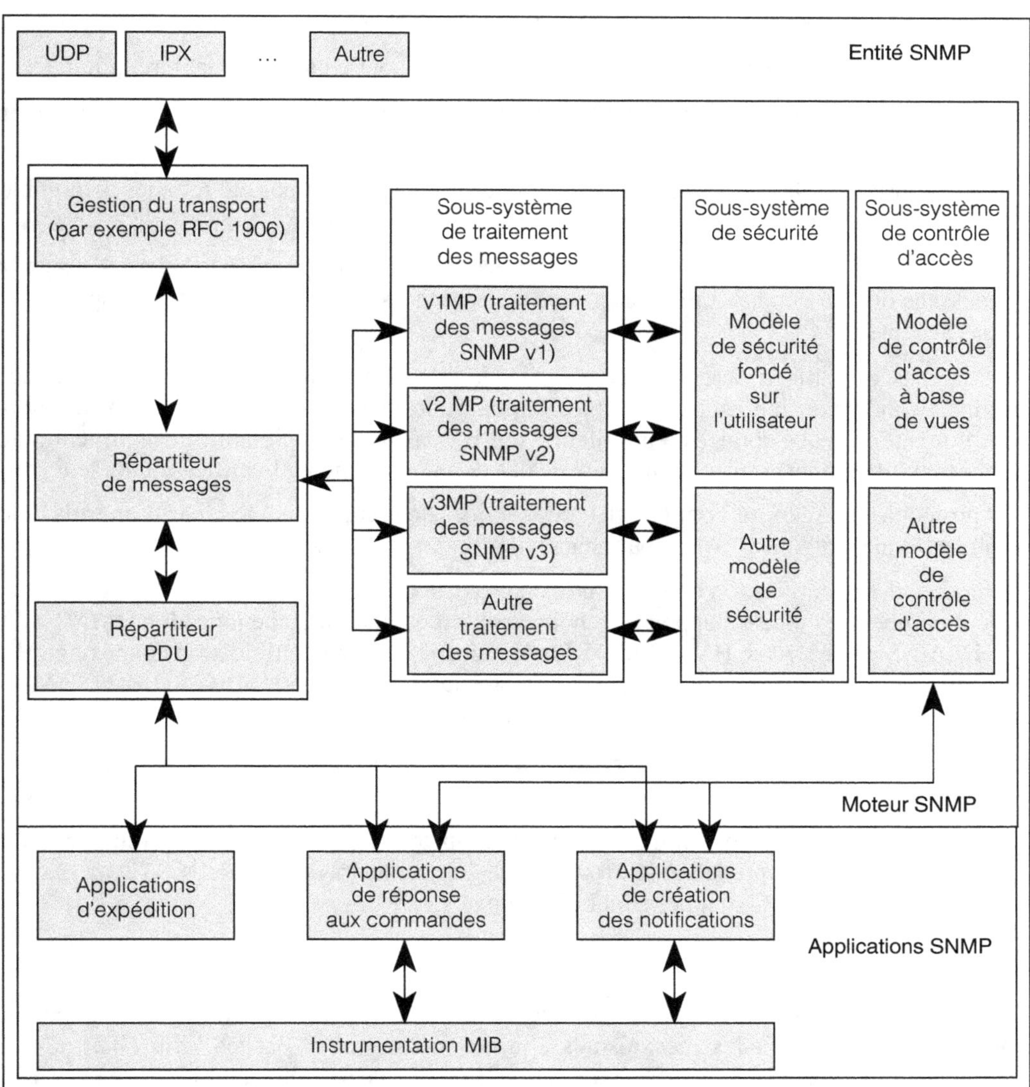

Figure 8.12

Architecture complète de SNMP

- **Analyse de trafic.** Le modèle de sécurité n'adresse aucunement ce type de menace. La majorité du trafic est prédictible *via* n'importe quelle application d'administration. La problématique des dénis de service relève d'un service de sécurité général et ne doit pas être particulièrement embarquée par un protocole de gestion de réseau. En conséquence, le groupe de travail de l'IETF a considéré qu'il n'y avait pas avantage significatif à offrir une protection contre l'analyse de trafic.

Les services de sécurité du modèle SNMP sont les suivants :

- **Intégrité des données.** S'assure que les données ne sont en aucune manière modifiées.

- **Authentification de l'origine des données.** S'assure que les données reçues ont bien été envoyées par la personne qui prétend les avoir transmises.

- **Confidentialité des données.** S'assure que les données n'ont pas été rendues disponibles ou affichées à des individus, entités ou processus non autorisés.

- **Opportunité** *(timeliness)* **d'un message et protection limitée contre le rejeu.** S'assure qu'un message dont le générateur de temps se situe en dehors d'une fenêtre de temps spécifiée n'est pas accepté.

Il n'est pas possible d'obtenir une intégrité des données sans une authentification de leur origine, de même qu'il n'est pas possible d'obtenir une authentification de l'origine des données sans une intégrité des données. Par ailleurs, il n'est pas possible d'établir de confidentialité des données (chiffrement) sans une intégrité de ces données et une authentification de leur origine.

Les protocoles de sécurité visant à offrir ces services de sécurité ont été répartis en trois modules organisationnels distincts, avec pour chacun des responsabilités spécifiques.

Le module d'authentification doit fournir le contrôle de l'intégrité des données et l'authentification de leur origine. Ce module s'appuie, au choix, sur les protocoles d'authentification HMAC-MD5-96 ou HMAC-SHA-96. Avec HMAC-MD5-96, le mécanisme d'authentification de message HMAC est utilisé avec la fonction de hachage sous-jacente MD5. Avec HMAC-SHA-96, HMAC est utilisé avec la fonction de hachage sous-jacente SHA-1.

Le module d'opportunité *(timeliness)* doit fournir une protection contre le retard de message et le rejeu.

Enfin, le module de confidentialité doit offrir une protection contre la divulgation de la charge utile du message. Il s'appuie sur le protocole de chiffrement symétrique DES (Data Encryption Standard) en mode CBC (Cipher Block Chaining).

Le modèle de contrôle d'accès

Le contrôle d'accès est une fonction de sécurité réalisée au niveau de la PDU. Un document de contrôle d'accès définit les mécanismes afin de déterminer si l'accès à un objet administré provenant d'une MIB (Management Information Base) locale peut être autorisé par un « principal » distant. Il est concevable que plusieurs mécanismes de contrôle d'accès soient définis.

Le sous-système de contrôle d'accès d'un moteur SNMP a la responsabilité de vérifier si un type d'accès spécifique (lecture, écriture, notification) à un objet particulier (instance) est ou non autorisé. Le contrôle d'accès se produit implicitement ou explicitement dans une entité SNMP lorsque, par exemple, un message de modification de requête est opéré à partir d'une entité SNMP.

Les spécifications de SNMP v3 définissent le modèle de contrôle d'accès par vues VCAM (View-based Access Control Model). Il n'est pas nécessairement le seul modèle de contrôle d'accès, comme l'illustre la figure 8.14, présentant l'architecture générale de SNMP.

VACM définit les éléments de procédure suivants permettant de contrôler l'accès à l'information d'administration :

- Déterminer si l'accès à un objet administré provenant d'une MIB locale peut être autorisé par un « principal » distant.

- Définir la politique de contrôle d'accès pour l'agent et rendre possible la configuration à distance en s'appuyant sur la MIB.

La RFC 3415 définit cinq composants du modèle VCAM : groupe, niveau de sécurité, contexte, vue des MIB et des familles et politique d'accès.

Plutôt que d'utiliser SNMP v3, certaines entreprises préfèrent recourir à des tunnels IPsec pour sécuriser le transport de trafic de SNMP v1.

Le protocole syslog d'audit de la sécurité

Le protocole syslog a été élaboré afin de combler les limites de SNMP, qui ne procure aux équipements de sécurité que des remontées sous forme de traps, lesquelles ne correspondent qu'aux alarmes de fonctionnement de l'équipement. Grâce à syslog, il est possible de remonter beaucoup plus d'informations sur le trafic réseau traversant l'élément de sécurité.

Par exemple, syslog rassemble l'ensemble des caractéristiques des sessions de communication, incluant la date et l'heure de la session, son origine et sa destination, ainsi que la nature de l'application de la session. Chaque type d'élément de sécurité peut ensuite intégrer des paramètres supplémentaires afin d'enrichir son syslog. Par exemple, un pare-feu peut fournir des informations sur les filtres activés par les sessions ou sur la nature d'une attaque détectée.

L'architecture de syslog est de type client-serveur. Les clients sont localisés sur les éléments de sécurité à auditer, et le serveur se prénomme collecteur. Les clients syslog sont configurés pour alimenter le collecteur d'informations de logs mesurés en temps réel. Toute la consolidation des informations de log s'effectue au niveau du collecteur de manière centralisée.

Surpassé par la demande, ce standard *de facto* est aujourd'hui l'un des sujets importants de la standardisation de l'IETF dans le domaine de la sécurité. Le rôle de cette standardisation après coup est essentiellement de répondre à une nécessité d'interopérabilité des solutions de sécurité et des plates-formes de consolidation des logs. L'IETF a souhaité en outre combler les lacunes de sécurité des transactions entre le client et le serveur syslog (confidentialité, intégrité des transactions et authentification des clients et serveurs).

Le tableau 8.6 illustre les différents champs qu'on peut trouver dans un message syslog.

Tableau 8.6 Champs d'un message syslog

Oct 8 13 :17 :03app12 loguser0.info /var/log/ex1500/monitord (013642) : CPU : 22% ; RAM Used : 650MB 65% ; IFO : 15Mbps of 100Mbps ; IF1 : 12Mbps of 100Mbps ; Current users : 220 ; Current connections 880 ; Health : UP

En premier paramètre, viennent la date et le temps de l'événement. Suivent les informations concernant l'utilisateur et l'application qu'il utilise puis les paramètres relatifs à l'équipement :

consommation CPU, de mémoire et de bande passante sur les deux ports physiques 100 Mit/s. Enfin, le message fournit le nombre d'utilisateurs actifs, ainsi que le total de sessions ouvertes à travers l'équipement.

De nombreuses extensions de logs sont disponibles selon le type de solution de sécurité considéré. Par exemple, les formats de logs définis par le W3C (World-Wide Web Consortium) adressent en détail la problématique d'audit des sessions Web.

Indispensable à la supervision de la sécurité, le protocole syslog fournit des informations précieuses aux administrateurs afin de mieux auditer en temps réel leur infrastructure de sécurisation du système d'information.

En résumé

La complexité et l'importance du système d'information ne cessent de grandir dans l'enceinte de l'entreprise utilisatrice. Sa gestion n'en est que plus critique et vitale. D'où l'impératif pour la direction informatique d'implémenter correctement une politique de gestion de performance répondant à toutes ses attentes.

L'accent doit être mis sur les sources de données à considérer, puisqu'elles constituent la base d'une gestion de performance juste et optimale.

L'administration des performances et de la sécurité est une composante indispensable. Bien que les outils disponibles présentent encore un certain degré d'immaturité, il est possible d'avancer pas à pas.

9

Gestion
de la bande passante

La gestion de bande passante consiste à contrôler la qualité de service globale du système d'information en termes de performances et de sécurité.

La lutte contre le manque de performance des applications critiques est une véritable guerre. Les batailles s'y gagnent par la mise en œuvre de briques de solutions afin de gratter progressivement quelques millisecondes sur le temps de réponse utilisateur.

La gestion de bande passante vise un double objectif :

- comprendre le système d'information dans ses moindres détails afin d'en maîtriser le comportement et le fonctionnement ;
- mieux gérer le système d'information dans sa globalité.

La compréhension du système d'information repose en premier lieu sur la capacité de découverte des protocoles et applications qui transitent à travers l'infrastructure réseau. La mesure des débits, des temps de réponse et des temps de latence permet de mieux apprécier l'utilisation des applications et l'usage du réseau.

Dans les chapitres précédents, nous avons évoqué la problématique de la cohabitation anarchique des applications dans l'infrastructure réseau. En absence de lois régulant la circulation des données dans le réseau, les applications sont amenées à capturer tant bien que mal de la bande passante. La loi de l'aléatoire ne jouant pas toujours en faveur des applications critiques, ces dernières se voient pénalisées par le non-respect de leurs besoins réseau. Le réseau devient dès lors instable, incontrôlable et imprévisible, avec des flux circulant en rafale, et ne présente pas les mêmes qualités de performance d'une extrémité à l'autre.

Qui n'a un jour été amené à observer les problèmes suivants sur son réseau ?

- Un employé synchronise son application de travail en groupe (par exemple *via* Lotus Notes) et monopolise toute la bande passante pendant un bon quart d'heure.

- Dans le bureau d'à côté, son collègue décide de lancer un téléchargement du dernier film de Steven Spielberg, en utilisant un logiciel peer-to-peer (eDonkey, eMule, etc.). Il a pris soin de le faire avant de quitter le bureau le soir mais n'a pas pensé à ses collègues commerciaux, lesquels, depuis leur hôtel à l'étranger, tentent vainement d'accéder à leur messagerie.

- Le responsable réseau demande chaque année des budgets supplémentaires pour grossir les tuyaux du réseau WAN, mais, dès l'ouverture des vannes, les applications s'y engouffrent en désordre, engendrant le ralentissement voire le blocage des applications importantes au détriment des autres. Dans la majorité des cas, le problème n'est pas résolu, mais les coûts réseau ont augmenté.

La gestion de la bande passante vise à redonner aux administrateurs réseau le pouvoir de contrôler et de réglementer la circulation des flux et la consommation de bande par les applications.

Méthodologie de gestion de la bande passante

Pour mettre en œuvre une gestion efficace de la bande passante, il est recommandé de suivre une méthodologie en quatre étapes :

1. Analyse des flux de trafic.
2. Classification des flux.
3. Politique de gestion des flux.
4. Supervision et génération de rapports.

Les sections qui suivent détaillent chacune de ces étapes.

Analyse des flux de trafic

Cette première étape est le nerf de la guerre de la gestion de bande passante. En effet, si l'on se trompe dans l'identification d'un flux, toutes les autres étapes s'appliqueront sur un flux erroné, au risque d'engendrer des désastres pour l'ensemble du réseau.

La plupart des solutions de gestion de bande passante fournissent à l'administrateur réseau un tableau de bord du fonctionnement de l'ensemble du système d'information — infrastructure réseau et applications l'utilisant —, rendant possible l'analyse du comportement du système, de même que la compréhension et la résolution des incidents.

Classification des flux

Dans un réseau transitent un très grand nombre de flux distincts, correspondant à des applications et à des utilisateurs différents. Dans un réseau d'entreprise, il est très commun de voir se mélanger les flux de messagerie électronique avec des flux Web, lesquels encapsulent souvent des flux applicatifs métier, et du trafic provenant de clients légers de type Citrix, par exemple.

Plus les technologies logicielles évoluent, plus il est difficile d'identifier avec justesse le trafic d'une application dans le réseau. Plusieurs raisons sont à l'origine de cette difficulté.

De plus en plus d'applications fonctionnant en mode client-serveur reposent sur le principe de communication dit à « numéro de port dynamique ». Ce principe de communication est à comparer à celui des applications « à numéro de port statique ». À l'image du Web ou de la messagerie de type SMTP, ces derniers fonctionnent sur un numéro de port TCP ou UDP connu et ne changeant pas d'une session utilisateur à une autre.

Comme l'illustre la figure 9.1, le client est configuré pour se connecter à son serveur en utilisant le numéro de port correspondant à l'application qu'il souhaite solliciter, soit par exemple le port TCP 80 pour le Web, puis établit une session pour dialoguer avec son serveur. À chaque ouverture de nouvelle session, le numéro destinataire de port est toujours 80, et seul change le numéro de port source de la session, négociée entre le client et le serveur lors de l'établissement de la nouvelle session afin de garantir l'unicité de l'identifiant de session. Les limites de ce mode se révèlent vite pour la gestion d'un grand nombre de sessions simultanées. Pour les applications prévues pour supporter un grand nombre d'accès, cette limitation est problématique.

Le mode de communication à numéro de port dynamique a été développé afin de pourvoir à cette limitation. Son principe de fonctionnement est simple : le client de l'application se connecte au serveur une première fois en utilisant un numéro de port connu, et donc statique. À la différence du mode à numéro de port statique, la session de communication n'est pas encore totalement établie. Cette première session n'a pour rôle que de négocier les numéros de port source et destination pour une session de communication entre le client et le serveur. Autrement dit, la session ne peut être détectée sur le numéro de port connu puisqu'elle dépend des numéros de port négociés au moment de la demande d'établissement.

Figure 9.1

*Communications
à ports applicatifs
statiques et
dynamiques*

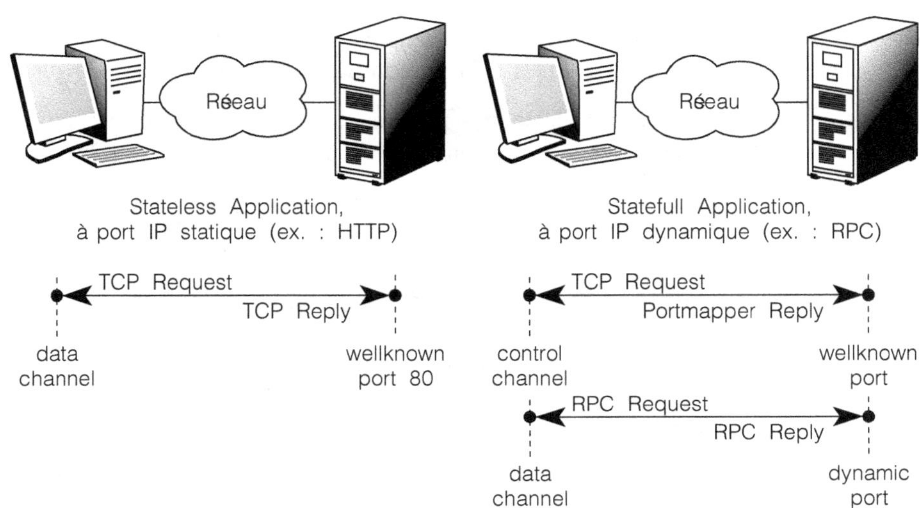

Cette méthode est de plus en plus répandue du fait de sa capacité à gérer un grand nombre de sessions simultanées. Les applications les plus connues qui fonctionnent dans ce mode sont les applications reposant sur le protocole d'appel de procédure à distance RPC (Remote Procedure Call), tel le NFS (Network File System) pour le partage de fichiers en réseau, ou encore la voix sur IP avec les protocoles exploitant un serveur de contrôle de communication de type gatekeeper.

La manière la plus simple d'identifier dans le réseau les flux d'une application à numéro de port dynamique consiste à écouter le réseau en cherchant à intercepter les numéros appartenant à un intervalle de valeurs connu et donc paramétré. Par exemple, si l'on sait que le NFS négocie ses numéros de port dans l'intervalle allant des numéros 10 000 à 10 100, on sait que toute session ayant une valeur de port dans cet intervalle correspond à l'application de partage de fichiers en réseau. Cette méthode est toutefois laborieuse à mettre en œuvre et présente quelques limitations. Elle est de surcroît peu efficace, voire pas du tout en cas d'intervalles de numéros de port non contigus.

Une autre méthode consiste à comprendre les commandes échangées entre le client et le serveur applicatif afin de lire et mémoriser les numéros de port définis pour la session de communication. Plus besoin dans ce cas de configurer quoi que ce soit sur l'équipement, mais un effort important est nécessaire pour développer un moteur d'analyse intelligente du trafic.

L'idéal est de pouvoir identifier les contenus et leurs applications au niveau le plus fin, et ce quels que soient le niveau et la complexité d'encapsulation des paquets. Comme la majorité des solutions de gestion de bande passante ont été développées à une période où les applications pouvaient s'identifier en analysant les niveaux 3 et 4 de l'OSI, elles montrent aujourd'hui leur limite à détecter correctement les dernières générations d'applications circulant dans le réseau d'entreprise. Certaines de ces nouvelles applications sont tellement encapsulées qu'elles sont difficilement reconnaissables.

Le tableau 9.1 donne une liste non exhaustive mais significative de la complexité de l'environnement applicatif du système d'information à adresser par l'équipe de gestion de réseau.

Une nouvelle génération de jeunes pousses a compris cette problématique d'adaptation à la nouvelle donne des applications en concevant un moteur d'analyse des flux reposant sur la recherche des paramètres opérationnels liés aux applications. En plus des adresses mises en jeu et des protocoles, ces moteurs d'analyse sont à même de mettre au jour l'identité de l'utilisateur, les fichiers ou contenus accédés et les types de données traitées.

Parmi cette nouvelle vague, une société française, QoSMoS, prétend même « voir ce que les autres ne peuvent voir ». Même si le slogan paraît quelque peu ambitieux, il lui est possible de capturer les contenus demandés dans les moteurs de recherche Web (Google, Yahoo!, etc.) ou les tables consultées dans un SGBD Oracle ou encore d'intercepter des demandes de téléchargement sur les applications peer-to-peer selon le contenu de la requête.

L'innovation technologique de QoSMoS repose sur un moteur d'analyse de flux unique en son genre, capable de capturer ces informations de grande finesse, et ce quel que soit le niveau de complexité de l'encapsulation protocolaire des flux. Finis les problèmes d'usurpation de ports TCP ou UDP, d'attaques encapsulées dans les tunnels HTTP, etc. !

Tableau 9.1 Environnement applicatif du système d'information

Client-serveur	Service d'annuaire	Application métier	Musique P2P	Gestion réseau	Client léger
CORBA	CRS	DICOM	Aimster	Cisco Discovery	Citrix Published Apps,
CVS	DHCP	HL7	AudioGalaxy	Date-Time	Nfuse, IMA
Folding@Home	DNS	Accès host	Rhapsody	IPComp	RDP/Terminal
FIX (Finance)	DPA	ATSTCP	Mac Satellite	ICMP by packet type	Server
Java Rmt Mthd	Finger	Attachmate	Blubster	Microsoft SMS	Voice over IP
MATIP (Airline)	Ident	SHARESUDP	DirectConnect	NTP	CiscoCTI
MeetingMaker	Kerberos	Persoft Persona	EDonkey	RSVP	Clarent
NetIQ AppMngr	LDAP	SMTBF	Emule	SNMP	CUSeeMe
OpenConnect JCP	RADIUS	TN3270	Overnet	SYSLOG	Dialpad
SunRPC (dyn port)	SSDP	TN5250	FileRogue	Time Server	H.323
Content Delivery	TACACS	LAN traditionnel et	Furthurnet	Impression	I-Phone
AOL	WINS	Non-IP	Gnutella	LPR	MCK Commun.
Backweb	whois	AFP	Acquisition	IPP	Megaco
Chaincast	E-mail et Collabo-	AppleTalk	Ares	TN5250p	Micom VIP
EntryPoint	ration	DECnet	BearShare Furi Gnotella	TN3287	MGCP
Kontiki	Biff	IPX	Gnucleus gtk-gnutella	Routage	Net2Phone
Marimba	cc :MAIL	FNA	LimeWire MyNapster	AURP	RTP
PointCast	IMAP	LAT	Mactella	BGP	RTCP
NewsStand	LotusNotes	NetBEUI	Morpheus Mutella Nap	CBT	SIP
WebShots	MSSQ	MOP-DL/RC	Share	DRP	Skinny (SCCP)
ERP	Microsoft DCOM	PPPoE	Phex Qtraxmax	EGP	T.120
Baan	(MS Exchange)	SNA	Qtella	EIGRP	VDOPhone
JavaClient	Novell GroupWise	Messaging	Shareaza	IGMP	
JD Edwards	POP3	AOL Instant	toadnode	IGP	
Oracle (7,8,9i)	SMTP	Messenger	XoloX	MPLS (+tag, +app)	
SAP	Serveur de fichiers	ICQ	Groove	OSPF	
Internet	AFS	IRC	Hotline	PIM	
ActiveX	CVSup	MSN Messenger	iMesh	RARP	
FTP, Passive FTP	Lockd	Yahoo! Messenger	KaZaA	RIP	
Gopher	Microsoft-ds	Divers	KaZaA Lite	Spanning Tree VLAN	
HTTP Tunnel	NetBIOS-IP	AOL	Napster	(802.1p/q)	
IP, IPIP, UDP, TCP	NFS	MultiMedia	Amster	Protocoles de	
Ipv6	Novell NetWare5	Multi-cast NetShow	audioGnome	sécurité	
IRC	rsync	NetMeeting	File Navigator	DLS	
Mime type	Jeux	QuickTime	Gnapster	DPA	
NNTP	Asheron's Call	RTP	Grokster	GRE	
Socks2http	Battle.net	Real Audio	gtk napster	IPSEC	
SSHTCP	Diablo II	Streamworks	jnapster	ISAKMP/IKE key	
SSL	Doom	RTSP	MacStar	exch	
TFTP	EverQuest Kali	MPEG	Maxter	L2TP	
UUCP	Half-Life	ST2	My Napster	PPTP	
URL	LucasArts (Jedi*)	SHOUTcast WebEx	Napigator	SOCKS Proxy	
Web browser	MSN Zone	WindowsMedia	NapMX	Session	
Base de données	Dark Age of Camelot		Napster Fast Search	REXEC	
FileMaker Pro	Quake I, II, & III		Napster/2	rlogin	
MS SQL	SonyOnline		Napster, MacOSX	rsh	
Oracle 7/8i	Tribes I,II		OpenNap	Telnet	
Progress	Unreal		Rapster	Timbuktu	
	Warcraft III		Snap	VNC	
	Yahoo ! Games		Spotlight	Xwindows	
			WebNap		
			WinMX		
			Scour		
			Tripnosis		

Au lieu d'analyser les flux en se fondant uniquement sur les informations transportées dans un paquet IP (généralement les informations de niveaux 3 et 4 et, pour certaines applications comme le Web, des informations de niveau 7), le moteur de QoSMoS est aussi capable d'effectuer les tâches suivantes :

- étudier les flux en observant les échanges d'instructions applicatives entre le client et le serveur (détection de numéros de ports applicatifs négociés dynamiquement) ;

- regarder en profondeur dans le flux les données internes aux applications (par exemple les tables d'une base de données, les fichiers joints à un e-mail, etc.) ;

- reconnaître les applications en appliquant une analyse grammaticale et comportementale des flux.

Cette technologie innovante de classification applicative de trafic est aujourd'hui convoitée à juste valeur par d'autres sociétés expertes dans des domaines connexes à la gestion de trafic. Pour exemple, Ipanema — spécialiste du lissage de trafic (traffic shaping) — a choisi d'intégrer la technologie de classification QoSMOS dans ses solutions d'optimisation de la performance applicative.

Politique de gestion des flux

Lors de cette troisième étape de la méthodologie de gestion de la bande passante, on s'attache à répondre aux questions suivantes :

- Comment est consommée la bande passante limitée ?

- Pourquoi les applications critiques peinent-elles sur le réseau ?

- Qui sont les plus gros consommateurs de bande passante, et les plus faibles ?

Pour répondre à ces questions, il est nécessaire, par exemple, d'observer des paramètres tels que l'utilisation de la bande passante et le temps de réponse des applications et de lister les plus gros (et les moins gros) consommateurs de bande passante, ainsi que le client et le serveur les plus lents du réseau.

L'utilité de cette analyse comportementale est d'aider l'équipe d'administration du système d'information à surveiller le bon fonctionnement de son infrastructure et, en cas de besoin, à appréhender un problème et à tenter de le résoudre.

L'analyse de l'utilisation du réseau autorise la surveillance de la quantité de bande passante consommée. Cette supervision aide à s'assurer que les applications critiques obtiennent le volume de débit nécessaire à leur fonctionnement optimal, ainsi qu'à vérifier que la bande passante achetée est suffisante sans être pour autant surdimensionnée par rapport aux besoins des applications.

Pour affiner la visibilité du système, la liste des « plus grands parleurs » (postes émetteurs qui génèrent le plus de volume de trafic sur le réseau) aide à vérifier si la bande passante est bien allouée. Celle des « plus grands écouteurs » (postes récepteurs les plus en activité) aide au diagnostic des problèmes de temps de réponse d'une application donnée. Ces postes peuvent être responsables de la dégradation de la performance de l'application, la bande passante de cette dernière devenant sous-dimensionnée par rapport à la demande.

Le tableau 9.2 donne quelques exemples d'exploitation de l'analyse des paramètres techniques à des fins de résolution de problèmes d'optimisation.

Tableau 9.2 Exemples d'exploitation de l'analyse comportementale

Ce qui est observé	Ce qu'il faut considérer
De très hauts pics de trafic avec une moyenne *a contrario* très basse	Envisager d'appliquer sur le trafic un lissage afin de réduire l'écart entre la moyenne de trafic et les pics
Un volume de trafic bien en deçà de la capacité maximale disponible, avec des temps de réponse applicative corrects	Réduire la capacité de débit achetée à l'opérateur
Un taux d'usage du réseau assez élevé, avec des consommations qui s'approchent souvent du maximum disponible.	– Appliquer le contrôle de trafic afin d'optimiser la consommation de bande passante – Augmenter la bande passante

Supervision et génération de rapports

Outre la visibilité en temps réel de l'infrastructure réseau et de ses applications que procurent les solutions de gestion de bande passante, les paramètres techniques sont également mis à disposition pour établir des rapports de performance (tableau de synthèse, tableau de bord d'activité, etc.).

Le tableau 9.3 indique, à titre d'illustration, quelques paramètres techniques qu'il est possible d'obtenir à des fins de rapport de qualité de service, d'audit de performance ou de résolution d'incident.

Tableau 9.3 Paramètres techniques à obtenir à des fins de rapport

Paramètre technique
Débit en nombre d'octets, de paquets, de transactions, de connexions et de sessions
Débit par classe de trafic selon le nombre, la moyenne et les pics maximums
Mesures de débit selon les adresses IP, les machines et les sous-réseaux
Mesures et pourcentages des connexions TCP qui ont été refusées par une règle de filtrage, bloquées par un manque de ressource, ignorées ou refusées par les serveurs ou encore avortées par les clients.
Mesures et pourcentages des paquets et octets retransmis, reçus, jetés, refusés ou expirés
Nombre maximal de connexions TCP simultanées
Histogramme et moyennes des différents paramètres du temps de réponse de la transaction : délai réseau, délai serveur, délai total, temps aller-retour et temps d'échange des paquets
Comptage et pourcentage des transactions qui correspondent ou non aux exigences de performance fixées.
Durée de respect du niveau de service exigé
Durée et pourcentage des événements de non-respect du niveau de service exigé (non-disponibilité)
Classement des meilleurs et des pires applications, URL et utilisateurs
Nombre de messages réponse HTTP (Web) avec des codes de succès (2xx), de redirection (3xx), d'erreur client (4xx) et d'erreur serveur (5xx)

L'aide au diagnostic est une des missions des boîtiers de gestion de la bande passante. Dans les grandes infrastructures, ils représentent souvent le complément aux sondes réseau pour étendre les capacités d'administration et de surveillance du système d'information global.

De tels boîtiers permettent de voir ce que les sondes ne voient pas. dans les grandes infrastructures. Leurs fonctions d'analyse des flux et de maintien des statistiques applicatives offrent notamment de grandes possibilités de diagnostic de problèmes de temps de réponse de bout en bout d'une application ou encore d'anticipation d'incidents par une gestion proactive des événements du système.

Gestion de temps de réponse applicatif

Le temps de réponse est le paramètre principal de qualification de la qualité de ce qu'on appelle l'expérience utilisateur. Cette notion est liée à la perception qu'a l'utilisateur de son application. En particulier, la durée entre une action de l'utilisateur et son résultat est un paramètre important de l'expérience utilisateur. Le temps de réponse a le mérite de rendre objective une information considérée habituellement comme subjective.

Le temps de réponse peut être analysé sous plusieurs angles, notamment les suivants :

- délai de traversée du réseau au niveau de l'application et de l'utilisateur ;

- décomposition du délai global entre les délais au niveau du serveur (temps de traitement interne) et au niveau du réseau (temps de transit à travers l'infrastructure) ;

- identification du client ou du serveur « le pire » (aux performances les plus mauvaises) ;

- historique des valeurs dans le temps afin de surveiller le comportement de l'application en terme de performance.

En sus de la bande passante et de la disponibilité, le temps de réponse est une troisième métrique qui permet de caractériser la qualité de service globale du système d'information. Sa maîtrise offre la capacité de contrôler les performances, d'anticiper les plaintes possibles des utilisateurs et de justifier, en apportant des preuves quantitatives, la nécessité d'investir dans des ressources supplémentaires afin de mieux supporter la montée en charge du système.

Le temps de réponse utilisateur semble un paramètre simple, puisqu'il caractérise la durée nécessaire pour exécuter une commande utilisateur. Il est beaucoup plus complexe au regard des métriques qui le composent.

Le tableau 9.4 fournit une liste des principales métriques de temps de réponse.

Tableau 9.4 Principales métriques de temps de réponse

Métrique	Description	Utilisation
Délai total	Quantité de milliseconde séparant une requête déclenchée par l'utilisateur de la réception de sa réponse. Communément appelé temps de réponse, ce délai correspond à la durée totale d'exécution d'une transaction selon la perception de son utilisateur.	– Observation du fonctionnement du système selon la perception qu'en ont les utilisateurs. – Analyse des variations dans le temps du paramètre
Délai réseau	Quantité de milliseconde dépensée pour transiter à travers le réseau, entre le client et le serveur. Ce délai est souvent mesuré pour le transit de la totalité de la transaction (surtout si cette dernière nécessite l'envoi de plusieurs paquets). Il n'inclut pas le temps de traitement au niveau du serveur.	– Identification rapide, en cas de ralentissement, si le réseau n'est pas en cause. – Anticipation des dégradations de performances dues à une baisse de performance du réseau. Permet d'y remédier en augmentant, par exemple, la bande passante.
Délai serveur	Quantité de milliseconde nécessaire à un serveur pour exécuter complètement une transaction	– En cas de ralentissement, permet de déterminer si le serveur est fautif ou non. – Anticipation des dégradations de performances dues à une surcharge des serveurs. Permet d'y remédier en ajoutant, par exemple, de nouvelles machines en parallèle.
Délai réseau moyen	Temps de transit moyen dans le réseau d'une transaction entre le client et le serveur. Normalement, plus la transaction est lourde (en octet), plus le délai réseau pour la transmettre complètement est important. Cette moyenne est calculée pour faire abstraction de la taille par rapport au délai.	– Facilitation de la comparaison des mesures de délai réseau entre plusieurs applications, sur des périodes de temps différentes — Employé en combinaison avec le RTT (décrit ci-après), permet de déterminer si un ralentissement est causé par une taille trop importante des transactions ou par un réseau lent.
RTT (Round Trip Time), ou temps aller-retour	Temps de transit aller-retour d'un petit paquet de taille constante entre le client et le serveur. Quelle que soit la taille des transactions de l'application considérée, le RTT permet de mesurer réellement et uniquement l'influence du réseau sur le délai.	– Employé en combinaison avec le délai réseau moyen, permet de déterminer si un ralentissement est causé par une taille trop importante des transactions ou par un réseau lent. Par exemple, si, dans une infrastructure, un grand nombre d'utilisateurs commencent à se partager des fichiers, les transactions dans le réseau deviennent de grande taille et leur temps de transit augmente en conséquence. Un ralentissement du délai réseau se fait sentir sans pour autant engendrer de dégradation de la qualité de ce dernier. On observe une augmentation du délai réseau mais pas de changement du RTT.

Attitudes réactives et proactives face aux incidents

Une bonne solution de gestion de la bande passante peut aider aux diagnostics des problèmes, notamment de performance.

Les solutions du marché fournissent un grand nombre d'informations statistiques qui assistent l'administrateur réseau dans sa mission de résolution d'incident.

Le tableau 9.5 détaille les types de graphes proposés

Tableau 9.5 Graphes statistiques

Type de graphe	Description	Utilisation
Efficacité réseau	Pourcentage de retransmission de données dans le réseau. Ne concerne que les flux TCP susceptibles de générer un grand nombre de retransmission et donc de gâcher la bande passante disponible.	– Permet de mettre en évidence le coût caché de la retransmission TCP en montrant simplement le taux de gâchis sur un réseau causé par la retransmission. – Sur certaines solutions, il est possible de décliner cette efficacité selon l'application, le protocole, l'utilisateur, le serveur ou la localisation géographique. Cela permet, par exemple, de déceler que, malgré un taux global d'efficacité réseau de l'ordre de 90 p. 100, le flux Web n'a qu'un taux de 55 p. 100.
Comportement des sessions TCP	Comptage des sessions TCP catégorisées selon qu'elles sont initialisées, avortées, ignorées ou refusées par les serveurs.	– Une courbe de synthèse de l'ensemble des catégories de sessions TCP offre une visibilité comparative du comportement des communications dans l'infrastructure. – Permet de mieux comprendre le taux de retransmission ou de détecter des problèmes à résoudre au niveau des extrémités client ou serveur.

L'administrateur réseau peut s'appuyer sur les solutions de gestion de bande passante pour mettre en place une politique de surveillance proactive du système d'information. Il est, par exemple, possible de configurer des déclencheurs d'alarmes, ou notifications, sur des événements applicatifs d'ordre quantitatif.

À titre d'exemple, on peut citer les configurations suivantes :

- Une alarme est envoyée à l'administrateur chaque fois que le taux d'utilisation du réseau dépasse 40 p. 100.

- Une alarme est envoyée à l'administrateur chaque fois que le temps de réponse utilisateur de l'application dépasse 1,5 seconde pendant une période de plus de vingt secondes

Ces notifications donnent la possibilité à l'administrateur de prendre des mesures d'anticipation de problèmes de performance et ainsi de maintenir en permanence un niveau de qualité de service à peu près constant.

Allocation de bande passante et lissage du trafic

L'allocation de bande passante consiste à cloisonner les différents flux selon leurs caractéristiques. Pour ceux qui ont des spécificités ou des exigences particulières pour bien fonctionner, la quantité de bande passante qui leur est nécessaire leur est allouée.

Les sociétés marquantes dans cette technologie sont par exemple Packeteer, Ipanema, ou encore Streamcore.

L'approche consiste à partir du plus grossier et à affiner progressivement dans la distinction des flux. On appelle cela « partitionner ».

Méthodes de partitionnement

En premier lieu, il s'agit de voir s'il est possible de partitionner la bande passante afin de regrouper dans une même catégorie des flux susceptibles d'être ensuite traités sans tenir compte des sessions qui les composent. Par exemple, il est aisé de confiner les flux de téléchargement de musique ou de vidéo à un débit maximal de 64 Kbit/s dans un tuyau total de 2 Mbit/s. Cette règle ne s'applique qu'à des flux peu critiques, qui ne sont autorisés qu'à des volumes négligeables.

Cette logique de partitionnement peut s'appliquer à un groupe particulier d'utilisateurs, indépendamment des applications qu'ils utilisent. Comme exemple, on peut citer une université dans laquelle les étudiants de première année se voient attribuer une bande passante moindre que celle de leurs aînés.

La figure 9.2 illustre le principe de partitionnement de la bande passante.

Figure 9.2

*Principe de partitionnement
de la bande passante*

La règle de partitionnement ne s'applique qu'à des utilisateurs ou applications jugés peu critiques pour l'entreprise. Dans le cas d'applications (ou d'utilisateurs) critiques, d'autres règles sont appliquées. L'une d'elles se nomme la « priorisation relative ». Comme son nom l'indique, cette règle ne s'appuie pas sur la notion de quantité mais sur celle de priorité. La priorité est une valeur indiquant le niveau d'importance du flux considéré. Par exemple, si l'on prend comme sémantique que plus le nombre est faible, plus le flux est prioritaire, le Telnet, qui se voit attribuer la valeur 1, est prioritaire par rapport au flux SMTP, qui se voit affecter la valeur 5, dans l'accès à la bande passante. Cette méthode est adaptée à toutes les applications qui génèrent un faible volume de données en rafale et qui sont plutôt temps réel.

Une autre méthode consiste à allouer une quantité minimale garantie de bande passante à une session applicative. Cette règle est bien adaptée aux applications sensibles au temps de latence et parfois à la gigue, comme la voix sur IP ou encore la vidéo. L'allocation de bande passante se fait en ce cas par session pour autoriser un accès prioritaire au surplus de bande passante lorsque celle-ci se présente. Cette méthode est parfois appelée « priorisation quantitative ».

Les mécanismes qui permettent d'appliquer ces méthodes sur les différents flux de trafic peuvent être classés selon les trois catégories suivantes :

• mécanismes de gestion des files d'attente ;

• mécanismes de lissage de trafic pour les flux TCP ;

• mécanismes de lissage de trafic pour les flux UDP.

Description technique des mécanismes de lissage de bande passante

La gestion de file d'attente consiste à classer l'ensemble des flux dans plusieurs files d'attente et à traiter chacun des paquets selon une politique de priorisation reposant sur une notion de niveau d'importance (ou de priorité). La file d'attente de priorité haute est privilégiée par rapport à celle de moindre priorité.

La majorité des mécanismes de gestion de file d'attente du marché travaillent au niveau du paquet IP. Certains fournisseurs de solutions de gestion de bande passante commencent à proposer des mécanismes de gestion de file d'attente qui travaillent au niveau de l'octet, qui offrent une meilleure finesse dans le traitement des flux de données. La plupart de ces solutions mettent en œuvre des files d'attente qui ne distinguent pas les sessions applicatives entre elles.

Les algorithmes de gestion de files d'attente sont pour la majorité des solutions de la famille WFQ (Weighted Fair Queuing). Ils peuvent être combinés à un mécanisme de leaky-bucket, ou seau percé, afin de respecter les valeurs de bande passante allouées aux différents flux.

La figure 9.3 illustre le séquencement des algorithmes de lissage de trafic selon l'ordre d'application des algorithmes composant le mécanisme de lissage de trafic.

Figure 9.3

Séquencement des algorithmes de lissage de trafic

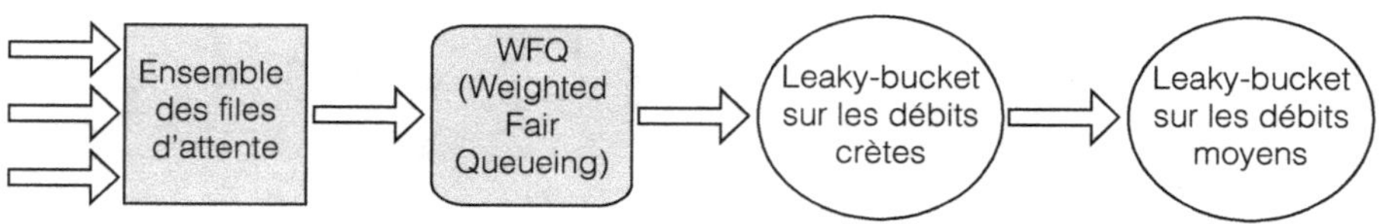

> **Leaky-bucket**
>
> Technique de régulation de flux évitant de perdre du temps dans les nœuds de commutation. La traduction littérale, « seau percé », indique une technique fluidifiant le processus d'entrée dans le réseau en le restreignant à un débit déterminé par la taille du trou au fond du seau.

Le WFQ traite les différentes files d'attente selon leur poids associé. Selon la valeur de poids, les paquets appartenant aux files d'attente les plus prioritaires sont traités en premier, suivis des autres de moindre importance. Ensuite, les paquets passent à travers deux mécanismes de leaky-bucket. Le premier a pour mission de faire respecter les débits crêtes aux différents paquets, ralentissant certains pour se conformer au maximum de bande passante défini. Le second s'attache à lisser le trafic en conformité avec les débits moyens.

Une autre méthode consiste à s'inspirer du mécanisme de contrôle de flux TCP, sur lequel bon nombre d'implémentations s'appuient. Pour rappel, le mécanisme de contrôle de flux TCP a pour but de fournir un service de transmission sans erreur et sans congestion dans le réseau.

Combinant un mécanisme de contrôle de transmission des flux (plan de contrôle permettant au récepteur d'informer l'émetteur de son état de réception) évitant les congestions dans le réseau et un mécanisme de contrôle d'erreur et de retransmission des paquets erronés, le mécanisme de contrôle de flux TCP s'adapte à n'importe quelle qualité de réseau pour fournir un service de transport stable et robuste. La gestion de l'émetteur par le récepteur s'effectue par le biais du concept de fenêtre de transmission. Le récepteur indique périodiquement à l'aide d'une valeur fenêtre mise dans l'en-tête TCP renvoyé la quantité de données que l'émetteur est autorisé à transmettre.

Le lissage de trafic TCP s'appuie sur ce principe de contrôle de flux par modification de la fenêtre de transmission. Son principe de fonctionnement est le suivant :

1. Un boîtier de gestion de la bande passante est situé au niveau du récepteur.

2. Le boîtier agit *via* le lissage TCP intégré au comportement de l'émetteur. Le lissage de trafic se fait donc uniquement sur le flux entrant. Pour gérer le flux sortant, il faudrait positionner un autre boîtier chez l'émetteur.

3. Mesurant en temps réel la bande passante en réception de l'ensemble des flux (par session), le boîtier peut augmenter ou réduire la vitesse de transmission s'il le désire en jouant uniquement sur la valeur fenêtre qu'il envoie à l'émetteur. Quelle que soit la valeur initialement définie par le récepteur, cette valeur peut être modifiée au vol par le boîtier.

4. L'émetteur est totalement dirigé à distance par le boîtier, respectant ainsi la politique de lissage de trafic appliquée.

Ce fonctionnement garantit un minimum de bande passante à un type de trafic spécifique, le lissage TCP se chargeant de le faire respecter sur le réseau. Dernièrement, l'innovation a rendu possible de lisser également le trafic UDP.

À l'inverse de TCP, le protocole UDP ne possède pas de mécanisme de contrôle de flux. C'est un protocole qui fonctionne en mode non connecté et non fiable, c'est-à-dire sans contrôle d'erreur. Il est utilisé par les applications qui prennent en charge le contrôle de flux et des erreurs (RPC, NIS, etc.) ou qui ne désirent pas de mécanismes de retransmission (voix sur IP, vidéo, etc.). Ces mêmes applications peuvent toutefois exiger une bande passante minimale garantie liée à leur criticité.

Le lissage de trafic UDP se situe directement au niveau de l'émetteur. Le boîtier de gestion de la bande passante classifie les flux selon la politique de QoS mise en œuvre. Le principe de délai d'attente maximal avant transmission est implémenté. Si l'on considère un lissage de granularité paquet IP, chaque paquet attend son temps de départ dans sa file d'attente attitrée. Un horodateur, ou *scheduler*, calcule, pour chacune des files d'attente, le temps maximal d'attente dans la file en divisant le débit minimal garanti par la taille moyenne d'un paquet IP. On peut estimer le délai maximal avant transmission à 200 ms pour les paquets de VoIP (Voice over IP). Cela signifie que l'horodateur peut se permettre d'attendre jusqu'à 200 ms avant d'envoyer le paquet. Son travail consiste alors à s'assurer qu'aucun paquet ne dépasse son délai d'attente, faute de quoi le paquet est détruit.

En complément aux mécanismes de lissage et de priorisation de trafic, les solutions peuvent intégrer des capacités de marquage des paquets. Dans le principe, cela consiste à lire, respecter, modifier ou convertir les valeurs des étiquettes QoS. Ces étiquettes peuvent être des protocoles CoS/QoS (IEEE), DiffServ (IETF) ou MPLS (MultiProtcol Label-Switching).

Un boîtier de gestion de bande passante peut appliquer au fil de l'eau une priorisation sur une catégorie de flux pour respecter une valeur de CoS lue sur les paquets. Il peut également convertir une valeur de CoS en une autre, DiffServ ou MPLS, afin de passer d'un LAN à un WAN tout en conservant la sémantique de qualité de service souhaitée.

Mise en œuvre des solutions de gestion de bande passante

Les solutions de gestion de bande passante du marché sont aujourd'hui relativement simples à déployer. De nature « appliance », c'est-à-dire sous forme de boîtier dédié, leur configuration est souvent simple et rapide.

Le plus délicat n'est pas la phase d'installation et de configuration mais plutôt celle de conception de l'architecture et d'intégration à l'environnement réseau existant. La conception consiste à identifier l'endroit où déployer efficacement le ou les boîtiers.

Le tableau 9.6 récapitule quatre scénarios de déploiement selon les différents critères techniques considérés.

Tableau 9.6 Scénarios de déploiement

Topologie réseau	Scénario de communication	Besoin en gestion de bande passante	Solution d'intégration
Étoilée	Toutes les agences vers le site central	– Gestion de la bande passante allouée au site central pour supporter la totalité des communications des agences – Gestion des communications vers les serveurs centralisés sur le site central	Boîtiers uniquement sur le site central
Étoilée	Toutes les agences vers le site central	– Gestion de la bande passante allouée au site central pour supporter la totalité des communications du groupe (site central et agences) vers Internet – Gestion de l'accès mutualisé à Internet	Boîtiers uniquement sur le site central
Maillée	Toutes les agences vers le site central plus quelques liens entre les agences	– Gestion de la bande passante allouée au site central pour supporter la totalité des communications des agences – Communications possibles entre les agences pour la VoIP, le travail coopératif et le partage de fichiers ou d'applications	Boîtiers déployés de façon distribuée sur l'ensemble des sites (central et agences)

En administration QoS, les boîtiers peuvent être configurés en mode non intrusif. Sans impact sur le fonctionnement du réseau, le boîtier peut se greffer à l'infrastructure physique *via* la configuration sur un commutateur de « port scan » (fonction disponible sur les commutateurs Cisco permettant de copier les trafics sur d'autres ports physiques), de « mirroring » de port sur les équipements réseau ou *via* des répéteurs de type tap (équipements passifs qui dupliquent les flux sur l'ensemble de leurs ports physiques).

S'il est nécessaire de gérer la bande passante en l'allouant correctement aux différentes applications, les matériels de gestion de bande passante doivent être placés dans l'infrastructure en mode intrusif. Souvent mis en coupure dans le réseau, les équipements peuvent agir sur le trafic en distinguant les différents flux, séparant les prioritaires des autres, et en leur affectant les ressources réseau selon leurs besoins.

Deux approches différentes permettent d'assurer la haute disponibilité et la robustesse du matériel de gestion de bande passante. La plus répandue est le « bypass », ou court-circuit. L'équipement s'insère comme un pont dans le réseau, en coupure physique avec l'ensemble des flux à gérer. Comme un pont, il ne possède pas forcément d'adresse IP. Certaines solutions proposent toutefois un port physique supplémentaire disposant d'une adresse IP pour l'accès en administration. En cas de dysfonctionnement de l'équipement (panique du système d'exploitation, problème électrique, etc.), l'équipement se transforme en élément passif et se comporte alors comme un simple câble laissant passer tous les flux sans y toucher.

L'autre approche permettant d'assurer la haute disponibilité est le mécanisme de redondance d'équipements de type VRRP (Virtual Router Redundancy Protocol). Ce mode se traduit par la mise en place de deux équipements, l'un actif et l'autre passif, insérés dans le réseau.

L'avantage de ce mode est que les équipements peuvent être aussi bien en coupure physique qu'en coupure logique, les flux transitant dans ce dernier cas à travers les équipements en mode routage. L'élément actif est en fonctionnement sur l'infrastructure, et le passif, placé juste à côté de l'actif, le surveille *via* des tests envoyés dessus pour s'assurer qu'il est toujours en fonctionnement correct. Dès détection d'un dysfonctionnement de l'actif, le passif prend l'ensemble des interfaces IP de l'actif et reçoit tous les flux à sa place, de manière totalement transparente par rapport aux autres éléments de l'infrastructure.

En résumé

L'accélération est devenue une solution nécessaire au système d'information de l'entreprise, surtout si ce dernier doit être ouvert à l'extérieur. Malgré la baisse des coûts de bande passante WAN, combinée à l'évolution des technologies réseau (ADSL, câble, réseau optique, etc.) tendant à démocratiser l'accès à de plus hauts débits, un grand nombre d'entreprises cherchent en permanence à améliorer les temps de réponse des utilisateurs.

Prenant plusieurs formes, souvent combinées pour accroître leur efficacité globale, l'accélération est indéniablement une solution d'optimisation de performance à intégrer dans l'architecture globale. Selon la nature des flux, les applications considérées, le comportement des utilisateurs et les scénarios d'utilisation des applications, les solutions d'accélération peuvent pleinement remplir leur mission, qui consiste essentiellement à compenser les lacunes du système, telles que le manque de bande passante, la faible qualité du réseau ou les limites de puissance des serveurs. Elles sont en outre capables d'agir dans un environnement de sécurité maximale en accélérant également les flux chiffrés de l'entreprise.

10

Méthodologie de mise en œuvre d'une politique de gestion de trafic IP

Plusieurs justifications plaident en faveur de la mise en œuvre d'une réelle politique de gestion de trafic IP, ou GTI :

- Elle permet de structurer totalement l'architecture globale du système d'information sous l'angle premier de l'optimisation de la performance et de la sécurité.

- Elle offre une souplesse et une extensibilité pratiquement sans limite au système d'information lui permettant d'accompagner de manière optimale la montée en charge du trafic ainsi que l'évolution en nouvelles fonctionnalités et services, sans compromis avec la sécurité.

- Elle délivre au système d'information global une robustesse à toute épreuve, à la fois pour la continuité de service et pour la sécurité applicative.

- Elle fournit enfin une visibilité de l'ensemble du système d'information selon les critères de qualité de service et de performance de bout en bout.

Le coût de mise en œuvre d'une telle politique de GTI peut être lissé dans le temps. Son implémentation peut se faire par palier, avec pour chaque étape de transit des résultats significatifs d'amélioration des performances du système global. Le retour sur investissement est rapide, soutenant positivement la suite des déploiements.

La politique de GTI est un gage de pérennité des investissements réalisés, chaque brique posée dans l'infrastructure étant conservée dans les étapes suivantes de déploiement. De plus, dans les postes de coût d'un projet GTI, les coûts les plus importants restent ceux de construction. Il est dès lors essentiel de conserver de bas coûts de fonctionnement, qui sont pour la plupart récurrents.

Tableau 10.1 Coûts et ventilation d'une politique de GTI

Coût	Ventilation
Coût de construction	– Étude amont et spécification des besoins – Audit de l'existant et recommandations d'optimisation – Coût d'acquisition des équipements et logiciels – Intégration de l'infrastructure – Test en pilote, recettes et mise en production.
Coûts récurrents de fonctionnement	– Contrats de maintenance logicielle et matérielle – Coût d'exploitation de l'infrastructure (gestion, supervision, maintenance des versions, etc.) – Gestion des compétences d'exploitation et maintenance

L'infrastructure technique

La conception de l'architecture technique est un point clé dans le projet de mise en œuvre d'une politique de GTI. Elle doit prendre en compte les contraintes de l'environnement existant, les soucis d'interopérabilité avec les autres éléments existants et futurs, ainsi que sa propre sécurité et sa haute disponibilité.

Encore au stade émergent, le domaine de la GTI souffre d'un manque de retour sur expérience de mises en œuvre d'infrastructures techniques qui fonctionnent. Il est donc fortement conseillé de faire appel à une assistance d'expertise pour s'assurer de la bonne réussite de ce genre de projet. En particulier, la compétence d'architecte se révèle cruciale du fait de la multiplicité des briques matérielles et logicielles à assembler de façon correcte au sein de l'infrastructure.

Toute intégration d'éléments actifs permettant d'optimiser les performances ou la sécurité impose au préalable une analyse fine de l'environnement technique. La qualité de ce travail préalable est le garant du bon déroulement de l'intégration dans le système d'information de l'optimisation de performance et de sécurité désirée.

La qualification technique de l'existant se fait selon deux axes :

• la nature des éléments, réseau ou application ;

• l'analyse qualitative et quantitative.

Qualification du réseau

La qualification qualitative du réseau passe par la détermination des points techniques relatifs à l'architecture physique et à sa nature de connectivité réseau, d'une part, et à l'architecture logique (pontage, routage, interconnexion), d'autre part.

La qualification quantitative du réseau consiste à mesurer la volumétrie globale en terme de débit réseau, de temps de latence, de capacités de commutation du réseau local et de largeur de la bande passante d'accès au réseau WAN (Wide Area Network).

Qualification des applications

Une méthode d'analyse qualitative des applications consiste à les distinguer selon deux groupes, les applications interactives et les applications transactionnelles, et selon leur comportement réseau associé.

Il est important de bien identifier ces applications selon leur fonctionnement client-serveur. Il existe deux types d'applications client-serveur. Le premier emploie un numéro de port TCP ou UDP constant et unique. Par exemple, le flux HTTP/Web utilise le port TCP 80. Le second utilise des numéros de port dynamiques. En d'autres termes, les numéros de port sont générés dynamiquement pour chaque session et ne sont pas les mêmes d'une session à une autre, et il est impossible d'anticiper les numéros qui vont être utilisés par une session d'un utilisateur.

Une illustration d'une application client-serveur à numéro de port dynamique est le NFS (Network File System), le système de partage réseau de fichiers qui s'appuie sur les appels RPC (Remote Procedure Call), gérant des numéros de port TCP ou UDP alloués dynamiquement.

Le dernier point à identifier est l'existence ou non d'un contexte applicatif géré par l'application sur le serveur. Une application peut nécessiter de gérer un contexte applicatif par session utilisateur. Cela entraîne une contrainte sur l'élément d'optimisation, contrainte qui consiste à gérer soigneusement la persistance de session. Cette dernière consiste à garantir que tous les paquets d'une même session sont acheminés vers le même serveur.

Le tableau 10.2 dresse une typologie des applications.

Tableau 10.2 Typologie des applications

Application	Description	Exemple
Interactive	Peu de volume de trafic échangé entre le client et le serveur mais énormément de sessions courtes	Le Web est une application interactive. À chaque requête de contenu ou à chaque clic de souris de l'utilisateur, une connexion HTTP, et, dans le cas de HTTP 1.0, une connexion TCP associée est ouverte.
Transactionnelle	Beaucoup de volume transmis entre le client et le serveur mais peu de sessions ouvertes	FTP (File Transfer Protocol) est le type même d'une application transactionnelle. Chaque fois qu'un utilisateur se connecte pour transférer un fichier, cela se caractérise sur le réseau par des sessions qui sont maintenues assez longtemps (la durée du transfert des fichiers demandée). Par ailleurs, le volume de données qui transitent à travers le réseau est souvent relativement important.
À port statique	Caractérisée et donc identifiable par un numéro de port TCP ou UDP unique	La majorité des applications standards TCP/IP (Web, SMTP, Telnet, etc.) sont à numéro de port statique.

Tableau 10.2 Typologie des applications *(suite)*

Application	Description	Exemple
À port dynamique	Caractérisée par un ensemble de numéros de port TCP ou UDP utilisables pour les sessions utilisateur. Ces applications présentent souvent une session de contrôle (établissement-maintien-fermeture des sessions utilisateur) qui fonctionne sur un numéro de port TCP ou UDP statique et donc connu. La négociation du numéro de port pour la session se fait à travers cette session de contrôle.	Toutes les applications client-serveur reposant sur les appels de fonctions RPC (Remote Procedure Call) fonctionnent ainsi (exemple NFS). Les applications multimédias sont souvent dans ce mode. Par exemple, le standard de flux en streaming RTSP (Real-time Transport Session Protocol) présente une session de contrôle sur un port TCP unique et autant de sessions utilisateur (ouvertes en UDP avec un numéro alloué dynamiquement) que de requêtes d'objets multimédias à consulter.
À gestion ou non du contexte applicatif par session utilisateur	Certaines applications génèrent plusieurs sessions entre un client et un serveur. Dans le cas où il y a un contexte global applicatif à maintenir sur le même serveur physique, il est primordial que toutes les sessions du client soient redirigées vers le même serveur.	Pour illustration, la vidéo sur IP de type RSTP (streaming) crée une session de contrôle de communication client-serveur puis autant de sessions d'échange de données que de fichiers à transmettre et le même nombre de sessions de contrôle de transmission associées. Dans ce cas précis, il faut garder la totalité des sessions (de contrôle et de données) acheminées vers le même serveur pour un client donné.

Même s'il est toujours délicat de généraliser le profil de trafic des applications, chaque système d'information possédant ses spécificités de profil de trafic, il existe quelques similitudes remarquables.

Pour illustrer les nuances de caractérisation quantitative des applications, trois applications sont analysées au tableau 10.3, le Web, le téléchargement multimédia et l'application métier critique.

Tableau 10.3 Profil quantitatif des applications

Application	Description
Web	Généralement gourmande en bande passante, le trafic Web générant souvent un grand nombre de connexions par seconde. Avec HTTP 1.0, par exemple, chaque objet déclenche l'ouverture d'une session TCP, ce qui n'est pas le cas avec HTTP 1.1. Les objets d'une page Web sont habituellement de petite taille, de façon à optimiser leur téléchargement. Cela donne généralement des pages d'un très faible volume de données transmises sur le réseau, d'environ 70-80 Ko.
Téléchargement de vidéo	Le téléchargement en général et celui de vidéo en particulier est caractérisé par un établissement de session puis un volume important de données échangées. Cela a comme conséquence de saturer rapidement le réseau.
Application métier critique	L'application métier critique étant par essence vitale pour l'entreprise, le trafic doit être manipulé avec beaucoup de soin. La rapidité est le point crucial. C'est l'adoption de l'application par les utilisateurs qui en dépend. En règle générale, le nombre de connexions par seconde, et donc le débit total associé, est faible. La capacité et la qualité d'accueil de l'application sont les critères les plus importants car elles sont garantes du succès de l'application.

Le tableau 10.4 présente une synthèse d'une matrice d'analyse quantitative des applications qui peut servir d'exemple de qualification des applications à gérer en optimisation de performances et de sécurité.

Tableau 10.4 Matrice d'analyse quantitative des applications

Application	Métrique la plus importante	Seconde métrique importante	Métrique la moins importante
Web	Connexions par seconde	Débit	Nombre de sessions simultanées
FTP-vidéo	Débit (volume de trafic)	Nombre de sessions simultanées	Connexions par seconde
Métier	Nombre de sessions simultanées	Connexions par seconde	Débit

L'analyse de l'environnement applicatif est toujours un exercice difficile du fait de la complexité des applications. Cet exercice est cependant indispensable pour avancer dans le projet de mise en œuvre de la politique d'optimisation des performances et de la sécurité du système d'information global. C'est lui qui détermine en grande partie le choix des solutions à positionner et la conception de l'architecture (intégration des éléments) et qui sert de base à la métrologie et à la validation de l'architecture globale.

Intégration dans le système d'information

L'intégration dans le système d'information des éléments de gestion de trafic IP permettant d'optimiser les performances et la sécurité passe par la mise en adéquation des capacités d'insertion architecturale que supportent les éléments d'optimisation et des possibilités d'intégration offertes par le système existant.

Dans une seconde phase d'intégration, l'infrastructure de gestion de trafic IP (GTI) doit être vue comme un socle sur lequel viennent se poser l'ensemble des applications du système d'information. L'intégration de ces applications sur le support GTI doit se faire selon les règles de l'art.

Elle implique un projet de basculement progressif des applications vers la nouvelle infrastructure. La mise en place d'une plate-forme de test et de validation du bon fonctionnement des applications est préconisée, ainsi qu'une structure d'éducation des développeurs leur permettant d'intégrer au plus tôt la prise en compte des services d'optimisation IP disponibles dans la réalisation de leurs applications.

Capacités architecturales des éléments de GTI

Les capacités architecturales des solutions de GTI (gestion de trafic IP) des nombreuses solutions disponibles sur le marché s'adaptent au mieux, pour la plupart, aux contraintes de l'environnement existant, ainsi qu'aux besoins de services de GTI à apporter à l'infrastructure.

Les sections qui suivent présentent ces différentes possibilités d'intégration d'un élément d'optimisation de performances et de sécurité tout en faisant ressortir une méthodologie découpée en étapes de définition du mode d'intégration et de fonctionnement de l'élément GTI à intégrer.

Intégration physique

L'insertion d'un élément d'optimisation de performances et de sécurité dans l'architecture existante débute par le choix d'un type d'intégration physique et la manière de mettre en place la solution, comme le montre le tableau 10.5.

Tableau 10.5 Type d'intégration physique

Type d'intégration	Description	Avantage/inconvénient
Un seul attachement physique	L'élément consomme un port physique de l'infrastructure pour s'intégrer. En règle générale, il s'agit d'un port Ethernet (Fast ou Gigabit Ethernet). Les trafics entrant et sortant transitent par le même port physique de l'élément d'optimisation.	+ Consomme peu de port sur l'infrastructure existante. + Nécessite peu d'effort pour l'intégration physique. − Présente un débit divisé par deux pour les flux entrant et sortant.
Attachement *via* deux ports physiques	L'élément consomme deux ports physiques dans l'infrastructure. Le trafic entrant passe par un port et ressort par un autre.	+ Débit dédié et distinct pour les flux entrant et sortant. − Nécessite plus d'effort d'intégration physique (affectation des ports, choix des commutateurs d'accroche).

Le choix d'un type d'intégration physique est déterminé par les disponibilités de l'infrastructure en terme de connectique et par le débit réseau pour l'élément d'optimisation.

Configuration IP

L'élément d'optimisation se trouve généralement localisé au plus prêt des ressources qu'il optimise afin d'atteindre un niveau de performance ou de sécurité maximal.

Au niveau IP, la configuration se décline selon deux possibilités. L'élément d'optimisation et les ressources optimisées appartiennent soit au même sous-réseau IP, soit à des sous-réseaux différents. Dans ce dernier cas, l'élément d'optimisation doit assurer une fonction de routage IP.

Proxy ou non

Le mode proxy signifie que l'élément d'optimisation est le destinataire explicite des trafics qu'il doit gérer. En d'autres termes, tous les paquets portent comme adresse IP destination celle de l'élément d'optimisation, et non celle du destinataire réel, autrement dit la ressource optimisée.

À l'inverse, le mode non proxy se traduit par un élément d'optimisation qui n'est pas destinataire de son flux. Cela signifie qu'il doit être soit en coupure physique, sur le chemin physique de parcours, afin de voir transiter les flux qu'il doit traiter, soit en coupure logique, en fonctionnant comme routeur participant à l'acheminement des flux.

Un cas particulier de fonctionnement en mode non proxy est en architecture dite non intrusive.

Transparent ou non

La distinction entre transparent et non transparent porte sur la façon de gérer l'adressage source du trafic à traiter par l'élément d'optimisation.

En mode transparent, l'élément d'optimisation ne modifie pas l'adresse IP source des paquets qu'il relaie vers la ressource optimisée destinataire. Cela signifie que le destinataire du flux possède l'adresse source réelle du client. Pour des destinataires serveur, par exemple, il est possible d'extraire des statistiques de fréquentation en se reposant sur cette information d'adresse IP source.

Dans le mode non transparent, l'élément d'optimisation met son adresse IP en source des paquets qu'il relaie vers le destinataire. Il est alors impossible de connaître, au niveau de la ressource optimisée, l'identité réelle du client. Ce dernier ne voit que l'adresse de l'élément d'optimisation.

Ce mode est employé dans les cas particuliers où l'on cherche à contraindre le chemin de retour à repasser par l'élément d'optimisation, sans être en coupure physique ou logique (routage) du flux.

Mode intrusif ou non

Un élément d'optimisation peut être positionné complètement à l'extérieur du chemin de parcours du trafic. Grâce à un mécanisme de copie de trafic, tel que la duplication de port sur un commutateur ou la copie de trafic *via* un connecteur à trois branches, l'élément d'optimisation reçoit une copie du trafic à traiter. Ce mode est appelé non intrusif. Une sonde de détection d'intrusion fonctionne généralement de cette façon.

L'avantage premier de ce mode est sa complète transparence vis-à-vis du réseau opérationnel. En particulier, une défaillance n'engendre aucun impact sur le fonctionnement du réseau opérationnel. La seule conséquence est l'absence de la fonction d'optimisation qu'il est censé apporter au système global.

Le mode intrusif est le mode opposé. La plupart des solutions d'optimisation fonctionnent plutôt en mode intrusif. Se pose toutefois la question du point de défaillance unique que sous-tend ce mode. Il est alors important de considérer une redondance de la solution afin d'assurer la continuité de service.

Étapes d'implémentation

L'intégration dans le système d'information d'éléments d'optimisation de la performance et de la sécurité se décompose en quatre étapes :

1. Analyse du contexte existant (réseau et applications).

2. Expression des besoins.

3. Selon les capacités architecturales des solutions, détermination de la meilleure façon d'intégrer l'élément d'optimisation.

4. Configuration progressive de la prise en compte des applications par les nouveaux éléments d'optimisation mis en place.

Métrologie et validation

Cette section détaille les différentes facettes de la performance associée à la gestion de trafic IP. Il existe plusieurs façons de mesurer la performance dans une architecture intégrant l'optimisation de la performance et de la sécurité. Chaque métrique possède un niveau d'importance distinct, dépendant des besoins spécifiques des applications à considérer.

Métrologie

Les trois métriques à analyser sont :

- le nombre de connexions par seconde ;
- le nombre total de connexions simultanées (concourantes) ;
- le débit, en bit par seconde.

La maîtrise de ces métriques est primordiale car elles jaugent les limites du système implémenté.

Nombre de connexions par seconde

Avec la montée en charge, c'est probablement la métrique la plus importante, surtout lorsqu'il s'agit de trafic HTTP.

Le nombre de connexions par seconde correspond au total des sessions entrantes acceptées par l'architecture pendant une seconde. Parfois nommé nombre de sessions ou de transactions par seconde, il est représentatif de la limite de performance de l'équipement. La gestion des sessions applicatives de type HTTP sollicite en effet énormément de ressources matérielles du fait du grand nombre d'ouvertures et de fermetures de sessions applicatives à gérer au niveau de la pile protocolaire TCP/IP.

Pour illustrer les contraintes liées à la gestion de sessions HTTP, considérons la séquence suivante :

1. Le client initialise une connexion HTTP en envoyant un paquet TCP SYN à destination du port 80 du serveur Web.
2. Le serveur Web répond en envoyant un paquet ACK, enchaîné à un paquet SYN.
3. Le client acquitte à son tour le SYN provenant du serveur en lui envoyant un ACK.

Une fois la session établie, l'échange de données au niveau HTTP peut débuter. Cette procédure d'établissement de session, appelée Three-Way Handshake, est obligatoire pour chaque envoi de données sur le réseau, quelle que soit la taille de ce dernier. Dans le trafic Web, où les données échangées sont peu volumineuses, la gestion protocolaire est particulièrement contraignante en charge.

Nombre total de connexions simultanées

Le nombre total de connexions simultanées est la métrique qui détermine le nombre maximal de connexions TCP qu'un équipement est capable de supporter. Typiquement, ce nombre est lié à la taille de la mémoire embarquée sur l'équipement. Ce nombre peut varier de quelques dizaines de milliers à l'infini. Il dépend de la solution considérée.

La plupart du temps, ce nombre reste théorique et n'est que rarement atteint dans la réalité.

Débit

Le débit est la troisième métrique importante à considérer. Exprimé en bit par seconde, le débit correspond au taux d'acheminement de trafic à travers l'architecture. Cette variable dépend de l'architecture interne et de la capacité du bus de l'équipement.

Même si le débit est en bit par seconde, ce paramètre découle de deux autres paramètres, la taille du paquet et le nombre de paquets par seconde.

L'unité de manipulation des données par le commutateur est le paquet. Plus la taille du paquet est importante, plus l'efficacité de débit est grande.

En résumé, les trois paramètres précédents sont nécessaires à obtenir en avance de phase, avant déploiement, puis après la mise en place des solutions d'optimisation. La comparaison des résultats des deux campagnes de mesures — avant et après — permet de démontrer l'optimisation apportée à l'infrastructure.

Ces paramètres sont également d'excellents indicateurs de la qualité de service du système global, tout au long de la vie du système.

Validation

La validation du système mis en œuvre passe par la rédaction d'un cahier des tests décrivant l'ensemble des tests de performances à effectuer, ainsi que les résultats des tests avec l'ancienne plate-forme et ceux recueillis des nouveaux tests avec les optimisations intégrées.

Les tests de performances sont exécutés par injection de trafic au moyen de générateurs de trafics. Le cahier des tests doit inclure des tests de disponibilité à des fins de détermination des temps de basculement offerts par le système, sur l'ensemble de la chaîne de communication.

Organisation et règles d'exploitation

Un partage des responsabilités techniques est souvent nécessaire afin d'expliciter les contours de compétence et d'implication de chacune des équipes d'exploitation. S'intercalant entre le réseau et l'application, le domaine de l'optimisation des performances et de la sécurité est souvent pris entre plusieurs feux. L'exploitation des éléments d'optimisation IP peut prêter à débat entre les différentes équipes, application, sécurité et réseau.

Si la ventilation des tâches d'exploitation entre les équipes ne peut se faire naturellement, il est obligatoire d'arbitrer sa définition afin de converger vers une structure organisationnelle adaptée au besoin d'exploitation GTI.

Découlent de la structure d'exploitation des règles couvrant des aspects tels que :

- les règles de mise en place d'éléments GTI ;

- les normes de supervision et les règles d'intervention en cas de problème (dépannage) ;

- les processus d'évolution des politiques de GTI ;

- les processus de suivi des performances et d'évaluation de la protection sécurité.

L'ensemble de ces règles d'exploitation est détaillé et vient alimenter une documentation technique complète de la politique de GTI de l'entreprise.

En résumé

La méthodologie proposée dans ce chapitre met l'accent sur les critères techniques à considérer dans chacune des phases importantes de la mise en œuvre d'une politique de gestion de trafic IP.

Une bonne optimisation de la performance et de la sécurité dépend de la qualification technique de l'existant, qui doit être la plus fine et juste possible. L'intégration des nouveaux éléments d'optimisation dans le système d'information doit se faire avec un minimum d'impact sur son fonctionnement, en réduisant toute modification nécessaire.

Les phases de validation et de recette clôturent le projet et permettent de s'assurer que les améliorations apportées au système d'information sont réellement significatives.

11

Étude de cas :
sécurisation des accès
au système d'information

Ce chapitre traite de la sécurisation des accès au système d'information, une problématique répandue dans les grandes entreprises.

L'accès aux ressources informatiques de l'entreprise impose de mettre en œuvre une politique de sécurité à même de préserver l'intégrité des données, d'assurer leur confidentialité et de maintenir un contrôle fin des autorisations par une authentification juste.

Nous verrons au travers du cas de l'entreprise factice Martin SA que la politique de sécurité évolue en fonction des caractéristiques des ressources à mettre à disposition et des utilisateurs qui ont besoin d'y accéder.

Environnement de l'entreprise

Martin SA a connu plusieurs phases de croissance :

1. Au départ, l'entreprise était monosite et avait son siège social à Paris.

2. Avec l'expansion du volume d'affaires et du nombre de clients, une présence de proximité s'est traduite par la création d'agences au niveau national, connectées au siège social *via* le WAN.

3. La politique agressive d'acquisition de clients s'est illustrée par un recrutement important de commerciaux, amenant l'entreprise à ouvrir son système d'information à une population d'utilisateurs nomades.

4. Afin de garder son avance sur ses compétiteurs, l'entreprise a dû raccourcir la mise en place d'interconnexions des informatiques entre les partenaires. Pour réaliser ce projet, l'entreprise

a envisagé des solutions techniques susceptibles de rendre plus souple et rapide l'ouverture restreinte et sécurisée de son informatique interne à ses partenaires.

Analyse des besoins

L'objectif de l'entreprise Martin SA est de mettre en œuvre une infrastructure d'accès sécurisé à son système d'information qui prenne en considération les différentes contraintes techniques de l'infrastructure existante, ainsi que les scénarios multiples d'accès aux ressources et les besoins des utilisateurs finals.

Deux grandes familles d'accès sont à distinguer :

- les accès d'un site distant au site central ;

- les accès d'un poste isolé au site central.

Le tableau 11.1 récapitule les deux types de besoins qui en découlent : les accès distants à partir de postes isolés et de réseaux d'agence distants.

Tableau 11.1 Accès distants de l'entreprise

Type d'usage	Poste isolé	Réseau d'agence distant
Besoins informatiques	Peu ou pas de logiciels à installer sur le poste client	Possibilité d'installer un logiciel client de sécurisation des communications
Politique de contrôle des accès	Grande granularité et souplesse des contrôles d'accès	Contrôle des accès réseau
Environnement d'accès	Postes gérés et non gérés (kiosque Internet, cybercafé, etc.)	Postes gérés

L'accès d'un site distant au siège social peut se satisfaire d'un accès sécurisé purement réseau. L'agence possède une connexion au site central *via* un attachement au réseau longue distance (Internet ou lien télécoms). À l'intérieur de l'agence, les postes de travail sédentaires sont reliés entre eux grâce à une infrastructure LAN, rattachée au réseau longue distance au moyen d'un routeur d'agence.

L'ensemble des postes client de l'agence est soumis à une forte sécurité au moyen d'antivirus et de pare-feu personnels afin de réduire le risque de vulnérabilité aux attaques sécurité. L'interconnexion de l'agence au site central ne doit pas constituer une faille de sécurité pour le système d'information central. L'agence agrémente donc son accès WAN d'un pare-feu filtrant l'ensemble des flux entrants et sortants.

Le poste isolé du commercial nomade pose une problématique différente du poste sédentaire de l'agence. Les besoins de l'utilisateur nomade sont non seulement de se connecter depuis l'agence au site central mais également à partir de chez lui ou d'un site quelconque de client ou de partenaire. Cela pose des contraintes de souplesse de la solution de connexion sécurisée.

La solution technique doit donc prendre en compte les contraintes techniques du site du client, qui sont :

- la traversée de pare-feu (passer à travers les filtres de sécurité situés aux niveaux 3 et 4 OSI) ;

- l'interopérabilité avec les mécanismes de translation d'adresse IP (NAT) susceptibles d'être configurés sur le routeur d'accès WAN.

Le fait de relier les partenaires au système d'information de l'entreprise impose de gérer les autorisations d'accès de manière beaucoup plus fine au niveau de l'accès sécurisé. Il n'est pas envisageable d'ouvrir l'accès à l'ensemble du système d'information par un quelconque partenaire. La finesse doit se situer à la fois au niveau de la granularité d'expression de la ressource à rendre accessible et à celui de l'utilisateur y accédant.

Par exemple, il doit être possible de définir une ressource informatique accessible comme sous-répertoire particulier dans l'arborescence d'un serveur Web. De même, on doit pouvoir définir un profil d'utilisateur suffisamment détaillé pour affiner de manière précise les droits d'accès aux ressources. Cela implique une politique d'authentification juste, associée à une gestion des autorisations de granularité très fine.

La finesse de gestion des ressources informatiques accessibles et de leurs utilisateurs est déterminante pour la justesse et la robustesse de la politique de sécurité qu'on souhaite implémenter.

Authentication, authorization, accounting/audit, administration

Après avoir défini la politique de sécurité globale et ses objectifs, Martin SA met en œuvre un certain nombre de services de sécurité, qui visent aussi bien les utilisateurs internes et distants que les partenaires externes *via* des services Web (XML, SOAP, WSDL, UDDI).

L'une des premières étapes à laquelle est confrontée l'entreprise est la mise en œuvre des 3 ou 4 A (Authentication, Authorization, Accounting, ou comptabilisation)/Audit & Administration). Avant de détailler les choix de Martin SA, les sections qui suivent rappellent la signification de chacun de ces concepts.

Authentification

S'authentifier consiste à s'appuyer sur tout ou partie des facteurs suivants :

- Ce que l'on sait (un mot de passe).

- Ce que l'on possède (carte à puce, calculette, clé USB, etc.).

- Ce que l'on est (biométrie).

Authentification et identification ne sont pas synonymes. La vérification de l'identité d'une personne conduit à l'identification. La preuve de l'identité mène à l'authentification.

Vérifier l'identité d'une personne consiste, par exemple, à lui demander sa pièce d'identité ou son badge avec photo. Le travail du vérificateur consiste à s'assurer que l'identité de la personne est bien présente dans sa base de référence.

L'authentification d'un individu s'effectue en deux temps :

1. Vérifier l'identité de l'individu.

2. Vérifier la preuve de cette identité, par un élément biométrique par exemple.

Fin 2003, une nette tendance des acteurs du marché spécialisés dans l'authentification forte s'enrichit de solutions de biométrie, comme l'examen de l'empreinte digitale, le plus usité, de l'iris, de la rétine, de la voix, du visage, etc. Quelle que soit la solution retenue — l'analyse de la rétine est plus coûteuse que celle de l'empreinte digitale —, tous les systèmes biométriques ont pour avantage de résoudre les problèmes de duplication, de vol, d'oubli et de perte.

Le fonctionnement de principe de l'examen biométrique est illustré à la figure 11.1.

Figure 11.1

Principe de fonctionnement de l'examen biométrique (source biometrie.online.fr/)

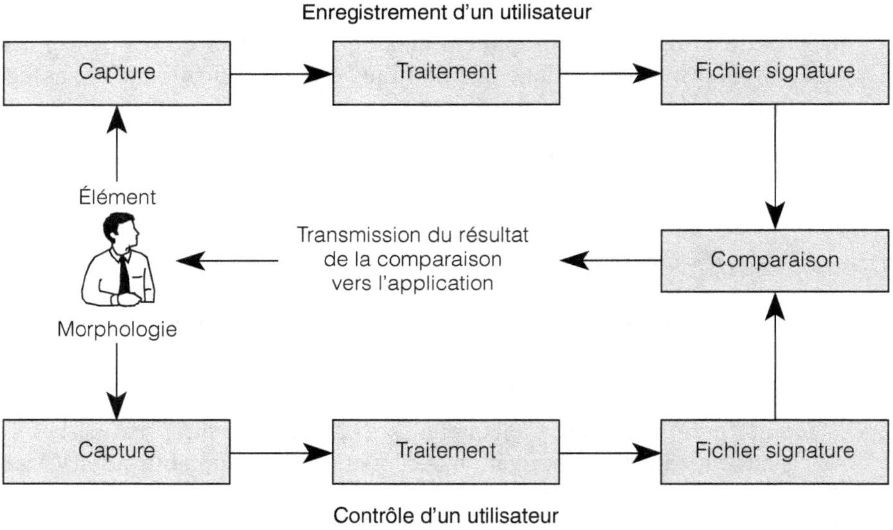

Un système d'authentification forte à deux facteurs est le plus souvent suffisant. Si quelqu'un peut facilement utiliser mon compte utilisateur et mon mot de passe, du fait de mon imprudence ou de règles de sécurité trop faibles, je peux passer à un système d'authentification forte, en utilisant des mots de passe dynamiques, qui changent à chaque authentification, et une authentification biométrique. Cela peut se traduire par une carte à puce à microprocesseur, et non à mémoire, ou une clé USB.

L'authentification forte n'est le plus souvent utilisée que dans les grandes entreprises, et très peu en PME/PMI. C'est pourtant un élément fondamental de sécurité, qui peut éviter bien des ennuis. Le coût de la carte à puce et des politiques commerciales pratiquées — certains constructeurs font payer le pilote de la carte à puce — reste un frein, mais les prix diminuent. De toute façon, le coût global reste inférieur à celui des pertes liées au vol d'information.

L'acquisition par les Américains de la société Gemplus, un des leaders mondiaux de la carte à puce avec Axalto, ex-Schlumberger, montre l'intérêt porté par le marché américain pour les cartes à microprocesseur.

Le tableau 11.2 récapitule les forces et faiblesses des différents éléments d'authentification.

Tableau 11.2 Forces et faiblesses des facteurs d'authentification

Facteur	Force	Faiblesse	Exemple
Quelque chose que vous connaissez : le mot de passe	– Très facile à mettre en œuvre – Portable	– Sujet aux attaques de type sniffing (écoute et vol des mots de passe) – Sujet aux attaques par dictionnaires – Les mots de passe sont soit faciles à deviner, soit difficiles à mémoriser.	– Mot de passe – Code Pin – Les mots de passe sont sensibles à la casse et devraient toujours utiliser des caractères spéciaux (!£Oliv?03Xzv25%).
Quelque chose que vous possédez : le jeton (token)	Difficile à leurrer	– Cher – Peut être perdu ou volé. – Risque potentiel de panne matérielle – Pas toujours portable	– Jeton – Carte à puce à microprocesseur – Carte bancaire – Clé USB
Quelque chose qui vous est propre : la biométrie	Portable	– Solution chère – Menaces d'attaques par rejeu – Risques sur le caractère privé des données récoltées – Les caractéristiques ne peuvent être changées. L'examen de la rétine reste identique, même si votre vue baisse au fil des ans. – Faux positifs. Rejets d'utilisateurs légitimes – Certains éléments de biométrie peuvent être blessés. Coupure d'un doigt, par exemple. D'où l'intérêt des solutions qui prennent plusieurs empreintes digitales.	– Empreinte digitale – Analyse de la rétine – Analyse de l'iris – Reconnaissance faciale – Reconnaissance vocale – Reconnaissance photographique

La carte à puce peut être une carte à mémoire, comme celles servant à téléphoner dans les lieux publics. Roland Moreno en est l'inventeur. La carte à microprocesseur que l'on trouve dans les cartes bancaires en France est l'invention de Michel Hugon. En matière d'authentification forte et pour le monde de la sécurité, la carte à puce est toujours la carte à microprocesseur. De manière générale, l'utilisation de la carte à mémoire est en constante diminution.

Autorisation

L'autorisation consiste à définir les droits et permissions d'un utilisateur authentifié. Les serveurs d'autorisation sont des serveurs spécifiques, qui ne préjugent pas des mécanismes d'authentification utilisés. Netegrity est le leader mondial de ce type de serveurs, qui appartient à la catégorie des PMI (Privilege Management Infrastructure).

Les éditeurs de PKI (Public Key Infrastructure) ont tous acquis des solutions de PMI afin de faciliter la gestion de l'authentification et des autorisations.

Accounting (comptabilisation)

La comptabilisation traduit la capacité d'un système à déterminer les actions et comportements d'un individu unique au sein d'un système. Cette fonction de comptabilisation se traduit par la création de logs, utilisés ensuite également par les logiciels d'audit.

Il est important de journaliser les tentatives infructueuses de connexion au réseau de l'entreprise avec un horodatage précis. Une tentative infructueuse à 4 heures du matin peut être le signe d'une tentative d'intrusion. Bloquer le compte après trois échecs successifs fait partie des mesures classiques opérées par les administrateurs réseau des entreprises.

Audit et administration

Les logiciels d'audit et d'administration permettent d'analyser les logs et de savoir qui fait quoi, pendant combien de temps, etc.

Concernant la gestion des comptes, il est indispensable pour les grandes entreprises de faire appel à des logiciels de type Control SA, de BMC Software, ou eTrust Admin, de Computer Associates, pour ne citer que deux exemples parmi les plus utilisés du marché. Computer Associates va plus loin en proposant une plate-forme complète de gestion des identités.

Grâce à ce type de logiciel, il est possible d'éliminer les comptes orphelins, les comptes très peu utilisés et de savoir qui a accès à quoi. On estime qu'il faut six mois à une entreprise pour supprimer l'ensemble des comptes d'un utilisateur qui a quitté la société. C'est un risque sécuritaire qu'il faut prendre en compte et qu'il convient d'éliminer le plus rapidement possible.

Généralement, ces systèmes tiennent compte de la signature SSO (Single Sign On), qui permet à un utilisateur de n'utiliser qu'une seule signature pour accéder à différentes ressources de l'entreprise plutôt que de saisir des mots de passe différents à chaque fois.

Côté messagerie, il convient de prendre en considération les alias et les règles de filtrage.

L'administration des comptes n'est pas obligatoirement le fait du seul service informatique. Le responsable du personnel, par exemple, au travers de son application de gestion des ressources humaines, renseigne les nouveaux entrants au sein de son logiciel. De même, les entreprises n'ont pas un seul annuaire mais plusieurs, consolidés dans un méta-annuaire faisant office de référentiel.

Le référentiel est un annuaire compatible LDAP, tel e-Directory, de Novell, ou celui-ci de Sun. C'est un point central, auquel les autres annuaires font référence pour rechercher les informations demandées. Active Directory est l'annuaire propre à Microsoft pour ses serveurs Windows 2000 et 2003. Un chaînage s'opère entre les serveurs d'authentification, d'autorisation et de gestion des ressources humaines et le référentiel.

Dans le cas de Martin SA, le méta-annuaire est situé sur le LAN de l'entreprise tandis que le serveur d'authentification se trouve dans la zone démilitarisée et sert aux connexions des utilisateurs distants ou des partenaires de l'entreprise. L'ensemble des autres annuaires ou bases de données utilisateur sont du côté de l'intranet. C'est pourquoi la gestion des comptes est indispensable.

La majorité des appels — près de 40 p. 100 selon les études — au service de help desk concerne la gestion des comptes et les mots de passe perdus. La mise en œuvre d'un processus automatisé par le biais d'un workflow permet que l'utilisateur interne ne dérange pas le service de help desk de l'entreprise pour se voir attribuer un compte valide.

Sur le plan de l'administration, les logiciels de gestion de compte ou de manière plus complète de gestion des identités permettent de bien contrôler les accès.

Spécification fonctionnelle

Il existe plusieurs types d'authentification puisqu'il y a plusieurs types d'accès. Le LAN s'appuie sur une authentification forte à base de carte à puce.

Pour les utilisateurs distants possédant des portables, le lecteur de carte à puce n'est pas toujours la solution la plus adaptée. C'est pourquoi Martin SA leur demande d'employer des jetons, ou tokens, matériels dans des clés USB pour se connecter à leur machine.

Selon leur fonction dans l'entreprise, ces utilisateurs distants utilisent des connexions différentes. Pour ceux qui ne sont principalement concernés que par la messagerie, une connexion SSL à 128 bits fait l'affaire. Si une pièce jointe est jugée sensible, elle est chiffrée en AES 128 ou 256 bits.

Pour ceux qui doivent accéder à des applications plus lourdes traitant de la gestion des stocks et des commandes, une connexion *via* un tunnel IPsec est recommandée. L'usage et l'application déterminent le choix entre VPN IPsec et VPN SSL, deux technologies complémentaires *(voir le chapitre 3)*.

Dans tous les cas, les postes nomades sont des postes sensibles placés sous le contrôle du service informatique. L'ordinateur ne doit pas se transformer le week-end en console de jeux pour les enfants ou en plate-forme de téléchargement *via* des logiciels P2P (peer-to-peer). Lorsqu'on établit un tuyau VPN IPsec, c'est le canal de communication IP qui est chiffré. Si un cheval de Troie est installé sur le poste, il peut transiter par le canal chiffré et échapper à la détection d'intrusion placée à la périphérie du réseau de Martin SA.

Le client IPsec est paramétré en fonction de l'utilisateur et de son lieu de connexion. Il se peut que le pare-feu de l'hôtel où réside un commercial itinérant bloque ce type de connexion. D'où le recours aux connexions SSL, ne serait-ce que pour envoyer un e-mail expliquant l'impossibilité de connexion.

La configuration du poste mobile est donc verrouillée du mieux possible. Cela commence par un système d'exploitation à jour de ses correctifs et patch. Il en va de même des applications bureautiques et autres liées à l'activité de l'entreprise. Antivirus, pare-feu personnel et IDS hôte complètent le verrouillage.

Outre cette couche de base appliquée à tous les postes mobiles, Martin SA ajoute au cas par cas les éléments de protection suivants :

- **Logiciel de sauvegarde.** Permet d'automatiser la sauvegarde lorsque le collaborateur de l'entreprise se connecte en Ethernet au réseau de l'entreprise. On estime que 30 p. 100 des données fondamentales d'une entreprise sont stockées sur des portables, notamment sur le laptop du P-DG, et ne sont jamais sauvegardées ou archivées sur les serveurs de l'infrastructure informatique. Seule l'automatisation complète permet de résoudre ce problème. Les grands éditeurs de logiciels de sauvegarde, Veritas en tête, proposent une offre logicielle pour s'assurer de cette tâche. C'est la solution adoptée par Martin SA.

- **Chiffrement.** Peut porter sur l'ensemble du disque dur du portable (généralement à la volée), sur des fichiers particuliers et sur les courriers électroniques et leurs signatures. Ces deux dernières opérations concernant la messagerie doivent être séparées. Avec le chiffrement du disque dur, même si le portable est volé, le voleur ne peut accéder aux données. Un chiffrement fort est effectué à l'heure actuelle avec l'algorithme AES et une longueur de clé de 128 bits. Certains logiciels proposent le même chiffrement avec une longueur de clé de 256 bits. 128 bits sont toutefois suffisants la plupart du temps. Si l'on utilise une clé de 256 bits, cela requiert une autorisation de la DCSSI (Direction centrale de la sécurité des systèmes d'information), placée sous l'autorité du secrétaire général de la Défense, dépendant lui-même des services du Premier ministre.

L'empilement de ces couches de sécurité a évidemment un coût. Les études montrent que la valeur de l'information à protéger est cependant sept fois supérieure au coût des matériels et logiciels réunis.

Côté partenaires, l'infrastructure de Martin SA s'appuie sur des services Web. L'entreprise exigeant un bon niveau de sécurité, elle ne veut communiquer qu'avec des utilisateurs ou des partenaires dûment authentifiés et autorisés à réaliser un certain nombre d'actions, lesquelles sont journalisées à des fins d'audit.

Pour sa communication institutionnelle, le serveur Web est placé dans sur un segment de réseau physiquement séparé — une autre solution est un VLAN placé au sein de la DMZ —, et toute communication avec le réseau interne de l'entreprise est contrôlée à des fins d'administration. Si le serveur ou cette ferme de serveurs vient à tomber suite à une attaque, cela n'a aucun impact sur l'activité de l'entreprise.

Martin SA procède à des audits réguliers et mène en interne une analyse des vulnérabilités. Rappelons une nouvelle fois qu'une entreprise ne peut jamais être totalement sécurisée. Elle est juste plus ou moins sécurisée par rapport à une période T.

En bouchant les trous de sécurité et en étant capable d'analyser le différentiel d'un mois sur l'autre, Martin SA contribue à un renforcement du niveau de défense. Le RSSI (responsable de la sécurité des systèmes d'information) présente alors à sa direction générale des tableaux de bord leur montrant clairement l'évolution du niveau de sécurité de l'entreprise. Pour effectuer pleinement sont travail, le RSSI doit dépendre de la direction générale et non du DSI (directeur des systèmes d'information). Une bonne entente entre ces deux hommes est bien évidemment nécessaire.

Outre la sécurisation des passerelles, des serveurs et des postes client, Martin SA met en œuvre un filtrage de contenu, qui englobe le filtrage d'URL. L'objectif de cette mesure n'est pas uniquement d'empêcher que les collaborateurs perdent leur temps en naviguant sur le Web. En empêchant un collaborateur de surfer librement sur des sites pornographiques, par exemple, l'entreprise évite le risque de récupérer des codes malicieux, qui, en passant par le port 80, échapperaient au filtrage mis en place. Autre exemple, un employé qui écoute la radio sur Internet ne se rend pas toujours compte qu'il mobilise inutilement de la bande passante.

Chez Martin SA, le rôle des outils de filtrage est expliqué au personnel. En effet, un RSSI n'est pas un officier de police. Si la politique de sécurité est mal acceptée ou mal comprise, les employés trouvent toujours des moyens de la contourner. Suite à un débit réduit de façon drastique, on a vu des employés installer des modems de manière sauvage, avec des comptes Internet illimités, qui leur permettaient d'accéder à ce qui leur était défendu, récupérant ainsi parfois à leur insu des codes malicieux.

En résumé, la spécification fonctionnelle de la sécurité de Martin SA permettant de bâtir son architecture technique est la suivante :

- Définition d'une politique de sécurité globale, incluant une analyse de l'impact d'une défaillance sur tel ou tel élément critique.

- Implication des collaborateurs, aussi bien la direction générale que les employés. Cela nécessite une éducation et une responsabilisation des utilisateurs.

- Définition des responsabilités. Le RSSI reporte à la direction générale et non au DSI.

- Sécurisation de bout en bout :

  - Passerelles.

  - Serveurs.

  - Postes clients.

  - Protection des commutateurs et routeurs.

- Chiffrement des communications externes des utilisateurs nomades et des partenaires. À l'exception du site Web institutionnel, placé sur un segment de réseau dédié, sans aucun lien permettant de rebondir vers le LAN, toutes les communications externes sont chiffrées. Le chiffrement s'effectue soit *via* SSL en 128 bits avec authentification mutuelle, ce qui implique du SSL version 3.0 et sa déclinaison TLS 1.0 de l'IETF, soit *via* un tunnel VPN IPsec. Seule une mise à jour sécurisée du site Web est possible depuis le LAN.

- Le trafic e-mail SMTP est reçu normalement, c'est-à-dire sans chiffrement, et est envoyé de la même manière dans la plupart des cas. Les réponses aux appels d'offre ou aux bons de commande font appel à des pièces jointes chiffrées. En cas d'erreur de routage d'e-mail ou de mauvaise saisie, le mauvais destinataire ne peut de la sorte prendre connaissance de la pièce jointe. Une protection contre les codes malicieux et un filtrage antispam multiniveau sont effectués.

- Sécurisation des applications et des services Web.

- Généralisation de l'évaluation des vulnérabilités, avec mesure des progrès réalisés.

- Audit externe effectué par des entreprises tierces, avec tests d'intrusion.

- Mise en œuvre d'éléments redondants en cas de panne matérielle ou de bogue logiciel.

- Analyse du trafic afin de fournir un équilibrage de charge.

- Plate-forme d'administration permettant de prendre des décisions.

- Gestion du matériel et des logiciels simplifiée par le choix de boîtiers dédiés (appliances).

Le volonté de Martin SA de disposer d'une infrastructure et d'une sécurité à la demande conduit à la refonte de son architecture physique. C'est cette dernière que nous détaillons à la section suivante.

Architecture technique

La spécification fonctionnelle présentée à la section précédente implique une architecture physique du système d'information séparée en trois grandes parties : la partie WAN (Internet), la zone démilitarisée (DMZ) et la partie interne du réseau de l'entreprise (LAN).

La figure 11.2 illustre l'architecture technique de l'ensemble du système d'information de Martin SA. Chaque élément de cette architecture est détaillé ci-contre.

WAN

Le WAN se résume aujourd'hui pour l'essentiel à Internet. L'entreprise a trois fournisseurs d'accès à Internet, tous trois opérateurs télécoms. La libéralisation des télécoms en France ayant engendré une chute des coûts, le recours à plusieurs opérateurs est courant chez les grandes entreprises.

La présence de plusieurs opérateurs implique la mise en œuvre et la gestion du protocole de routage BGP (Border Gateway Protocol) version 4 (RFC 1771) entre systèmes autonomes. BGP v4 est un protocole complexe. Martin SA considère qu'elle a les compétences pour le gérer. Si tel n'était pas le cas, elle pourrait décider de sous-traiter la gestion des routeurs aux opérateurs. Elle peut également décider de s'affranchir de la gestion de BGP v4 par le biais de boîtiers dédiés, à l'instar de ce que proposent Radware, le premier constructeur à avoir proposer ce type d'équipement, et F5 Networks, pour ne citer que les principaux leaders de ce marché.

Les routeurs doivent être protégés d'une modification pirate de la configuration. Un outil tel que Tripwire for Devices permet, *via* un contrôle d'intégrité, de protéger routeurs et commutateurs de leur reconfiguration par des pirates.

DMZ

Derrière les routeurs se trouvent les boîtiers en charge des VPN IPsec et SSL, eux-mêmes suivis des pare-feu, incluant éventuellement des fonctions d'IPS *(voir le chapitre 5)*. Les équipements VPN IPsec (fournis par Nokia ou Netscreen, par exemple) prennent en charge les accès sécurisés provenant de réseaux d'agence distants.

Figure 11.2

*Architecture
physique du système
d'information
de Martin SA*

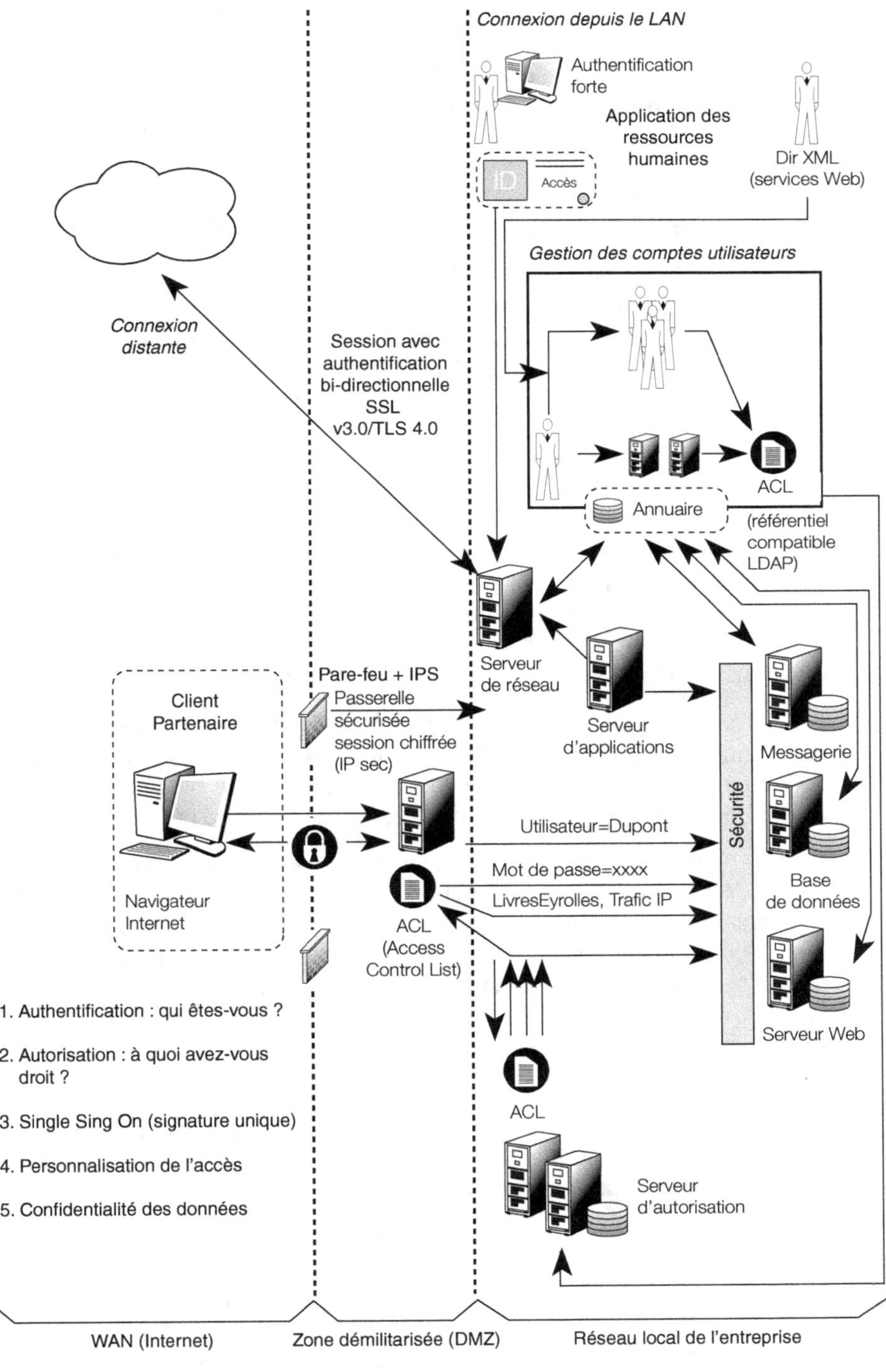

En parallèle de ces équipements, d'autres VPN SSL sont disposés afin de concentrer l'ensemble des accès sécurisés complémentaires provenant de postes nomades et des clients partenaires. À l'exemple des solutions de VPN SSL d'Aventail, il est possible de mettre en œuvre une sécurisation de l'environnement du poste distant en termes d'intégrité, de protection et de confidentialité. Selon le niveau de sécurisation choisi — antivirus et pare-feu personnels activés ou non —, l'équipement ouvre l'accès aux applications autorisées. Le boîtier SSL VPN d'Aventail devient ainsi le point central d'accès aux ressources informatiques de l'entreprise, fournissant un contrôle des accès complètement protégé, avec une granularité très importante.

La zone démilitarisée se trouve allégée au maximum pour une meilleure protection. Les connexions aboutissent au serveur d'authentification, qui interroge le référentiel, ou méta-annuaire, compatible LDAP pour charger le profil *ad hoc* avant de prendre connaissance des droits et permissions octroyées par le serveur d'autorisation placé sur le LAN de l'entreprise. Certaines solutions s'appuient sur un portail mêlant authentification et autorisation de manière plus directe et se positionnent dans la DMZ.

L'accès aux serveurs Web et applicatifs est sécurisé. C'est pourquoi ils sont placés sur le LAN de l'entreprise.

En revanche, le serveur Web institutionnel (non représenté à la figure 11.2 à des fins de lisibilité) est dans la DMZ. Il s'agit d'une ferme de serveurs, avec un équilibreur de charge matériel permettant de faire face à de brusques montées en charge. On trouve de plus en plus souvent dans ces équipements d'équilibrage de charge des fonctions de sécurité permettant de lutter notamment contre les attaques de type déni de service.

Par serveur institutionnel, il faut entendre un serveur qui présente l'activité de la société au public, incluant des renseignements techniques ou commerciaux, mais en aucun cas un serveur permettant de passer une commande pour l'achat d'un bien ou d'un service. Il ne faut jamais croiser les arborescences des serveurs entre trafic chiffré et trafic non chiffré.

Même si une panne ou un déni de service délibéré sur ce serveur institutionnel est sans impact sur le reste du système d'information, il convient de le protéger car il fait office de vitrine de l'entreprise et ne doit pas être altéré ni endommagé. Il est donc situé derrière un IPS et un pare-feu. Par sécurité, un logiciel de contrôle d'intégrité permet de savoir si des pages ont été modifiées à l'insu de l'administrateur du serveur Web. Le trafic HTTP est analysé contre les codes malicieux. La performance est en outre surveillée en permanence, l'analyse contre les codes malicieux et les fonctions IPS du pare-feu pouvant engendrer de fortes pertes de performance.

Le relais de messagerie est placé dans la DMZ, tandis que les serveurs de messagerie sont du côté du LAN. Le relais peut être un boîtier dédié de type Nokia Message Protector ou un relais PostFix ou Qmail. Les ingénieurs de Nokia ont redeveloppé à des fins de sécurité le daemon SMTP pour la réception de messages.

Pour l'envoi des messages, le boîtier s'appuie sur le MTA Sendmail, le plus utilisé sur Internet. Le fait qu'il connaisse régulièrement des failles de sécurité n'est pas un problème puisqu'il est protégé et ne sert qu'à l'envoi des messages. Des fonctions antivirus et antispam, fruits de plusieurs partenariats, bâtissent un premier niveau de barrière satisfaisant. Cela n'empêche pas de mettre en œuvre des antivirus et des fonctions antispam sur les serveurs de messagerie côté LAN.

LAN

Les serveurs applicatifs et services Web font l'objet d'une attention particulière, notamment par la mise en œuvre de reverse proxy de type Deny-All, Kavado, Sanctum, Teros, etc., ou de la technologie neuronale Intelliwall de Bee Ware.

Si le firewalling XML est jugé fondamental du fait de l'importance de ces types de services, un produit tel que VordelSecure, de Vordel, fait référence dans ce domaine *(voir le chapitre 6)*.

Analyse du trafic

La sécurité du système d'information nécessite une analyse du trafic et des protocoles qui transitent dans les tuyaux de l'entreprise.

À cette fin, sondes et analyseurs de protocoles ont souvent agi en mode pompier, autrement dit en dépannage lorsqu'un problème se posait sur le réseau. D'abord concentrés sur les couches basses, ils ont peu à peu remonté l'ensemble des couches du modèle OSI. Ils ont fini par prendre en compte de manière spécifique certains protocoles, comme SQL*Net d'Oracle, pour fournir une aide aux développeurs de bases de données dans l'optimisation de leurs requêtes, notamment pour les liens WAN.

Avec les sondes RMON2, qui capturent le trafic transitant dans les tuyaux à des fins d'analyse en couvrant les sept couches du modèle OSI *(pour une description détaillée de ces sondes, voir le chapitre 8),* c'est toute une manne d'informations qui est mise à la disposition des responsables sécurité.

L'analyse du trafic apporte toujours quelques surprises. Par exemple, les règles de filtrage établies devraient empêcher de trouver un protocole sur tel segment du réseau, alors que c'est l'inverse qui se produit. Certaines banques, à l'instar de BNP Paribas, utilisent ce type de sonde de manière structurelle pour agir non pas seulement en mode pompier mais de manière proactive. De tels équipements permettent de se faire une idée précise de ce qui passe dans les tuyaux LAN et WAN.

Administration de la sécurité

L'administration de la sécurité est un domaine complexe. En dépit de ce que prétendent les éditeurs, les outils de SIM (Security Information Tools) ne sont guère matures, et, sur le terrain, nombreux sont les mécontents des solutions proposées par le marché.

Le principal reproche adressé aux moteurs de corrélation réside dans le fait que, dans beaucoup de cas, l'opérateur derrière la console doit faire appel au spécialiste afin de prendre une décision.

Les SIM restent néanmoins indispensables, notamment en s'interfaçant avec les consoles de supervision de type OpenView (Hewlett Packard), CA UniCenter TNG ou Tivoli (IBM). Intelli-tactics est réputé pour la qualité de son moteur de corrélation. NetForensics et ArcSight sont également de bons produits. ArcSight permet notamment d'établir d'excellents tableaux de bord.

La console d'administration unique n'a jamais existé, même dans le monde des mainframes. Beaucoup d'outils sont capables de s'interfacer et d'intégrer des éléments de sociétés tierces, même s'il existe souvent un délai de latence avant que soient prises en compte les dernières nouveautés de tel ou tel éditeur.

Certaines plates-formes SIM sont uniquement dédiées à l'environnement Windows et ne sont pas capables de séduire les opérateurs et fournisseurs d'accès à Internet habitués aux environnements UNIX et, de plus en plus, Linux. À l'heure où nous écrivons, certaines plates-formes Windows annoncent la possibilité de gérer 600 événements par seconde (alertes), ce qui répond à la demande des opérateurs.

L'utilisation de produits additionnels permettant de gérer les offres des éditeurs ou constructeurs de sécurité est souvent un plus indispensable. Il est ainsi possible de rerouter les messages et journaux de logs vers d'autres plates-formes de supervision et d'administration.

Mise en œuvre

La mise en œuvre de la politique de sécurisation des accès au système d'information de l'entreprise Martin SA doit prendre en considération les contraintes techniques de l'infrastructure existante et les obligations de continuité de service au niveau opérationnel.

Elle peut se résumer aux deux phases suivantes :

1. Migration progressive des serveurs applicatifs vers le LAN interne.

2. Instanciation des services d'accès aux ressources informatiques au niveau des reverse-proxy de la DMZ.

Pour l'infrastructure technique, il s'agit d'abord de positionner les serveurs d'accès sécurisés au niveau de la DMZ puis de prendre chaque application une par une et de définir une méthode de basculement qui minimise le temps d'interruption du service associé.

Cela revient à :

1. Configurer la redirection des flux provenant des utilisateurs vers l'adresse destination dans le LAN interne du serveur applicatif.

2. Déplacer le serveur applicatif vers le LAN interne.

3. Vérifier le bon transit des flux à travers le reverse-proxy à destination du serveur interne.

À chaque basculement d'application, il faut prévoir une période de validation afin de vérifier qu'il n'y a aucun problème d'accès à la ressource.

Validation et recette

La validation et la recette consistent à s'assurer que la mise en œuvre de la nouvelle politique de sécurité se déroule correctement et que l'ensemble des accès au système d'information fonctionne en permanence.

Elle se compose des phases suivantes :

1. Validation élémentaire des accès (chaque accès rendu possible à une application fait l'objet de tests élémentaires).

2. Validation générale du système global d'accès sécurisé au système d'information.

Les validations élémentaires peuvent elles-mêmes se découper en étapes :

1. Après la mise en place du nouvel accès sécurisé, les administrateurs sécurité sont les premiers testeurs. Ils valident l'accès aux niveaux fonctionnel et qualitatif.

2. Si les tests sont concluants, débute la deuxième étape de validation avec un groupe restreint d'utilisateurs cibles, appelés bêta-testeurs. Ils doivent valider complètement l'accessibilité au niveau fonctionnel.

3. Si l'étape est positive, et s'il s'agit d'une application très consultée, une dernière étape de validation est le test de charge. Un outil de génération de trafic est employé afin de vérifier la tenue en charge de l'ensemble de la chaîne d'accès à la ressource.

Dès que toutes les validations élémentaires sont effectuées, la validation globale de l'ensemble consiste à mettre en œuvre en parallèle l'ensemble des bêta-tests du système pendant une durée déterminée. Cette durée de test de validation globale est déterminée par la complexité du système d'accès sécurisé mis en place.

Si cette phase globale est concluante, il suffit de planifier une montée en puissance des accès par palier de basculement des utilisateurs sur le nouveau système d'accès.

En résumé

Ce chapitre illustre par l'exemple le déploiement d'une architecture de sécurisation des accès distants pour les employés itinérants d'une entreprise.

La mise en œuvre de cette étude de cas permet d'apprécier notamment le phasage de déploiement ainsi que les méthodes de validation et de recette associées.

12

Exemple d'architecture Cisco pour l'optimisation des performances et de la sécurité d'un Data Center

Ce chapitre décrit un exemple d'architecture, de déploiement et d'optimisation d'un centre de données, ou Data Center, suivant les recommandations de Cisco Systems. Un Data Center est un site principal centralisant l'ensemble des serveurs du système d'information d'une entreprise.

Les critères de design d'un tel Data Center sont les suivants :

- Haute disponibilité :
  - Éviter un point unique de panne.
  - Obtenir des temps de convergence rapides et prédictibles.
- Capacité d'évolution :
  - Changements et croissance possibles sans modification majeure de l'infrastructure.
  - Ajout aisé de nouveaux services.
  - La ferme de serveurs doit supporter jusqu'à 3 000 serveurs en double attachement.
- Simplicité :
  - Chemins de trafics prédictibles en modes nominal et de secours.
  - Chemins de trafics primaire et de secours explicitement définis.

- Densité de ports de niveaux 2 et 3 adéquate.

- Fourniture de services de sécurité avec ACL (Access Control List), pare-feu et détection d'intrusion (IDS).

- Fourniture de services liés aux serveurs avec *content switching, caching* et *offloading* SSL.

- Intégration et fourniture de services liés aux mainframes avec TN3270, partage de charge et *offloading* SSL.

- Intégration avec les fermes de serveurs multitiers.

Si l'infrastructure du Data Center doit être évolutive et hautement disponible, elle doit aussi rester simple à configurer, administrer et diagnostiquer et conserver de la souplesse afin de satisfaire de nouvelles demandes.

De par la nature critique des services du Data Center, un examen attentif des problématiques est nécessaire à chaque niveau de l'infrastructure. Ce chapitre se consacre essentiellement au design des niveaux 2 et 3, qui sont en relation directe avec les exigences des systèmes qui fournissent les services supplémentaires du Data Center.

Construction du Data Center

Les avantages d'un Data Center sont de permettre la consolidation des ressources critiques de calcul dans un environnement contrôlé et administré de manière centralisée ainsi que le travail en continu ou suivant les besoins de son activité.

Tous les services du Data Center sont conçus pour fonctionner en continu. Quand des applications critiques sont indisponibles, l'activité est sévèrement affectée et peut, selon l'importance de l'indisponibilité, conduire à l'arrêt de l'entreprise.

La construction et l'exploitation d'un Data Center demandent une planification approfondie. Les stratégies de haute disponibilité, d'évolutivité, de sécurité et d'administration doivent être clairement exprimées en relation avec les impératifs d'activité de l'entreprise.

Il arrive fréquemment que les avantages de la construction d'un Data Center offrant des services sophistiqués apparaissent lorsque le Data Center ne rend pas les services attendus. La perte d'accès aux données critiques est quantifiable et affecte directement les revenus. Certains secteurs d'activité, comme les agences gouvernementales, les institutions financières ou les services publics ou de santé, sont contraints légalement de définir des plans de continuité d'activité. Du fait des conséquences sérieuses de la perte ou de l'inaccessibilité de données, toutes les entreprises doivent travailler à minimiser le risque et à réduire son impact sur leur activité.

Une partie importante de ces plans concerne les centres serveur, où les ressources de calcul de l'entreprise sont conservées. Comprendre l'impact d'une panne d'un Data Center est donc essentiel.

La section suivante replace le rôle du Data Center dans le réseau de l'entreprise.

Position du Data Center dans le réseau d'entreprise

Les réseaux d'entreprise reposent sur le modèle classique des blocs indépendants de fonctions.

La figure 12.1 illustre ces différents blocs constituant un réseau d'entreprise typique ainsi que le positionnement du Data Center.

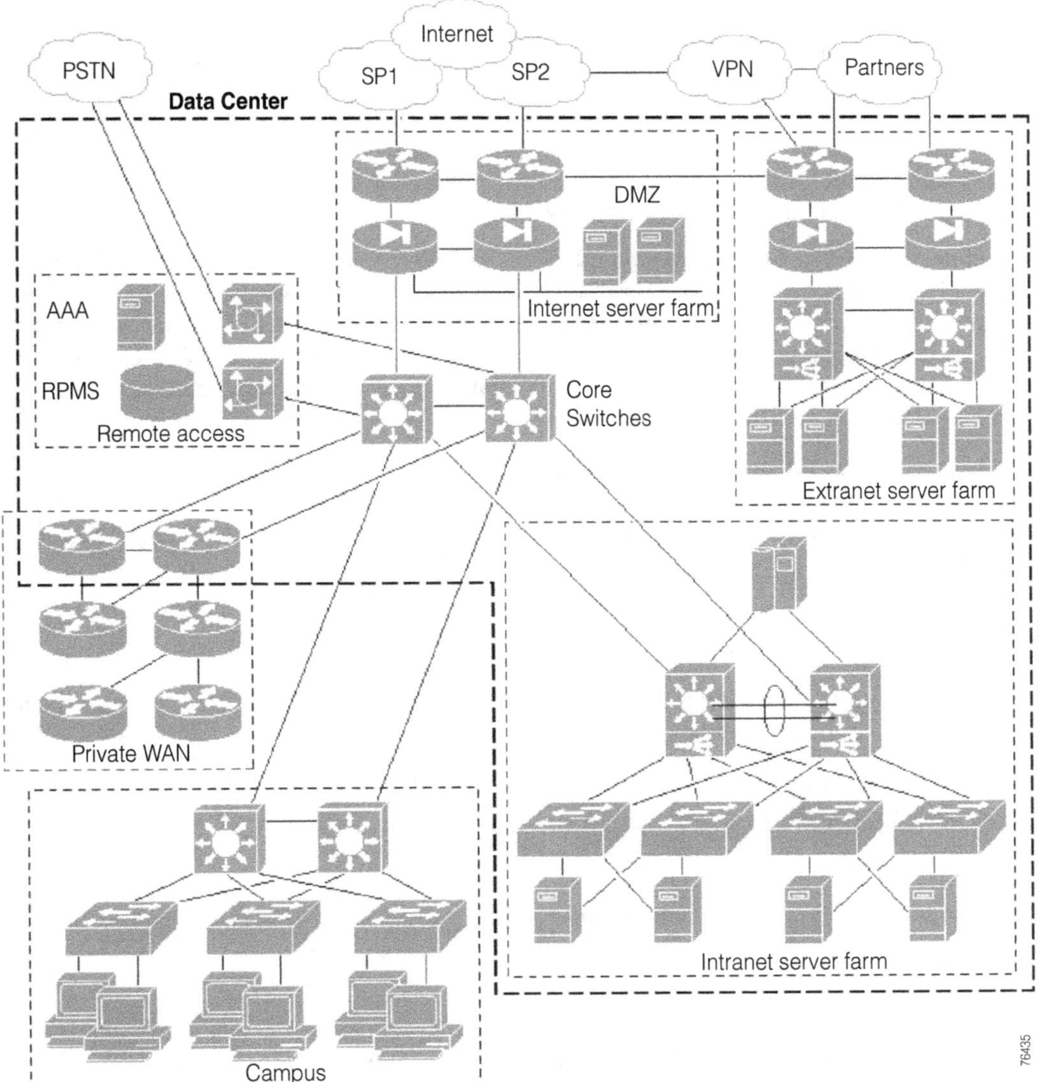

Figure 12.1

Position du Data Center au sein des blocs du réseau d'entreprise

Les principaux blocs fonctionnels d'un réseau d'entreprise sont les suivants :

* campus ;

* réseau WAN privé de l'entreprise ;

* accès distant *(remote access)* ;

* ferme de serveurs Internet ;

* ferme de serveurs extranet ;

* ferme de serveurs intranet.

Les Data Centers abritent plusieurs éléments de l'infrastructure réseau qui supportent les blocs du réseau d'entreprise illustrés à la figure 12.1, tels que la commutation du cœur du réseau de campus ou les routeurs d'accès au réseau WAN privé.

L'architecture du Data Center comprend au moins un type de ferme de serveurs. Ces fermes de serveurs peuvent être construites ou non comme des entités physiques séparées, selon les contraintes d'activité de l'entreprise. Par exemple, un seul Data Center peut utiliser une infrastructure partagée composée de serveurs, de pare-feu, de routeurs et de commutateurs pour plusieurs types de fermes de serveurs. D'autres Data Centers peuvent demander que l'infrastructure des fermes de serveurs soit physiquement dédiée.

Le choix s'effectue suivant les motivations commerciales et les besoins particuliers des entreprises. Une fois le choix accompli, les recommandations de design présentées dans les sections suivantes peuvent être utilisées pour concevoir et déployer un Data Center hautement disponible, évolutif et sécurisé.

Architecture du Data Center

L'architecture d'un Data Center d'entreprise est avant tout déterminée par les besoins d'activité, les demandes applicatives et la charge de trafic.

On distingue quatre grands critères de design qui aident à transformer les besoins d'une entreprise en design de Data Center :

* disponibilité ;

* capacité d'échelle et évolutivité *(scalability)* ;

* sécurité ;

* capacité d'administration.

La figure 12.2 illustre la position de chacun de ces critères de design dans les couches de l'architecture.

Figure 12.2

*Architecture en couches
et critères de design*

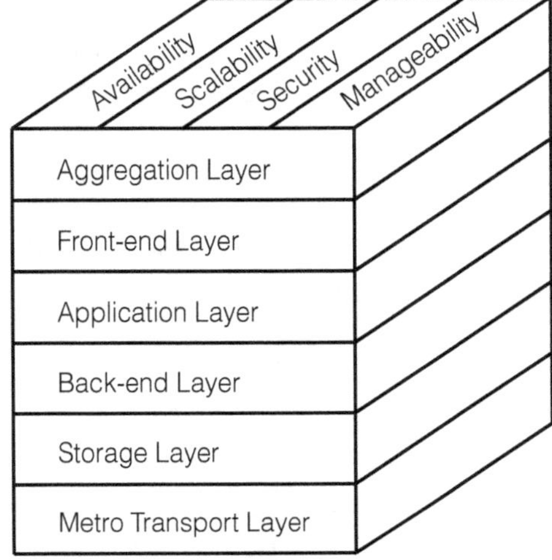

Le fait d'utiliser ces quatre critères permet de déterminer le plus précisément possible les besoins de chaque couche du Data Center. Par exemple, l'évolution de la couche agrégation doit être considérée afin de dimensionner la plate-forme nécessaire.

Il est donc important de bien comprendre le rôle de chaque couche dans le design général. Les objectifs que l'on se fixe en termes de design et de services permettent de mettre en place l'architecture nécessaire.

L'architecture de référence d'un Data Center est illustrée à la figure 12.3.

L'architecture présente un modèle en couches permettant le support de plusieurs niveaux d'applications ainsi que le respect des quatre grands critères de design que nous avons vus.

Ces couches sont les suivantes :

- agrégation ;

- front-end ;

- application ;

- back-end ;

- stockage ;

- transport étendu haut débit.

Les sections qui suivent détaillent le contenu de chacune de ces couches.

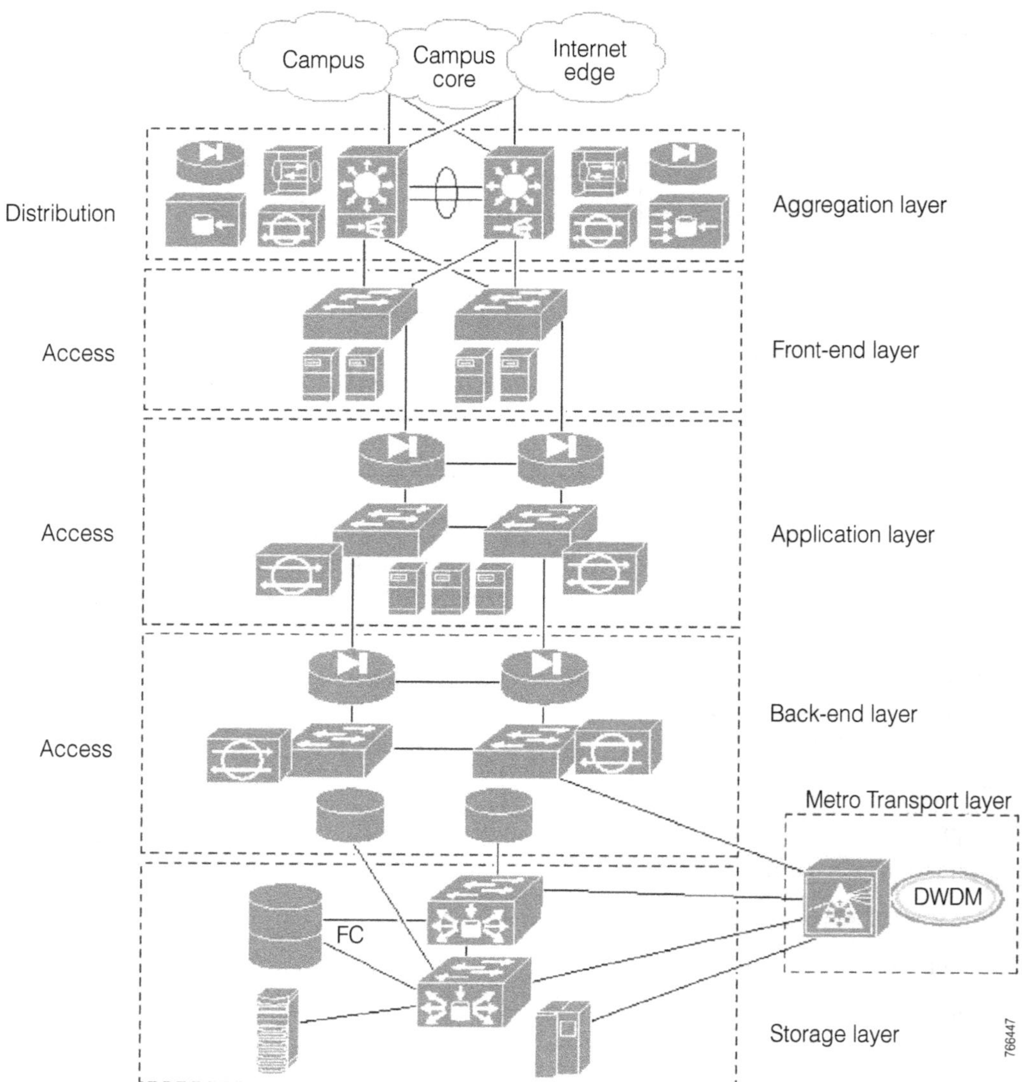

Figure 12.3

Architecture de référence d'un Data Center

Agrégation

La couche d'agrégation assure la connectivité réseau entre les fermes de serveurs et le reste du réseau d'entreprise, ainsi que la connectivité réseau pour les équipements de services du Data Center et les fonctionnalités de niveaux 2 et 3.

Cette couche est analogue à la couche de distribution dans les réseaux de campus. Pour des raisons de prédictibilité, de cohérence et de capacité d'administration, les services du Data Center communs aux serveurs du front-end et des autres couches doivent être centralisés dans la couche d'agrégation.

En plus des commutateurs qui fournissent les fonctionnalités de niveaux 2 et 3, la couche d'agrégation inclut des *content switches,* pare-feu, IDS, *content engines* et *offloaders* SSL.

Front-end

Analogue à la couche d'accès dans les réseau de campus, la couche front-end fournit la connectivité aux serveurs de premier tiers de la ferme de serveurs.

La ferme de serveurs du front-end inclut typiquement des serveurs FTP, Telnet, TN3270, SMTP, Web ou autres serveurs d'applications business, en plus des serveurs d'applications réseau, tels que des serveurs IPTV (diffusion vidéo), Content Distribution Managers (distribution de contenu) ou Call Manager (serveurs de signalisation en téléphonie sur IP).

Des fonctionnalités spécifiques, comme le multicast ou la QoS, peuvent être nécessaires selon les besoins. Par exemple, si du streaming vidéo sur IP est utilisé, le multicast est requis, ou si la téléphonie sur IP est utilisée, la QoS doit être activée.

La connectivité de niveau 2 à travers les VLAN est exigée entre les serveurs offrant les mêmes services applicatifs pour la redondance (serveurs en double attachement sur des commutateurs de niveau 2 différents) ainsi qu'entre les serveurs et les équipements de service tels que les *content switches.*

D'autres besoins peuvent nécessiter l'utilisation d'IDS ou de HIDS (Host IDS) pour la détection d'intrusion ou les PVLAN (Private VLAN) pour séparer les serveurs d'un même sous-réseau. La redondance des éléments au sein d'un même châssis améliore sensiblement la qualité de la solution.

Application

La couche application fournit la connectivité aux serveurs qui supportent la source d'activité de l'entreprise, regroupés sous l'étiquette de serveurs d'applications. Les serveurs d'applications tournent une partie du logiciel utilisé par les applications métier et fournissent l'intelligence de communication entre le front-end et le back-end, typiquement désigné sous le nom de middleware.

Les serveurs d'applications traduisent les requêtes utilisateur en commandes, que les systèmes du back-end peuvent traiter. Les fonctionnalités demandées à cette couche sont presque identiques à celles de la couche front-end.

Une fois encore, des fonctionnalités additionnelles de sécurité sont typiquement mises en œuvre entre les serveurs qui servent les utilisateurs et le niveau suivant de serveurs à l'aide de pare-feu. Des IDS peuvent également être déployés pour observer les trafics. Des services supplémentaires peuvent exiger du partage de charge entre les serveurs Web et les serveurs d'applications, généralement par le biais d'une couche de présentation ou de SSL si la communication serveur à serveur s'effectue au-dessus de SSL.

Back-end

La couche back-end fournit la connectivité aux serveurs de bases de données. La couche back-end abrite principalement les bases de données relationnelles qui offrent les mécanismes d'accès aux informations de l'entreprise, d'où la criticité de l'ensemble.

Les besoins de fonctionnalités sont presque identiques à ceux de la couche application, avec des exigences plus fortes en matière de sécurité, puisque cette couche est destinée à protéger les données de l'entreprise.

Les équipements supportant les bases de données relationnelles vont du serveur de taille moyenne au mainframe. Certains serveurs peuvent présenter des disques attachés localement et d'autres des espaces de stockage séparés.

Stockage

La couche de stockage connecte les systèmes dans le réseau de stockage par le biais de la technologie FC (Fibre Channel) ou iSCSI.

La connectivité fournie au travers des commutateurs FC est utilisée pour les communications entre les systèmes directement connectés en FC, comme des serveurs, des baies de disques ou des unités de bandes.

La technologie iSCSI offre la connectivité SCSI aux serveurs à travers un réseau IP. Elle est supportée par des routeurs iSCSI, des cartes Ethernet et des modules de services IP.

FC est typiquement utilisé pour les accès en mode bloc et iSCSI pour des accès en mode fichier.

Transport étendu haut débit (métro)

La couche de transport étendu haut débit, souvent appelée transport métro, pour métropolitain, fournit une connexion haut débit entre les Data Centers distribués.

Les Data Centers distribués utilisent les technologies optiques métro pour obtenir un média de transport transparent dans des applications de réplication de stockage ou de bases de données. La technologie de transport métro est également utilisée pour l'interconnexion haut débit des campus.

Les besoins de connectivité haut débit concernent les communications synchrones et asynchrones, dépendant des temps de reprise exigés lorsque le site primaire défaille. Les plans de reprise d'activité et la continuité de service sont les raisons d'être principales des Data Centers distribués et de la connectivité haut débit entre eux.

Services du Data Center

Les principaux services attendus d'un Data Center sont les suivants :

- services d'infrastructure ;
- services d'optimisation des applications, *content switching, caching, offloading* SSL, transformation du contenu ;

- services de stockage ;

- services de sécurité : ACL (Access Control List), pare-feu et systèmes de détection d'intrusion (IDS) ;

- services d'administration des systèmes appliquée aux éléments de l'architecture.

Services d'infrastructure

Les services d'infrastructure regroupent toutes les fonctions réseau nécessaires à la construction du Data Center et servent de base à tous les autres services.

Ces fonctions réseau sont les services métro, les services de niveaux 2 et 3 et les services réseau intelligents.

Services métro

Les services métro comprennent l'accès au médium physique, tel que Fibre Channel et iSCSI, ainsi que les technologies de transport métro, telles que le DWDM (Dense Wavelength Division Multiplexing), le CWDM (Coarse Wavelength Division Multiplexing), le SDH (Synchronous Digital Hierarchy) ou le 10 Gigabit Ethernet.

Les technologies de transport métro permettent la connectivité des Data Centers distribués et de campus à campus pour toutes les applications qui demandent une bande passante importante et une latence faible et prédictive. Par exemple, la technologie DWDM fournit la connectivité physique simultanée pour différents médias physiques tels que Gigabit Ethernet, ATM, Fibre Channel ou ESCON (Enterprise System Connexion).

Les possibilités d'application sont le stockage en réseau étendu à travers IP (Ethernet), DWDM/ CWDM ou SDH, selon les contraintes de distance.

Services de niveau 2

Les services de niveau 2 sont les services nécessaires à la connexion des serveurs et des équipements réseau, ainsi que les technologies de transport et les fonctionnalités de convergence rapide, de suppression de boucles dans le réseau et d'évolutivité du domaine de niveau 2.

Les fonctionnalités principales des services de niveau 2 sont les suivantes :

- 802.1s + 802.1w (Multiple Spanning-Tree) ;

- PVST + 802.1w (Rapid Per VLAN Spanning-Tree) ;

- 802.3ad (Link Aggregate Control Protocol) ;

- 802.1q (trunking) ;

- LoopGuard ;

- UDLD (Uni-Directional Link Detection) ;

- Broadcast Suppression.

Services de niveau 3

Les services de niveau 3 permettent la convergence rapide, la résilience du réseau routé et la redondance des services réseau tels que les passerelles.

Le rôle de ces services est de maintenir un réseau hautement disponible, disposant de caractéristiques prédictibles en toutes circonstances, c'est-à-dire en situation normale comme en situation de panne.

La principales fonctionnalités des services de niveau 3 sont les suivantes :

- routage statique ;

- BGP (Border Gateway Protocol) ;

- IGP (Interior Gateway Protocol) : OSPF (Open Shortest Path First) et EIGRP (Enhanced Interior Gateway Routing Protocol) ;

- HSRP (Hot Standby Router Protocol), MHSRP et VRRP (Virtual Router Redundancy Protocol).

Services réseau intelligents

Les services réseau intelligents comprennent les fonctionnalités permettant la prise en charge des services applicatifs sur l'ensemble du réseau. Les fonctionnalités les plus communes sont la QoS (Quality of Service) et le multicast.

D'autres services de réseau intelligents, comme les PVLAN (Private VLAN) et le PBR (Policy Based Routing), permettent le déploiement d'applications telles que la diffusion vidéo, à la demande ou temps réel, et la téléphonie sur IP, sans compter des applications classiques d'entreprise.

La QoS dans le Data Center est importante pour marquer le trafic applicatif à la source et limiter le débit par port afin de garantir une QoS appropriée pour le trafic sortant des fermes de serveurs. Le multicast dans le Data Center permet d'atteindre plusieurs destinataires ou serveurs simultanément (protocoles de clusters).

Services d'optimisation des applications

Le Data Center supporte généralement un large panel d'applications, depuis les applications Web jusqu'aux applications traditionnelles des mainframes en passant par les applications de gestion de la relation client et les autres applications critiques. Le Data Center abrite également les applications de communication IP pour la voix, la vidéo et le centre de contacts et qui demandent le respect de contraintes de bande passante, de latence et de gigue.

À l'instar du reste du réseau de l'entreprise, le réseau du Data Center doit être suffisamment souple pour accepter ces exigences disparates de trafic et fournir la disponibilité optimale, la scalabilité et la performance. L'augmentation de la disponibilité applicative ainsi que de la capacité à croître et évoluer avec des technologies réseau intelligentes est appelée optimisation des applications.

Les technologies réseau qui concourent à optimiser les applications comprennent le *content switching*, le partage de charge, le *offloading* SSL et le *caching*. Ces technologies rendent le

Data Center et l'environnement des serveurs applicatifs plus évolutifs et plus performants par des ajouts relativement peu coûteux à l'infrastructure de calcul.

La mise en œuvre des services d'optimisation de l'application peut s'effectuer par le biais d'équipements dédiés ou de modules de services intégrés à la plate-forme Catalyst 6500.

Services de stockage

Les services de stockage comprennent la connectivité du réseau de stockage nécessaire aux transactions des utilisateurs vers les serveurs et des systèmes de stockage aux systèmes de stockage.

Les fonctionnalités principales des services de stockage sont les suivantes :

- NAS (Network Attached Storage) ;
- SAN (Storage Area Network) vers IP : Fibre Channel et SCSI sur IP ;
- Connectivité SAN (Fibre Channel ou iSCSI) ;
- Fibre Channel vers iSCSI.

La consolidation du stockage conduit aux environnements NAS et SAN. Le NAS s'appuie sur l'infrastructure IP, notamment sur des fonctionnalités telles que la QoS. Le SAN, couramment rencontré dans les Data Centers, utilise la technologie Fibre Channel pour connecter les serveurs aux systèmes de stockage et transmettre les commandes SCSI entre eux.

L'environnement SAN a besoin d'être accessible au NAS et plus largement au réseau IP. Les protocoles FCIP (FC over IP) et iSCSI permettent la connectivité au-dessus d'IP et l'accès SCSI. Le transport des commandes SCSI sur IP ouvre le stockage vers IP et l'interconnexion de réseau SAN au-dessus d'une infrastructure IP.

Services de sécurité

Les services de sécurité comprennent de nombreux outils utilisés dans l'environnement applicatif pour augmenter la sécurité.

L'approche des services de sécurité dans les environnements de fermes de serveurs est le résultat de l'augmentation des menaces externes mais aussi des attaques internes. Cela induit le besoin d'avoir un périmètre de sécurité strict autour des fermes de serveurs et un plan d'application de la politique de sécurité en conformité avec le risque et l'impact si les données de l'entreprise viennent à être compromises.

Comme les données de l'entreprise résident dans les différents tiers de l'architecture, il est important de déployer sa sécurité entre les tiers afin qu'un tiers donné possède ses propres mécanismes de protection, en relation avec ses risques potentiels.

L'utilisation d'une architecture en niveaux offre une approche modulaire évolutive pour le déploiement de la sécurité des multiples tiers du Data Center. Cette architecture intègre les divers services de sécurité et les fonctionnalités d'amélioration de la sécurité. L'objectif du déploiement de chacune de ces fonctionnalités de sécurité est de se protéger contre les menaces telles que accès non autorisé, reconnaissance du réseau, IP Spoofing, déni de service, virus et vers et attaques de niveau 2.

Les principaux services de sécurité déployés dans le Data Center sont les suivants : ACL (Access Control List), pare-feu, systèmes de détection d'intrusion (IDS et Host IDS), mécanismes d'authentification, d'autorisation et d'*accounting* (AAA), ainsi que d'autres services qui augmentent la sécurité du Data Center.

ACL

Les ACL empêchent les accès non autorisés aux systèmes de l'infrastructure et, dans une moindre mesure, protègent les services de la ferme de serveurs.

Placés en en divers points de l'infrastructure du Data Center, les ACL peuvent être de plusieurs types : routeurs ACL, VLAN ACL et QoS ACL. Chaque sorte d'ACL remplit un rôle spécifique.

Une qualité importante des ACL est la possibilité d'inspecter et de classifier les paquets sans causer de goulet d'étranglement de performance. Ce processus d'inspection étant effectué en hardware, l'ACL peut fonctionner au débit du média, ou *wire speed*.

Pare-feu

La position des pare-feu marque une limite claire entre des périmètres réseau fortement sécurisés et moins sécurisés.

La place typique des pare-feu reste l'accès à Internet et la périphérie du Data Center, mais ils sont également utilisés dans des environnements multitiers de fermes de serveurs afin d'augmenter la sécurité entre les tiers.

Détection d'intrusion

Les IDS traitent les problèmes de sécurité de manière proactive. La détection d'un intrus et la notification qui suit sont deux étapes fondamentales dans la sécurisation de Data Centers.

Les HIDS (Host IDS) procèdent à l'analyse en temps réel pour réagir aux tentatives d'intrusion sur les applications ou les serveurs Web. Un Host IDS peut identifier l'attaque et empêcher l'accès aux ressources du serveur avant qu'une transaction non autorisée ne survienne.

AAA

Le triple A fournit un niveau supplémentaire de sécurité en empêchant les accès utilisateur non autorisés ainsi qu'en contrôlant les accès utilisateur au réseau et aux systèmes du réseau à l'aide d'un profil prédéfini.

Les transactions de tous les utilisateurs authentifiés et autorisés sont consignées à des fins de comptabilité, de facturation et d'analyse *a posteriori*.

Autres services de sécurité

Des considérations de sécurité additionnelles peuvent inclure l'utilisation des fonctionnalités suivantes :

- mots de passe à usage unique ;
- CDP pour découvrir les équipements Cisco voisins ;

- règles de sécurité par défaut pour les équipements du Data Center tels que routeurs, commutateurs, pare-feu et *content switches* ;

- SSH ou IPsec pour connexion utilisateur vers système.

Services d'administration

Les services d'administration renvoient à la capacité à gérer l'infrastructure réseau qui supporte tous les autres services du Data Center. L'administration des services du Data Center comprend la réservation des services *(provisioning),* qui demande des règles d'administration spécifiques au service.

Il est recommandé de mettre en place une politique d'administration de réseau qui suive une approche globale et cohérente vis-à-vis de la gestion du Data Center. Cisco se conforme au modèle de gestion standard FCAPS (Fault, Configuration, Accounting, Performance, Security management areas) de l'ISO et utilise ses catégories de gestion pour fournir les fonctionnalités d'administration. Le modèle FCAPS est couramment utilisé dans la définition des fonctions d'administration de réseau et de leurs rôles dans une infrastructure réseau administrée.

Les fonctionnalités d'administration comportent les catégories suivantes :

- gestion des fautes ;

- gestion des configurations ;

- gestion de l'activité *(accounting)* ;

- gestion de la performance ;

- gestion de la sécurité.

Mise en place de l'infrastructure

Le design de l'architecture de base d'un Data Center illustrée à la figure 12.4 suit les recommandations énoncées précédemment pour le modèle classique en couches.

Le cœur du réseau connecte les commutateurs d'agrégation avec des liens de niveau 3. Il constitue de la sorte un cœur de réseau entièrement routé assurant une meilleure stabilité ainsi qu'un meilleur contrôle du trafic.

Les commutateurs d'agrégation connectent à leur tour des commutateurs dits front-end, c'est-à-dire fournissant la connectivité de niveau 2 aux différents serveurs. Ils ont donc un impact important sur la taille de la ferme de serveurs puisque de leur choix dépend la densité de port que l'on pourra obtenir.

Les commutateurs d'agrégation ont les deux rôles principaux suivants :

- agrégation de trafic et distribution entre la ferme de serveurs et le reste du réseau ;

- point de connexion des appliances tels que *content switches,* pare-feu, SSL *offloaders,* etc.

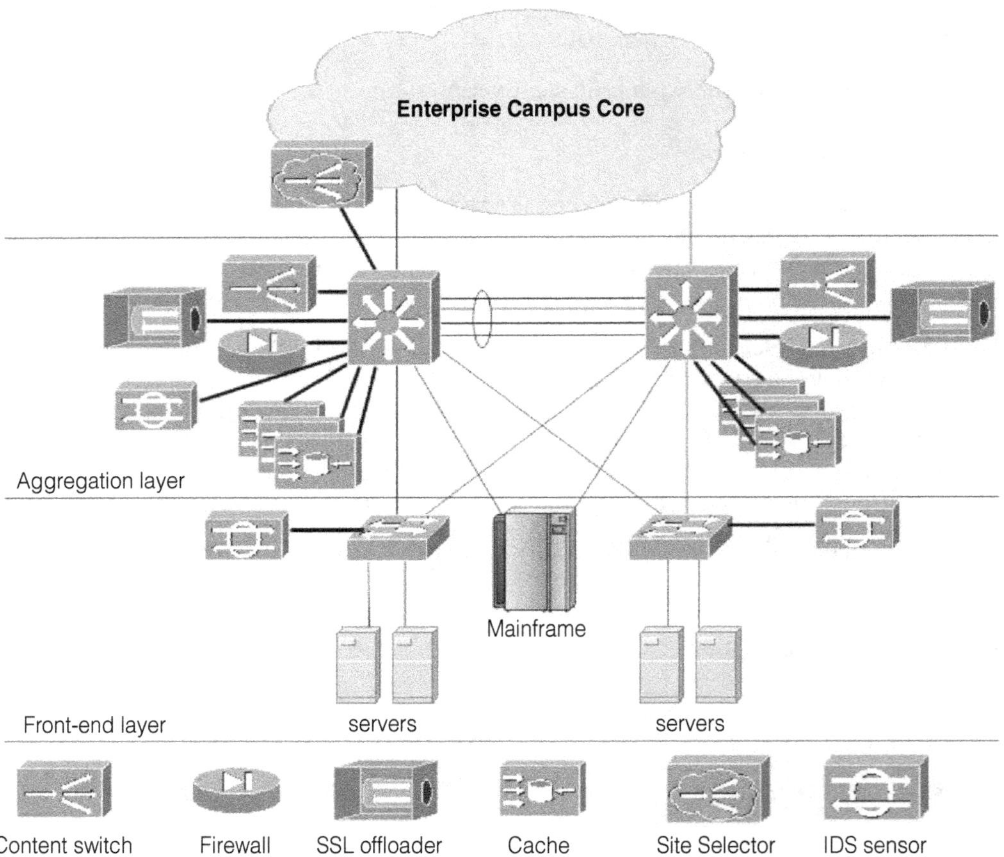

Figure 12.4

Architecture de base d'un Data Center

Les commutateurs front-end forment le domaine de niveau 2. Ils fournissent la connexion aux serveurs ainsi que la connectivité de niveau 2 aux commutateurs d'agrégation. Ces derniers sont appelés commutateurs d'accès dans le langage des réseaux d'entreprise.

La topologie est totalement redondante afin de prendre en compte tous les cas de pannes possibles. Assurer cette redondance est une tâche complexe, et le meilleur moyen d'y parvenir est de procéder de la façon suivante :

1. Créer des EtherChannels entre les commutateurs d'agrégation.

2. Insérer les appliances par paires connectées sur des commutateurs d'agrégation différents.

3. Répartir les serveurs fournissant le même service sur des commutateurs d'accès différents.

4. Assurer un double attachement des serveurs aux deux commutateurs d'accès.

La redondance au sein des équipements tels que cartes de supervision ou matrices de commutation apporte également quelques bénéfices.

Choix de l'algorithme de Spanning Tree

Le rôle du Spanning Tree est d'assurer la création d'une topologie logique de niveau 2 sans boucle au-dessus d'une topologie physique redondante, ayant par définition des boucles.

Il est recommandé d'utiliser le Spanning Tree rapide par VLAN, ou Rapid PVST+ dans la terminologie Cisco. Ce Spanning Tree est une combinaison du classique Spanning Tree indépendant par VLAN avec IEEE 802.1w, le Spanning Tree rapide normalisé par l'IEEE.

Avec la technologie Rapid PVST+, chaque VLAN est couplé à son instance propre de Spanning Tree, laquelle est indépendante des autres instances. Pour chaque VLAN on a donc une topologie propre résultant de l'algorithme de Spanning Tree.

Pour une plus grande capacité d'évolution, il est possible d'utiliser le 802.1s/1w, ou MST (Multi-instance Spanning Tree), qui offre une meilleure évolutivité par sa capacité à limiter le nombre d'instances de Spanning Tree indépendamment du nombre de VLAN existant sur le réseau. Dans cette version, il y a création d'un nombre défini d'instances de Spanning Tree, en fonction du nombre de topologies indépendantes que l'on souhaite créer, puis association entre des numéros de VLAN et des numéros d'instances de Spanning Tree. Plusieurs VLAN peuvent donc partager une même instance de Spanning Tree rapide.

Ce protocole est toutefois moins flexible que le précédent en cas d'utilisation de boîtiers assurant une fonction de pontage. L'utilisation de Rapid PVST+ ou de MST fournit une capacité de convergence sur panne beaucoup plus rapide que le traditionnel Spanning Tree IEEE 802.1d.

L'utilisation de plusieurs améliorations au Spanning Tree et à Ethernet, telles que LoopGuard ou UDLD (Uni-Directional Link Detection), est également recommandée afin d'assurer une meilleure stabilité, ainsi qu'une meilleure protection contre les problèmes liés au câblage.

Le routage dans un Data Center

Les fonctions de routage sont utilisées entre les commutateurs de cœur de campus et les commutateurs d'agrégation. Si des pare-feu sont présents, ils peuvent également participer au processus de routage.

En fonction des besoins, la frontière entre le niveau 2 et le niveau 3 sur l'étage agrégation peut être le commutateur-routeur (Catalyst 6500 ou 4500), les pare-feu ou les dispositifs de load-balancing *(content switching switch)*.

Les commutateurs-routeurs de cœur de réseau sont des équipements disposant de capacités de commutation hardware très importantes et identiques, que ce soit au niveau 2 ou 3. Ils sont capables de commuter entre toutes les interfaces Gigabit Ethernet présentes sur le châssis sans dégradation de performances.

De telles performances ne sont généralement pas disponibles sur les équipements pare-feu ou *content switch*. Ces derniers ont souvent une capacité de routage. En plus de l'utilisation de routes statiques, il est possible d'utiliser RIP (Routing Information Protocol) et parfois même OSPF (Open Shortest Path First).

Fonctions des routeurs

La possibilité d'utiliser du routage dynamique est un plus important dans le design du réseau, mais il faut être attentif à ne pas mal utiliser cette fonctionnalité. Cette fonction de routage présente sur un *content switch* ou un pare-feu ne fournit pas les mêmes services qu'un routeur ou un switch-routeur du fait que ce n'est pas leur fonction première.

La possibilité de routage sur des chemins à coût équivalent est une fonction importante traitée en hardware sur les commutateurs-routeurs.

Des améliorations sur les temps de convergence des protocoles de routage dits Link-State permettent d'obtenir des temps de convergence beaucoup plus rapides. On parle en ce cas de *fast convergence*. Ces fonctions ne sont généralement pas disponibles sur les pare-feu ou *content switch*. De plus, la table de routage ne sera peut-être pas de taille suffisante sur ces équipements par rapport à ce dont on dispose sur des commutateurs-routeurs de backbone.

Il est recommandé de tirer parti des fonctionnalités de routage présentes sur les équipements afin de simplifier la configuration du réseau et, dans le même temps, de planifier et faire le design de façon à limiter le nombre de routes pour minimiser le travail de recalcul des tables de routage.

Les serveurs utilisent généralement des routes statiques pour répondre aux requêtes client. On utilise en ce cas une route par défaut pointant vers un routeur, un pare-feu ou un *load-balancer*.

Les temps de convergence

En suivant les recommandations d'architecture ci-dessus, on peut obtenir un réseau extrêmement redondant, dont les temps de convergence sont prédictibles.

Le fait de connaître le temps de restauration de service est un des critères les plus importants dans la construction et le design d'un Data Center.

On distingue deux cas de figure :

- Les Data Centers locaux, dans lesquels la redondance s'effectue uniquement à l'intérieur du site.

- Les Data Centers situés sur deux lieux géographiques différents.

Le second cas de figure correspond au plan de reprise d'activité, où l'on crée un deuxième Data Center qui n'est utilisé que si l'on perd totalement le site du Data Center primaire.

Lorsque les applications sont hébergées sur de multiples Data Centers, on cherche à répondre aux requêtes locales par les ressources locales. Même en cas de panne, on cherche toujours à donner priorité au site local avant de basculer sur le site secondaire.

Pour cela, il faut savoir si un site est réellement hors fonction ou simplement dans un processus de convergence. Dans ce dernier cas, le site redevient opérationnel dans un laps de temps dépendant des mécanismes mis en cause par la panne ou la perte de connectivité. Ces temps de convergence incluent ceux du Spanning Tree rapide, des protocoles de routage utilisés ainsi que des mécanismes utilisés au niveau 1, comme EtherChannel.

Pour mettre en place une solution de plan de reprise d'activité, il faut utiliser une fonction de sélecteur de site, qui surveille chacun des Data Centers en utilisant des *keepalive* ou des sondes, comme si chacun des sites était un serveur unique. On parle alors de routage de contenu *(content routing)*. Ces sondes sont de niveau 4 ou 5 de préférence.

Le sélecteur de site essayant d'établir une connexion TCP avec chaque ferme de serveurs représentée par une adresse IP virtuelle, ou VIP (Virtual IP) Address. Si cette connexion réussit, on considère que le site en question est opérationnel.

L'adresse virtuelle est généralement une adresse détenue par un *content switch*, ou load-balancer, un dispositif sous forme d'appliance externe ou intégrée dans les commutateurs de backbone qui assure une fonction de surveillance des serveurs ainsi qu'une fonction de répartition de charge entre serveurs assurant la même fonction vis-à-vis de l'extérieur.

Si une panne se produit, il y a convergence aux niveaux 1, 2, 3 et 4 :

- La convergence de niveau 1 comprend le temps mis en œuvre par les mécanismes de type EtherChannel pour basculer le trafic du lien défectueux vers un autre lien appartenant au même EtherChannel.

- La convergence de niveau 2 est constituée par le temps nécessaire au Spanning Tree pour débloquer un port lorsqu'une panne intervient sur un des chemins constituant la topologie active. Cette panne peut être due à un lien ou à un des équipements.

- La convergence de niveau 3 est le temps nécessaire au protocole de routage pour détecter la panne, propager l'information vers les autres routeurs du réseau, calculer la nouvelle topologie du réseau et constituer la nouvelle table de routage.

- La convergence de niveau 4 est le temps nécessaire à l'adresse virtuelle détenue par le *content switch* pour être de nouveau disponible. Ce cas de figure apparaît lorsqu'il y a perte de connectivité entre le *content switch* et un port de niveau 4 de la ferme de serveurs.

Le sélecteur de site utilise des sondes afin de vérifier que le réseau est opérationnel à tous les niveaux. Cette solution doit être complète et ne surtout pas tolérer de fausses alarmes, qui conduiraient à un service dégradé.

Il faut connaître les temps de convergence de chacune des couches du réseau afin de configurer correctement le sélecteur de site. La figure 12.5 illustre la convergence d'un Data Center et son impact sur le routage de contenu.

Le temps de convergence entre l'accès et l'agrégation est principalement dû au Spanning Tree. Celui entre l'agrégation et le cœur est principalement dû au protocole de routage.

Les appliances de services externes communiquent entre elles afin de déterminer laquelle est active et laquelle est en mode secours. La configuration de ces équipements doit tenir compte du temps nécessaire au réseau pour converger sur une panne afin d'éviter de basculer sur l'appliance de secours et de revenir ensuite à la principale une fois que le réseau a convergé.

Figure 12.5

Convergences dans le Data Center

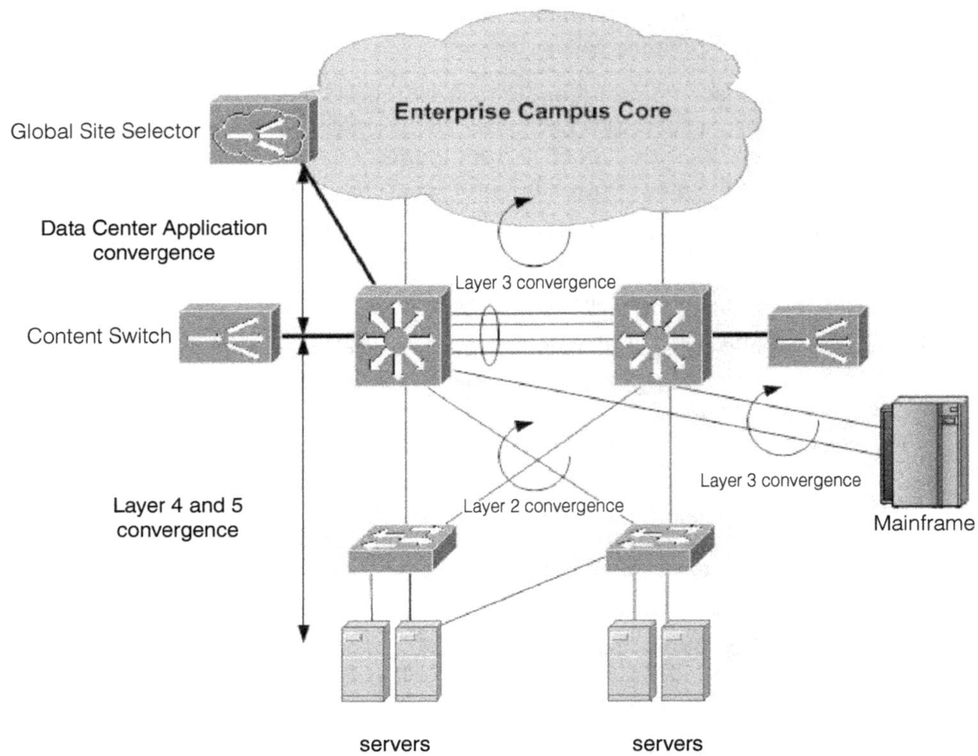

Le sélecteur de site qui surveille les Data Centers doit tenir compte des temps nécessaires aux niveaux 1, 2 et 3 ainsi qu'aux appliances de service pour converger avant de déclarer un site inactif et de basculer toutes les demandes vers un autre site.

Composants du Data Center

Le Data Center fournit les interfaces pour les serveurs et les appliances mais aussi des slots à destination de modules de service.

Le commutateur utilisé dans la majorité des cas et apportant le maximum de services, de performances et de densité est le Catalyst 6500.

Appliances

Les appliances de service sont des équipements externes tels que :

- commutateurs de service de contenu *(content service switches)* ;

- pare-feu PIX ;

- SCA (Secure Content Accelerators) ;

- sondes IDS ;

- moteurs de cache.

Le nombre de ports nécessaires à la connexion de ces équipements dépend de leur nombre mais aussi de la manière de configurer la connectique de niveaux 2 et 3 entre ces équipements et les appliances elles-mêmes.

Modules de service

Les modules de service apportent des fonctions supplémentaires telles que l'analyse de trafic, la détection d'intrusion, des fonctions pare-feu, etc.

L'objectif de ces modules de service est d'éviter la multiplication des équipements dédiés, de faciliter la configuration et l'administration du réseau en fournissant un équipement de commutation ayant toutes les fonctions nécessaires à la gestion d'un Data Center, et non pas seulement les fonctions de commutation de niveaux 2 et 3.

Les modules de service sont des cartes que l'on insère dans les équipements de commutation Catalyst 6500. Ils fournissent des fonctions de commutation de contenu *(content switching),* de pare-feu et de détection d'intrusion. Chaque carte fournit une fonction spécifique et prend un slot dans le châssis Catalyst 6500.

Les exemples de modules suivants communiquent avec le réseau au travers de la matrice de commutation du Catalyst 6500 :

- CSM (Content Switching Module) ;

- FWSM (FireWall Service Module) ;

- SSLSM (SSL Service Module).

Mainframes

Si des mainframes sont connectés sur le réseau au travers de cartes OSA, il est possible de les connecter directement sur des modules Gigabit.

Si ces mainframes utilisent des cartes ESCON, on peut utiliser des routeurs Cisco 75xx/72xx possédant des interfaces CIP/CPA. Au-delà de la connectivité physique, ces interfaces CIP/CPA fournissent également la fonction serveur TN3270.

Le niveau 1

En utilisant les critères de design introduits précédemment, le premier des objectifs est de gérer le problème de redondance totale du Data Center.

Pour cela, les recommandations suivantes sont appliquées :

- deux commutateurs d'agrégation ;

- technologie EtherChannel entre les commutateurs d'agrégation, avec deux ou quatre ports sur deux modules différents (par exemple GigabitEthernet1/1 et GigabitEthernet4/15) ;

- pour chaque commutateur d'accès, lien montant vers chacun des commutateurs d'agrégation (lien simple ou deux liens gigabit vers chacun des commutateurs d'agrégation) ;

- lien de niveau 3 (simple ou EtherChannel) depuis chaque commutateur d'agrégation vers chaque commutateur cœur (par exemple aggregation1 connecté sur core1 et core2)

Cas des appliances de service

L'utilisation d'appliances de service étant souvent critique, il est recommandé de les déployer de manière redondante. On les distribuera sur les commutateurs d'agrégation et l'on fera en sorte que l'appliance active soit connectée sur le commutateur *root bridge* pour le domaine de niveau 2 et HSRP/VRRP Master pour la fonction de niveau 3.

Certaines appliances sont disponibles sous forme de modules de service que l'on peut déployer dans les commutateurs d'agrégation de type Catalyst 6500. L'utilisation de tels modules simplifie à la fois le design du réseau, la connectique nécessaire, la configuration et l'utilisation.

Carte de supervision redondante

Cette fonction est particulièrement critique dans le cas des commutateurs d'agrégation car ils fédèrent l'ensemble des serveurs du site. RPR+ (Router Processor Redundancy Plus) est l'implémentation de la redondance avec Cisco IOS.

RPR+ maintient la carte de supervision de backup démarrée et opérationnelle mais non utilisée. Les configurations de la carte de supervision principale et de la backup sont synchronisées en mode normal de fonctionnement. Si un problème se produit sur la carte principale, RPR+ effectue un reset des interfaces (mais pas des modules). La carte de supervision de backup devient active et redémarre les protocoles de niveaux 2 et 3. Le backup s'effectue en 30 à 60 secondes.

Le Catalyst OS dispose pour sa part de fonctions avancées de haute disponibilité de la carte de supervision par synchronisation des états de Spanning Tree ainsi que de la table d'adresses MAC du commutateur.

Le retour à un service normal ne prend que quelques secondes.

EtherChannel

L'utilisation de la fonction EtherChannel permet de grouper des interfaces Ethernet et de les traiter ensuite comme une seule interface logique. Au-delà de la capacité de commutation supplémentaire qu'apporte cette fonction, la disponibilité est grandement améliorée.

La perte d'une des interfaces dans un EtherChannel ne produit aucun effet tant au niveau 2 qu'au niveau 3. L'interface logique que constitue l'EtherChannel est toujours active, et il n'y a aucun changement d'état pour le Spanning Tree ni pour la fonction de routage.

Le trafic dans un EtherChannel est réparti entre les interfaces constituant cet EtherChannel. Les flux passant sur un lien qui tombe sont automatiquement réorientés vers un autre des liens de l'EtherChannel. Ce temps de basculement est de l'ordre de 250-400 ms.

Les protocoles utilisés pour constituer cette fonction EtherChannel sont les suivants :

- PAgP (Port Aggregation Protocol), protocole Cisco ;
- LACP (Link Aggregation Control Protocol), le protocole normalisé par l'IEEE.

Il est possible de créer des EtherChannel avec des interfaces Fast Ethernet, Gigabit Ethernet et même 10 Gigabit Ethernet.

Pour augmenter la disponibilité du réseau, on utilise des ports appartenant à des modules différents pour constituer l'EtherChannel. La perte d'un module n'entraîne pas la perte de tous les liens du Channel et permet donc de continuer à disposer de la connectivité entre les châssis concernés.

Le niveau 2

Comme expliqué précédemment, le domaine de niveau 2 commence à la couche d'accès et se termine à l'équipement de commutation fournissant le service de passerelle par défaut. Ce domaine est en réalité constitué de plusieurs VLAN affectés en fonction de la répartition logique que l'on souhaite faire de la ferme de serveurs.

La figure 12.6 (gauche) illustre plusieurs VLAN utilisés pour connecter les serveurs sur l'infrastructure. Certains VLAN n'atteignent pas la couche d'accès. Ces VLAN sont uniquement utilisés entre les commutateurs d'agrégation. Sur la figure (droite), deux appliances SSL sont attachées aux commutateurs d'agrégation. Ces appliances de service communiquent sur un VLAN spécifique, qui n'est pas distribué sur les commutateurs d'accès. Ce type de VLAN, appelé VLAN de service, doit être supprimé des trunks vers les commutateurs d'accès.

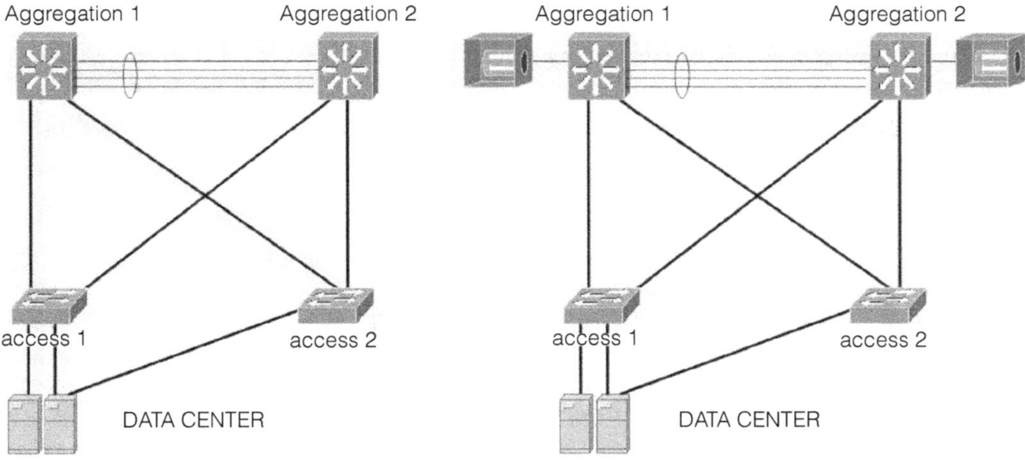

Figure 12.6
Serveurs VLAN et VLAN de service

Les mêmes principes s'appliquent aux VLAN utilisés pour la connexion de niveau 3 vers le routeur ainsi que pour le mécanisme de reprise sur panne utilisé entre un certain nombre d'appliances. Dans tous les cas, il ne faut jamais supprimer le Spanning Tree utilisé pour ces VLAN.

Cisco recommande l'utilisation des Spanning Trees IEEE 802.1w, ou RSTP (Rapid Spanning Tree Protocol), et IEEE 802.1s, ou MST (Multi-instance Spanning Tree), du fait de leur stabilité et de leur convergence rapide.

802.1w affecte des rôles aux différents ports du réseau. Il est en outre possible de contrôler l'affectation des ports avec les fonctions *portfast* et *trunkfast*. Un port *edge* est un port utilisé pour la connexion d'une station ou d'une appliance. Il n'a donc aucun besoin de voir son état passer de *blocking* vers *learning* et finalement *forwarding*. Pour classer un port en port *edge*, il faut activer manuellement la fonction *portfast* ou *trunkfast*.

Pour définir la configuration optimale afin de supprimer le risque de boucle et obtenir la convergence la plus rapide possible, on peut utiliser les recommandations qui suivent.

Configuration des VLAN

Cisco recommande une correspondance un pour un entre le VLAN et le sous-réseau.

Pour provisionner correctement le nombre de VLAN et de sous-réseaux, il convient de prendre en compte les éléments suivants :

- VLAN d'accès (VLAN pour serveurs en majeure partie) ;
- VLAN de niveau 3 (pour la communication entre les routeurs et la continuité dans les aires OSPF) ;
- VLAN de service (utilisés pour le trafic entre les modules de service) ;
- VLAN tolérant aux fautes (utilisés pour la redondance par les CSM, FWSM, CSS, etc.) ;
- VLAN supplémentaires pour la connexion vers le WAN, par exemple.

Pour définir jusqu'à 4 000 VLAN, il faut utiliser la fonction de réduction des adresses MAC *(mac address reduction)*.

L'identificateur de bridge *(bridge identifier)* d'IEEE 802.1d est configurable par l'utilisateur. Son format est en deux parties :

- la partie configurable, ou *bridge priority* ;
- l'adresse MAC.

Pour être capable de supporter 4 000 VLAN, il a été décidé de réduire le nombre de bit de la partie *bridge priority* de manière à avoir un numéro de VLAN intégré dans le *bridge identifier*.

Le *bridge identifier* a désormais trois champs :

- la partie configurable, ou *bridge priority* (4 bits) ;
- le VLAN *identifier* (12 bits) ;
- l'adresse MAC (6 octets).

Avant réduction de l'adresse MAC :

```
        16 bits             |            48 bits
     bridge priority        |           mac-address
       (0 - 65535)          |    (unique pour chaque vlan)
```

Après réduction de l'adresse MAC :

```
        bridge priority          |              48 bits
  config | vlan-id: 1-4094        |           mac-address
         | ou MST Instance: 0-16  | (identique pour tous les vlans)
```

Les parties `vlan-id` et `mac-address` ne sont pas configurables. Elles permettent d'assurer l'unicité de l'identificateur de bridge.

La fonction de réduction d'adresse MAC fait partie du standard 802.1t. Si l'un des commutateurs a cette fonction activée, il est souhaitable que tous les commutateurs l'aient aussi. Si l'un des commutateurs ne supporte pas cette fonction, il faut faire très attention car il peut devenir *root-bridge* du fait de la plus grande granularité dans le choix du *bridge-priority* et donc du *bridge-identifier.*

Configuration des ports d'accès

Les ports d'accès sont des ports ne transportant les trames que d'un seul VLAN. Ils sont typiquement utilisés pour la connexion des serveurs.

Comme on l'a vu précédemment, il faut activer la fonction *portfast* afin de ne pas passer par les états classiques du Spanning Tree. Cette activation se fait par le biais de la commande IOS suivante :

```
(config-if)# spanning-tree portfast
```

On définit explicitement le port comme un port d'accès, de façon à ne pas utiliser la négociation automatique de trunk, ou DTP (Dynamic Trunking Protocol). La commande suivante permet de configurer le port en accès :

```
(config-if)# switchport mode access
```

Enfin, on se protège des attaques toujours possibles au niveau des trames de Spanning Tree en activant les fonctions Cisco *root guard* et *BPDU guard,* qui permettent au commutateur d'accès de contrôler les trames BPDU du Spanning Tree entrant sur un port d'accès :

- La fonction *BPDU guard* permet de désactiver un port lors de la réception d'une trame BPDU de Spanning Tree. Un port d'accès étant destiné à raccorder un serveur, il est considéré comme anormal de recevoir une telle trame.

- La fonction *root guard* tolère la réception de trames de Spanning Tree mais désactive le port si de telles trames comportent un commutateur pouvant devenir *root bridge* de l'arbre de Spanning Tree du réseau.

```
IOS(config)#spanning-tree portfast bpduguard
IOS(config)#spanning-tree guard root (or rootguard)
```

Configuration des trunks

Les trunks sont les ports définis avec une encapsulation IEEE 802.1q permettant d'étiqueter les trames entre deux commutateurs :

```
switchport trunk encapsulation dot1q
```

On peut forcer le port dans un état trunk :

```
switchport mode trunk
```

Cisco recommande que tous les VLAN soient étiquetés sur un port trunk. Dans la norme 802.1q, les trames du VLAN natif sont envoyées non étiquetés sur le trunk, ce qui peut conduire à de mauvaises configurations :

```
vlan dot1q tag native
```

On définira des trunks entre les équipements suivants :

- commutateurs d'agrégation (transportant tous les VLAN) ;

- commutateurs d'accès et commutateurs d'agrégation (transportant uniquement les VLAN serveur) ;

- commutateurs d'agrégation et appliances de service.

La définition des VLAN autorisés sur un trunk s'effectue avec la commande suivante :

```
switchport trunk allowed vlan 10,20
```

On peut modifier la liste des VLAN autorisés avec les commandes suivantes :

```
switchport trunk allowed vlan add <vlan number>
switchport trunk allowed vlan remove <vlan number>
```

Le niveau 3

Cette partie diffère sensiblement selon qu'il s'agit d'un Data Center intranet ou Internet.

La figure 12.7 illustre le cas d'un Data Center intranet, avec à gauche la topologie physique et à droite la topologie logique.

Les commutateurs d'agrégation intègrent une fonction de routage qui connecte les différents segments représentés par les lignes de traits différents. Cette topologie est orientée en étoile *(hub and spoke)* et comporte très peu de caractères dynamiques en terme de routage.

La seule chose vraiment nécessaire dans ce cas est d'avertir une route par défaut vers les serveurs et d'avertir les différents sous-réseaux serveur vers le cœur du réseau.

La figure 12.8 illustre un Data Center Internet, avec à gauche la topologie physique et à droite la représentation logique.

Ici, le pare-feu est l'élément clé de la topologie, permettant de créer une zone spéciale, appelée DMZ (DeMilitarized Zone), ou zone démilitarisée. Les commutateurs-routeurs d'agrégation sont placés entre les pare-feu et les routeurs de cœur de réseau.

Les routeurs de périphérie *(border routers)* fournissent la connexion vers Internet et, en tant que tels, avertissent une route par défaut vers le cœur de façon à router toutes les trames à destination de l'extérieur du réseau.

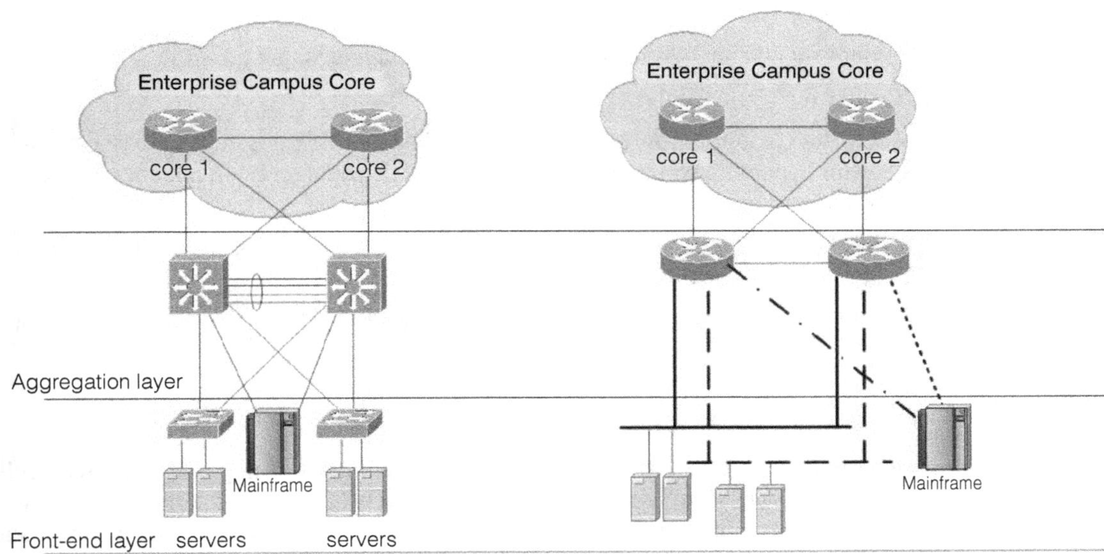

Figure 12.7

Data Center intranet

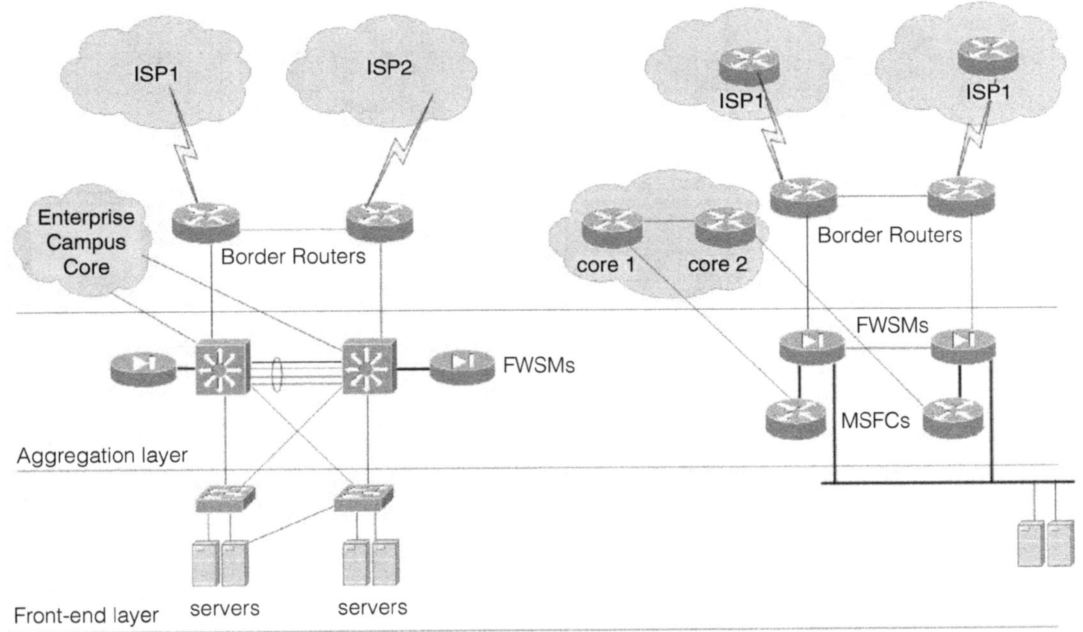

Figure 12.8

Data Center Internet

Les éléments clés sont les suivants :

- Utilisation de liens de niveau 3 entre équipements de routage dès que possible.

- *Summarization* entre le Data Center et le cœur.

- À l'intérieur du Data Center, toutes les interfaces VLAN sont définies comme passives, sauf celles utilisées pour la connexion aux autres équipements de routage, typiquement vers l'autre commutateur d'agrégation.

- Utilisation d'interfaces passives toutes les fois que l'on ne souhaite pas établir de relation de routage avec un autre équipement.

- Autant que possible, utiliser le Catalyst 6500 comme passerelle par défaut des différents serveurs.

- Une autre solution consiste à utiliser un *content switch* (CSS) ou un pare-feu.

OSPF (Open Shortest Path First)

Il faut s'assurer de rendre le routage dans le Data Center le plus indépendant possible des recalculs de routage qui peuvent se produire dans le cœur du réseau. Le Data Center doit donc être une aire séparée, avec un placement des ABR (Area Border Router) sur les routeurs de cœur ou sur les commutateurs d'agrégation.

La figure 12.9 illustre l'effet d'une cassure de lien dans et hors du Data Center.

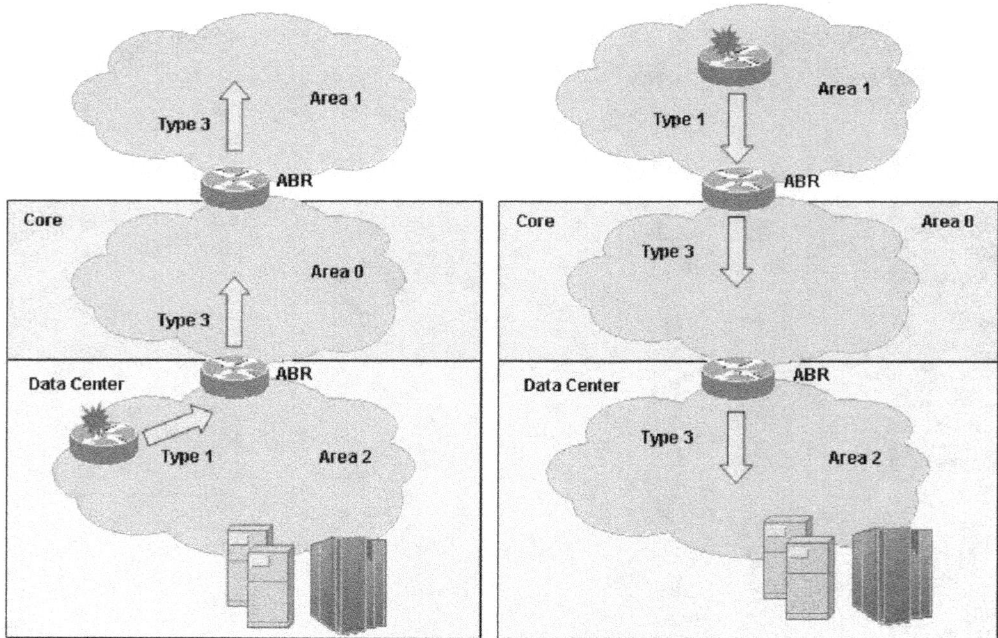

Figure 12.9

Propagation des LSA en cas de panne dans et hors du Data Center

À gauche, le routeur qui détecte une perte de lien envoie un LSA (Link State Advertisement) de type 1 dans l'aire concernée, le Data Center de l'aire 2. Le routeur ABR, dans la plupart des cas le Catalyst 6500, propage un LSA de type 3 vers l'aire backbone (aire 0). Ce LSA de type 3 arrive jusqu'à un autre ABR, qui le propage dans l'aire 1. Un fonctionnement similaire s'applique à la figure de droite.

L'utilisation d'aire normale implique qu'une panne dans une aire se propage dans les autres et cause un recalcul du SPF.

Pour s'en affranchir, plusieurs méthodes existent, dont les suivantes :

- Limitation du nombre de LSA que le Data Center peut recevoir en utilisant des aires stub.

- Limitation du nombre de LSA que le Data Center peut envoyer en utilisant la *summarization.*

La figure 12.10 illustre les différents types d'aires possibles avec OSPF.

Figure 12.10

Aires stub OSPF

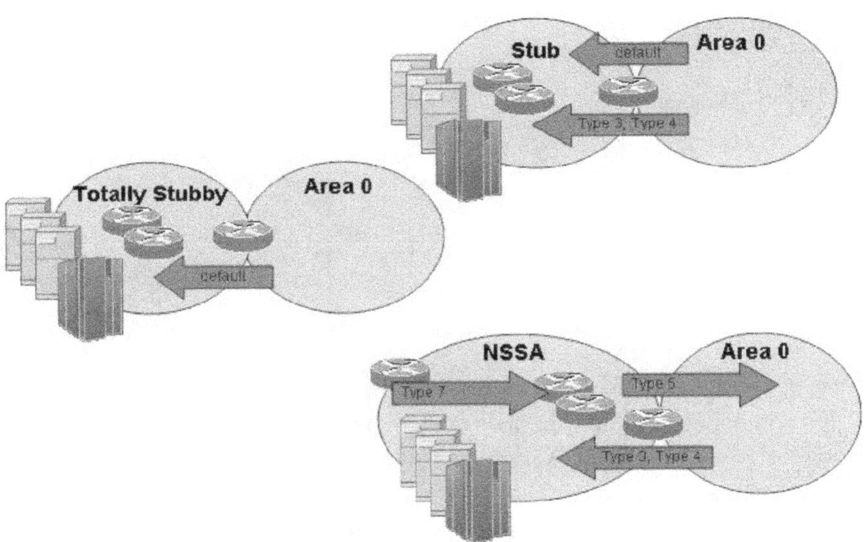

Différents types de LSA peuvent se propager entre aires en fonction de leurs types :

- Une aire stub peut recevoir des LSA de types 3 ou 4 mais pas 5, donc sans routes externes.

- Une aire dite *totally stubby* reçoit simplement une route par défaut de l'ABR.

À la figure 12.9, illustrant la propagation des LSA dans un Data Center, la configuration idéale pour l'aire 2, l'aire du Data Center lui-même, est *totally stubby* de façon à se protéger au maximum des pannes intervenant à l'extérieur du Data Center.

S'il est nécessaire de configurer le Data Center en aire stub tout en ayant la possibilité de redistribuer des routes statiques externes, par exemple pour bénéficier de fonctions de type Route Health Injection, on utilisera la notion d'aire NSSA (Not So Stubby Area).

En utilisant la *summarization,* une simple panne dans un sous-réseau du Data Center ne génère pas de LSA de type 3 vers les autres aires.

La figure 12.11 illustre un design possible où les routeurs de cœur sont les ABR. Ces derniers sont configurés pour faire de la *summarization* et le Data Center est configuré en aire stub *totally stubby* ou NSSA.

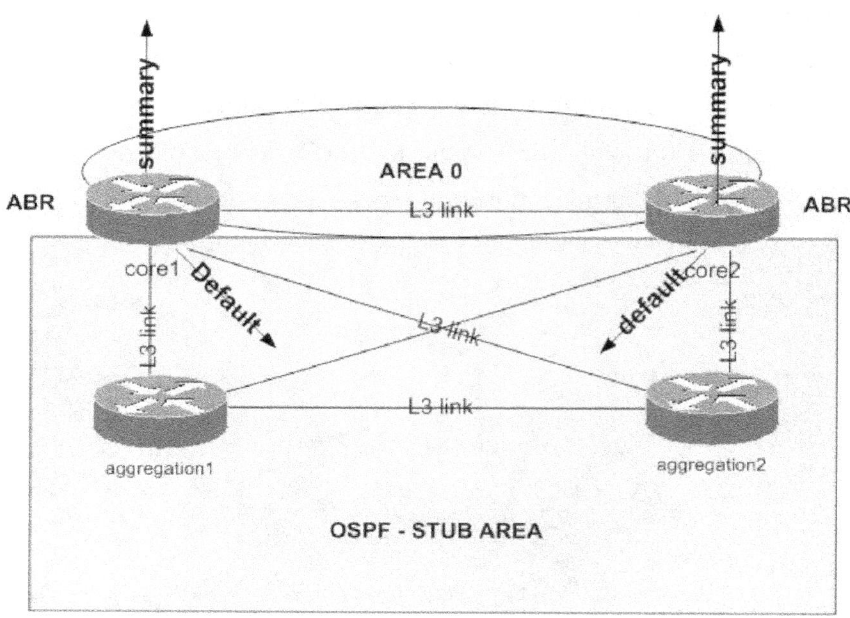

La commande suivante permet de voir les entrées de routage dans le cas d'une aire *totally stubby* (dans le cas NSSA, la seule route inter-aire est une route par défaut) :

```
aggregation1#sh ip route
Gateway of last resort is 10.21.0.2 to network 0.0.0.0
     172.26.0.0/26 is subnetted, 1 subnets
C       172.26.200.128 is directly connected, Vlan802
     10.0.0.0/8 is variably subnetted, 9 subnets, 2 masks
C       10.20.30.0/24 is directly connected, Vlan30
O       10.20.20.0/24 [110/11] via 10.20.30.6, 00:00:05, Vlan30
O       10.21.0.12/30 [110/2] via 10.20.30.3, 00:00:05, Vlan30
                      [110/2] via 10.21.0.6, 00:00:05, GigabitEthernet4/8
C       10.20.10.0/24 is directly connected, Vlan10
O       10.21.0.8/30 [110/2] via 10.21.0.2, 00:00:05, GigabitEthernet4/7
                     [110/2] via 10.20.30.3, 00:00:05, Vlan30
C       10.20.6.0/24 is directly connected, Vlan6
C       10.21.0.4/30 is directly connected, GigabitEthernet4/8
C       10.20.5.0/24 is directly connected, Vlan5
C       10.21.0.0/30 is directly connected, GigabitEthernet4/7
```

```
0*IA 0.0.0.0/0 [110/2] via 10.21.0.2, 00:00:06, GigabitEthernet4/7
                [110/2] via 10.21.0.6, 00:00:06, GigabitEthernet4/8
```

Core1 est 10.21.0.2 et Core2 10.21.0.6.

Pour que l'aire Data Center soit NSSA, il est nécessaire de configurer les commutateurs d'agrégation comme suit :

```
router ospf 20
 log-adjacency-changes
 area 20 stub no-summary
 passive-interface Vlan5
 passive-interface Vlan10
 passive-interface Vlan20
 network 10.20.0.0 0.0.255.255 area 20
 network 10.21.0.0 0.0.255.255 area 20
```

La *summarization* intervient sur les ABR, en l'occurrence les routeurs de cœur :

```
router ospf 20
 log-adjacency-changes
 area 20 stub no-summary
 area 20 range 10.20.0.0 255.255.0.0
 area 20 range 10.21.0.0 255.255.0.0
 network 10.0.0.0 0.0.0.255 area 0
 network 10.20.0.0 0.0.255.255 area 20
 network 10.21.0.0 0.0.255.255 area 20
```

EIGRP (Enhanced Interior Gateway Routing Protocol)

Le processus d'annonce d'une route par défaut vers le Data Center et de *summarizarion* vers le cœur peut être effectué avec EIGRP en utilisant la commande `ip summary-address eigrp`. Cette commande s'applique par interface.

La figure 12.12 illustre le routage EIGRP dans le Data Center.

Figure 12.12

Routage EIGRP dans le Data Center

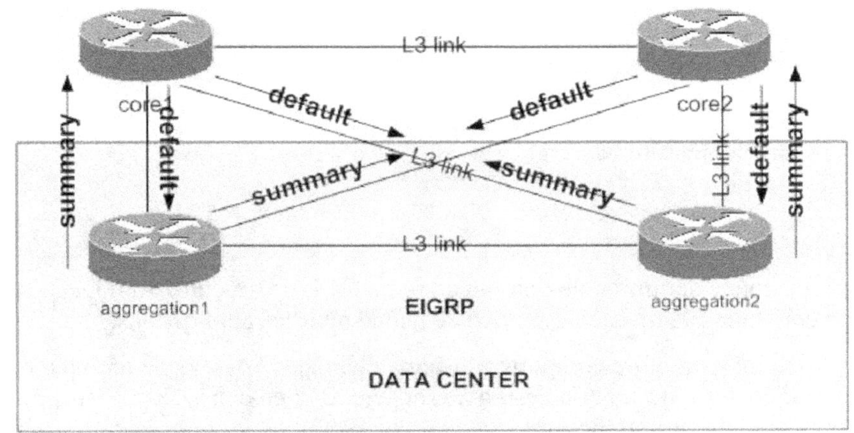

Voici un exemple de configuration pour le routeur core1 :

```
router eigrp 20
 network 10.0.0.0 0.0.0.255
 network 10.20.0.0 0.0.255.255
 no auto-summary
 no eigrp log-neighbor-changes
!
interface GigabitEthernet4/7
 description to_aggregation1
 ip address 10.20.0.2 255.255.255.252
 ip summary-address eigrp 20 0.0.0.0 0.0.0.0 200
end
!
interface GigabitEthernet4/8
 description to_aggregation2
 ip address 10.20.0.10 255.255.255.252
 ip summary-address eigrp 20 0.0.0.0 0.0.0.0 200
end
```

Il est important de configurer un coût de 200 pour la route par défaut que le routeur core1 annonce vers le Data Center. La raison en est que le routeur installe automatiquement une router NULL0 pour cette route par défaut. Si un *edge router* avertit une route par défaut, par exemple pour accéder à Internet, cette route doit prendre la précédence sur la route NULL0. Si l'on ne force pas le coût à 200, ce ne sera pas le cas.

Sur les routeurs d'agrégation, il faut rendre passives toutes les interfaces VLAN mais garder une route de niveau 3 entre routeurs d'agrégation.

Il faut également configurer la *summarization* sur les interfaces vers le cœur :

```
router eigrp 20
 passive-interface Vlan5
 passive-interface Vlan20
 network 10.20.0.0 0.0.255.255
 no auto-summary
 no eigrp log-neighbor-changes
!
interface GigabitEthernet4/7
 description to_mp_core1_tserv3
 ip address 10.21.0.1 255.255.255.252
 ip summary-address eigrp 20 10.20.0.0 255.255.0.0 5
end
```

Une bonne définition de l'architecture pour l'infrastructure d'un Data Center est critique si l'on veut obtenir le niveau de service demandé pour les applications.

Cette infrastructure comporte plusieurs éléments. Une bonne architecture de niveau 2 doit être étudiée, ainsi qu'un bon design de routage, tout en conservant à l'esprit les besoins spécifiques des appliances externes qui viennent compléter les services réseau.

Cette architecture suit les recommandations du design multicouche des campus, un modèle désormais éprouvé.

Mise en place de la sécurité

La sécurité d'un Data Center comporte généralement deux étapes, la sécurisation du périmètre physique et celle du périmètre réseau. La sécurité physique interdit l'accès à tout individu non autorisé, alors que les pare-feu et autres dispositifs de détection d'intrusion et de sécurité déployés en bordure du Data Center interdisent l'accès d'utilisateurs extérieurs à l'infrastructure et aux applications.

Si un attaquant arrive à franchir ces périmètres de sécurité par des moyens physiques ou en compromettant un dispositif réseau ou un serveur, le périmètre de sécurité peut ne pas protéger les applications et l'information contenues dans la ferme de serveurs.

Les attaques de niveau 2 sont souvent matière à discussion dans les environnements de type campus mais ne devraient pas être oubliées pour la sécurisation des Data Centers. Concevoir et mettre en application une politique de sécurité pour se protéger des intrusions et des attaques de niveau 2 sont des aspects extrêmement importants de la sécurité d'un Data Center. Plusieurs des dispositifs de protection contre ces attaques aident également à s'assurer qu'une mauvaise configuration ou un événement malveillant n'a pas comme conséquence un temps d'arrêt inutile du Data Center.

Les sections qui suivent décrivent quelques attaques communes de niveau 2 et présentent les dispositifs disponibles dans l'IOS de Cisco pour s'en défendre.

MAC Flooding

Le MAC Flooding désigne la tentative d'exploitation des limitations matérielles de la table de mémoire adressable du commutateur (CAM). La table CAM d'un commutateur Catalyst enregistre l'adresse MAC et le port associé de chacun des équipements connectés sur le commutateur.

La table CAM d'un Catalyst 6000 peut contenir 128 000 entrées. Ces entrées sont organisées en 8 pages, qui peuvent contenir environ 16 000 entrées. Un algorithme de hachage de 17 bits est utilisé pour enregistrer chaque entrée dans la table CAM. Si plusieurs entrées donnent les mêmes résultats, chaque entrée est enregistrée dans des pages différentes.

Quand les huit entrées possibles sont utilisées, le trafic est envoyé sur la totalité des ports du VLAN correspondant à la source du trafic. De multiples outils bien connus, comprenant Macof et Dsniff, peuvent être utilisés pour effectuer des essais de sécurité. Chaque outil a pour but de remplir la table CAM du commutateur, provoquant l'envoi du trafic d'un VLAN sur tous les ports et permettant la capture de la totalité du trafic.

À la figure 12.13, la machine de l'attaquant réside dans le VLAN 10. L'attaquant inonde le commutateur sur le port 3/25. Quand la limite de la table CAM est atteinte, le commutateur agit comme un pont et envoie tout le trafic sur tous les ports. Ce comportement a aussi lieu sur le commutateur adjacent pour le VLAN 10 mais n'affecte pas les autres VLAN.

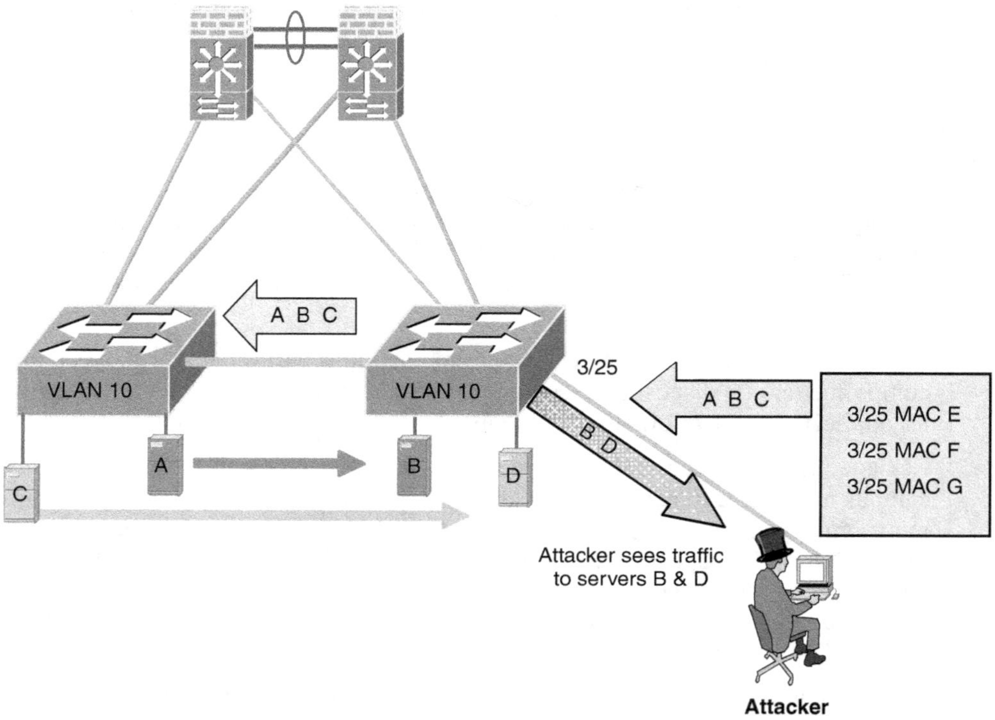

Figure 12.13

Attaque Mac Flooding sur le Data Center

Solutions

Les dispositifs qui peuvent être déployés pour se protéger du MAC Flooding sont les suivants :

- Port Security
- VMPS
- 802.1x

Port Security

Port Security permet de définir une ou plusieurs adresses MAC pour chaque port ou de n'en autoriser qu'un nombre limité par port.

Quand un port sécurisé reçoit un paquet, l'adresse MAC source est comparée à la liste des adresse MAC ou à celles autoconfigurées (apprises) sur le port. Si l'adresse MAC du dispositif attaché au port diffère de celle contenue dans la liste, le port est désactivé (mode par défaut) pour une période configurable ou bien le commutateur ignore les paquets en provenance de cette machine non sécurisée. Le comportement du port dépend de sa configuration à répondre aux violations des règles de sécurité.

Les recommandations de Cisco sont de configurer la désactivation du port au lieu de se contenter d'ignorer les paquets en provenance d'une machine non sécurisée. Port Security peut exiger une certaine quantité de gestion, mais c'est une excellente manière de fermer des ports de commutateur du Data Center.

Avec une procédure de gestion des changements, lorsque des ports additionnels de serveur sont nécessaires, ils peuvent être demandés et configurés au cas par cas. Puisque la mobilité n'est pas vraiment un problème dans une ferme de serveurs, la fermeture d'un serveur à un port particulier d'accès ne crée pas beaucoup de problème. Cela assure qu'un dispositif pirate ne puisse être facilement relié à un commutateur du Data Center.

La figure 12.14 illustre le fonctionnement de Port Security.

Figure 12.14

Port Security

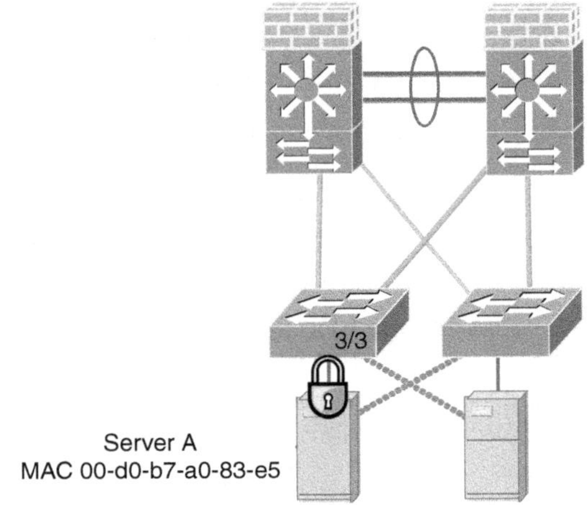

VMPS

VMPS (VLAN Management Policy Server) permet d'assigner dynamiquement un VLAN à un port en se basant sur l'adresse MAC source du trafic en provenance d'un client.

Le fichier de base de données VMPS fournit la relation entre une adresse MAC et un VLAN utilisés par le commutateur pour vérifier la validité de l'adresse MAC du client. Ce fichier de base de données est téléchargé à partir d'un serveur TFTP sur le commutateur.

VMPS utilise le protocole VQP (VLAN Query Protocol) pour communiquer avec les clients. Ce protocole s'exécute au-dessus d'UDP sans authentification et n'utilise pas de fonction de chiffrement. Cisco ne recommande pas l'utilisation de VMPS à cause de la charge induite par la configuration et la maintenance de la base de données et des problèmes de sécurité associés à la communication entre les clients et le commutateur.

802.1x

802.1x utilise EAP (Extensible Authentication Protocol) pour authentifier les périphériques avant de permettre à un trafic de traverser le commutateur. Le *supplicant* (client) doit être approuvé par l'*authenticator* (commutateur). L'*authenticator* utilise les services d'un serveur

RADIUS pour authentifier les requêtes en provenance des clients. Si le client n'est pas authentifié, le lien tombe et le client ne peut pas se connecter.

ARP Spoofing

Les ARP (Address Resolution Protocol) gratuits peuvent être utilisés pour exécuter une attaque de type ARP Spoofing. Avant de discuter des attaques à l'aide d'ARP gratuits, il importe de comprendre le fonctionnement du protocole ARP et des ARP gratuits.

Les requêtes ARP sont placées dans des trames de diffusion à destination de tous les périphériques d'un segment. Chaque périphérique du segment reçoit ces trames et examine l'adresse IP contenue. Le périphérique qui reconnaît son adresse ou le routeur qui connaît le segment contenant le périphérique répond à la requête avec l'adresse MAC cible en unicast.

Quand un périphérique rejoint un segment réseau, il utilise un ARP gratuit (trame de diffusion) pour annoncer son adresse IP aux autres périphériques résidant sur ce segment. Si un périphérique réseau n'a pas déjà une entrée ARP pour ce périphérique, il ignore plus que probablement la demande. Ce n'est pas le cas si le périphérique a une entrée ARP pour le périphérique publiant l'ARP gratuit.

La figure 12.15 illustre l'attaque ARP Spoofing. Quand un serveur A envoie une requête ARP à sa passerelle par défaut (192.168.10.1), il place la réponse dans sa table ARP. Lorsque l'attaquant envoie un ARP gratuit statique correspondant à l'adresse IP de la passerelle, le serveur A modifie l'entrée correspondante dans sa table et envoie son trafic à l'attaquant, imaginant que c'est sa passerelle par défaut.

Figure 12.15

*L'attaque ARP
Spoofing*

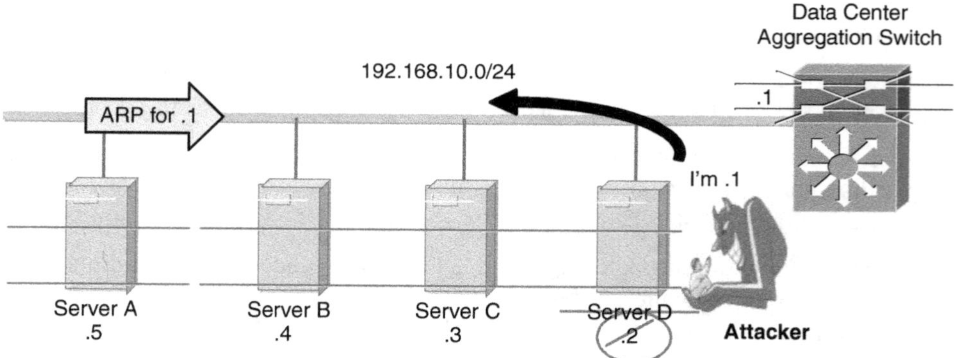

L'attaquant a simplement exécuté une attaque de type MIM (Man In the Middle) et ne peut être détecté, car tout le trafic est bien redirigé vers sa destination. Ce type d'attaque peut être exécuté à l'aide d'outils connus, comme Ettercap.

Solutions

De multiples fonctions peuvent être utilisées pour se protéger de ce type d'attaque :

- Port Security

- 802.1x Authentication

- Static ARP

- PVLAN

- ARP Inspection

Port Security

Port Security et 802.1x Authentication ont été décrits à la section précédente.

Static ARP

Une configuration statique des ARP peut être mise en œuvre dans des Data Centers extrêmement sécurisés, où la sécurité est plus importante que la surcharge de gestion nécessaire à la maintenance de cette configuration.

PVLAN (Private VLAN)

Des PVLAN peuvent être utilisés pour assurer une isolation au niveau 2 des serveurs du Data Center résidant dans le même VLAN. Cette fonction offre une protection efficace contre les attaques fondées sur le protocole ARP.

La figure 12.16 donne une vue d'ensemble d'un Data Center d'entreprise configuré avec des PVLAN.

La figure illustre trois concepts de PVLAN : Primary VLAN, Isolated VLAN et Community VLAN. Chaque Isolated et Community VLAN est relié à un ou plusieurs Primary VLAN. Le Primary VLAN fournit la passerelle aux Isolated et Community VLAN.

Quand un serveur s'est relié à un port qui appartient à un Isolated VLAN, le serveur peut seulement parler avec les serveurs extérieurs par le biais du Primary VLAN et le port *promiscuous*. Le serveur est isolé au niveau 2 de tous les autres périphériques dans le Isolated VLAN. Sur la figure, tous les serveurs résidant dans le Isolated VLAN 20 n'ont pas la possibilité d'envoyer ou de recevoir des trames de diffusion de niveau 2 de n'importe quel autre serveur résidant dans le VLAN 20.

Quand un serveur est connecté sur un port qui appartient à un Community VLAN, le serveur peut communiquer au niveau 2 avec les autres serveurs résidant au sein du même Community VLAN.

Pour un Data Center, un Community VLAN est très utile pour permettre aux serveurs de communiquer avec les autres par l'utilisation de trames de diffusion de niveau 2 utilisées dans les protocoles de clustering et les architectures à plusieurs niveaux.

Les commutateurs Catalyst 4000 et 6500 offrent le support complet des PVLAN.

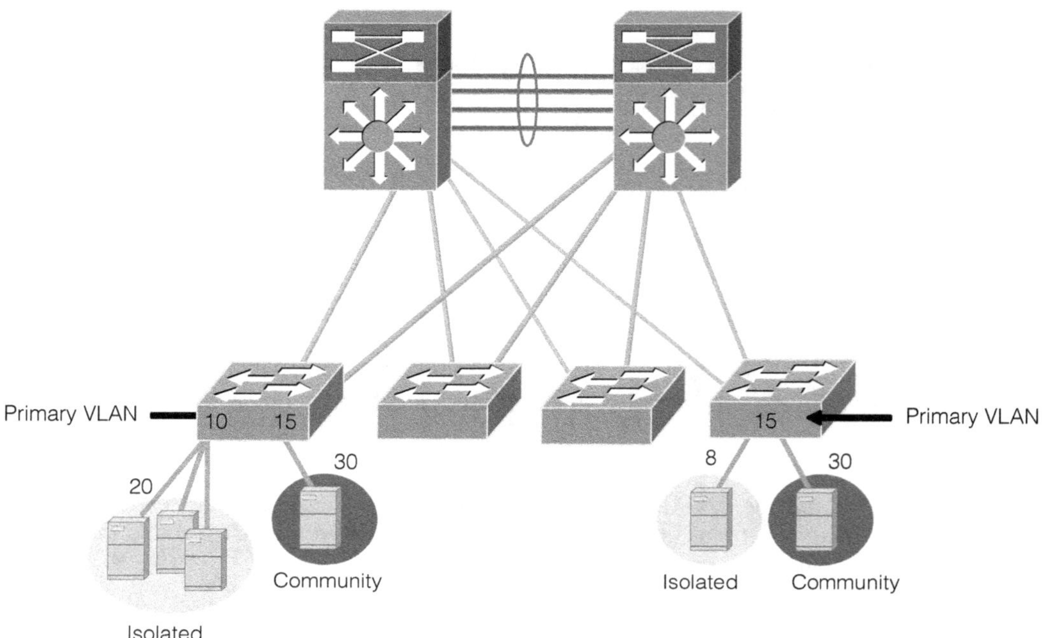

Figure 12.16

Data Center configuré avec des PVLAN

En sus des fonctions normales mentionnées ci-dessus, qui fournissent déjà des moyens de contrer les attaques de niveau 2, des fonctions additionnelles permettent de se protéger des attaques de type ARP Spoofing. Le Sticky ARP, par exemple, peut être utilisé pour que la durée de vie des entrées ARP apprises n'arrive jamais à expiration.

Les commutateurs Catalyst 2950 et 3550 implémentent une version dépouillée des fonctions de PVLAN. Ces fonctions offrent une fonctionnalité similaire à un Isolated VLAN en n'autorisant pas la communication de niveau 2 entre les serveurs.

ARP Inspection

ARP Inspection est une fonction qui permet d'utiliser des VACL (VLAN Access Control List) pour interdire ou autoriser un trafic ARP dans un VLAN.

Pour se protéger de l'ARP Spoofing, la fonction ARP Inspection attache une adresse MAC spécifique à une adresse IP, par exemple une passerelle par défaut (routeur) et son adresse MAC.

ARP Inspection

ARP Inspection est une nouvelle fonction du CatOS 7.5 ou plus récent et nécessite l'utilisation de Supervisor 2 PFC 2.

Dans un Data Center, l'ARP Inspection peut être déployée au niveau de la couche d'accès pour empêcher qu'un serveur puisse prétendre indûment être un autre périphérique.

L'exemple illustré à la figure 12.17 utilise la fonction ARP Inspection pour protéger la passerelle par défaut d'une ferme de serveurs. Si une autre adresse MAC utilise l'adresse IP de la passerelle par défaut, la trame est ignorée.

Figure 12.17

Machine tentant de se faire passer pour la passerelle par défaut

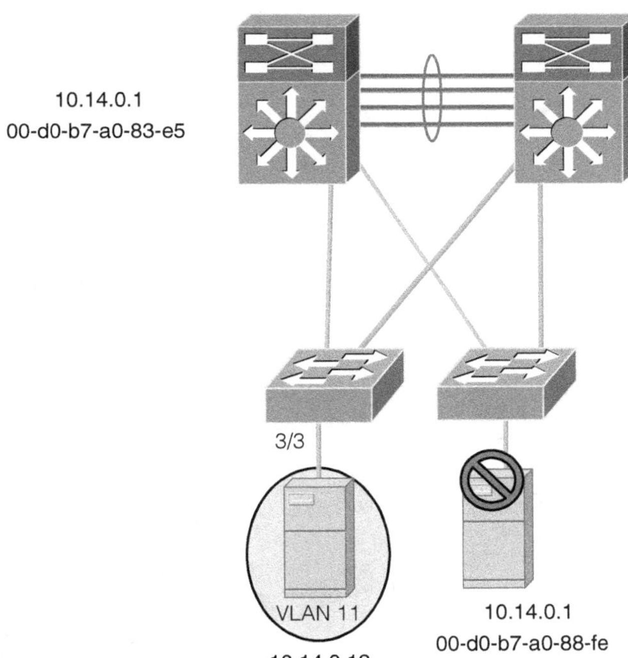

Quand un trafic est reçu en provenance d'une machine tentant de se faire passer pour 10.14.0.1, la trame est rejetée.

Vulnérabilité des PVLAN

Les PVLAN fonctionnent en forçant l'isolation au niveau 2 entre les machines résidant dans le même segment.

Comme illustré à la figure 12.18, quand un attaquant envoie des paquets avec l'adresse MAC et l'adresse IP de la victime, les PVLAN interdisent la transmission de ce paquet en appliquant les règles d'isolation PVLAN.

Que se passe-t-il si l'attaquant remplace l'adresse MAC par celle du routeur (MSFC) et ne change pas l'adresse IP de destination ? Dans l'exemple illustré à la figure 12.19, l'attaquant envoie un paquet avec comme adresse MAC celle du routeur (Mac:C) mais au lieu de changer l'adresse IP il garde la même adresse IP destination (IP:2).

Figure 12.18

Règles d'isolation des PVLAN

Figure 12.19

Règles d'isolation des PVLAN outrepassées

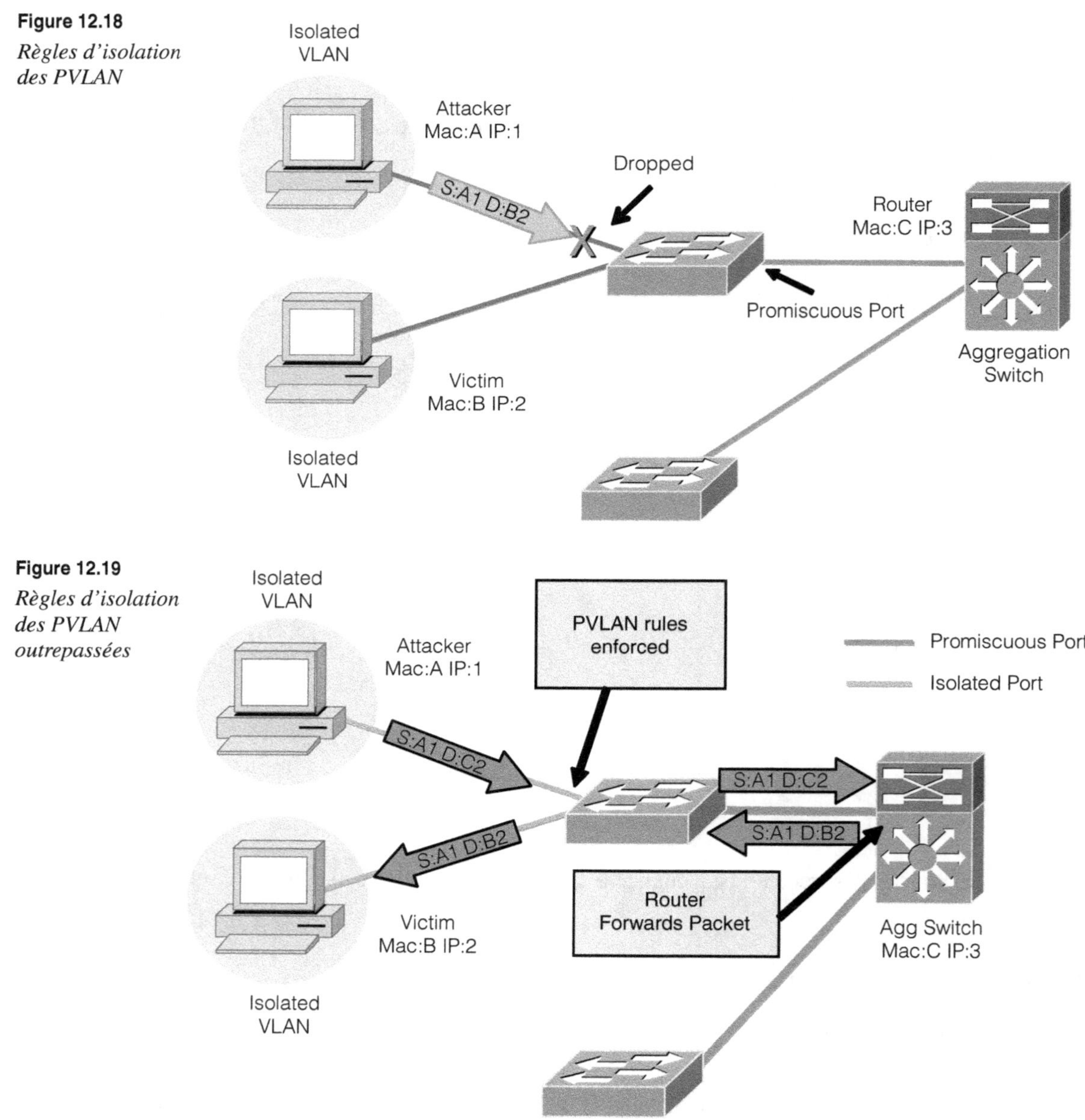

La fonction de sécurité des PVLAN fonctionne comme prévu. Ce n'est pas un problème de PVLAN, car les règles sont respectées. Du fait que le paquet a l'adresse MAC de la passerelle par défaut, le PVLAN ne rejette pas le paquet. Il est envoyé au routeur comme prévu. Le routeur retransmet le paquet à l'adresse IP destination (IP:2) comme le ferait n'importe quel routeur. Pourtant, la sécurité du PVLAN est contournée.

Solution

Pour se protéger de ce contournement ainsi que d'une attaque à destination des serveurs résidant dans un PVLAN, il est possible de configurer des VACL sur le commutateur ou d'appliquer des ACL en entrée sur l'interface de la MSFC (routeur). Les ACL empêchent tout paquet ayant comme adresse source et destination des adresses appartenant au même sous-réseau.

Avec ces ACL configurées, une tentative d'exploitation de cette vulnérabilité se solde par un échec. Quand on utilise un PIX pare-feu comme passerelle par défaut, ce problème est évité car un PIX ne retransmet pas un paquet sur la même interface, comme un routeur.

VLAN Hopping

L'utilisation des ports trunk est assez commune. Le commutateur d'accès du Data Center est généralement connecté à des commutateurs d'agrégation par des ports trunk.

Par défaut, un port trunk est configuré pour transporter tous les VLAN. Chaque commutateur d'accès qui supporte plus d'un VLAN de serveur doit avoir une connexion trunk avec le commutateur d'agrégation du Data Center, comme l'illustre la figure 12.20.

Figure 12.20

La fonction de port trunk 802.1q

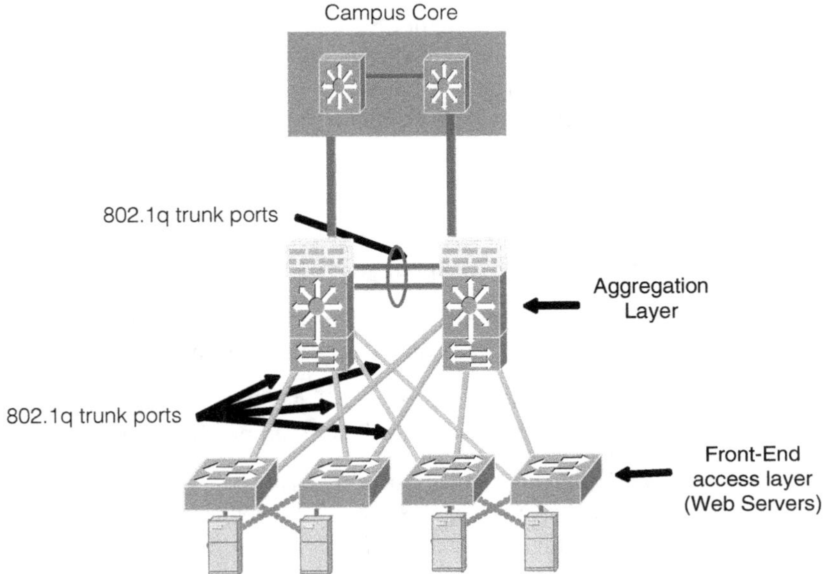

Par défaut, tous les trunks transportent le VLAN 1 et tous les ports résidant dans le VLAN 1. Les messages de contrôle CDP (Cisco Discovery Protocol) et VTP (VLAN Trunking Protocol) sont aussi transportés dans le VLAN 1 par défaut. Même si le VLAN 1 est désactivé de l'interface trunk, les messages de contrôle utiliseront toujours le VLAN 1, contrairement au trafic data.

Dans le scénario illustré à la figure 12.21, la machine est configurée pour utiliser l'encapsulation 802.1q pour se connecter au commutateur d'accès du Data Center. La machine est capable d'obtenir l'accès parce que le VLAN natif de la machine et du commutateur est le VLAN 1. L'attaquant encapsule son paquet deux fois avec deux VLAN tags.

Figure 12.21

L'attaque Double Tagged 802.1q

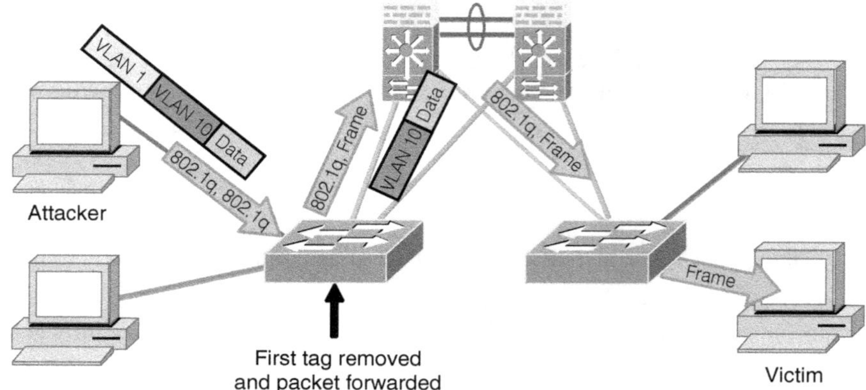

Quand le commutateur reçoit une double encapsulation, il enlève le premier VLAN tag (VLAN natif) et retransmet le paquet au VLAN 10. Dans ce cas, le port sur lequel l'attaquant est connecté ne doit pas supporter le VLAN 10 pour permettre à l'attaquant d'atteindre le VLAN 10. L'attaquant doit seulement être connecté à travers un port trunk pour avoir la possibilité d'étiqueter son paquet.

Solutions

Plusieurs étapes sont nécessaires pour se protéger de ce type d'attaque :

1. Déconfigurer le VLAN natif de tous les ports trunk. Les protocoles de contrôle utiliseront toujours le VLAN natif, mais plus de trafic de données.

2. Si, pour une raison ou une autre, le VLAN natif ne peut être déconfiguré, il convient de choisir un VLAN inutilisé et de l'utiliser comme VLAN natif et pour aucune autre fonction.

3. Le protocole DTP (Dynamic Trunking Protocol) devrait être désactivé sur tous les ports utilisateur. Si un port reste configuré avec DTP auto-configured (par défaut dans la plupart des commutateurs), un attaquant pourrait se connecter, démarrer la fonction trunking et être capable d'envoyer des paquets sur tous les VLAN.

Vulnérabilité du Spanning Tree

Un domaine de niveau 2 entre le niveau d'agrégation du Data Center et les commutateurs d'accès crée un environnement extrêmement évolutif et mobile pour une ferme de serveurs en entreprise.

L'utilisation de STP (Spanning Tree Protocol) pour maintenir une topologie sans boucle permet d'obtenir une architecture redondante. STP utilise des BPDU (Bridge Protocol Data Unit) pour échanger des messages qui contiennent des informations de modification de topologie. Un commutateur pirate qui envoie des BPDU peut provoquer des modifications de topologie, avec pour résultat un déni de service.

Comme illustré à la figure 12.22, un attaquant envoie des BPDU aux deux commutateurs du Data Center. En conséquence, le Spanning Tree converge, et l'attaquant est capable de voir un trafic qu'il était incapable de voir auparavant.

Figure 12.22

Exemple d'attaque sur le Spanning Tree du Data Center

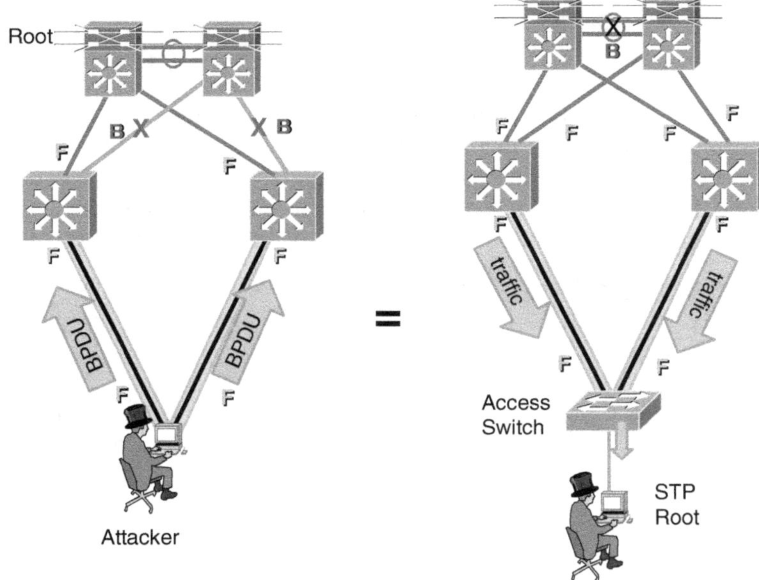

La première idée pour se protéger des attaques fondées sur STP consiste simplement à désactiver STP et à utiliser des liens de niveau 3 pour le niveau d'accès.

Désactiver STP dans un Data Center crée cependant plus de charge dans l'évolutivité des services, plus de maintenance et moins de mobilité. Ce n'est donc pas la meilleure solution dans la plupart des cas. Au lieu de cela, il est possible de profiter des avantages des améliorations apportées par Cisco autour de STP pour les Data Center.

BPDU guard

BPDU *guard* et *portfast* travaillent conjointement pour apporter un temps de convergence plus faible aux machines connectées sur les ports d'accès du Data Center. Généralement, la convergence STP prend 30 à 40 secondes. C'est le temps nécessaire à un port pour passer du mode *blocking* au mode *forwarding.* En activant la fonction *portfast*, ce temps de convergence est ramené à environ 3 secondes.

Concernant le risque de boucle de Spanning Tree, si le commutateur bascule directement le port en mode *forwarding,* comment peut-il savoir qu'il n'y a pas de boucle ? C'est pour cela que nous avons besoin de la fonction BPDU *guard.* Par défaut, quand *portfast* est activé, BPDU est aussi activé. Quand on utilise *portfast*, on considère que tous les ports sont des ports utilisateur et que ces ports ne reçoivent pas de BPDU. BPDU *guard* désactive un port s'il reçoit des trames BPDU.

BPDU *guard* est donc un excellent outil pour se protéger des attaques STP. Si un attaquant est connecté sur un port avec la fonction BPDU *guard* activée et qu'il tente d'envoyer des BPDU, le commutateur désactive simplement le port.

Root guard

Que se passe-t-il si un attaquant a un accès ou compromet un commutateur et tente de rendre ce commutateur root dans une topologie Spanning Tree ? En utilisant la fonction STP *root guard,* il est possible de s'assurer que le commutateur *root* de la topologie Spanning Tree est figé et que, si un commutateur de priorité inférieure est introduit dans la topologie, le commutateur *root* ne change pas et ne provoque pas un recalcul de la topologie.

La figure 12.23 illustre la fonction *root guard* activée sur le commutateur d'accès du Data Center.

Figure 12.23

La fonction root guard

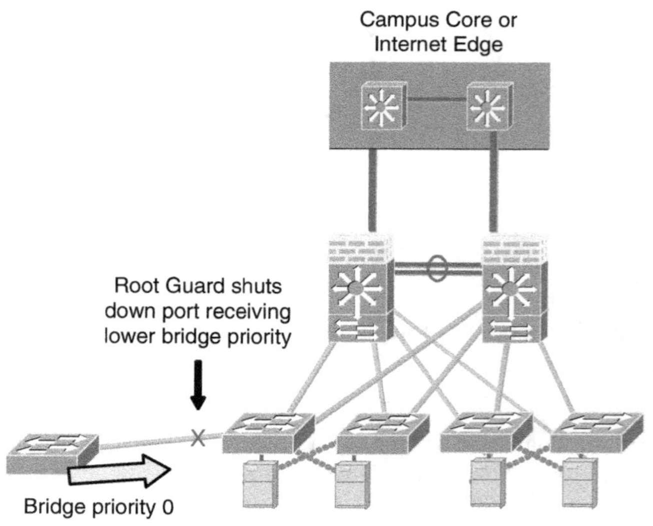

Le tableau 12.1 récapitule les attaques de niveau 2 et leurs solutions.

Tableau 12.1 Attaques de niveau 2 et solutions

	MAC Flooding	Attaque ARP	VLAN Hopping	Attaque STP
Port Security	X	X		
PVLAN		X		
Static ARP	X	X		
No VLAN1			X	
Disable DTP			X	
Disable VTP			X	
Clear Native VLAN			X	
BPDU guard				X
Root guard				X

Sécurité des Data Center intranet

Le réseau d'une grande entreprise est souvent constitué de plusieurs Data Centers, chacun ayant la responsabilité de fonctions clés de l'entreprise.

Le Data Center Internet est utilisé par les clients externes se connectant à partir d'Internet. Ce Data Center comporte des serveurs et équipements qui permettent plusieurs fonctions, notamment le commerce électronique et les applications Web transactionnelles.

Le Data Center extranet fournit un support et des services pour les transactions des partenaires externes de l'entreprise. Ces services sont souvent disponibles au travers d'un VPN sécurisé ou de liaisons WAN privées entre le réseau du partenaire et l'extranet de l'entreprise.

Le Data Center intranet héberge des applications et services auxquels on peut accéder depuis le réseau interne de l'entreprise. Ces applications et services sont généralement des outils et de l'assistance pour la production, le marketing, les ressources humaines, la recherche et développement et d'autres fonctions vitales de l'entreprise.

La figure 12.24 illustre un réseau de ce type.

Le Data Center intranet est connecté au cœur du réseau de l'entreprise grâce à des liens redondants de niveau 3. Il convient d'utiliser un protocole de routage interne, comme OSPF ou EIGRP, pour permettre le routage et la redondance entre les équipements de cœur et les commutateurs d'agrégation du Data Center.

La figure 12.25 donne un aperçu de l'architecture de niveau 3.

À l'intérieur du Data Center, l'architecture de la ferme de serveurs peut correspondre à plusieurs topologies mais il s'agit le plus souvent d'architecture soit simple tiers soit, selon le type d'application déployée, multitiers.

La figure 12.26 illustre ces deux types d'architectures. Dans le cas d'une ferme simple tiers, les parties Web et applicatives sont confondues et contenues dans le même serveur. Ces deux parties sont exécutées dans deux serveurs différents dans le cas d'une architecture multitiers.

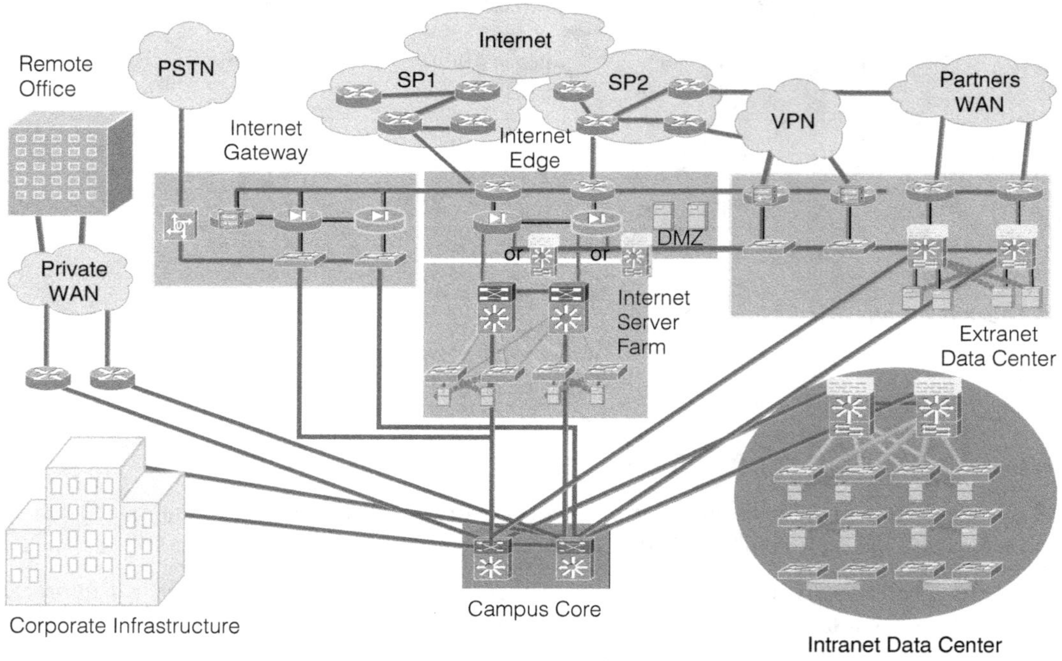

Figure 12.24

Position du Data Center intranet dans le réseau d'entreprise

Figure 12.25

*Le routage dans
le Data Center intranet*

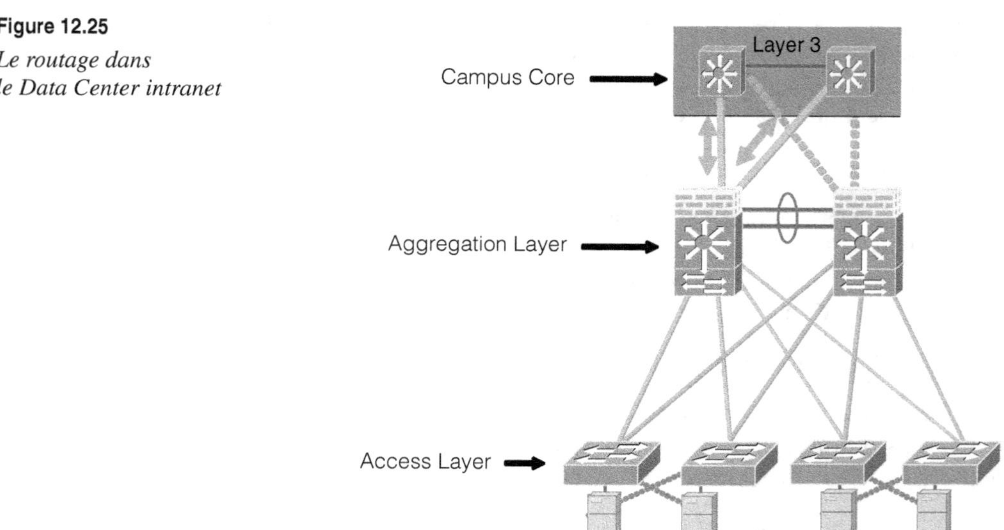

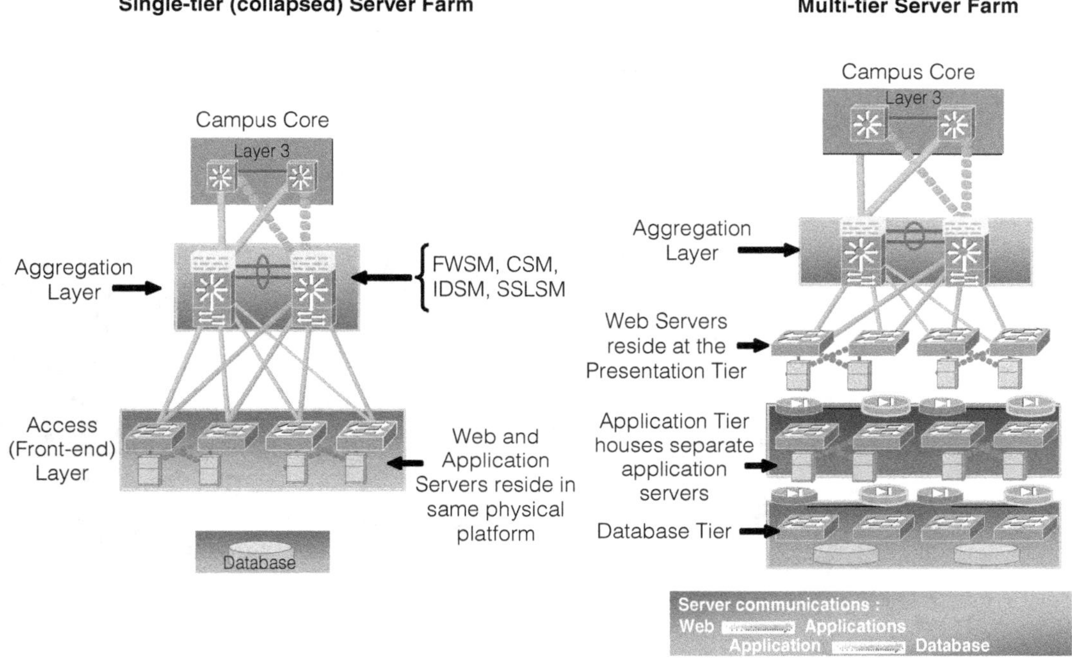

Figure 12.26

Les architectures simple tiers et multitiers

Data Centers distribués

Le déploiement de Data Center distribués permet la redondance, l'évolutivité et la haute disponibilité des équipements.

La figure 12.27 donne un aperçu de ce type d'architecture.

La redondance est le premier moyen de protection contre tout type de panne. Elle protège des ruptures de liens, des pannes des équipements et des erreurs des applications, ce qui évite des pertes directes ou indirectes pour l'entreprise.

La sauvegarde des données, leur restauration et les procédures de sortie de panne sont les fondements d'une stratégie de continuité de l'activité. La sauvegarde et la restauration sont des parties critiques de cette stratégie. Elles comportent généralement les éléments suivants :

- L'archivage des données pour conserver leur intégrité.

- La duplication externe pour des besoins de distribution de contenu, de test et de protection contre les pannes ou de migration.

- Des méthodes de réplication qui ne doivent pas entraver l'efficacité de systèmes en production.

- Des applications critiques de commerce électronique, qui exigent une infrastructure de récupération particulièrement efficace.

Figure 12.27

Data Centers distribués primaires et secondaires

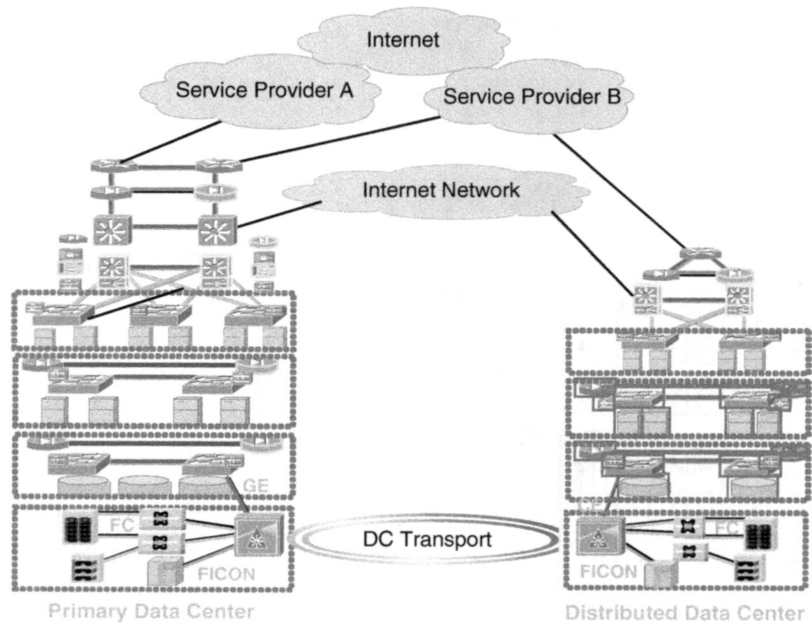

Des solutions de recouvrement en temps réel, comme les miroirs synchrones, permettent aux entreprises de sécuriser leurs manipulations de données en :

- assurant des services critiques ininterrompus aux employés, clients et partenaires ;

- garantissant que les donnée critiques sont dupliquées à distance de façon sûre pour éviter la perte de donnée en cas d'incident.

RHI (Route Health Injection)

RHI est un mécanisme qui permet d'utiliser la même adresse IP dans deux Data Centers différents. Cela implique que la même adresse IP *(host route)* puisse être propagée avec deux métriques différentes.

Les routeurs en amont voient les deux routes et insèrent dans leur table de routage celle qui a la meilleure métrique. Si RHI est activé sur l'équipement, il injecte une route statique dans la table quand l'adresse VIP est accessible. Cette route statique est retirée si la VIP n'est plus active. En cas de panne, la route alternative est utilisée, ce qui permet une grande disponibilité de service. Il est important de noter que la route n'est propagée par l'équipement que si le serveur fonctionne correctement.

Host route

La plupart des routeurs ne propagent pas les informations de type *host route* vers Internet. Comme cette propagation est nécessaire au fonctionnement de RHI, celui-ci est normalement réservé aux intranets.

La même adresse IP peut également être diffusée d'un endroit différent *(secondary location)* mais avec une métrique différente. Le mécanisme est exactement le même, à la différence de la métrique près.

Le tableau 12.2 recense les avantages et inconvénients de RHI.

Tableau 12.2 Avantages et inconvénients de RHI

Avantage	Inconvénient
Convergence rapide (convergence IGP)	Nombre de *host routes* directement lié au nombre d'applications critiques
Autorégulation, ne dépendant pas d'un équipement externe de routage de contenu	Seulement utilisable pour les applications de l'intranet
Idéale pour les solutions de continuité et de récupération	Ne peut être utilisée pour de la répartition de charge entre deux sites car la table de routage n'a qu'une entrée. Utilisé typiquement pour des configurations *active/stand-by.*
Une seule adresse IP	Rend possible la redondance pour assurer la continuité et la récupération de services clés de l'entreprise. Il est important que d'autres fonctionnalités n'affectent pas son fonctionnement.

Intégration de la sécurité

Dans l'enquête CSI/FBI de 2002 sur la sécurité, les personnes interrogées ont remarqué qu'environ 40 à 45 p. 100 des attaques sur leurs systèmes provenaient de sources situées à l'intérieur de leur intranet, ce qui montre le besoin croissant de protéger les équipements internes d'attaques et de tentatives d'accès non autorisé.

En plus du périmètre de sécurité créé en bordure d'Internet *(edge),* les politiques de sécurité et leur déploiement pour le Data Center intranet agissent comme un deuxième niveau de sécurité pour les applications et utilisateurs externes. Ces déploiements internes fournissent une protection contre des utilisateurs et systèmes non autorisés, internes ou distants, connectés au réseau interne.

Comme expliqué précédemment, une ferme de serveurs peut être de type multitiers. Les services de sécurité pour les fermes de serveurs de l'intranet ne doivent pas seulement être déployés au niveau agrégation mais aussi à chaque tiers pour protéger tous les niveaux, comme l'illustre la figure 12.28.

L'utilisation d'une architecture de sécurité par niveau permet une approche évolutive et modulaire du déploiement dans les différents tiers d'un Data Center. Cette architecture exploite des fonctionnalités de sécurité de l'IOS, des pare-feu, des *access-lists* (VLAN ACL) et des sondes IDS pour assurer la sécurité.

Une solution de bout en bout doit être envisagée lors du déploiement de chacun de ces services de façon que les fonctionnalités utilisées précédemment restent utilisables après l'implémentation de la sécurité.

Figure 12.28

Les services de sécurité dans les tiers d'une ferme de serveurs

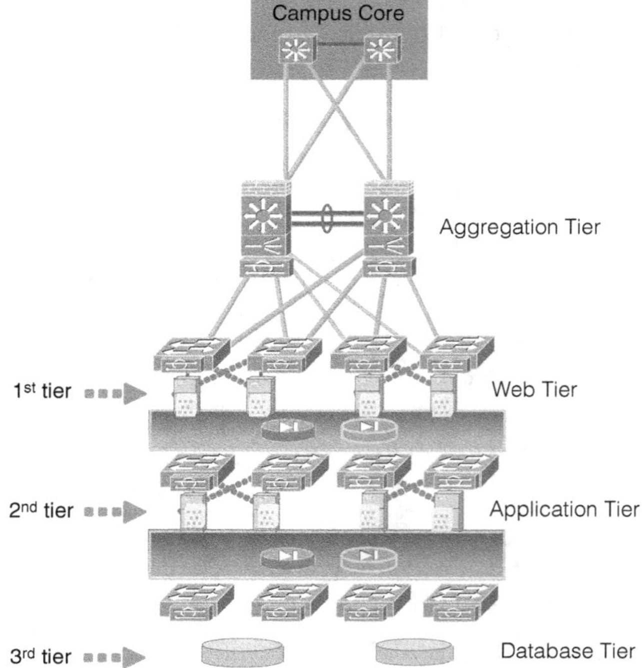

Le rôle d'un déploiement de sécurité dans un Data Center est de prévenir des menaces telles que les suivantes :

- accès non autorisé ;

- déni de service ;

- reconnaissance du réseau ;

- virus, vers ;

- IP Spoofing ;

- attaques de niveau 2.

L'accès non autorisé

Pour éviter l'accès non autorisé, on utilise une démarche de type AAA (Authorization, Authentication, Accounting) pour fournir une authentification par login, des autorisations par commande et une comptabilité des informations utilisateur.

L'utilisation d'un serveur TACACS (Terminal Access Controller Access Control System), comme le Cisco Secure ACS, permet de conserver les noms d'utilisateurs et les mots de passe de façon centralisée. On préférera TACACS+ pour son utilisation de l'architecture AAA et le chiffrement des paquets de requêtes d'adresse entre le client et le serveur.

Le système RADIUS (Remote Authentication Dial-in User Service) ne chiffre que le mot de passe dans ces mêmes paquets, ce qui ne met pas à l'abri de la capture par un tiers des informations comme le nom d'utilisateur et les services autorisés. Au minimum, Cisco recommande l'utilisation locale d'AAA dans chaque routeur, pare-feu ou commutateur du Data Center.

L'implémentation locale d'AAA utilise la base de données de noms d'utilisateurs et de mots de passe du commutateur pour authentifier les tentatives de connexions. Les autorisations par commande permettent d'affecter des autorisations individuelles aux utilisateurs dans la base de données locale.

Déni de service

Il est possible d'utiliser les fonctionnalités de qualité de service (QoS) Cisco pour protéger les hôtes et les liens de certains types de saturation. Un traitement général de ce type de saturation concerne toute l'infrastructure. Le seul conseil simple est d'utiliser la méthode WFQ (Weighted Fair Queuing) partout où les ressources CPU le permettent. WFQ est activé par défaut pour les connexions série bas débit dans les versions récentes de l'IOS.

D'autres fonctionnalités peuvent être intéressantes, comme CAR (Committed Access Rate), GTS (Generalized Traffic Shaping) et la personnalisation des mécanismes de file d'attente *(custom queuing)*. Il est parfois possible de configurer ces derniers pendant une attaque.

En cas d'utilisation des fonctions de QoS pour contrôler les flux, il est important de comprendre comment elles fonctionnent et comment fonctionnent les attaques de type *flooding*. Par exemple, WFQ est la parade la plus efficace contre le SYN Flooding, parce que le *ping flood* est vu par WFQ comme un flux unique, là où chaque paquet est habituellement vu comme un flux différent.

TCP Intercept est une fonction de sécurité Cisco IOS qui peut être utilisée pour empêcher une attaque par déni de service à destination des équipements d'un Data Center et de ses applications. Du fait de la dégradation des performances induite par la fonction TCP Intercept, cette option n'est pas viable sur la MSFC (Multilayer Switch Feature Card).

Reconnaissance du réseau, virus et vers

Des évaluations de sécurité sont souvent exécutées en utilisant des techniques de reconnaissance de réseau pour découvrir des vulnérabilités de sécurité. Diverses applications, comme Nmap, Dsniff ou Ethereal, peuvent être utilisées pour exécuter des paquets de *sniffing* et de *port scanning* sur les équipements réseau et les machines pour découvrir rapidement les trous de sécurité.

Ces mêmes logiciels peuvent toutefois être utilisés avec malveillance. Ils peuvent servir à l'exécution d'une reconnaissance sur le réseau pour capturer ensuite les données ou rechercher des vulnérabilités susceptibles d'être exploitées. Pour se protéger des tentatives de reconnaissance réseau, les pare-feu et équipements de détection d'intrusion peuvent être déployés dans les Data Centers.

Les pare-feu utilisent le filtrage de paquets *stateful* pour empêcher les accès non autorisés aux équipements d'un Data Center et fournissent des services de filtrage jusqu'à la couche de niveau 4.

Les sondes de détection d'intrusion utilisent des signatures afin d'observer le trafic pour rechercher et contrecarrer des attaques spécifiques. Une signature est un modèle recherché dans le trafic.

Cisco IDS comporte des signatures prédéfinies qui peuvent être activées mais donne aussi la possibilité à l'administrateur de créer ses propres signatures.

Dans un Data Center, les équipements IDS réseau peuvent être déployés derrière le pare-feu pour offrir un niveau de filtrage supplémentaire après celui initialement effectué par le pare-feu. Ce type de configuration offre un niveau inférieur de faux positif et de faux négatif du fait que la quantité de trafic traité par la sonde est inférieure.

La solution Host IDS (Cisco Security Agent) est aussi déployée directement sur les serveurs pour protéger d'attaques spécifiques aux applications et aux systèmes d'exploitation.

IP Spoofing

Les ACL sont déployées sur l'entrée et la sortie des interfaces pour toutes les adresses privées (RFC 1918). Ces ACL sont conformes à la RFC 2827, qui définit les meilleures pratiques concernant le filtrage et les techniques antispoofing.

Le RPF (Reverse Path Forwarding) unicast permet à un routeur de vérifier que l'adresse IP source d'un paquet entrant est correct. La vérification des paquets entrants sur l'interface appropriée du routeur peut aider à arrêter des attaques de type déni de service ou la fuite d'adresses IP privées vers Internet.

Layer 2 Attack Mitigation

Avant de déployer pare-feu, ACL, IDS ou tout autre équipement de sécurité, chaque routeur et commutateur du Data Center devrait avoir une configuration de sécurité minimale. Si un attaquant obtient l'accès à un équipement réseau, il y a de grandes chances que les autres équipements du réseau soient compromis à leur tour.

Les services recensés au tableau 12.3 devraient être activés ou désactivés pour fournir un niveau de sécurité minimal.

Tableau 12.3 Services à désactiver pour une configuration de sécurité minimale

Disable IP redirects	Disable TCP and UDP small servers	Disable IP directed broadcast
Disable IP source routing	Disable Finger service	Set Login Banners
Use enable secret password	Use secure NTP configuration	Use logging with date and timestamps to secure host
Secure SNMP read and writes	Enable CDP on necessary interfaces only	Disable Proxy ARP
Anti Spoofing ingress ACLs	Unicast RPF	AAA
Routing Authentication	SSH for secure remote access	

Annexes

Les codes d'erreur de HTTP 1.1 (RFC 2616)

Pour la liste complète des messages d'erreur, voir la RFC 2616 de HTTP 1.1, section 10, *Status Code Definitions*.

Codes d'information *(source site Indexia légèrement modifié)*

Code	Statut	Description
100	Continuer *(Continue)*	Attente de la suite de la requête. La partie initiale de la requête a bien été reçue, et le client peut continuer avec la suite de cette requête.
101	Changement de protocoles *(Switching Protocols)*	Le serveur accepte la requête du client de changer de protocole. Le client a demandé au serveur d'utiliser un autre protocole que celui en cours, et le serveur accepte cette requête.

Codes de succès

Code	Statut	Description
200	OK	La requête HTTP a été traitée avec succès. L'information retournée avec la réponse dépend de la méthode utilisée dans la requête. Par exemple, la réponse à une requête GET classiquement émise par un navigateur Web sera la ressource demandée (c'est-à-dire une page HTML, une image, etc.).
201	Créé *(Created)*	La requête a été correctement traitée et a résulté en la création d'une nouvelle ressource. Cette ressource peut être référencée par l'URI retourné dans le corps de la réponse, avec l'URL la plus précise pour la ressource indiquée dans l'en-tête du champ Location.

Codes de succès *(suite)*

Code	Statut	Description
202	Accepté *(Accepted)*	La requête a été acceptée pour être traitée, mais son traitement peut ne pas avoir abouti. Ce code est utilisé en remplacement du 201 lorsque le traitement ne peut avoir lieu immédiatement. Son résultat est donc indéterminé.
203	Information non certifiée *(Non-Authoritative Information)*	L'information retournée n'a pas été générée par le serveur HTTP mais par une autre source non authentifiée.
204	Pas de contenu *(No Content)*	Le serveur HTTP a correctement traité la requête mais il n'y a pas d'information à envoyer en retour. Cela peut, par exemple, se produire lorsqu'un fichier HTML ou le résultat d'un programme CGI-BIN est vide.
205	Contenu réinitialisé *(Reset Content)*	Le client doit remettre à zéro le formulaire utilisé dans cette transaction. Ce code est envoyé au logiciel de navigation quand il doit réinitialiser un formulaire généré dynamiquement par un CGI-BIN, par exemple.
206	Contenu partiel *(Partial Content)*	Le serveur retourne une partie seulement de la taille demandée. Ce code est utilisé lorsqu'une requête spécifiant une taille a été transmise.

Codes de redirection

Code	Statut	Description
300	Choix multiples *(Multiple Choices)*	L'URI demandé concerne plus d'une ressource. Par exemple, l'URI concerne un document qui a été traduit en plusieurs langues. Le serveur doit retourner des informations indiquant comment choisir une ressource précise.
301	Changement d'adresse définitif *(Moved Permanently)*	La ressource demandée possède une nouvelle adresse (URI). Toute référence future à cette ressource doit être faite en utilisant l'un des URI retourné dans la réponse. Le navigateur Web doit normalement charger automatiquement la ressource demandée à sa nouvelle adresse.
302	Changement d'adresse temporaire *(Found)*	La ressource demandée réside temporairement sur une adresse (URI) différente. Cette redirection étant temporaire, le navigateur Web doit continuer à utiliser l'URI original pour les requêtes futures.
303	Voir ailleurs *(See Other)*	L'URI spécifié est disponible à un autre URI et doit être demandé par un GET.
304	Non modifié *(Not Modified)*	Le navigateur Web a effectué une requête GET conditionnelle et l'accès est autorisé, mais le document n'a pas été modifié. Cette réponse classique signifie que vous avez configuré votre navigateur pour utiliser un cache HTTP (proxy) dans lequel une copie du document demandé est déjà stockée. Le proxy a donc demandé au serveur si le document original a changé depuis et a reçu cette réponse : il pourra ainsi utiliser la copie locale.
305	Utiliser le proxy *(Use Proxy)*	L'URI spécifié doit être accédé en passant par le proxy.
306	Inutilisé (Unused)	
307	Redirection temporaire *(Temporary Redirect)*	

Code d'erreur client

Code	Statut	Description
400	Mauvaise requête *(Bad Request)*	La requête HTTP n'a pas pu être comprise par le serveur en raison d'une syntaxe erronée. Le problème peut provenir d'un navigateur Web trop récent ou d'un serveur HTTP trop ancien.
401	Non autorisé *(Unauthorized)*	La requête nécessite une identification de l'utilisateur. Concrètement, cela signifie que tout ou partie du serveur contacté est protégé par un mot de passe, qu'il faut indiquer au serveur pour pouvoir accéder à son contenu.
402	Paiement exigé *(Payment Required)*	Ce code n'est pas encore mis en œuvre dans le protocole HTTP.
403	Interdit *(Forbidden)*	Le serveur HTTP a compris la requête mais refuse de la traiter. Ce code est généralement utilisé lorsqu'un serveur ne souhaite pas indiquer pourquoi la requête a été rejetée, ou lorsque aucune autre réponse ne correspond (par exemple, le serveur est un intranet, et seules les machines du réseau local sont autorisées à se connecter au serveur).
404	Non trouvé *(Not Found)*	Le serveur n'a rien trouvé qui corresponde à l'adresse (URI) demandée. Cela signifie que l'URL saisie est mauvaise ou obsolète et ne correspond à aucun document existant sur le serveur (vous pouvez essayez de supprimer progressivement les composants de l'URL en partant de la fin pour éventuellement retrouver un chemin d'accès existant).
405	Méthode non autorisée *(Method Not Allowed)*	Ce code indique que la méthode utilisée par le client n'est pas supportée pour cet URI.
406	Aucun disponible *(Not Acceptable)*	L'adresse (URI) spécifiée existe, mais pas dans le format préféré du client. Le serveur indique en retour le langage et les types d'encodage disponibles pour cette adresse.
407	Authentification proxy exigée *(Proxy Authentication Required)*	Le serveur proxy exige une authentification du client avant de transmettre la requête.
408	Requête hors délai *(Request Timeout)*	Le client n'a pas présenté une requête complète pendant le délai maximal qui lui était imparti. Le serveur a abandonné la connexion.
409	Conflit *(Conflict)*	La requête entre en conflit avec une autre requête ou avec la configuration du serveur. Des informations sur les raisons de ce conflit doivent être indiquées en retour.
410	Parti *(Gone)*	L'adresse (URI) demandée n'existe plus et a été définitivement supprimée du serveur.
411	Longueur exigée *(Length Required)*	Le serveur a besoin de connaître la taille de cette requête pour pouvoir y répondre.
412	Précondition échouée *(Precondition Failed)*	Les conditions spécifiées dans la requête ne sont pas remplies.
413	Corps de requête trop grand *(Request Entity Too Large)*	Le serveur ne peut traiter la requête car la taille de son contenu est trop importante.
414	URI trop long *(Request-URI Too Large)*	Le serveur ne peut traiter la requête car la taille de l'objet (URI) à retourner est trop importante.
415	Format non supporté *(Unsupported Media Type)*	Le serveur ne peut traiter la requête car son contenu est écrit dans un format non supporté.

Code d'erreur client *(suite)*

Code	Statut	Description
416	Plage demandée invalide *(Requested Range Not Satisfiable)*	Le sous-ensemble de recherche spécifié est invalide.
417	Comportement erroné *(Expectation Failed)*	Le comportement prévu pour le serveur n'est pas supporté.

Codes d'erreur serveur

Code	Statut	Description
500	Erreur interne du serveur *(Internal Server Error)*	Le serveur HTTP a rencontré une condition inattendue qui l'a empêché de traiter la requête. Cette erreur peut être le résultat d'une mauvaise configuration du serveur ou d'une ressource épuisée ou refusée au serveur sur la machine hôte.
501	Non mis en œuvre *(Not Implemented)*	Le serveur HTTP ne supporte pas la fonctionnalité nécessaire pour traiter la requête. C'est la réponse émise lorsque le serveur ne reconnaît pas la méthode indiquée dans la requête et n'est capable de la mettre en œuvre pour aucune ressource (soit le navigateur Web est trop récent, soit le serveur HTTP est trop ancien).
502	Mauvais intermédiaire *(Bad Gateway)*	Le serveur intermédiaire a fourni une réponse invalide. Le serveur HTTP a agi en tant qu'intermédiaire (passerelle ou proxy) avec un autre serveur et a reçu de ce dernier une réponse invalide en essayant de traiter la requête.
503	Service indisponible *(Service Unavailable)*	Le serveur HTTP est actuellement incapable de traiter la requête en raison d'une surcharge temporaire ou d'une opération de maintenance. Cela sous-entend l'existence d'une condition temporaire qui sera levée après un certain délai.
504	Intermédiaire hors délai *(Gateway Timeout)*	Cette réponse est identique au code 408 (requête hors délai), mais ici c'est un proxy ou un autre intermédiaire qui a mis trop longtemps à répondre.
505	Version HTTP non supportée *(HTTP Version Not Supported)*	La version du protocole HTTP utilisée dans cette requête n'est pas (ou plus) supportée par le serveur.

Questions à se poser lors du choix d'un pare-feu

- Quelles technologies et architectures sont-elles mises en œuvre par mon pare-feu (stateful, Stateful Inspection, proxy, etc.) ?

- Lors de l'installation, le pare-feu bloque-t-il tout par défaut ou non ?

- Quel est le niveau de granularité offert (limitation de la taille des URL, autorisation ou interdiction d'un GET ou d'un POST HTTP, etc.) ?

- Dispose-t-on d'une vérification de la conformité protocolaire (si oui, pour quels protocoles) ?

- Quel niveau de performance annonce-t-on et constate-t-on lors d'un contrôle au niveau applicatif (FTP, HTTP, SMTP, etc.) ?

- Quelle est la fréquence des mises à jour ?

- Les listes de diffusion de sécurité diffusent-elles plus de failles sur mon pare-feu que sur les solutions concurrentes ? Quelle est la gravité de ces failles ?

- L'administration peut-elle s'opérer complètement à distance ?

- Qui va installer et configurer mon pare-feu ? Qui va documenter son implémentation ?

- Est-ce que j'utilise des protocoles particuliers qui sont pris en charge par ma solution de pare-feu (SIP, H.323, SOAP, XML, etc.) ?

- Mon personnel est-il qualifié et formé ?

- Dois-je le gérer en interne, en externe ou en un mélange des deux ?

- Qui va analyser les logs au quotidien ?

- Comment remonter mes logs vers un hyperviseur de sécurité ?

- Quelle politique suivre en cas d'attaque avérée ?

- Qui va tester mon pare-feu ? Prendre une personne non impliquée dans le processus d'installation et de configuration. Un test de pare-feu peut parfaitement être réalisé depuis l'étranger.

- Mon pare-feu a-t-il fait l'objet d'une évaluation ou d'une certification ?

- Comment s'opère la reprise sur incident et l'équilibrage de charge ?

- Mon pare-feu peut-il être reconfiguré par un outil de détection des intrusions (IDS) ?

- Comment récupérer les logs de manière centralisée vers la plate-forme d'administration de l'éditeur et vers un hyperviseur de sécurité pour les produits hétérogènes ? Quelle corrélation des événements puis-je réaliser ?

Retour sur investissement

La sécurité n'a pas de prix, mais elle a un coût. Pourtant, il est parfois difficile de parler de retour sur investissement (ROI). Quelles que soient les sommes engagées pour sécuriser votre système d'information, il est impossible de garantir une sécurité à 100 p. 100 à une direction générale. Cela n'existe pas, y compris dans le monde militaire. Autrement dit, même en ayant dépensé des sommes très élevées — on atteint rapidement des budgets de centaines de milliers d'euros dans les grands comptes —, l'assaillant a toujours l'avantage puisque un système d'information n'est sécurisé qu'à instant donné. L'évolution des protocoles et des applications et les modifications d'architecture ou d'infrastructure font apparaître tôt ou tard des failles qu'un pirate est en mesure d'exploiter. D'où l'intérêt de réduire au maximum cette fameuse fenêtre de vulnérabilité que nous avons évoquée afin de réduire la surface d'attaque.

À la suite des recommandations de la plupart des experts, certaines entreprises analysent leur retour sur investissement en comparant les sommes engagées à la sécurité de leurs infrastructures à la perte occasionnée par leurs données exposées (vol d'information, par exemple). Puisque tout système est potentiellement vulnérable, les coûts engagés (coût du matériel, temps passé, recrutement de l'équipe de pirates) deviennent trop importants par rapport à la valeur de l'information protégée. Ce calcul est complexe à établir puisqu'un laboratoire de recherches pharmaceutiques qui se ferait voler de nouvelles molécules susceptibles de constituer de futurs brevets de formules de médicaments pourrait accuser une perte abyssale correspondant à des années de revenus.

Certaines entreprises cherchent à réduire les risques un peu à la manière d'un particulier qui achète une porte blindée répondant aux normes de son assurance. Il sait que sa porte ne résistera pas plus de vingt minutes à un cambrioleur chevronné, mais il peut réduire le montant de sa prime d'assurance ou de sa franchise. Certaines entreprises ont une image à défendre. On imagine mal un grand éditeur de sécurité voir sa page Web modifiée en permanence par des pirates. Outre le fait que cet éditeur deviendrait la risée de ses concurrents, cela instituerait un climat de défiance vis-à-vis des clients. Cela est arrivé à quelques grands noms qui n'hébergeaient pas en interne leurs serveurs publics. D'où l'importance du choix de ses partenaires.

Même si les vendeurs de produits ou de solutions de sécurité emploient à foison les termes de retour sur investissement afin de séduire les décideurs ou autres directeurs financiers, il convient de se faire préciser avec soin la méthode de calcul. Il faut en outre appréhender les coûts de maintenance et des mises à jour des produits.

Références

Chapitre 1 : la commutation 4-7

H. PEETERS, *et al. – The UNI Protocol Architecture in the Belgian Broadband Experiment, ISS'92,* Yokohama, octobre 1992

Chapitre 2 : les pare-feu

Considéré comme l'un des meilleurs sur le sujet, ce livre est conçu comme un guide pratique de mise en œuvre de pare-feu :

E. D. ZWICKY, S. COOPER, D. B. CHAPMAN, *Building Internet Firewalls, Second Edition,* O'Reilly, 2000

Ces deux auteurs ont écrit un des classiques du genre en se fondant sur leur conception du pare-feu pour relier les connexions de l'opérateur américain AT&T à Internet :

W. CHECKWICK, S. BELLOVIN, *Firewalls and Internet Security,* Addison Wesley, 1996

Cette liste des questions les plus fréquemment posées (FAQ) traite des -pare-feu. Elle est gérée par Marcus Ranum, fondateur et ancien directeur technique de NFR, qui est considéré comme l'un des meilleurs experts sur le sujet :

http://www.interhack.net/pubs/fwfaq/

RFC 2647, au statut informationnel, qui définit la terminologie à employer lors des tests de rapidité des pare-feu :

ftp://ftp.rfc-editor.org/in-notes/rfc2647.txt

RFC 1858, traitant du filtrage sur la fragmentation IP, à lire absolument :

ftp://ftp.rfc-editor.org/in-notes/rfc1858.txt

RFC 2196 (Site Security Handbook), au statut informationnel, qui dresse les grandes lignes des éléments de sécurité que l'on peut mettre en œuvre. Une partie de ce document traite spécifiquement des pare-feu :

> *ftp://ftp.rfc-editor.org/in-notes/rfc2196.txt*

RFC 1281 (Guidelines for the Secure Operation of the Internet), très générale :

> *ftp://ftp.rfc-editor.org/in-notes/rfc1281.txt*

Groupe de discussion :

> *Comp.security.firewalls*

Ce guide en langue anglaise de plus de 90 pages rappelle dans une première partie les principes fondamentaux des pare-feu avant de traiter de la partie certification délivrée par les laboratoires d'ICSA (International Computer Security Association) :

> ICSA Labs, *"ICSA Third annual Firewall Buyer's Guide"*

Rappelons que les certifications ICSA ne tiennent pas compte du type de pare-feu. Les tests sont valables pour tous les acteurs. Un pare-feu certifié par ICSA, CheckMark, EAL 4 ou tout autre organisation n'indique pas qu'un pirate est incapable de pénétrer ou de court-circuiter le pare-feu. Le texte de la certification ICSA dit simplement que « la certification est conçue afin de s'assurer qu'un pare-feu repousse les attaques importantes d'un hacker, classiques ou non ».

Site personnel de Robert Graham, expert en sécurité chez Internet Security Systems, qui explique notamment le filtrage que l'on peut et doit opérer sur ICMP :

> *http://www.robertgraham.com/pubs/firewall-seen.html#8.1*

Chapitre 4 : les réseaux privés virtuels (VPN)

Cet ouvrage, en anglais, présente les protocoles de VPN de niveau 2 et notamment PPTP :

> P. WOLFE, M. ERWIN, *Virtual Private Networks de Charlie Scott,* O'Reilly, 1998

Bruce Schneier, expert en cryptographie et fondateur de Counterpane Internet Security, et Dr Mudge, de L0pht Heavy Industries, présentent la cryptanalyse des extensions d'authentification PPTP de Microsoft (MS-CHAPv2) (un document de 10 pages existe en français) :

> *http://www.counterpane.com/pptpv2-paper-fr.html*

Présentation du standard PPP par l'IETF :

> W. SIMPSON, *"The Point-to-Point Protocol (PPP)",* Network Working Group, STD 51, RFC 1661, juillet 1994
>
> *http://www.ietf.org/rfc/rfc1661.txt*

Présentation de Cisco Layer two Forwading (L2F) ; la RFC a été publié en 1998 sous le statut « historique » :

> *http://www.ietf.org/rfc/rfc2341.txt*

Présentation de L2TP (Layer Two Tunneling Protocol) :

> *http://www.ietf.org/rfc/rfc2661.txt*

Définition de Securing L2TP using IPsec (comment sécuriser L2TP en utilisant IPsec) :

http://www.ietf.org/rfc/rfc3193.txt

Définition du protocole AH (Authentication Header) ; RFC 1826 :

http://www.ietf.org/rfc/rfc1826.txt

Définition du protocole ESP (Encapsulation Security Paylaod) ; RFC 2406 :

http://www.ietf.org/rfc/rfc2406.txt

Ouvrage en langue anglaise traitant dans le détail d'IPsec et de la partie algorithmique :

C. R. DAVIS, *IPSec Securing VPN,* collection RSA Press, Osborne/McGRaw-Hill, 2001

IPsec, présentation de Ghislaine Labouret, consultante au cabinet HSC (Hervé Schauer Consultants), l'une des premières personnes à s'être penchée sur IPsec en France ; ses documents très détaillés ont l'avantage d'être en français :

http://www.hsc.fr/ressources/articles/ipsec-tech/ipsec-tech.pdf

Ouvrage traitant de la sécurité des réseaux en général mais avec un chapitre intéressant sur IPsec et SSL/TLS :

W. STALLINGS, *Sécurité des réseaux, applications et standards,* Vuibert, 2002

Définition de TLS (Transport Layer Security) ; RFC 2246 :

http://www.ietf.org/rfc/rfc2246.txt

Chapitre 6 : détection-prévention d'intrusion et honeypots

Cet ouvrage détaille, en français, l'utilisation de l'IDS Open Source Snort, le plus utilisé au monde :

J. KOZIOL, *Snort 2,* CampusPress, 2003

Ce document (en anglais) du NIST (National Institute of Standards and Technology) a été écrit avec quelques chercheurs du MIT du Laboratoire Lincoln. Les auteurs partent du constat de l'absence de méthodologie de test rigoureuse des outils de détection d'intrusion pour présenter les techniques employées et leurs limites :

An Overview of Issues In Testing Intrusion Detection Systems, 2003

http://csrc.nist.gov/publications/nistir/nistir-7007.pdf

Chapitre 7 : les attaques Web, armes absolues des hackers

Un livre en langue anglaise dont l'un des auteurs est Stuart McClure, fondateur et directeur technique de Foundstone, également auteur de *Halte aux hackers,* paru aux éditions Osman Eyrolles Multimédia. Il donne une très bonne explication des attaques Web, en émettant nombre de recommandations :

S. MCCLURE, S. SHAH, *Web Hacking,* Addison Wesley, 2002

Cet ouvrage a été le livre de chevet des développeurs de Microsoft il y a quelques mois. On y trouve des chapitres traitant de l'environnement Windows. Les deux auteurs sont spécialistes de la sécurité chez Microsoft :

> M. Howard, D. LeBlanc, *Writing Secure Code, Second Edition,* Microsoft Press, 2002

Publié en septembre 2002, ce guide de 63 pages offre une excellente base de travail aux développeurs. Il est disponible sur le site de l'OWASP à l'adresse suivante : *http://prdownloads.sourceforge .net/owasp/OWASPGuideV1.1.1.pdf?download*

> *The Open Web Application Security Project. A guide to Building Secure Web applications,* septembre 2002

La seconde édition en français de cet ouvrage référence toutes les commandes HTML, les langages et serveurs liés au Web :

> S. Spainhour, R. Eckstein, *Webmaster in a nutshell,* O'Reilly, 2000

Ce livre passe en revue l'ensemble des commandes de HTML 4 :

> L. Van Lancker, *HTML. Maîtriser le code source,* ENI, 2002

Sur le codage Unicode :

> *International Standard ISO/IEC 10646-1, Information technology – Universal Multiple-Octet Coded Character Set (UCS) – Part 1: Architecture and Basic Multilingual Plane. Second edition, International Organization for Standardization,* Geneva, 2000.
>
> *International Standard ISO/IEC 10646-2, Information technology – Universal Multiple-Octet Coded Character Set (UCS) – Part 2: Supplementary Planes. First edition, International Organization for Standardization,* Geneva, 2001

Liste des questions les plus fréquemment posées sur UTF-8 et Unicode pour UNIX et Linux :

> *UTF-8 and Unicode FAQ for Unix/Linux,*
> *http://www.cl.cam.ac.uk/~mgk25/unicode.html*

Un ouvrage très complet sur le langage SQL avec de nombreux exemples :

> J. Groff, P. Weinberg, *Référence complète SQL,* First Interactive, 2002

Article sur l'exploitation des failles de programmation dans les scripts d'authentification Web (requêtes SQL) :

> *Abusing Poor Programming Techniques in Web Server Scripts (SQL Statements)*
> *http://www.securiteam.com/securitynews/5VP022K56K.html*

Une traduction en français de ce document est disponible sur le site de isecurelabs, un portail francophone dédié à la sécurité :

> *http://tech.isecurelabs.com/fr/poor_sql_statement-fr.html*

Fondateur de Devarticles, Mitchell Harper a écrit un excellent article de 12 pages sur les problèmes de login sur un site Web avec l'injection de commandes SQL :

> M. Harper, *SQL Injection Attacks - Are You Safe?,* 17 juin 2002, *http://www.sitepoint.com/article/794/1*

Un site en anglais des questions les plus fréquemment posées sur l'injection de commandes SQL :

> *http://www.sqlsecurity.com/DesktopDefault.aspx?tabindex=2&tabid=3*

Nextgenss (Next Generation Security Software, Ltd), qui propose des services de consulting sur les bases de données, notamment Oracle, dispose d'outils d'évaluation des vulnérabilités dans une optique principalement orientée base de données :

http://www.nextgenss.com/papers/advanced_sql_injection.pdf

Article de fond en anglais sur les attaques par injection de commandes SQL :

SQL Injection White Paper par les laboratoires de SPI Dynamics. Are Your Web Applications Vulnerable?

http://www.spidynamics.com/papers/SQLInjectionWhitePaper.pdf

Cet article du CERT donne les indices permettant de retirer les métacaractères, avec des exemples écrits en langage PERL et C :

How To Remove Meta-characters From User-Supplied Data In CGI Scripts

http://www.cert.org/tech_tips/cgi_metacharacters.html

Ce bulletin du CERT est la base d'information sur les attaques XSS (appelées aussi CSS). Il a été publié le 2 février 2000 mais reste d'actualité :

CERT Advisory CA-2000-02 Malicious HTML Tags Embedded in Client Web Requests

http://www.cert.org/advisories/CA-2000-02.html

Article de Patrick Chambet, consultant en sécurité de la société Edelweb, paru dans le numéro 12 hors série de *Linux Magazine :*

Architecture et sécurisation. Pourquoi les firewalls sont impuissants face aux attaques Web

Exemples de prises d'empreintes de sites Web par Zenomorph :

Fingerprinting Web Server Attacks de Zenomorph

http://www.linuxsecurity.com/feature_stories/fingerprinting-http-printer.html

Fingerprinting Port 80 attacks de Zenomorph

http://www.cgisecurity.com/papers/fingerprinting-2.txt

Ce document de la société Sanctum fournit une explication des attaques XSS ainsi que certains moyens mis en œuvre par cette firme pour lutter contre elles :

Cross-Site Scripting Explained de Amit Klein, Sanctum Security Group, juin 2002

Descriptif des attaques CSS et moyens de prévention par une équipe de Microsoft :

Cross-Site Scripting Overview de Microsoft, 2 février 2000

Ce document Howto de Microsoft explique les bases générales de XSS et quelques éléments visant à se protéger de ce type d'attaque, notamment par le filtrage de caractères spéciaux et l'encodage et le filtrage des caractères de sortie à partir des entrées saisies :

HOWTO: Prevent Cross-Site Scripting Security Issues, 21 août 2001

Présentation rapide des problèmes de sécurité liées à XSS avec quelques moyens de défense fondés sur le filtrage des données :

Cross Site-Scripting Issues and Defenses de ED Skoudis, Predictive Systems, 2002

Liste des questions les plus fréquemment posées sur les attaques XSS :

> *The Cross-Site Scripting FAQ (XSS)*
>
> *http://www.cgisecurity.com/articles/xss-faq.shtml*

Ce livre blanc de 25 pages dresse l'évolution des attaques XSS :

> *The Evolution of Cross-Site Scripting Attacks*, par David Endlerd de la société iDEFENSE, 20 mai 2002
>
> *http://www.idefense.com/idpapers/XSS.pdf*

Chapitre 8 : antivirus, lutte antispam et filtrage de contenu

Le livre de Fred Cohen, considéré, comme le père de la virologie informatique. Compte tenu de sa date de parution, il ne couvre pas les problèmes des codes malicieux actuels :

> F. COHEN, *A Short Course on Computer Viruses,* deuxième édition, Wiley, 1994

Une partie de cet ouvrage traite des derniers codes malveillants et détaille virus, vers et autres chevaux de Troie :

> HACKER ANONYME, *Sécurité maximale des systèmes et réseaux,* CampusPress, 4e édition, 2003

L'un des rares ouvrages récents à traiter de manière assez complète des virus :

> D. HARLEY, R. SLADE, U. GATTIKER, *Virus, définitions, mécanismes et antidotes,* CampusPress, 2002

Ce document de Network Appliance, un des artisans clés d'ICAP, indique les principes du protocole et présente ses solutions :

> *Internet Content Adapation Protocol (ICAP),* Network Appliance, 30 juillet 2001
>
> *http://www.i-cap.org/docs/icap_whitepaper_v1-01.pdf*

RFC traitant du protocole ICAP (Internet Content Adaptation Protocol) :

> *http://www.ietf.org/rfc/rfc3507.txt*

Analyse du ver Sapphire (*alias* Slammer) par Robert Graham, expert en sécurité et architecte chez Internet Security Systems (ISS) :

> *http://www.robertgraham.com/journal/030126-sqlslammer.html*

SMTP (Simple Mail Transfer Protocol), protocole de transfert du courrier électronique sur Internet, défini par l'IETF, a été originellement défini par la RFC 821 puis par la RFC 282 :

> *http://www.ietf.org/rfc/rfc821.txt*
>
> *http://www.ietf.org/rfc/rfc2821.txt*

Le standard des messages Internet (RFC 822) a été originellement défini par la RFC 821 puis par la RFC 2821 :

> *Standard for the format of ARPA Internet text messages*
>
> *http://www.ietf.org/rfc/rfc822.txt*
>
> *http://www.ietf.org/rfc/rfc2822.txt*

Index